菜园农药手册

第二版

程伯瑛 主编

中国农业出版社

图书在版编目（CIP）数据

菜园农药手册/程伯瑛主编．—2版．—北京：中国农业
出版社，2008.11
ISBN 978-7-109-12963-4

Ⅰ．菜…　Ⅱ．程…　Ⅲ．蔬菜—农药施用—手册　Ⅳ.
S436.3-62

中国版本图书馆 CIP 数据核字（2008）第 143030 号

中国农业出版社出版
（北京市朝阳区农展馆北路 2 号）
（邮政编码 100125）
责任编辑　张洪光

北京中兴印刷有限公司印刷　　新华书店北京发行所发行
2009 年 1 月第 2 版　　2009 年 1 月第 2 版北京第 1 次印刷

开本：850mm×1168mm 1/32　印张：15.375
字数：382 千字　印数：1～8 000 册
定价：25.00 元
（凡本版图书出现印刷、装订错误，请向出版社发行部调换）

主　编　程伯瑛

副主编　程季珍　方　果

　　　　牛玉山　刘建军

第2版前言

随着农村产业结构的调整，蔬菜生产发展迅速，露地栽培、保护地栽培和反季节栽培面积日趋增加，商品菜长途运销越来越频繁，使局部地区蔬菜病虫害的发生和蔓延有加重趋势。使用农药仍是防治蔬菜病、虫、草、鼠害的主要措施。但盲目用药的现象比较严重，导致多种蔬菜病虫害产生抗药性、增加防治难度，部分商品菜中农药残留量仍然存在严重超标，农药中毒和农药污染环境的事故时有发生，常造成较大的经济损失。

今后，对商品蔬菜的质量标准要求越来越规范、严格，科学使用农药已成为生产无公害食品蔬菜或绿色食品蔬菜的一个重要环节。为此，本手册选编了适宜在蔬菜（包括在保护地内种植的经济作物）上使用的杀虫剂、杀螨剂、杀软体动物剂、杀鼠剂、杀菌剂、杀线虫剂、除草剂、植物生长调节剂等336个药剂品种，较详细地介绍了每种农药的其他名称、药剂特性、主要剂型（含混配剂）、使用方法和注意事项，农药使用技术及有关知识和资料，并简介了220余种蔬菜害虫、345种（类）蔬菜病害可选用的防治药剂和41种蔬菜田上可使用的除草剂品种。

全书力求内容充实新颖、技术先进实用、文字通俗易懂，较好地反映了我国当前在蔬菜上的农药使用水平和病、虫、草、鼠害的防治水平。可供广大菜农、农药经营者、农村技术人员及干部、农业院校的师生参考使用。我国幅员辽阔，生态条件多变，在按本手册使用农药时，务请遵循先试后用的原则，即先小面积试验，无问题后，再大面积推广应用。在本手册第一版和第二版的编写过程中，参阅了许多专家、学者的著作和论文，在此一并致谢。由于水平有限，若有不妥和错误之处，敬请广大读者批评指正。

编 者

2008 年 4 月

第1版前言

　　随着农村产业结构的调整，蔬菜生产发展迅速，露地栽培、保护地栽培和反季节栽培面积日趋增加，商品菜长途运销越来越频繁，使局部地区蔬菜病虫害的发生和蔓延有加重趋势。使用农药仍是防治蔬菜病、虫、草、鼠害的主要措施。但盲目用药的现象比较严重，导致多种蔬菜病虫害产生抗药性、增加防治难度，部分商品菜中农药残留量仍然存在严重超标，农药中毒和农药污染环境的事故时有发生，常造成较大的经济损失。

　　今后，对商品蔬菜的质量标准要求越来越规范、严格，科学使用农药已成为生产无公害绿色食品蔬菜的一个重要环节。为此，本手册选编了适宜在蔬菜（包括在保护地内种植的经济作物）上使用的杀虫剂、杀螨剂、杀软体动物剂、杀鼠剂、杀菌剂、杀线虫剂、除草剂、植物生长调节剂等339种，较详细地介绍了每种农药的其他名称、药剂特性、主要剂型（含混配剂）、使用方法和注意事项，农药使用技术及有关知识和资料；部分蔬菜病虫害的症状原色图，并简介了220种蔬菜害虫、345种（类）蔬菜病害可选用的防治药剂和41种蔬菜田上可使用的除草剂品种。

　　全书力求内容充实新颖、技术先进实用、文字通俗易懂、图片准确典型，较好地反映了我国当前在蔬菜上

的农药使用水平和病、虫、草、鼠害的防治水平。可供
广大菜农、农药经营者、农村技术人员及干部、农业院
校的师生参考使用。我国幅员辽阔，生态条件多变，在
按本手册使用农药时，务请遵循先试后用的原则，即先
小面积试验，无问题后，再大面积推广应用。在本手册
编写过程中，参阅了许多专家、学者的著作和论文，在
此一并致谢。由于水平有限，若有不妥和错误之处，敬
请广大读者批评指正。

编　者

2002 年 10 月

目 录

第 2 版前言

第 1 版前言

第一章 菜园农药及使用技术

一、杀虫（杀螨）剂 ············ 1

（一）生物源杀虫剂及
　　　混配剂 ··············· 1

1. 苏云金杆菌 ··············· 1

2. 杀螟杆菌 ··············· 2

3. 青虫菌 ··················· 3

4. 白僵菌 ··················· 4

5. 阿维菌素 ··············· 5

6. 甲胺基阿维菌素苯
　　甲酸盐 ··············· 8

7. 多杀霉素 ··············· 9

8. 烟草（附烟碱） ······ 10

9. 烟碱·印楝素 ········· 11

10. 烟碱·百部碱·
　　印楝素 ············· 12

11. 蒎·烟碱 ············· 12

12. 茶皂素·烟碱 ········· 13

13. 鱼藤 ··················· 13

14. 鱼藤酮 ·············· 14

15. 氰戊·鱼藤酮 ········· 15

16. 藜芦碱 ··············· 16

17. 苦参碱 ··············· 16

18. 印楝素 ··············· 17

19. 松脂酸钠 ··············· 18

20. 茴蒿素 ··············· 19

21. 双素·碱 ··············· 19

22. 除虫菊（附除虫
　　菊素） ············· 20

（二）拟除虫菊酯类
　　　杀虫剂及混配剂 ······ 21

23. 氯氟氰菊酯 ··········· 21

24. 戊菊酯 ··············· 22

25. 甲氰菊酯 ··············· 23

26. 醚菊酯 ··············· 23

27. 氟胺氰菊酯 ··············· 24

28. 氰戊菊酯 ··············· 25

29. S-氰戊菊酯 ··············· 26

30. 氟氰戊菊酯 ………… 27

31. 联苯菊酯 …………… 28

32. 氯氰菊酯 …………… 29

33. 顺式氯氰菊酯 ……… 30

34. 高效顺反氯氰菊酯 …… 31

35. 高效氯氰菊酯 ……… 32

36. 氟氯氰菊酯 ………… 32

37. 高效氟氯氰菊酯 …… 33

38. 氯菊酯 ……………… 34

39. 溴氰菊酯 …………… 34

40. 溴氟菊酯 …………… 36

41. 溴灭菊酯 …………… 36

（三）有机氯类杀虫剂及
混配剂 …………… 37

42. 硫丹 ………………… 37

（四）有机磷类杀虫剂及
混配剂 …………… 38

43. 乙酰甲胺磷 ………… 38

44. 二嗪磷 ……………… 39

45. 马拉硫磷 …………… 40

46. 高氯·马 …………… 41

47. 氰戊·马拉松
（增效） …………… 42

48. 氰戊·马拉松 ……… 43

49. 马拉·联苯菊 ……… 44

50. 溴氰·马拉松 ……… 44

51. 乐果 ………………… 45

52. 氰戊·乐果 ………… 47

53. 溴氰·乐果 ………… 47

54. 亚胺硫磷 …………… 48

55. 伏杀硫磷 …………… 48

56. 杀螟硫磷 …………… 49

57. 氰戊·杀螟松 ……… 50

58. 辛硫磷 ……………… 51

59. 氯氰·辛硫磷 ……… 54

60. 溴氰·辛硫磷 ……… 55

61. 氯菊·辛硫磷 ……… 55

62. 氰戊·辛硫磷 ……… 56

63. 马拉·辛硫磷 ……… 57

64. 哒嗪硫磷 …………… 57

65. 毒死蜱 ……………… 58

66. 氯氰·毒死蜱
（52.25％乳油） …… 59

67. 氯氰·毒死蜱
（44％乳油） ……… 60

68. 敌百虫 ……………… 61

69. 敌百·辛硫磷 ……… 63

70. 敌·马 ……………… 64

71. 敌敌畏 ……………… 65

72. 氯氰·敌敌畏 ……… 67

73. 溴氰·敌敌畏 ……… 67

74. 喹硫磷 ……………… 68

75. 三唑磷 ……………… 69

76. 二溴磷 ……………… 70

77. 灭蚜松 ……………… 71

78. 杀螟腈 ……………… 71

79. 倍硫磷 ……………… 72

80. 稻丰散 ……………… 72

81. 丙溴磷 ……………… 73

82. 氯氰·丙溴磷 ……… 74

（五）氨基甲酸酯类
　　　杀虫剂及混配剂 …… 74
　83. 甲萘威 …………… 74
　84. 氰戊·甲萘威 …… 75
　85. 抗蚜威 …………… 76
　86. 丁硫克百威 ……… 77
　87. 异丙威 …………… 78
　88. 速灭威 …………… 79
　89. 噁虫威 …………… 79
　90. 氯氰·仲丁威 …… 80
（六）沙蚕毒素类杀虫
　　　剂及混配剂 ……… 80
　91. 杀虫双 …………… 80
　92. 杀虫单 …………… 82
　93. 杀虫环 …………… 82
　94. 多噻烷 …………… 83
　95. 杀螟丹 …………… 83
（七）昆虫生长调节剂类
　　　杀虫剂及混配剂 …… 85
　96. 抑食肼 …………… 85
　97. 虫酰肼 …………… 85
　98. 虫螨腈 …………… 86
　99. 氟虫腈 …………… 86
　100. 噻嗪酮 …………… 88
　101. 除虫脲 …………… 89
　102. 氟啶脲 …………… 90
　103. 灭幼脲 …………… 91
　104. 氟铃脲 …………… 92
　105. 氟虫脲 …………… 93
　106. 灭蝇胺 …………… 94

（八）其他类型化学杀虫
　　　剂及混配剂 ……… 95
　107. 丁醚脲 …………… 95
　108. 吡虫啉 …………… 95
　109. 硫双威 …………… 97
　110. 啶虫脒 …………… 98
　111. 噻虫嗪 …………… 99
　112. 茚虫威 …………… 100
（九）杀螨剂及混配剂 … 101
　113. 三唑锡 …………… 101
　114. 三环锡 …………… 102
　115. 双甲脒 …………… 102
　116. 炔螨特 …………… 103
　117. 溴螨酯 …………… 103
　118. 噻螨酮 …………… 104
　119. 哒螨灵 …………… 105
　120. 苯丁锡 …………… 106
　121. 氟丙菊酯 ………… 107
　122. 杀螨特 …………… 107
　123. 浏阳霉素 ………… 108
　124. 洗衣粉 …………… 109
二、杀软体动物剂 …… 110
　1. 四聚乙醛 ………… 110
　2. 杀螺胺 …………… 111
　3. 灭梭威 …………… 112
三、杀鼠剂 …………… 112
　1. 杀鼠醚 …………… 112
　2. 杀鼠灵 …………… 113

3. 氯鼠酮 …………………… 114

4. 敌鼠 ……………………… 115

5. 氟鼠灵 …………………… 116

6. 溴鼠灵 …………………… 117

7. 溴敌隆 …………………… 118

8. 毒鼠磷 …………………… 119

9. 安妥 ……………………… 119

10. 灭鼠优 …………………… 120

11. C 型肉毒梭菌毒素 …… 121

12. 磷化锌 …………………… 122

四、杀菌（杀线虫）剂 …… 124

（一）生物源杀菌剂及
混配剂 ……………… 124

1. 木霉菌 …………………… 124

2. 武夷菌素 ………………… 125

3. 宁南霉素 ………………… 126

4. 抗霉菌素 120 …………… 126

5. 多抗霉素 ………………… 127

6. 井冈霉素 ………………… 128

7. 春雷霉素 ………………… 130

8. 硫酸链霉素 ……………… 131

9. 硫酸链霉素·
土霉素 ………………… 133

（二）其他类型杀菌剂及
混配剂 ……………… 135

10. 弱病毒疫苗 …………… 135

11. 菇类蛋白多糖 ……… 136

12. 混合脂肪酸 …………… 137

13. 高脂膜 ………………… 137

14. 菌毒清 ………………… 139

（三）无机类杀菌剂及
混配剂 ……………… 140

15. 甲醛 …………………… 140

16. 磷酸三钠 ……………… 142

17. 高锰酸钾 ……………… 143

18. 生石灰 ………………… 144

19. 硫磺 …………………… 146

20. 硫磺悬浮剂 …………… 148

21. 石硫合剂 ……………… 149

22. 硫磺·多菌灵 ………… 151

23. 硫磺·甲硫灵 ………… 153

24. 硫磺·三唑酮 ………… 154

25. 硫酸铜 ………………… 155

26. 氢氧化铜 ……………… 156

27. 王铜 …………………… 158

28. 春雷·王铜 …………… 159

29. 氧化亚铜 ……………… 161

30. 碱式硫酸铜 …………… 162

31. 波尔多液 ……………… 164

32. 波·锰锌 ……………… 166

33. 铜皂液 ………………… 167

34. 铜铵合剂 ……………… 168

35. 琥胶肥酸铜 …………… 169

36. 琥铜·乙膦铝
（三有效成分） ……… 172

37. 琥铜·乙膦铝
（双有效成分） ……… 173

38. 琥铜·甲霜灵 ………… 174

39. 琥·铝·甲霜灵 …… 175

40. 琥胶肥酸铜·三乙膦酸
　　铝·敌磺钠 …………… 176
41. 混合氨基酸铜·锌·
　　锰·镁 ……………… 176
42. 多菌灵·混合氨基
　　酸盐 ………………… 177
43. 络氨铜 ………………… 178
44. 络锌·络氨铜（附锌·
　　柠·络氨铜）………… 180
45. 混合氨基酸络合铜 …… 181
46. 烷醇·硫酸铜 ………… 182
47. 吗胍·乙酸铜 ………… 183
48. 噻菌铜 ………………… 184
（四）有机合成类杀菌
　　剂及混配剂 ……… 185
49. 代森锰锌 ……………… 185
50. 甲霜·锰锌 …………… 190
51. 恶霜·锰锌 …………… 192
52. 安克·锰锌 …………… 194
53. 霜脲·锰锌 …………… 196
54. 代森锌 ………………… 198
55. 丙森锌 ………………… 200
56. 代森铵 ………………… 200
57. 代森环 ………………… 202
58. 福美双 ………………… 203
59. 福美锌 ………………… 207
60. 福·福锌（80％可
　　湿性粉剂）…………… 207
61. 福·福锌（60％可
　　湿性粉剂）…………… 208

62. 多·福（增效）…… 208
63. 多·福 ……………… 209
64. 甲硫·福美双 ……… 209
65. 福美·拌种灵 ……… 210
66. 福美双·甲霜灵·
　　稻瘟净 …………… 211
67. 福美胂 ……………… 211
68. 田安 ………………… 212
69. 胂·锌·福美双 …… 213
70. 克菌丹 ……………… 214
71. 灭菌丹 ……………… 215
72. 五氯硝基苯 ………… 216
73. 五硝·多菌灵 ……… 218
74. 甲基硫菌灵 ………… 219
75. 硫菌灵 ……………… 224
76. 甲霜灵 ……………… 225
77. 甲霜·噁霉灵 ……… 228
78. 百菌清 ……………… 229
79. 敌磺钠 ……………… 233
80. 敌锈钠 ……………… 234
81. 多菌灵 ……………… 235
82. 多菌灵盐酸盐 ……… 241
83. 丙硫多菌灵 ………… 243
84. 苯菌灵 ……………… 243
85. 噻菌灵 ……………… 245
86. 三唑酮 ……………… 246
87. 萎锈灵 ……………… 249
88. 恶霉灵 ……………… 249
89. 苯噻氰 ……………… 251
90. 乙烯菌核利 ………… 252

91. 菌核净 ……………… 253
92. 腐霉利 ……………… 254
93. 异菌脲 ……………… 255
94. 氯苯嘧啶醇 ………… 258
95. 敌菌灵 ……………… 259
96. 甲基立枯磷 ………… 260
97. 三乙膦酸铝 ………… 261
98. 乙铝·锰锌 ………… 263
99. 双胍辛胺 …………… 264
100. 霜霉威盐酸盐 ……… 265
101. 乙霉威 ……………… 266
102. 甲硫·乙霉威 ……… 267
103. 乙霉·多菌灵 ……… 268
104. 烯唑醇 ……………… 269
105. 腈菌唑 ……………… 270
106. 锰锌·腈菌唑 ……… 270
107. 丙环唑 ……………… 271
108. 苯醚甲环唑 ………… 272
109. 氟硅唑 ……………… 273
110. 噻枯唑 ……………… 274
111. 叶枯灵 ……………… 274
112. 咪鲜胺 ……………… 275
113. 咪鲜·氯化锰 ……… 276
114. 氟菌唑 ……………… 276
115. 嘧霉胺 ……………… 277
116. 喹菌酮 ……………… 278
117. 氟吗啉 ……………… 278
118. 烯酰吗啉 …………… 279
119. 溴菌腈 ……………… 280
120. 多·福·溴菌腈 …… 280

121. 双胍辛烷苯
　　基磺酸盐 ………… 281
122. 二氯异氰脲酸钠 …… 282
123. 多果定 ……………… 282
124. 啶菌恶唑 …………… 283
125. 噁唑菌酮 …………… 284
126. 烯肟菌酯 …………… 285
127. 嘧菌酯 ……………… 285
（五）杀线虫剂 ………… 287
128. 溴甲烷 ……………… 287
129. 二氯异丙醚 ………… 288
130. 滴滴混剂 …………… 289
131. 二溴氯丙烷 ………… 289
132. 硫线磷 ……………… 290
133. 棉隆 ………………… 291
134. 威百亩 ……………… 292

五、除草剂 ……………… 293

（一）酰胺类除草剂及
　　混配剂 …………… 293
1. 甲草胺 ……………… 293
2. 异丙甲草胺 ………… 295
3. 乙草胺 ……………… 297
4. 丁草胺 ……………… 297
5. 克草胺 ……………… 299
6. 敌草胺 ……………… 299

（二）苯胺类除草剂 …… 301
7. 杀草胺 ……………… 301
8. 双丁乐灵 …………… 301
9. 氟乐灵 ……………… 302

10. 双苯酰草胺 …………… 304

11. 二甲戊灵 ……………… 305

（三）取代脲类

　　除草剂 …………… 307

12. 异丙隆 ……………… 307

13. 利谷隆 ……………… 307

14. 莎草隆 ……………… 308

（四）苯氧羧酸类

　　除草剂 …………… 309

15. 吡氟禾草灵 ………… 309

16. 精吡氟禾草灵 ……… 310

（五）三氮苯类除

　　草剂 ……………… 310

17. 扑草净 ……………… 310

18. 扑灭津 ……………… 312

19. 嗪草酮 ……………… 312

（六）有机磷类除

　　草剂 ……………… 313

20. 草甘膦 ……………… 313

21. 胺草膦 ……………… 315

（七）氨基甲酸酯类

　　除草剂 …………… 316

22. 杀草丹 ……………… 316

23. 灭草灵 ……………… 317

（八）有机杂环类除草

　　剂及混配剂 ……… 318

24. 吡氟氯禾灵 ………… 318

25. 喹禾灵 ……………… 319

26. 精喹禾灵 …………… 320

27. 噁草酮 ……………… 320

28. 百草枯 ……………… 321

29. 敌草快 ……………… 322

（九）其他类型化学合成

　　除草剂及混配剂 … 323

30. 稗草烯 ……………… 323

31. 稀禾啶 ……………… 324

32. 乙氧氟草醚 ………… 325

（十）生物源除草剂 …… 326

33. 鲁保 1 号 …………… 326

六、植物生长调节剂及混

　　配剂 ……………… 327

1. 萘乙酸 ……………… 327

2. 2，4 - 滴 …………… 328

3. 防落素 ……………… 330

4. 增产灵 ……………… 331

5. 赤霉素 ……………… 332

6. 6 - 苄基腺嘌呤 ……… 335

7. 5406 细胞分裂素 …… 336

8. 异戊烯腺嘌呤 ……… 337

9. 羟烯腺嘌呤 ………… 338

10. 氯吡脲 ……………… 339

11. 乙烯利 ……………… 340

12. 抑芽丹 ……………… 341

13. 丁酰肼 ……………… 342

14. 矮壮素 ……………… 344

15. 甲哌鎓 ……………… 345

16. 多效唑 ……………… 346

17. 吡啶醇 ……………… 347

18. ABT 增产灵 ………… 348

19. 石油助长剂 ………… 349

20. 三十烷醇 …………… 350

21. 芸薹素内酯 ………… 351

22. 氯苯胺灵 …………… 352

23. 亚硫酸氢钠 ………… 353

24. 复硝酚钠 …………… 354

25. 复硝酚钾 …………… 354

26. 复硝酚铵 …………… 355

27. 爱多收 ……………… 356

28. 核苷酸 ……………… 356

29. 惠满丰 ……………… 357

30. 增产菌 ……………… 358

七、新农药剂型 ………… 359

　（一）烟剂 …………… 359

1. 杀菌烟剂 …………… 359

2. 杀虫烟剂 …………… 359

（二）漂浮粉剂 ………… 359

1. 杀菌漂浮粉剂 ……… 359

2. 杀虫漂浮粉剂 ……… 360

（三）种子处理制剂 …… 360

1. 种子处理制剂的

　类型 ……………… 360

2. 包衣方法 …………… 360

3. 注意事项 …………… 361

八、农药增效剂 ………… 361

1. 增效磷 ……………… 361

2. 害立平 ……………… 361

3. YZ - 901 …………… 362

第二章　菜园农药使用基础知识

一、农药的分类和剂型 …… 363

　（一）农药分类 ……… 363

1. 杀虫剂 ……………… 363

2. 杀螨剂 ……………… 364

3. 杀软体动物剂 ……… 364

4. 杀鼠剂 ……………… 364

5. 杀菌剂 ……………… 364

6. 杀线虫剂 …………… 365

7. 除草剂 ……………… 365

8. 植物生长调节剂 …… 365

9. 农药增效剂 ………… 365

　（二）农药剂型 ……… 366

1. 粉剂（DP） ………… 366

2. 漂浮粉剂（GP） …… 366

3. 颗粒剂（GR） ……… 366

4. 可湿性粉剂（WP） … 366

5. 乳油（EC） ………… 366

6. 悬浮剂（SC） ……… 367

7. 熏蒸剂（VP） ……… 367

8. 烟剂（FU） ………… 367

9. 可溶粉剂（SP） …… 367

10. 超低容量液剂

　（UL） …………… 367

11. 水分散粒剂
　　（WG）⋯⋯⋯⋯⋯ 367

12. 水剂（AS）⋯⋯ 368

13. 可分散片剂
　　（WT）⋯⋯⋯⋯⋯ 368

14. 可分散液剂（DC）⋯ 368

15. 泡腾粒剂（EA）⋯⋯ 368

16. 泡腾片剂（EB）⋯⋯ 368

17. 水乳剂（EW）⋯⋯ 368

18. 微乳剂（ME）⋯⋯ 368

19. 可溶液剂（SL）⋯⋯ 368

20. 悬乳剂（SE）⋯⋯ 368

21. 桶混剂（TM）⋯⋯ 368

22. 饵剂（RB）⋯⋯ 369

23. 种子处理制剂 ⋯⋯ 369

二、农药的毒性、毒力、
　　药效 ⋯⋯⋯⋯⋯⋯ 369

（一）毒性 ⋯⋯⋯⋯⋯ 369

1. 急性毒性 ⋯⋯⋯⋯ 369

2. 慢性毒性 ⋯⋯⋯⋯ 370

3. 农药对有益生物的
　　毒害 ⋯⋯⋯⋯⋯⋯ 370

（二）毒力 ⋯⋯⋯⋯⋯ 371

（三）药效 ⋯⋯⋯⋯⋯ 371

1. 抗性 ⋯⋯⋯⋯⋯⋯ 371

2. 药害 ⋯⋯⋯⋯⋯⋯ 371

3. 残效期 ⋯⋯⋯⋯⋯ 371

4. 安全间隔期 ⋯⋯⋯ 371

5. 农药安全使用规程 ⋯ 371

三、农药使用技术 ⋯⋯⋯⋯ 372

（一）喷雾法 ⋯⋯⋯⋯⋯ 372

（二）喷粉法 ⋯⋯⋯⋯⋯ 372

（三）喷漂浮粉剂法 ⋯⋯ 373

（四）烟熏法 ⋯⋯⋯⋯⋯ 374

1. 保护地内消毒灭菌 ⋯⋯ 374

2. 保护地内病虫害
　　防治 ⋯⋯⋯⋯⋯⋯ 374

（五）熏蒸法 ⋯⋯⋯⋯⋯ 375

（六）土壤处理法 ⋯⋯⋯ 375

（七）拌种法 ⋯⋯⋯⋯⋯ 375

（八）浸蘸法 ⋯⋯⋯⋯⋯ 376

（九）灌根法 ⋯⋯⋯⋯⋯ 376

（十）涂抹法 ⋯⋯⋯⋯⋯ 376

（十一）毒（药）土法 ⋯ 377

（十二）毒谷（饵）法 ⋯ 377

（十三）诱捕法 ⋯⋯⋯⋯ 378

（十四）注射法 ⋯⋯⋯⋯ 378

（十五）泼浇法 ⋯⋯⋯⋯ 378

（十六）撒施法 ⋯⋯⋯⋯ 378

（十七）滴灌法 ⋯⋯⋯⋯ 378

（十八）其他施药法 ⋯⋯ 379

四、农药的稀释计算 ⋯⋯⋯ 379

（一）农药浓度表示法 ⋯ 379

1. 百分浓度 ⋯⋯⋯⋯ 379

2. 每公顷施药量 ⋯⋯⋯ 379

3. 每公顷施有效药量 ⋯ 380

4. 倍数法 ⋯⋯⋯⋯⋯ 380

5. 直接法 …………… 380

6. 百万分浓度 ………… 380

（二）浓度换算 ………… 380

1. 百分浓度与百万分
浓度之间的换算 ……… 380

2. 百分浓度与倍数法
之间的换算 ………… 380

3. 百万分浓度与倍数法
之间的换算 ………… 381

（三）稀释计算的准备
工作 …………… 381

1. 确定每公顷喷药
液量 …………… 381

2. 正确掌握每公顷施有效
药量 …………… 381

3. 明确喷施农药地块的
面积 …………… 382

4. 浓度表示方法要
一致 …………… 382

（四）农药稀释计算
公式 …………… 382

1. 按有效成分计算 ……… 382

2. 根据稀释倍数计算 …… 383

3. 稀释倍数的计算
方法 …………… 383

4. 农药混用的稀释
计算 …………… 383

（五）按照农药使用说明
配制药液 ………… 385

1. 每公顷喷药液量 …… 385

2. 农药用量 ………… 386

（六）两步稀释法 …… 387

五、安全使用农药 ……… 388

（一）农药选购 ……… 388

1. 农药名称 ………… 388

2. 农药类别 ………… 389

3. 注册商标 ………… 389

4. 农药使用说明 ……… 389

5. 两证一号 ………… 390

6. 生产时间、批号和有
效期 …………… 390

7. 生产厂家名称 ……… 390

8. 农药外观 ………… 390

（二）农药使用 ……… 391

1. 对症用药 ………… 391

2. 适时用药 ………… 391

3. 适量用药 ………… 392

4. 采用正确方法施药 …… 392

5. 综合考虑药费投入 …… 392

（三）安全操作 ……… 393

1. 严防农药中毒 ……… 393

2. 防止产生药害 ……… 393

3. 避免污染环境 ……… 393

（四）避免病虫草害产生
抗药性 ………… 394

1. 避免产生抗药性的
措施 …………… 394

2. 抗药性病虫草害的防治
对策 …………… 395

（五）简单药效计算法 … 395
　　1. 试验方法 ……… 395
　　2. 计算方法 …………… 396
（六）农药保管 ………… 396

第三章　主要蔬菜虫、病、草害防治药剂

一、蔬菜虫害 ………… 398

（一）多食性害虫 ……… 398
　　1. 蝼蛄类 ………… 398
　　2. 蛴螬类 ………… 398
　　3. 地老虎类 ……… 398
　　4. 金针虫类 ……… 398
　　5. 灰地种蝇 ……… 398
　　6. 异型眼蕈蚊 …… 399
　　7. 黄斑大蚊 ……… 399
　　8. 跳虫类 ………… 399
　　9. 蚂蚁类 ………… 399
　　10. 西瓜虫 ………… 399
　　11. 象甲类 ………… 399
　　12. 网目拟地甲 …… 399
　　13. 黑绒金龟子 …… 399
　　14. 蚜虫类 ………… 399
　　15. 粉虱类 ………… 400
　　16. 蟓类 …………… 400
　　17. 叶蝉类 ………… 400
　　18. 蓟马类 ………… 400
　　19. 螨类 …………… 400
　　20. 康氏粉蚧 ……… 400
　　21. 潜叶蝇类 ……… 401
　　22. 棉铃虫和烟青虫 …… 401
　　23. 夜蛾类 ………… 401
　　24. 双线盗毒蛾 …… 401
　　25. 灯蛾类 ………… 401
　　26. 蟋蟀类 ………… 401
　　27. 蚯蚓 …………… 401
（二）寡（单）食性
　　　害虫 …………… 402
　　1. 瓜类蔬菜害虫 … 402
　　2. 茄果类蔬菜害虫 … 402
　　3. 豆类蔬菜害虫 … 403
　　4. 葱蒜类蔬菜害虫 … 404
　　5. 十字花科蔬菜害虫 … 405
　　6. 绿叶菜害虫 …… 406
　　7. 水生蔬菜害虫 … 406
　　8. 其他蔬菜害虫 … 407
　　9. 枸杞害虫 ……… 408
　　10. 草莓害虫 ……… 408
　　11. 食用菌害虫 …… 408

二、蔬菜病害 ………… 409

（一）多寄主病害 ……… 409
　　1. 病毒病 ………… 409
　　2. 细菌性病害 …… 409
　　3. 苗期猝倒病 …… 410
　　4. 苗期立枯病 …… 410

5. 枯萎病 …………… 410

6. 黄萎病 …………… 410

7. 根腐病 …………… 410

8. 菌核病 …………… 410

9. 白绢病 …………… 410

10. 疫病 …………… 411

11. 绵疫病 …………… 411

12. 绵腐病 …………… 411

13. 灰霉病 …………… 411

14. 炭疽病 …………… 411

15. 红粉病 …………… 411

16. 花腐病（褐腐病）… 411

17. 霜霉病 …………… 412

18. 白粉病 …………… 412

19. 黑斑病 …………… 412

20. 斑枯病 …………… 412

21. 锈病 …………… 412

22. 白锈病 …………… 413

23. 线虫病 …………… 413

24. 菟丝子 …………… 413

（二）少寄主病害 ……… 413

1. 瓜类蔬菜病害 …… 413

2. 茄果类蔬菜病害 … 415

3. 豆类蔬菜病害 …… 417

4. 葱蒜类蔬菜病害 … 419

5. 十字花科蔬菜病害 …… 420

6. 绿叶菜类病害 …… 421

7. 水生蔬菜病害 …… 424

8. 其他蔬菜病害 …… 425

9. 草莓病害 …………… 427

10. 食用菌类病害 ……… 428

三、蔬菜草害 …………… 429

（一）蔬菜田选择性除草

用药 …………… 429

（二）蔬菜田灭生性除草

用药 …………… 431

附　录

（一）中华人民共和国

农业部行业标准

（部分） …………… 432

（二）我国蔬菜上禁用的

农药品种 …………… 434

（三）波美比重与普通比重

对照表 …………… 436

（四）石硫合剂容量倍数

稀释表 …………… 437

（五）石硫合剂质量倍数

稀释表 …………… 438

（六）常用波尔多液

配比表 …………… 439

（七）使用棉隆时土温与

间隔期的关系 …… 439

（八）农药产品毒性分级

及标识 ……………… 440

（九）喷雾分级 …………… 440

（十）风力等级 …………… 441

（十一）人力喷雾器主要

技术参数 ……… 442

（十二）手摇喷粉器主要

技术参数 ……… 442

（十三）农药标签上的毒性

标志和象形图 … 443

主要参考文献 ……………………………………… 446

农药名称索引 ……………………………………… 451

第一章

菜园农药及使用技术

一、杀虫（杀螨）剂

（一）生物源杀虫剂及混配剂

1. 苏云金杆菌

【其他名称】Bt、BT、B.T.、B.t、b.t. 天霸、奥力克、敌宝、快来顺、康多惠、包杀敌、菌杀敌、都来施、力宝、灭蛾灵、苏得利、苏力精、苏力菌、苏利菌、先得力、先得利、先力、杀虫菌1号等。

【药剂特性】本品属细菌杀虫剂，有效成分为苏云金杆菌。对人、畜低毒，对家蚕毒性大，不伤害天敌。可湿性粉剂外观为浅灰色粉末。对大多数鳞翅目幼虫具有胃毒作用，死亡虫体破裂后，还可感染其他害虫，但对蚜虫类、螨类、蚧类害虫无效。

【主要剂型】

（1）单有效成分　Bt 水乳剂（100 亿个孢子/毫升），粉剂（100 亿个孢子/克），10%、50%可湿性粉剂，7.5%悬浮剂等。

（2）双有效成分混配　①与阿维菌素：2%阿维·苏云金可湿性粉剂，奥力克（加增效渗透剂）；②与杀虫单：80%杀单·苏云金可湿性粉剂。

【使用方法】可对水稀释后喷雾或灌根。

（1）喷雾　使用 Bt 水乳剂对水喷雾。①用 150 倍液防治烟青虫；②用 200～300 倍液防治斜纹夜蛾幼虫、甘蓝夜蛾幼虫、棉铃虫等；③用 500～800 倍液防治菜青虫、各类粉蝶幼虫、银纹夜蛾幼虫、甜菜夜蛾幼虫、灯蛾幼虫、小菜蛾幼虫、豇豆荚螟幼虫等；④用 600～800 倍液防治黑纹粉蝶幼虫、粉斑夜蛾幼虫、大菜螟幼虫、菜野螟幼虫等；⑤用 500 倍液防治马铃薯甲虫。

（2）混配喷雾　①苏云金杆菌水乳剂与 18％杀虫双水剂，按 4∶1 混配，然后用 250 倍液，防治小菜蛾幼虫；②苏云金杆菌粉剂与 99％杀螟丹原粉，按 9∶1 混配，然后用 250 倍液，防治小菜蛾幼虫。

（3）灌根　用 Bt 水乳剂 400 倍液和 50％辛硫磷乳油 1 000 倍液混配后灌根，防治葱黄寡毛跳甲。

（4）利用虫体　可把因感染苏云金杆菌致死变黑的虫体收集起，用纱布包住在水中揉搓，一般每公顷用 750 克虫体，用水 750 千克喷雾。

（5）使用混配剂　①每公顷用奥力克 450 克，对水 834 千克，喷雾防治甘蓝上的菜青虫和小菜蛾幼虫；②每公顷用 2％阿维·苏云金可湿性粉剂 1 125～1 500 克，每公顷每次对水 750 千克，防治花椰菜上的小菜蛾幼虫（1～2 龄）。

【注意事项】

（1）在蔬菜收获前 1～2 天停用。本剂可与多种杀虫剂、化肥、微肥混用，但不能与杀菌剂、二嗪磷、马拉硫磷及内吸性有机磷杀虫剂混用。药液应随配随用，不宜久放。

（2）一般比化学农药提前 2～3 天使用，应在阴天或晴天下午 4～5 时后喷施，气温在 30℃以上时，防治效果最好。

（3）各厂家筛选的细菌变种不同，在使用前，应先了解其杀虫作用大小。与氟铃脲有混配剂，可见各条。

（4）应在阴凉干燥处贮存。有效期 2 年。

2. 杀螟杆菌

【药剂特性】本品属好气性细菌杀虫剂，有效成分为杀螟杆菌，产品外观为灰白色或黄色粉末，有鱼腥味，易吸潮，对高温有较强的耐受性，制成的菌剂可保存数年不丧失毒力。对人、畜无毒，对蜜蜂、天敌安全，但对蚕类染病力较高。对害虫具有胃毒作用，害虫中毒后导致败血症而死，不污染环境。

【主要剂型】粉剂（含 100 亿个以上活孢子/克）。

【使用方法】对水稀释后喷雾。

（1）喷雾 ①每公顷用粉剂 750～1 500 克，防治菜青虫、灯蛾幼虫、刺蛾幼虫、瓜绢螟幼虫等；②每公顷用粉剂 1 500～2 250 克，防治小菜蛾幼虫、夜蛾幼虫、黄条跳甲等。

（2）利用虫体 可把田间因杀螟杆菌中毒而死、发黑变烂的虫体收集起，装入纱布袋内，在水中揉搓，每 100 克死虫浸出液加 100 千克水喷雾，也有很好的防治效果。

【注意事项】

（1）在蔬菜收获前 1～2 天停用。不能与杀菌剂混用，可与一般杀虫剂（如 90％敌百虫晶体）混用。宜在 20～28℃，傍晚或阴天喷雾。

（2）施药期应比一般化学药剂提前数天。在菌液中加入 0.5％～1％洗衣粉，可提高防治效果。

（3）应在阴凉、干燥处贮存。

（4）若每克粉剂中含活孢子数量不足 100 亿个，可适当加大粉剂用量，以保证防治效果。

3. 青虫菌

【其他名称】蜡螟杆菌三号。

【药剂特性】本品属好气性细菌杀虫剂，有效成分为青虫菌。产品外观为灰白色或淡黄色粉末，对高温有很强的忍耐力，遇酸、碱不变性，长期贮存不丧失毒力。对人、畜无毒，对蜜蜂、天敌安全，但对蚕类染病力强。对害虫具有胃毒作用，杀虫速度较慢，持效期 7～10 天，宜在害虫低龄期使用。

【主要剂型】粉剂（含 100 亿个以上活孢子/克）。

【使用方法】对水稀释喷雾或配制菌土。

(1) 喷雾 ①每公顷用粉剂 3 000～3 750 克，对水为500～1 000倍液，防治菜青虫、棉铃虫、小菜蛾幼虫、灯蛾幼虫、刺蛾幼虫等；②用粉剂 500～800 倍液，防治银纹夜蛾幼虫、甜菜夜蛾幼虫、各类粉蝶幼虫等；③用粉剂 1 000 倍液，防治黑纹粉蝶幼虫、粉斑夜蛾幼虫、大菜螟幼虫、菜野螟幼虫等。

(2) 混配喷雾 在青虫菌（六号）液中加入 10%氯氰菊酯乳油 3 000～4 000 倍液，可防治菜青虫、小菜蛾幼虫、甘蓝夜蛾幼虫、甘蓝蚜、瓜（棉）蚜等。

(3) 撒施菌土 每公顷用 3.75 千克粉剂与 300～375 千克细土拌匀，制成菌土，均匀撒施，可防治菜青虫、小菜蛾幼虫、棉铃虫、灯蛾幼虫、刺蛾幼虫等。

【注意事项】

(1) 在蔬菜收获前 1～2 天停用。本剂可与敌百虫混用，具有增效作用。

(2) 应在阴凉、干燥处贮存。

4. 白僵菌

【药剂特性】本品属真菌杀虫剂，有效成分为白僵菌的活孢子。产品外观为白色或灰白色粉状物，对人、畜无毒，对蚕类染病力强。主要用于防治鳞翅目害虫，活孢子借风力传播到虫体上，进而侵入虫体杀死害虫，死虫体上又可产生大量活孢子，可再侵染其他害虫，持效期长。

【主要剂型】粉剂（含 50 亿个以上活孢子/克）。

【使用方法】对水稀释喷雾或喷粉。

(1) 喷雾 ①把粉剂对水，稀释成菌液（每毫升菌液含活孢子 1 亿个以上）喷雾；②把因白僵菌侵染致死的虫体收集起，并研磨，对水稀释成菌液（每毫升菌液含活孢子 1 亿个以上）喷雾，即 100 个死虫体，对水 80～100 千克喷雾。

(2) 喷粉 把粉剂与 2.5%敌百虫粉剂均匀混合，制成混合粉

（每克混合粉含活孢子 1 亿个以上），然后喷粉。

（3）配制颗粒（粉）剂　用含 50～500 亿个活孢子/克的菌粉 500 克与过筛细煤渣 5 千克拌匀，制成白僵菌颗粒剂，在玉米心叶中期（玉米螟卵处于卵孵化初期至卵孵化盛期），在每株玉米心叶内撒入 2 克白僵菌颗粒剂，防治玉米螟；也可每公顷用粉剂 3 750 克，与 11 250 克陶土拌匀，制成白僵菌陶土粉剂喷撒，防治玉米螟。

【注意事项】

（1）菌液应随配随用，存放时间不宜超过 2 小时。不宜和杀菌剂混用。宜在早晚施药。

（2）在施粉剂过程中，要保护好皮肤，避免出现低烧、皮肤刺痒等过敏症状。

（3）粉剂应保存在阴凉干燥处。过期粉剂不能使用。

5. 阿维菌素

【其他名称】爱福丁、害极灭、克螨光、齐螨素、爱螨力克、阿巴丁、除虫菌素、杀虫菌素、阿维虫清、揭阳霉素、灭虫丁、赛福丁、虫螨克、灭虫灵、7051 杀虫素、爱立螨克、爱比菌素、爱力螨克、螨虫素、杀虫丁、阿巴菌素、阿弗菌素、阿维兰素、虫克星、虫螨光、虫螨齐克、农家乐、农哈哈、齐墩螨素、齐墩霉素、灭虫清、强棒、易福、菜福多、捕快、科葆、百福等。

【药剂特性】本品属抗生素（大环内酯双糖）类杀虫、杀螨剂，有效成分为阿维菌素，对人、畜高毒，对眼有轻度刺激作用，对鸟类低毒，蜜蜂、蚕、鱼类及浮游生物对本品敏感，但在常用剂量范围内，对人、蓄、天敌安全。乳油外观为棕褐色液体，在常温条件下贮存稳定。对害虫具有胃毒和触杀作用，并可渗入植株体内，受药害虫过 2～3 天后死亡，一般对鳞翅目害虫的持效期为 10～15 天，害螨为 30～40 天。

【主要剂型】

（1）单有效成分　0.5%、0.9%、1%、1.8%、2% 乳油，

0.05％、0.12％可湿性粉剂，0.12％高渗可湿性粉剂。

(2) 双有效成分混配 ①与敌敌畏：40％阿维·敌敌畏乳油（绿菜宝）。②与辛硫磷：20％阿维·辛硫磷乳油，35％阿维·辛硫磷乳油（克蛾宝）。③与印楝素：0.8％阿维·印楝素乳油（易福）、0.9％阿维·印楝素乳油。④与氯氟氰菊酯：2％阿维·氯氟乳油。⑤与高效氯氰菊酯：菜福多（阿维·高氯）乳油。1.8％阿维·高氯乳油（菜福多）。⑥与吡虫啉：1.45％阿维·吡虫啉可湿性粉剂（捕快）2.2％阿维·吡虫啉乳油（科葆）。⑦与烟碱：18％阿维·烟碱水剂。⑧与毒死蜱：10.2％阿维·毒死蜱微乳剂、38％阿维·毒死蜱乳油（百福）。⑨与三唑磷：15％阿维·三唑磷微乳剂。

【使用方法】可对水稀释喷雾或灌根。

(1) 喷雾 ①1.8％乳油，用 2 000 倍液防治小菜蛾幼虫、朱砂叶螨；用 2 500～3 000 倍液防治白粉虱；用 2 000～3 000 倍液防治 B 型烟粉虱、美洲（南美、番茄）斑潜蝇；用 3 000 倍液防治红棕灰夜蛾幼虫、焰夜蛾幼虫、大葱上的甜菜夜蛾幼虫、萝卜蚜、大豆荚瘿蚊幼虫、神泽氏叶螨、土耳其斯坦叶螨、南美斑潜蝇幼虫、蓟马类害虫、西葫芦上的 B 型烟粉虱、洋葱上的葱蓟马、葱潜叶蝇、大青叶蝉等；用 3 000～4 000 倍液防治枸杞瘿螨、美洲斑潜蝇幼虫、番茄斑潜蝇幼虫、豌豆潜叶蝇幼虫、菜潜蝇幼虫等；用 4 000 倍液防治菜青虫、截形叶螨等。②用 1％农哈哈乳油 2 000 倍液，防治南美斑潜蝇幼虫。③用 0.9％爱福丁乳油 2 000 倍液，防治葱斑潜蝇幼虫及落地化蛹幼虫。④用 0.05％螨虫素可湿性粉剂，有效浓度为 1 毫克/升，每公顷喷药液 1 125 千克，防治对拟除虫菊酯类和有机磷类杀虫剂产生抗药性的小菜蛾幼虫。⑤每公顷用 0.6％齐螨素 750 毫升，对水 600 千克，防治小菜蛾幼虫。⑥用 0.6％虫螨光乳油 1 000～2 000 倍液，防治辣椒上的桃蚜。⑦用 1％灭虫灵乳油 1 000～2 000 倍液，防治甘蓝蚜、桃蚜。⑧用 0.12％灭虫丁可湿性粉剂 2 000 倍液，防治黄瓜上的朱砂叶螨、烟蓟马，石榴上的瓜蚜。⑨每公顷用 1.8％乳油 500 毫升，对水 750 千克，喷雾防治甘蓝上的 2～3

龄菜青虫。

（2）**混配喷雾** 辛硫磷和阿维菌素，按有效成分 49∶1 混配，每公顷用混配药剂 150 克，对水用 3 000 倍液，防治小菜蛾幼虫。

（3）**灌根** ①在迟眼蕈蚊成虫或葱地种蝇成虫发生末期，田间未见被害株时，每公顷用 1％爱福丁乳油 2.25 千克，适量对水稀释后，在韭菜地畦口，随浇水时均匀滴入，防治韭蛆。②每公顷用1.8％虫螨克乳油（集琦）10～15 千克，对水 7 500～15 000 千克，均匀浇灌苗床或定植穴，防治番茄线虫。③用 20％百铃乳油（阿维菌素混配剂）1 000 倍液，或 0.9％虫螨克乳油（集琦）1 000 倍液，防治韭蛆。④用 1.8％爱福丁乳油 3 000 倍液，灌根防治茄子根结线虫病。⑤用 0.5％阿维菌素乳油 1 000 倍液灌注玉米雄穗，防治玉米螟。

（4）**撒施** 每公顷用 5％阿维菌素混配粉剂 45～75 千克，撒施后覆土，防治韭菜迟眼蕈蚊幼虫。

（5）**使用混配剂** ①用 40％绿菜宝乳油 555 倍液，每公顷喷药液 750 千克，防治美洲斑潜蝇幼虫；用 40％绿菜宝乳油 1 000 倍液，喷雾防治 B 型烟粉虱及洋葱上的葱蓟马、葱潜叶蝇、大青叶蝉等。②在豇豆结荚期，用 0.9％阿维·印楝素乳油 1 500 倍液，防治美洲斑潜蝇幼虫，每公顷喷药液 1 125 千克；用 0.8％易福乳油 1 000～1 500 倍液，每公顷喷药液 750 千克，防治花椰菜上的小菜蛾、斜纹夜蛾、菜青虫等的低龄幼虫。③每公顷用 2％阿维·氯氟乳油 282～375 克，喷药液 750 千克，防治黄瓜上的美洲斑潜蝇的 1～3 龄幼虫。④在芸豆上的美洲斑潜蝇发生初期（气温为 15～28℃），用菜福多乳油 1 000 倍液喷雾防治。⑤用捕快可湿性粉剂，每公顷均喷药液 750 千克。在花椰菜莲座期，用 500～1 000 倍液防治 1～2 龄小菜蛾幼虫；在葱斑潜蝇发生高峰期（9 月 28 日），用 1 000～1 500 倍液喷雾防治；在茄子 4～5 叶时，用 1 000～1 500倍液防治棕榈蓟马若虫。⑥在节瓜盛花期和幼瓜形成期，用 2.2％科葆乳油 1 000 倍液，防治黄胸蓟马，每公顷喷药液 1 125 千克。⑦每公顷用 18％阿维·烟碱水剂 500～750 毫升（每公顷有效成分用量为 90～135 克），对水 750 千克，喷雾防治甘蓝上的 2～3 龄菜青虫。⑧每公顷用 10.2%阿维·毒死蜱微乳剂 600～900 毫升，对水 900 千克，喷雾防治甘蓝上的小菜蛾幼虫；每公顷用 38%百福乳油 750～1 250 毫升，喷雾防治大白菜上的菜青虫或青花菜（绿菜花）上的斜纹夜蛾低龄幼虫。⑨每公顷用 15%阿维·三唑磷微乳剂 750 毫升，对水 750 千克，喷雾防治花椰菜上的（2～3 龄）小菜蛾和菜青虫幼虫；在黄瓜幼苗出现第一片真叶后，每公顷用 15%阿维·三唑磷乳油 3 000 毫升，灌根防治黄瓜根结线虫病。

【注意事项】

（1）在蔬菜收获前 20 天停用。适合防治对其他类型农药已产生抗药性的害虫。但不宜连续使用本剂，也要轮换用药。

（2）若用一般杀虫剂就能取得较好的防治效果，先不宜使用本剂。

（3）应在阴凉、避光、远离火源处贮存。有效期为 2 年。

（4）与苏云金杆菌、鱼藤酮有混配剂，可见各条。

6. 甲胺基阿维菌素苯甲酸盐

【其他名称】甲氨基阿维菌素苯甲酸盐、力虫晶。

【药剂特性】本品是从发酵产品阿维菌素 B1 开始合成的一种新型高效半合成抗生素类杀虫杀螨剂，有效成分为甲胺基阿维菌素苯甲酸盐。原药为白色或类白色结晶粉末，在通常贮存条件下稳定（pH 为 5.0～7.0），对热稳定，对光不稳定，在强酸强碱条件下不稳定。原药为中等毒性，制剂为微毒或低毒，在常规剂量下，对人、畜安全，易降解，无致癌、致畸、致突变作用。对害虫主要具有胃毒作用，并兼有一定的触杀作用，不具有杀卵功能，对鳞翅目昆虫的幼虫和其他许多害虫及螨类的活性极高，与阿维菌素比较，其杀虫活性提高了 1～3 个数量级，与其他杀虫剂无交互抗性问题，可防治对有机磷类、拟除虫菊酯类和氨基甲酸酯类等杀虫剂产生抗药性的害虫，对天敌安全。

【主要剂型】0.2%高渗乳油，0.5%、1%乳油，0.5%微乳剂。

【使用方法】将（高渗）乳油、微乳剂对水稀释后喷雾。①用0.2%高渗乳油 1 500～3 000 倍液，或 0.5%乳油 1 500～3 000 倍液，防治温室黄瓜上的美洲斑潜蝇。②用 1%乳油 2 000～3 000 倍液，防治美洲（南美、番茄）斑潜蝇。③在甘蓝上害虫始盛期使用1%乳油，用 4 000～6 000 倍液防治菜青虫，用 6 000～8 000 倍液防治小菜蛾幼虫，每公顷喷药液 675 千克。④每公顷用 0.5%微乳剂 125 毫升，对水 750 千克，防治丝瓜（株高 50 厘米）上的美洲斑潜蝇 2 龄以下幼虫。⑤每公顷用 0.5%微乳剂 150 毫升，对水750 千克，防治苋菜（株高 20 厘米）上的甜菜夜蛾 2 龄以下幼虫。

【注意事项】

（1）在使用该药剂前，务请仔细阅读农药产品标签，并按要求操作。施药时做好安全防护，如：戴上口罩、手套，穿上隔离服等。

（2）对鱼有毒，应避免污染水源和池塘等。

（3）对蜜蜂和蚕剧毒，严禁在开花期施用，严禁在桑蚕养殖区施用。

7. 多杀霉素

【其他名称】菜喜、催杀、多杀菌素、刺糖菌素等。

【药剂特性】本品属抗生素类杀虫剂，有效成分为多杀霉素，对人、畜、鸟类低毒，直接喷射对蜜蜂高毒，但施药后数小时，对蜜蜂无害。悬浮剂外观为白色液体，pH 为 7.4～7.8，贮存 2 年稳定。本剂与目前使用的各类杀虫剂无交互抗药性，杀虫速度快。

【主要剂型】2.5%、48%悬浮剂。

【使用方法】用 2.5%悬浮剂对水稀释后喷雾。①用 1 000～1 500 倍液，在大白菜或甘蓝，或紫甘蓝的莲座期，或在菜心有 5～6 叶期，喷雾防治小菜蛾低龄幼虫，每公顷每次喷药液 750～900千克。②每公顷用 750～1 500 毫升悬浮剂，在傍晚防治甜菜夜蛾低龄幼虫。③每公顷用悬浮剂 495～750 毫升，或用 1 000～1 500倍液，防治蓟马，重点喷药区为（蓟马为害的）蔬菜幼嫩部位。④用 1 000 倍液，防治菜黑斯象（蔬菜象鼻虫）、茄黄斑螟幼虫、甜菜夜蛾幼虫等。⑤用 1 000～1 500 倍液，防治马铃薯甲虫、蓟马类害虫等。

【注意事项】

(1) 在蔬菜收获前 1 天停用。避免喷药后 24 小时内遇降雨。

(2) 使用应注意个人的安全防护，避免污染环境。

(3) 应贮存在阴凉、干燥、安全处。

8. 烟草 （附烟碱）

【药剂特性】 本品属茄科植物杀虫剂，有效成分为烟碱。卷烟厂下脚料烟草粉末中含烟碱 1%～2%，烟草的茎、筋中含烟碱约 1%，吸过的烟头含烟碱约 3%。烟碱纯品为无色无臭油状液体，易溶于水，性质不稳定、易挥发，遇光或空气变成褐色、发黏、有奇臭和强烈刺激性。对人、畜高毒，对鱼类毒性小。对害虫具有触杀兼有熏蒸和胃毒作用，杀虫速度快，但持效期短。

【主要剂型】

(1) 单有效成分　烟草粉末、10% 乳油（蚜克）。

(2) 双有效成分混配　①与茶皂素：27% 茶皂素·烟碱可溶液剂，30% 茶皂素·烟碱水剂。②与蓖麻油酸：15% 蓖·烟碱乳油。③与印楝素：3.2% 烟碱·印楝素水剂。④与苦参碱：0.6%、1.2% 烟碱·苦参碱乳油。⑤与氯氰菊酯：4% 氯氰·烟碱水乳剂（灭蚜灵）。

(3) 三有效成分混配　与印楝素和百部碱：1.1% 烟碱·百部碱·印楝素乳油。

【加工方法】 主要利用烟草粉末等物。

(1) 烟草水　取 1 千克烟草粉末，加清水 10 千克（或把 1 千克烟茎、烟筋粉碎，加清水 6～8 千克），浸泡 12～24 小时（气温高、时间短），浸泡期间，手戴橡皮手套揉搓一遍，并换水 4 次，即 1 千克烟叶揉出 40 千克烟草水，把每次揉出的烟草水混合后过滤，用清液喷雾。

(2) 烟草石灰水　①把 1 千克烟草末用 10 千克热水浸泡 30～

40 分钟，待水不烫手时，用力揉搓后，把烟草末捞出，另换 10 千克清水继续揉搓，直到无较浓烟味为止，然后把两次烟草水混在一起备用。②用 0.5 千克生石灰加 10 千克清水，配成石灰乳，过滤去残渣，清液备用。③把 20 千克烟草水和 10 千克石灰水混合后，再加 10 千克清水，混匀后即可喷雾。④用 1 千克烟茎和烟筋配制时，则用清水 10～15 千克，生石灰 0.5 千克。

（3）烟草肥皂水　用热水把 50 克肥皂溶开，加入到用上述方法揉搓取得的 10 千克烟草水中，再加入 10～15 千克清水，搅匀后即可喷雾。

【使用方法】

（1）喷雾　①用烟草水等喷洒，防治菜青虫、小菜蛾幼虫、菜蚜、瓜蚜、蓟马等。②用 10％烟碱乳油 1 000 倍液，防治美洲斑潜蝇成虫（高峰期）。

（2）喷烟草粉末　每公顷用烟草粉末 45～60 千克喷施，防治椿象、飞虱、叶蝉、潜叶蛾、黄条跳甲等。

（3）灌根　用 10％高渗烟碱水剂 1 000 倍液，用工农-16 型喷雾器（去掉喷头）粗灌根，防治韭蛆（韭菜迟眼蕈蚊幼虫），每公顷灌药液 3 750 千克。

【注意事项】

（1）药液应随配随用，不宜久存。宜在早晨有露水时喷施烟草粉末。石灰水或肥皂液等，均需在喷雾前加入，以防烟碱损失。与阿维菌素、氯氰菊酯有混配剂，可见各条。

（2）在配制或使用本剂过程中，应提高警惕，做好个人的安全防护，避免中毒。

9. 烟碱·印楝素

【其他名称】速杀威

【药剂特性】本品为植物性混配杀虫剂，有效成分为烟碱和印楝素。对人、畜低毒。对害虫具有触杀兼有胃毒作用，对环境无污染。

【主要剂型】5％乳油。

【使用方法】用5％乳油400～500倍液，喷雾防治菜青虫、蔬菜和花卉上的蚜虫、螨类等。

【注意事项】

(1) 不宜和碱性物质混用。宜在早晨或傍晚时喷施。其他可参照烟碱和印楝素。

(2) 应保存在阴凉干燥处。

10. 烟碱·百部碱·印楝素

【其他名称】烟·百·素。

【药剂特性】本品为植物性混配杀虫剂，有效成分为烟碱、印楝素和百部碱。对人、畜低毒，对眼有刺激作用。对害虫具有触杀和胃毒作用，施药后1～2天，害虫死亡达到高峰，对抗药性害虫也有较好的防效，而药剂在蔬菜等作物上消失极快，不污染环境。

【主要剂型】1.1％、6％乳油(绿浪)。

【使用方法】①每公顷用1.1％乳油450～675毫升，对水为1 000倍液防治叶用莴苣上的桃蚜。②用6％乳油对水喷雾，用1 000倍液，防治B型烟粉虱；用1 000～1 500倍液，防治蔬菜和花卉上的小菜蛾幼虫、菜青虫、斑潜蝇、蚜虫、白粉虱、螨类等。

【注意事项】

(1) 不能与碱性物质混用。最好用水温30℃以下的中性水稀释配制。

(2) 宜在下午5时以后喷药。施药时应注意个人的安全防护。其他可参照烟碱和印楝素

11. 蓖·烟碱

【其他名称】毙蚜丁、油酸·烟碱。

【药剂特性】本品为植物性混配杀虫剂，有效成分为烟碱和蓖麻油酸。乳油外观为棕色液体，易于挥发。对人、畜为中等毒性，对鱼类、贝类毒性小。对害虫具有触杀作用，兼有一定的胃毒和熏

蒸作用，不易产生抗药性。

【主要剂型】15％、27.5％乳油。

【使用方法】用乳油对水稀释喷雾。①用 27.5％乳油 500～1 000倍液，防治蔬菜和果树等作物上的蚜虫。②每公顷用 15％乳油 1 125 毫升，防治红斑郭公虫。

【注意事项】

（1）在蔬菜等作物收获前 7 天停用。施药时做好个人的安全防护工作。

（2）本剂应存放在阴凉、避光处。保质期 2 年。其他可参照烟碱。

12. 茶皂素·烟碱

【其他名称】皂素·烟碱。

【药剂特性】本品为植物性混配杀虫剂，有效成分为烟碱和茶皂素（后者来自油茶饼粕）。可溶液剂外观为棕褐色液体。对人、畜低毒。对害虫具有触杀作用，不污染环境。

【主要剂型】27％可溶液剂。

【使用方法】用可溶液剂对水稀释喷雾。①用 27％可溶液剂 300 倍液，防治蚜虫、螨类、介壳虫等。②用 27％可溶液剂 2 000～2 500倍液，每公顷喷药液 750 千克，防治菜青虫。

【注意事项】

（1）不能和碱性物质混用。在阴雨、潮湿条件下使用，防效更好。

（2）应存放在阴凉干燥处，避免高温和暴晒。其他可参照烟碱。

13. 鱼藤

【其他名称】雷藤、毒鱼藤等。

【药剂特性】本品属豆科植物杀虫剂，有效成分为鱼藤酮，主要存在于鱼藤根部。纯品鱼藤酮为白色无臭结晶，易受日光、空气、高温的影响而分解，遇碱也分解，在干燥条件下较稳定。对人、畜为中等毒性，对鱼类、猪剧毒。对害虫具有触杀和胃毒作用，并有一定的驱避作用，杀虫速度慢，持效期可达 10 天左右。

【主要剂型】4％粉剂、鱼藤根茎。

【使用方法】

（1）撒粉 每公顷用鱼藤粉 15～22.5 千克，拌细土 120～150 千克，拌匀后，在早晨露水未干时撒扬，可防治黄条跳甲、猿叶虫、二十八星瓢虫、黄守瓜、菜螟幼虫、菜蚜等。

（2）喷雾 ①用鱼藤粉 1 千克，中性肥皂 1 千克，水 300～500 千克；先用热水把肥皂溶化，待冷却后，把鱼藤粉装入布袋内，在冷肥皂水中慢慢揉搓，把有效成分揉出，然后加足水，搅匀后喷雾，防治蔬菜蚜虫。②用鱼藤粉 1 千克，中性肥皂 0.5 千克，水 200～300 千克，按①中方法配制药液喷雾，防治菜青虫、黄守瓜、二十八星瓢虫、猿叶虫等。③每公顷用鱼藤鲜根茎 75～90 千克，捣烂后，加水 750～1 125 千克，浸泡 4 小时，待浸泡液出现白色时，即可过滤除渣，用清液喷雾；或每公顷用干鱼藤根 37.5 千克，磨成粉，加凉水 150～225 千克，揉浸 4 小时，过滤除渣，滤液加入中性皂 2.25～3.75 千克，然后加足水为 750～1 125 千克，搅匀后喷雾，防治上述害虫。

【注意事项】

（1）不能与碱性物质混用。也不能用热水浸泡鱼藤粉。药液应随配随用，不宜久存。

（2）要贮存在阴凉干燥处。

14. 鱼藤酮

【其他名称】鱼藤精。

【药剂特性】可见鱼藤条。

【主要剂型】

（1）单有效成分 2.5％、5％、7.5％乳油，3％高渗鱼乳油。

（2）双有效成分混配 ①与辛硫磷：18％藤酮·辛硫磷乳油。

②与氰戊菊酯：1.3％、7.5％氰戊·鱼藤酮乳油。③与苦参碱：0.2％苦参碱水剂＋1.8％鱼藤酮乳油（绿之宝，桶混剂）。④与除虫菊素：5％除虫菊素·鱼藤酮乳油。⑤与敌百虫：25％敌百·鱼藤酮乳油。⑥与吡虫啉：2％吡虫啉·鱼藤酮乳油。⑦与阿维菌素：1.8％阿维·鱼藤酮乳油。

【使用方法】用乳油对水稀释后喷雾。①用5％乳油1 500～2 000倍液，或2.5％乳油1 000倍液，防治蔬菜上的蚜虫、猿叶虫、黄守瓜、二十八星瓢虫、黄条跳甲、菜青虫、螨类、介壳虫等。②用2.5％乳油600～800倍液，防治胡萝卜微管蚜、柳二尾蚜等。③用4％鱼藤精600倍液，防治南亚寡鬃实蝇。④用鱼藤精400倍液，防治棕榈蓟马、黄蓟马、黄胸蓟马、色蓟马、印度裸蓟马等。⑤在菇类子实体形成时，可用0.1％鱼藤精喷洒，防治紫跳虫。⑥每公顷用2％绿之宝（参酮合剂）4.5升，对水750千克，防治菜青虫等。⑦用2.5％乳油1 000～2 000倍液，喷洒防治枸杞负泥虫。

【注意事项】可参照鱼藤条。

15. 氰戊·鱼藤酮

【其他名称】鱼藤·氰戊。

【药剂特性】本品为混配杀虫剂，有效成分为鱼藤酮和氰戊菊酯。乳油外观为棕黄色透明液体，pH为5.5～7.5，对人、畜低毒。对害虫具有触杀、胃毒和驱避作用，并有刺激植物叶绿素增生的效果。

【主要剂型】1.3％乳油。

【使用方法】每公顷用1.3％乳油1.5～1.875升，对水喷雾防治菜蚜、菜青虫等。

【注意事项】

（1）在蔬菜收获前5～7天停用。本剂不能与碱性物质混用。其他可参照鱼藤和氰戊菊酯。

（2）应在阴凉干燥处存放。

16. 藜芦碱

【其他名称】虫敌、西伐丁、护卫鸟、塞得等。

【药剂特性】本品属百合科植物杀虫剂，有效成分为藜芦碱，见光易分解。对人、畜低毒，不污染环境。对害虫具有触杀和胃毒作用，持效期10天左右。

【主要剂型】0.5%藜芦碱可溶液剂。

【使用方法】①每公顷用0.5%藜芦碱可溶液剂1 125～1 500毫升，对水喷雾防治低龄菜青虫、棉铃虫等。②在大棚樱桃番茄采收中期，用0.5%可溶液剂800倍液喷雾防治蚜虫，每公顷喷药液1 725千克。

【注意事项】

(1) 本剂应先摇匀，再稀释使用。不能与强酸和碱性物质混用。

(2) 应在避光、低温、通风干燥处贮藏。

17. 苦参碱

【其他名称】苦参素、苦参杀虫剂、无名霸、绿植保等。

【药剂特性】本品属植物杀虫剂，有效成分为苦参碱。水剂外观为棕黄色黏稠液体，粉剂外观为棕黄色粉末，呈弱酸性。对人、畜基本无毒。对害虫具有触杀和胃毒作用。

【主要剂型】

(1) 单有效成分　0.6%（无名霸）、1%可溶液剂，0.3%、0.36%（绿植保）、1.1%水剂。

(2) 双有效成分混配　与氯氰菊酯：1.8%氯氰·苦参碱乳油，3.2%氯氰·苦参碱乳油（田卫士）。

【使用方法】对水稀释后喷雾或灌根。

(1) 喷雾　①每公顷用1%可溶液剂750～1 800毫升或用0.3%水剂7.5～9升，对水600～750千克，防治菜青虫、菜蚜。②用1%可溶液剂800倍液，防治小菜蛾幼虫。③用1%乳油2 000

倍液，防治斜纹夜蛾幼虫。④每公顷用 0.1％氧化苦参碱水剂 900～1 200毫升，对水 600 千克，防治菜青虫。⑤用苦参素 500～800 倍液，防治黑纹粉蝶幼虫、粉斑夜蛾幼虫、大菜螟幼虫、菜野螟幼虫等；在大棚樱桃番茄采收中期，用苦参素 1 000 倍液，防治美洲斑潜蝇，每公顷喷药液 1 725 千克。⑥用 3.2％田卫士乳油 1 000～2 000倍液，每公顷喷 1 125 千克药液，防治菜青虫。⑦在大棚黄瓜（结瓜期）和菜豆（结荚期）上，用 0.3％水剂 800～1 000倍液，防治温室白粉虱，每公顷喷药液 1 200 千克。⑧用 0.36％水剂对水喷雾。用 800 倍液，防治早甘蓝上（莲座前期至结球后期）和大白菜上（团棵前期）的菜青虫、小菜蛾幼虫、蚜虫等；用 1 000 倍液，防治茄黄斑螟。⑨用 0.6％可溶液剂 1 000 倍液，防治枸杞负泥虫、十四点负泥虫。

（2）灌根　①每公顷用 1.1％粉剂 30～60 千克，对水 15～30吨，在韭蛆初发生时灌根。②在迟眼蕈蚊成虫或葱地种蝇成虫发生末期，而田间未见被害株时，每公顷用 1.1％复方苦参碱粉剂 60千克，适量对水稀释后，在韭菜地畦口，随浇地水均匀滴入，防治韭蛆。③在山药根结线虫病（根茎瘤病）初发生时，用 1.1％水剂 500～1 000 倍液灌根 2 次，每株每次灌药液 250 克。

【注意事项】

（1）不能与碱性药剂混用，应在避光、阴凉通风处贮存。施药时药液要接触到虫体。

（2）与烟碱、鱼藤酮、代森锰锌等有混配剂，可见各条。

18. 印楝素

【其他名称】蔬果净、呋喃三萜、川楝素、楝素等。

【药剂特性】本品属楝科植物杀虫剂，有效成分为印楝素。纯品为白色针状或粉末状固体，无臭，味极苦，遇酸、碱、光易分解。对人、畜低毒。对害虫具有胃毒、触杀和拒食作用，施药后 24 小时开始见效，3 天后达到害虫死亡高峰期，持效期 7～10 天。

【主要剂型】0.3％、0.5％乳油。

【使用方法】

（1）喷雾 用乳油对水稀释喷雾。①用 0.3％乳油：在豇豆结荚期，用 300 倍液防治美洲斑潜蝇幼虫，每公顷喷药液 1 125 千克；在羽衣甘蓝上小菜蛾发生初期，用 400～500 倍液防治；用 400～500 倍液，防治塑料大棚内彩色椒上的甜菜夜蛾幼虫（2～4 龄），每公顷喷药液 1 200 千克；用 800 倍液防治茄子上的茶黄螨和蓟马，每公顷喷药液 900 千克；在大头菜上小菜蛾幼虫和菜青虫发生初期（1～2 龄），用 800～1 500 倍液喷雾，每公顷喷药液 900 千克。②用 0.5％乳油：在芸豆上的美洲斑潜蝇发生初期（气温为 15～28℃），用 600 倍液防治；用 800～1 500 倍液，防治菜青虫、小菜蛾幼虫、甘蓝夜蛾幼虫、斜纹夜蛾幼虫、甜菜夜蛾幼虫等。

（2）灌根 用 0.3％乳油 1 000 倍液，用工农 - 16 型喷雾器粗灌根，防治韭蛆，每公顷灌药液 3 750 千克。

【注意事项】

（1）不宜与碱性药剂混用。在使用时，按喷液量加 0.03％的洗衣粉，可提高防治效果。

（2）印楝素对蚜茧蜂、六斑瓢虫、尖臀瓢虫等有较强的杀伤力。

（3）宜在傍晚或清晨用药。

（4）与烟碱、阿维菌素等有混配剂，可见各条。

19. 松脂酸钠

【其他名称】 S - S 松脂杀虫剂。

【药剂特性】 本品是以天然原料为主体的新型杀虫剂，有效成分为松脂酸钠，具有良好的脂溶性、成膜性和乳化性能。水乳剂外观为棕褐色黏稠液体，pH 为 9～11。对人、畜低毒，对天敌安全。对害虫具有触杀作用，兼有黏着、窒息、腐蚀害虫体表，而致害虫死亡的作用。

【主要剂型】 30％水乳剂，40％可溶粉剂，20％可溶粉剂（融杀蚧螨）。

【使用方法】 对水稀释后喷雾。

（1）**防害虫**　可用 30％水乳剂 150～300 倍液，防治蔬菜蚜虫。

（2）**防软体动物**　①用融杀蚧螨 70～150 倍液，防治蛞蝓、蚯蚓等。②用融杀蚧螨 75～150 倍液，防治琥珀螺、椭圆萝卜螺、网纹蛞蝓等。③用融杀蚧螨 150 倍液，防治黄蛞蝓、鳃蚯蚓等。

【注意事项】

（1）使用本剂前，应先摇匀，再加水稀释。

（2）在降雨前后、空气中湿度大时，或在炎热中午、气温高于30℃时，均不能施药，以避免药害。

20. 茴蒿素

【其他名称】山道年。

【药剂特性】本品属菊科植物杀虫剂，有效成分为茴蒿素。水剂外观为深褐色液体，pH 为 8～9，遇光、热、碱易分解。对人、畜无毒。对害虫具有胃毒和触杀作用。

【主要剂型】

（1）单有效成分　0.65％水剂。

（2）双有效成分混配　与百部碱：0.88％双素·碱水剂。

【使用方法】用 0.65％水剂对水稀释喷雾。①每公顷用 1.5～1.95 升水剂，防治甘蓝上菜青虫、菜蚜等。②每公顷用 1.2～1.5 升水剂，防治大白菜上菜青虫、蚜虫，防治辣椒上侧多食跗线螨（茶黄螨）。③用 500 倍液，防治朱砂叶螨。④每公顷用 3 升水剂，对水 900～1 200 千克，防治韭蛆、茶黄螨。⑤每公顷用水剂 3～3.75 升，防治小菜蛾幼虫、菜青虫、菜蚜等。⑥用 400～500 倍液，防治桃小食心虫。

【注意事项】不能与碱性药剂混用。药液应随配随用。本品应存放在干燥、通风避光处。

21. 双素·碱

【其他名称】双素碱。

【药剂特性】本品为植物性混配杀虫剂，有效成分为苦蒿素和百部碱（来自百部科植物）。水剂外观为棕褐色透明液体，pH 为5.0。对人、畜低毒，不污染环境。对害虫具有触杀和胃毒作用，并有杀卵作用。

【主要剂型】0.88％水剂。

【使用方法】每公顷用 0.88％水剂 1.5～2.25 升，对水喷雾，或用 300～400 倍液，防治菜青虫、菜蚜、黄守瓜等。

【注意事项】

（1）不能与碱性农药混用。药液应现配现用，不宜久存。

（2）本剂应在阴凉、干燥处贮存。保存期 2 年。其他可参照苦蒿素。

22. 除虫菊（附除虫菊素）

【药剂特性】本品属菊科植物杀虫剂，有效成分为除虫菊素，在花部（特别是白花）含量达 0.8％～1.5％，茎叶含量为 0.15％，根部不含有效成分。除虫菊素乳油（经人工提炼）为淡黄色黏稠状液体，有清香味，在常温下稳定，遇碱、强光、60℃以上高温时易分解失效。对人、畜毒性小。对害虫具有触杀作用，对环境安全。

【主要剂型】3％除虫菊乳油，0.7％～1％除虫菊粉剂。

【使用方法】

（1）喷雾 ①用 3％乳油 0.5 千克，对水 400～500 千克，防治菜青虫、蚜虫、叶蝉等。②在菇类子实体形成时，可用除虫菊150～200 倍液，防治紫跳虫。

（2）喷粉 用除虫菊粉剂 1 千克，与 2.5～3 千克干细土拌匀，制成混合粉，每公顷面积上喷混合粉 45～75 千克，防治菜蚜、葱蓟马、叶蝉、飞虱等。

【注意事项】

（1）不能与碱性农药混用。应在干燥、阴凉处贮存，可避免变质。

（2）对害虫击倒速度快，但有害虫中毒后又复苏的现象。除虫菊素与鱼藤酮有混配剂。

（3）由人工合成的，与天然除虫菊素结构类似的多种化合物，统称为拟除虫菊酯类化合物。

（二）拟除虫菊酯类杀虫剂及混配剂

23. 氯氟氰菊酯

【其他名称】功夫、三氟氯氰菊酯、PP321等。

【药剂特性】本品属拟除虫菊酯类杀虫剂，有效成分为氯氟氰菊酯。乳油外观为淡黄色液体，在常温下贮存稳定期2年以上。对人、畜为中等毒性，对眼和皮肤有刺激作用，对鸟类低毒，对鱼类、蜜蜂、蚕剧毒。对害虫具有触杀和胃毒作用，击倒速度快，施药后耐雨水冲刷，长期使用害虫易对该药产生抗药性。

【主要剂型】2.5％乳油、0.1％颗粒剂。

【使用方法】

（1）喷雾　用2.5％乳油对水稀释后喷雾。①用1 500倍液，防治黑缝油菜叶甲。②用2 000倍液，防治芦笋上的甜菜夜蛾幼虫、豆小卷叶蛾幼虫、褐卷蛾幼虫、古毒蛾幼虫、黑纹粉蝶幼虫、粉斑夜蛾幼虫、大菜螟幼虫、菜野螟幼虫、八点灰灯蛾幼虫、莴苣指管蚜、苜蓿盲蝽、牧草盲蝽、绿盲蝽等。③用2 000～2 500倍液，防治桑剑纹夜蛾幼虫。④用2 000～3 000倍液，防治烟粉虱、小菜蛾幼虫、菜蚜、茄子红蜘蛛、辣椒（侧多食）跗线螨等。⑤用3 000倍液，防治小绿叶蝉、马铃薯甲虫等。⑥用3 000～3 500倍液，防治棉褐带卷蛾幼虫。⑦用3 000～4 000倍液，防治康氏粉蚧。⑧用4 000倍液，防治瓜蚜、马铃薯瓢虫、茄二十八星瓢虫、甘蓝夜蛾幼虫、菜螟幼虫、截形叶螨、二斑叶螨等。⑨用5 000倍液，防治白粉虱、棉铃虫、烟青虫、各类粉蝶幼虫、银纹夜蛾幼虫、甜菜夜蛾幼虫、灯蛾幼虫、斜纹夜蛾幼虫等。⑩用1 000～1 500倍液，在卵块盛孵期防治水生蔬菜螟虫。

（2）灌穗　在玉米心叶末期，每株玉米心叶内撒施0.1％颗粒剂 0.16 克，防治玉米螟。

【注意事项】

（1）在蔬菜收获前 7 天停用。本剂不能与碱性农药混用，也不能用于土壤处理。

（2）兼有杀螨作用，但药效期短，效果不稳定，不能当杀螨剂专用。

（3）与阿维菌素、辛硫磷、双甲醚、哒螨灵等有混配剂，可参见各条。

24. 戊菊酯

【其他名称】中西除虫菊酯、中西菊酯、多虫畏、杀虫菊酯、戊酸醚酯、戊醚菊酯、S - 5439 等。

【药剂特性】本品属拟除虫菊酯类杀虫剂，有效成分为戊菊酯。乳油外观为黄色或浅棕色透明液体，遇明火极易燃烧，对光、热及酸性物质较稳定，遇碱易分解。对人、畜毒性极低，对害虫具有触杀并兼有胃毒和拒避作用。

【主要剂型】20％乳油。

【使用方法】用 20％乳油对水稀释后喷雾。①用 3 000 倍液，防治地老虎、豆野螟等。②用 2 000 倍液，防治菜青虫、菜叶蜂等。③每公顷用乳油 1.5～2.25 升，对水 600～750 千克，防治蚜虫、叶蝉、飞虱、蓟马等。④每公顷用乳油 2.25～3.0 升，对水 750 千克，防治菜青虫、小菜蛾幼虫等。⑤每公顷用乳油 3.0～3.75 升，对水 750～900 千克，防治菜螟幼虫、瓜绢螟幼虫、斜纹夜蛾幼虫、造桥虫、棉铃虫、叶甲、跳甲、二十八星瓢虫、蓟马、盲蝽、斑须蝽等。

【注意事项】

（1）在蔬菜收获前 2 天停用。施药时，单位面积上用药量要够。

（2）不能连续单一使用，应与其他药剂轮换使用。

（3）不能与碱性物质混用或混贮，在贮运过程中须注意远离火源。

25. 甲氰菊酯

【其他名称】灭扫利、杀螨菊酯、灭虫螨、芬普宁等。

【药剂特性】本品属拟除虫菊酯类杀虫、杀螨剂，有效成分为甲氰菊酯。乳油外观为棕黄色液体，可与除碱性物质以外的大多数农药混用，在常温下贮存稳定性在 2 年以上。对人、畜为中等毒性，对鸟、蜜蜂低毒，对鱼类高毒。对害虫具有触杀、胃毒和一定的驱避作用。

【主要剂型】

（1）单有效成分　20％乳油，10％增效乳油，10％高渗乳油，8.05％乳油等。

（2）双有效成分混配　与噻螨酮：7.5％甲氰·噻螨酮乳油（农螨丹）。

【使用方法】用 20％乳油对水稀释后喷雾。①用 1 000 倍液，防治神泽氏叶螨、土耳其斯坦叶螨、菜豆上六斑始叶螨等。②用 2 000倍液，防治瓜蚜、莴苣指管蚜、白粉虱、烟粉虱、二条叶甲、十四点负泥虫、苜蓿盲蝽、牧草盲蝽、绿盲蝽、水生蔬菜螟虫（在卵块盛孵期）、二化螟（生姜上）、菜青虫、小菜蛾幼虫、朱砂叶螨、截形叶螨、二斑叶螨、侧多食跗线螨（茶黄螨）等。③用 3 000倍液，防治甘蓝夜蛾幼虫、斜纹夜蛾幼虫、菜螟幼虫、八点灰灯蛾幼虫等。④用 3 000～4 000 倍液，防治康氏粉蚧。

【注意事项】

（1）在蔬菜收获前 3 天停用。本剂不能与碱性农药混用。在气温低时使用，更能发挥药效。

（2）宜在虫螨并发时使用，但不宜作为专用杀螨剂使用。

（3）与辛硫磷、马拉硫磷、敌敌畏、三唑磷等有混配剂，可见各条。

26. 醚菊酯

【其他名称】多来宝、利来多、依芬等。

【药剂特性】本品属拟除虫菊酯类杀虫剂，有效成分为醚菊酯。悬浮剂外观为乳白色液体，在常温下贮存在阴凉干燥处，稳定期在2年以上。对人、畜低毒，对鱼类、蜜蜂、家蚕毒性较高。对害虫具有触杀和胃毒作用，对害虫击倒速度快，持效期长，但对害螨无效。

【主要剂型】10%悬浮剂，5%、20%可湿性粉剂，20%乳油。

【使用方法】用10%悬浮剂对水稀释后喷雾。①用1 000倍液，防治小菜蛾幼虫、双线盗毒蛾幼虫、黑足黑守瓜、瓜褐蝽、红背安缘蝽、斑背安缘蝽、显尾瓜实蝇等。②用2 000～2 500倍液，防治萝卜蚜、桃蚜、瓜蚜等。③用2 500～3 000倍液，防治菜青虫、甜菜夜蛾幼虫、棉铃虫、菜螟幼虫、叶蝉等。

【注意事项】

（1）在蔬菜收获前7天停用。不能与碱性农药混用。可与有机磷类杀虫剂交替使用。

（2）若出现分层现象，在使用前应先摇匀后，再稀释配药。

27. 氟胺氰菊酯

【其他名称】马扑立克、福化利等。

【药剂特性】本品属拟除虫菊酯类杀虫、杀螨剂，有效成分为氟胺氰菊酯。乳油外观为黄色液体，对光、热和酸性条件稳定，在碱性条件下易分解。对人、畜为中等毒性，对眼、皮肤有轻度刺激作用。对害虫具有胃毒和触杀作用外，还有杀螨及杀螨卵作用。

【主要剂型】10%、20%乳油。

【使用方法】用20%乳油对水稀释喷雾。①用1 500～2 000倍液，防治茄子、瓜类及豆类等蔬菜上的害螨。②每公顷用乳油225～450毫升，防治菜青虫、小菜蛾幼虫、斜纹夜蛾幼虫、甜菜夜蛾幼虫、蚜虫、蓟马等。

【注意事项】

（1）在蔬菜收获前10天停用。本剂不能与碱性农药混用。

（2）药液应随配随用。不能在桑园、鱼塘附近使用本剂。

28. 氰戊菊酯

【其他名称】速灭杀丁、杀灭菊酯、杀虫菊酯、中西杀灭菊酯、敌虫菊酯、异戊氰酸酯、戊酸氰醚酯、速灭菊酯、腈氯苯醚菊酯、百虫灵、虫畏灵、杀灭虫净、杀灭速丁、分杀等。

【药剂特性】本品属拟除虫菊酯类杀虫剂，有效成分为氰戊菊酯。乳油外观为黄褐色透明液体，对光及酸性条件稳定，在碱性条件下易分解。对人、畜为中等毒性，对皮肤有轻度刺激性，对眼有中度刺激性，对蜜蜂、鱼类毒性大，对天敌毒性高。对害虫具有触杀及胃毒作用，也有拒食作用，并对害虫的蛹、卵有较强的杀伤力，持效期长。

【主要剂型】

20％、40％乳油，10％高渗乳油，5％、8％增效乳油。

【使用方法】主要用于对水喷雾或灌根。

（1）用 40％乳油喷雾 ①用 1 000 倍液，防治豆小卷叶蛾幼虫、褐卷蛾幼虫、古毒蛾幼虫等。②用 2 500 倍液，防治菜青虫。③用 3 000 倍液，防治八点灰灯蛾幼虫、莴苣指管蚜等。④用 3 000～3 500倍液，防治棉褐带卷蛾幼虫。⑤用 4 000～6 000 倍液，防治斜纹夜蛾幼虫。⑥用 6 000 倍液，防治瓜蚜、茄无网蚜、萝卜蚜、甘蓝蚜、桃蚜、豇豆荚螟幼虫、豆荚螟幼虫、豆卷叶螟幼虫、甘蓝夜蛾幼虫、菜螟幼虫等。⑦用 8 000 倍液，防治黄守瓜成虫。

（2）用 20％乳油喷雾 ①用 1 000 倍液，防治斜纹夜蛾幼虫。②用 2 000 倍液，防治茄黄斑螟幼虫、扁豆夜蛾幼虫、豆天蛾幼虫、黏虫、白边地老虎幼虫、警纹地老虎幼虫、甘薯麦蛾幼虫、姜弄蝶幼虫、扁豆小灰蝶幼虫、豆灰蝶幼虫、棕灰蝶幼虫、橙灰蝶幼虫、韭菜跳盲蝽、长绿飞虱、白背飞虱、灰飞虱等。③用 2 000～2 500倍液，防治黑足黑守瓜、瓜褐蝽、红背安缘蝽、斑背安缘蝽、黑纹粉蝶幼虫、粉斑夜蛾幼虫、桑剑纹夜蛾幼虫、烟青虫、大菜螟幼虫、菜野螟幼虫等。④用 2 000～3 000 倍液，防治豆蚜、胡萝卜微管蚜、柳二尾蚜、莲缢管蚜、萝卜蚜、棉铃虫、小菜蛾幼虫、菜青虫、各类粉蝶幼虫、银纹夜蛾幼虫、甜菜夜蛾幼虫、灯蛾幼虫、双线盗毒蛾幼虫等。⑤用3 000倍液，防治瓜绢螟幼虫、各类地老虎幼虫、红棕灰夜蛾幼虫、焰夜蛾幼虫、葡萄长须卷蛾幼虫、马铃薯瓢虫、茄二十八星瓢虫、韭菜迟眼蕈蚊、葱须鳞蛾幼虫、菠菜潜叶蝇、豌豆潜叶蝇、西瓜虫等。⑥用3 000~4 000倍液，防治芫菁类、康氏粉蚧、菜叶蜂幼虫等。⑦用8 000倍液，防治紫跳虫。⑧收菇后，用3 000~4 000倍液，防治平菇尖须夜蛾幼虫；用2 000倍液，防治草菇折翅菌蚊幼虫、韭菜迟眼蕈蚊幼虫、宽翅迟眼蕈蚊幼虫等。

（3）灌根　用20%乳油2 000倍液，灌根防治韭蛆。

（4）混配喷雾　用20%杀灭菊酯乳油5 000倍液加50%乐果乳油800倍液，防治小菜蛾幼虫。

【注意事项】

（1）夏季青菜收获前5天停用，秋季青菜、大白菜收获前12天停用。不能与碱性农药混用。

（2）在虫螨并发时，应配合使用杀螨剂。不能长期单一使用本剂，要轮换用药。

（3）在贮运过程中，应远离火源，注意防火。

（4）与敌敌畏、辛硫磷、马拉硫磷、乐果、哒嗪硫磷、杀螟硫磷、甲萘威、氯氰菊酯、鱼藤酮、三唑酮、硫丹、双甲脒等有混配剂，可见各条。

29. S-氰戊菊酯

【其他名称】来福灵、强福灵、强力农、双爱士、顺式氰戊菊酯、高效氰戊菊酯、高氰戊菊酯、霹杀高等。

【药剂特性】本品属拟除虫菊酯类杀虫剂，有效成分为S-氰戊菊酯。乳油外观为黄褐色油状液体，在常温下贮存稳定2年以上。对人、畜为中等毒性，对眼、皮肤有轻度刺激性，对鸟类低毒，对鱼类、蜜蜂、蚕毒性高。该药的药效特点、防治对象与氰戊菊酯相同，但其杀虫活性高于氰戊菊酯约4倍。

【主要剂型】5％乳油。

【使用方法】用5％乳油对水稀释喷雾或配制毒土。

（1）喷雾　①每公顷用5％乳油225～375毫升，对水600～750千克，防治菜蚜、瓜蚜、蓟马、跳甲等。②每公顷用5％乳油300～450毫升，对水750～900千克，防治棉铃虫、菜青虫、小菜蛾幼虫、瓜绢螟幼虫、豆荚螟幼虫、豆野螟幼虫等。③用2 000倍液，防治斜纹夜蛾幼虫、二条叶甲、棉尖象等。④用3 000～3 500倍液，防治棉褐带卷蛾幼虫。

（2）毒土　用S-氰戊菊酯1份、水7份、细土300份，按比例配制成毒土，在清晨撒于菜地内地面及垄沟处，防止美洲斑潜蝇羽化成成虫或幼虫化蛹，每公顷用毒土900～1 050千克。

【注意事项】

（1）在叶菜类收获前2天停用。本剂不能与碱性物质混用。不宜随意增加用药量和用药次数，应与其他农药轮换使用。

（2）药液应随配随用。对害螨无防治效果。在虫螨并发时，需配合使用杀螨剂。

（3）与硫丹、辛硫磷、杀螟硫磷等有混配剂，可见各条。

30. 氟氰戊菊酯

【其他名称】保好鸿、氟氰菊酯、甲氟菊酯、中西氟氰菊酯、护赛宁等。

【药剂特性】本品属拟除虫菊酯类杀虫剂，有效成分为氟氰戊菊酯。乳油外观为琥珀色液体，略带类似的气味，对光稳定。对人、畜为中等毒性，对眼、皮肤有中等或较强的刺激作用，对鸟类毒性较低，对鱼类、蜜蜂剧毒。对害虫具有触杀和胃毒作用，药效迅速，对叶螨也有一定的抑制作用，可与一般杀虫剂或杀菌剂混用。

【主要剂型】10％、30％乳油。

【使用方法】每公顷用30％乳油100～150毫升，对水喷雾防治菜青虫、小菜蛾幼虫等。

【注意事项】

(1) 本剂不宜作为杀螨剂使用，若需使用本剂防治害螨时，使用剂量要比防治害虫提高 1~2 倍，并需先试后用，以防药害。

(2) 对拟除虫菊酯类杀虫剂已产生抗药性的小菜蛾幼虫防效不好。

(3) 应注意区别联苯菊酯有时也叫护赛宁。

31. 联苯菊酯

【其他名称】天王星、虫螨灵、三氟氯甲菊酯、氟氯菊酯、毕芬宁、护赛宁等。

【药剂特性】本品属拟除虫菊酯类杀虫、杀螨剂，有效成分为联苯菊酯。乳油外观为浅褐色透明液体，对光、热稳定，在中性及酸性条件下也稳定，遇碱则分解。对人、畜为中等毒性，对鸟类低毒，对鱼类、家蚕、蜜蜂高毒。对害虫具有胃毒和触杀作用，在虫螨并发时，一次施药可兼治，作用迅速。本剂活性比其他菊酯类药剂高几倍，对环境较安全，持效期长。

【主要剂型】2.5%、10%乳油。

【使用方法】用 2.5%乳油对水稀释后喷雾。①用 2 000 倍液，防治神泽氏叶螨、土耳其斯坦叶螨。②用 3 000 倍液，防治大豆蚜、豌豆修尾蚜、莴苣指管蚜、棉铃虫、烟青虫、甘蓝夜蛾幼虫、斜纹夜蛾幼虫、菜螟幼虫、侧多食跗线螨（茶黄螨）、截形叶螨、二斑叶螨、瓜蚜、八点灰灯蛾幼虫等。③用 3 000~4 000 倍液，防治烟粉虱、黑纹粉蝶幼虫、桑剑纹夜蛾幼虫、粉斑夜蛾幼虫、大菜螟幼虫、菜野螟幼虫、枸杞木虱等。④用 4 000~5 000 倍液，防治葡萄长须卷蛾幼虫、棉褐带卷蛾幼虫。⑤用 10 000 倍液，防治各类粉蝶幼虫、银纹夜蛾幼虫、甜菜夜蛾幼虫、灯蛾幼虫等。⑥用 1 000 倍液，防治洋葱上的葱蓟马、葱潜叶蝇、大青叶蝉等。⑦用 1 000~1 500 倍液，防治 B 型烟粉虱。⑧用 1 500~2 500 倍液，防治温室白粉虱。

【注意事项】

（1）在蔬菜收获前 4 天停用。不宜长期单一使用本剂，应与有机磷类杀虫剂或有机氮类杀虫剂轮换使用。不能与碱性物质混用。

（2）在低温下更能发挥药效，故宜在春秋两季使用。

（3）若用 10％乳油，其用药量应为 2.5％乳油用药量的 1/4。

（4）在施药过程中，要做好安全防护工作，以避免农药中毒，若不幸中毒，应速送医院救治。

（5）与马拉硫磷有混配剂，可见各条。氟氰戊菊酯有时也叫护赛宁，应注意区别。

32. 氯氰菊酯

【其他名称】 安绿宝、灭百可、兴棉宝、赛波凯、格达、奥思它、阿锐克、保尔青、韩乐宝、轰敌、腈二氯苯醚菊酯、克虫威、赛灭灵（宁）、桑米灵、博杀特、田老大 8 号、绿氰全等。

【药剂特性】 本品属拟除虫菊酯类杀虫剂，有效成分为氯氰菊酯。乳油外观为褐色至黄褐色液体，对光、热稳定，在酸性及中性溶液中稳定，遇碱分解，在常温下贮存稳定性 2 年以上。对人、畜为中等毒性，对眼、皮肤有轻度刺激作用，对鱼类、蜜蜂毒性大。对害虫具有触杀和胃毒作用，并有一定的杀卵作用，持效期（残效期）10～15 天。

【主要剂型】

（1）单有效成分 5％、10％、25％、50％乳油，2.5％、5％增效乳油，10％可湿性粉剂。

（2）双有效成分混配 与吡虫啉：5％氯氰·吡虫啉乳油。

【使用方法】 用乳油对水稀释喷雾。

（1）用 10％乳油喷雾 ①用 1 000～2 000 倍液，防治康氏粉蚧、美洲斑潜蝇成虫、甜菜夜蛾幼虫。②用 2 000 倍液，防治蔬菜跳虫、菜青虫。③用 1 500～3 000 倍液，防治斜纹夜蛾幼虫、烟青虫、黄曲条跳甲、黄守瓜、葱蓟马等。④用 3 000～4 000 倍液，防治菜叶蜂幼虫、小菜蛾幼虫、棉铃虫、菜螟幼虫、豆野螟幼虫、豆荚螟幼虫、地老虎等。⑤用 4 000～6 000 倍液，防治菜蚜、叶蝉、蓟马、盲蝽等。⑥用 5 000～10 000 倍液，防治月季或菊花上的蚜虫。

（2）用 5％乳油喷雾　①用 1 200 倍液，防治小菜蛾幼虫。②用 1 500 倍液，防治菜青虫。

（3）混配喷雾　用 10％氯氰菊酯乳油 1 000 倍液加 98％杀螟丹可溶粉剂 2 000 倍液，防治蔬菜跳虫。

（4）使用混配剂　用 5％氯氰·吡虫啉乳油 800～1 500 倍液喷雾防治甘蓝上的蚜虫。

【注意事项】

（1）在番茄收获前 1 天停用，在青菜收获前 2 天停用，在大白菜收获前 5 天停用，在桃收获前 15 天停用。不能与碱性农药混用。

（2）本剂不能随意增加施药量及施药次数，应与非菊酯类杀虫剂轮换使用。已对菊酯类杀虫剂产生抗药性的小菜蛾幼虫，不宜使用本剂，宜改用其他非菊酯类杀虫剂进行防治。

（3）与烟碱、苦参碱、氰戊菊酯、毒死蜱、敌敌畏、丙溴磷、辛硫磷、乐果、三唑磷、马拉硫磷、硫丹等有混配剂，可见各条。

33. 顺式氯氰菊酯

【其他名称】高效灭百可、高效安绿宝、高顺氯氰菊酯、甲体氯氰菊酯、奋斗呐、百事达、快杀敌、奥灵等。

【药剂特性】本品属拟除虫菊酯类杀虫剂，有效成分为顺式氯氰菊酯。乳油外观为黄色油状液体，可湿性粉剂外观为白色粉末。对光、热稳定性好，在中性和酸性条件下稳定，遇碱分解。对人、畜为中等毒性，对鸟类低毒，对鱼类、蜜蜂、蚕毒性大。对害虫具有触杀、胃毒和杀卵作用，但杀虫活性高于氯氰菊酯 1～3 倍，施药后耐雨水冲刷。

【主要剂型】10％、5％、3％乳油，5％可湿性粉剂，1.5％悬浮剂。

【使用方法】用 10％乳油对水稀释后喷雾。①每公顷用乳油

75～150 毫升，对水 750～900 千克，防治黄守瓜、黄曲条跳甲、菜螟幼虫等。②每公顷用乳油 75～225 毫升，对水 750～900 千克，防治菜蚜、菜青虫、小菜蛾幼虫、豆卷叶螟幼虫等。③每公顷用乳油 300～375 毫升，防治棉铃虫。④用 2 000 倍液（有效浓度为 50 毫克/千克），防治桃树上的桃蚜。⑤用 10 000～20 000 倍液（有效浓度为 10～5 毫克/千克），防治菊花、月季花等花卉上的蚜虫。⑥用 3 000 倍液，防治西葫芦上的 B 型烟粉虱。

【注意事项】在蔬菜收获前 3 天停用。本剂不能与碱性农药混用。做好施药时的安全防护。

34. 高效顺反氯氰菊酯

【其他名称】高灭灵、蝇克星、卫害净、无敌粉、三敌粉等。

【药剂特性】本品属拟除虫菊酯类杀虫剂，有效成分为高效顺反氯氰菊酯，原药为白色至奶油色结晶体或粉末，其制成品 pH 为 4～5，在中性或酸性条件下稳定，遇碱易分解，在室温下贮存 2 年不分解。对人、畜为中等毒性，对鱼类、家蚕高毒，对蜜蜂有毒。对害虫具有触杀和胃毒作用，击倒速度快。

【主要剂型】2.5%、4.5%、5%、27%乳油，2.5%高渗乳油，5%可湿性粉剂，高效氯氰菊酯可湿性粉剂（三敌粉），2%烟剂等。

【使用方法】用 4.5%乳油对水稀释后喷雾。①用 1 500～2 000 倍液，防治苜蓿盲蝽、牧草盲蝽、绿盲蝽等。②用 2 000 倍液，防治萝卜蚜。③用 2 000～3 000 倍液，防治甜菜象甲、蒙古灰象甲等。④用 3 000 倍液，防治小菜蛾幼虫、菜青虫、银纹夜蛾幼虫、灯蛾幼虫、甘蓝夜蛾幼虫、斜纹夜蛾幼虫、桃蚜、甘蓝蚜、茄无网蚜等。

【注意事项】

（1）在蔬菜收获前 10 天停用。不能与碱性物质混用。

（2）在使用过程中，应注意安全防护，避免中毒。在贮运过程中，应远离火源，注意防火。

（3）与马拉硫磷有混配剂，可见各条。

35. 高效氯氰菊酯

【其他名称】歼灭、乙体氯氰菊酯、β-氯氰菊酯等。

【药剂特性】本品属拟除虫菊酯类杀虫剂，有效成分为高效氯氰菊酯（是氯氰菊酯的高效异构体），对空气和日光稳定，在强碱性条件下分解。乳油外观为淡黄色液体，在常温下贮存保质期2年以上。对人、畜为中等毒性，对皮肤、眼有刺激作用，对鸟类低毒，对鱼、蚕有毒，在常用剂量下对蜜蜂无伤害。对害虫具有触杀和胃毒作用，击倒速度快，杀虫活性高于氯氰菊酯。

【主要剂型】2.5%、5%、10%乳油。

【使用方法】

（1）用10%乳油喷雾　用乳油对水稀释喷雾，蔬菜地每公顷喷药液450～750千克，果树每公顷喷药液量为3～4.5吨。①每公顷用乳油75～150毫升，防治菜青虫、菜蚜。②每公顷用乳油150～225毫升，防治斜纹夜蛾幼虫、甘蓝夜蛾幼虫、黄守瓜、黄条跳甲等。③每公顷用乳油300～450毫升，防治小菜蛾幼虫、甜菜夜蛾幼虫。④每公顷用乳油150～375毫升，防治马铃薯上的蚜虫、椿象及马铃薯甲虫，葡萄上的卷叶虫、食叶跳甲等。⑤对桃树上的害虫，用2 000倍液防治桃蚜，用3 000～4 000倍液防治各类食心虫。

（2）用5%乳油喷雾　将乳油对水为1 000倍液，在卵块盛孵期防治水生蔬菜螟虫。

【注意事项】

（1）不能与碱性农药混用。在施药过程中，应注意安全防护，避免中毒。

（2）应贮存在避光、阴凉、干燥、远离火源处，注意防火。与阿维菌素有混配剂，可见各条。

36. 氟氯氰菊酯

【其他名称】百树得、百树菊酯、百治菊酯、氟氯氰醚菊酯、拜虫杀、拜高、赛扶宁、杀飞克等。

【药剂特性】本品属拟除虫菊酯类杀虫剂，有效成分为氟氯氰菊酯，对光、热、酸稳定，遇碱分解。乳油外观为棕色透明液体，在常温下贮存稳定 2 年以上。对人、畜、鸟类低毒，对眼有轻度刺激作用。对害虫具有触杀和胃毒作用，杀虫速度快，持效期长。

【主要剂型】5.7％乳油，5％水乳剂，11.8％悬浮剂，10％可湿性粉剂。

【使用方法】用 5.7％乳油对水稀释后喷雾。①用 1 000 倍液，防治斜纹夜蛾幼虫。②用 1 500～2 000 倍液，防治小菜蛾幼虫、甜菜夜蛾幼虫、烟青虫、菜螟幼虫等。③用 2 000～3 000 倍液，防治菜青虫、菜蚜。④用 3 000～4 000 倍液，防治菜叶蜂幼虫，枸杞上的棉铃虫。⑤用 4 000 倍液，防治萝卜蚜、枸杞蚜虫、枸杞负泥虫。

【注意事项】

（1）在蔬菜收获前 7 天停用。不能与碱性物质混用。

（2）已对拟除虫菊酯类杀虫剂产生抗药性的小菜蛾，不宜使用本剂。应贮存在通风干燥、阴凉处。

（3）与辛硫磷有混配剂，可见各条。

37. 高效氟氯氰菊酯

【其他名称】保得、乙体氟氯氰菊酯、贝塔氟氯氰菊酯等。

【药剂特性】本品属拟除虫菊酯类杀虫剂，有效成分为高效氟氯氰菊酯，在酸性条件下稳定，遇碱易分解。对人、畜为中等毒性，对蜜蜂高毒，对鱼类剧毒。制剂（乳油）外观为淡黄色液体，在常温下贮存稳定性大于 2 年。对害虫具有触杀和胃毒作用，稍有渗透性，杀虫速效而持效期长，防效约高于氟氯氰菊酯 2 倍。

【主要剂型】2.5％乳油。

【使用方法】用 2.5％乳油对水稀释后喷雾。①用 2 000 倍液，防治葱类蓟马、斜纹夜蛾幼虫。②用 2 000～3 000 倍液，防治白粉虱及大白菜上的菜青虫、菜螟幼虫、菜蚜、跳甲等。③用 2 000～

4 000倍液，防治桃小食心虫。④每公顷用乳油300～450毫升，防治菜青虫、小菜蛾幼虫、甘蓝夜蛾幼虫等。⑤每公顷用乳油450毫升，防治甜菜夜蛾幼虫。⑥每公顷用2.5％乳油有效成分6.0～9.0克，对水500千克，防治番茄上的二代棉铃虫初孵幼虫。

【注意事项】

（1）不能与碱性物质混用。在气温低时使用效果好。

（2）应在通风凉爽处贮存，并加锁防盗。

38. 氯菊酯

【其他名称】二氯苯醚菊酯、苄氯菊酯、除虫精、安棉宝、克死命、百灭宁、百灭灵等。

【药剂特性】本品属拟除虫菊酯类杀虫剂，有效成分为氯菊酯。乳油外观为浅黄色油状液体或棕色液体，稍有芳香味，对光、酸稳定，遇碱分解，在常温条件下贮存稳定2年以上。对人、畜毒性低，对眼有轻度刺激作用，对鸟类毒性低，对鱼类毒性大。对害虫具有触杀和胃毒作用。

【主要剂型】10％乳油，0.04％粉剂。

【使用方法】可用于喷雾和喷粉。

（1）喷雾 用10％乳油对水稀释喷雾。①用1 000倍液，防治棉铃虫。②用1 000～2 500倍液，防治菜青虫、小菜蛾幼虫、菜螟幼虫、菜蚜等。③用1 000～2 000倍液，防治桃小食心虫。

（2）喷粉 每公顷用0.04％粉剂30～37.5千克喷粉，防治菜青虫、棉铃虫等。

【注意事项】

（1）在白菜、青菜收获前2天停用。不能与碱性物质混用。

（2）在贮运过程中，应防晒防潮，远离火源。

（3）与辛硫磷有混配剂，可见各条。

39. 溴氰菊酯

【其他名称】敌杀死、凯素灵、凯安保、第灭宁、敌卜菊酯、凯安宝、氰苯菊酯、克敌、增效百虫灵等。

【药剂特性】本品属拟除虫菊酯类杀虫剂，有效成分为溴氰菊酯。乳油外观为浅黄色透明液体，pH 为 4.0～5.0；可湿性粉剂外观为白色粉末。对光、热、酸及中性溶液稳定，遇碱易分解，在常温下贮存稳定期在 2 年以上。对人、畜、禽类为中等毒性，对眼、皮肤、黏膜有中等刺激性，对蚕、蜜蜂剧毒。对害虫具有触杀作用，并有一定的胃毒和拒食作用。

【主要剂型】2.5%乳油，2.5%增效乳油，2.5%可湿性粉剂。

【使用方法】可用于喷雾和灌根。

（1）喷雾　用 2.5%乳油对水稀释后喷雾。①用 2 000 倍液，防治豆小卷叶蛾幼虫、褐卷蛾幼虫、古毒蛾幼虫、粉斑夜蛾幼虫、大菜螟幼虫、菜野螟幼虫、白边地老虎幼虫、警纹地老虎幼虫，黑纹粉蝶幼虫、直纹稻弄蝶幼虫、显尾瓜实蝇、莲缢管蚜、棉叶蝉、长绿飞虱、白背飞虱、灰飞虱、韭菜跳盲蝽、茶翅蝽、苜蓿盲蝽、牧草盲蝽、绿盲蝽、新疆菜蝽、巴楚菜蝽、麻皮蝽等。②用 2 000～2 500 倍液，防治芫菁类、褐背小萤叶甲幼虫、桑剑纹夜蛾幼虫等。③用 2 500 倍液，防治菲岛毛眼水蝇幼虫、稻眼蝶幼虫等。④用 3 000 倍液，防治马铃薯甲虫、二十八星瓢虫、豇豆荚螟幼虫、豆荚螟幼虫、豆卷叶螟幼虫、葱须鳞蛾幼虫、各类粉蝶幼虫、各类地老虎幼虫、银纹夜蛾幼虫、甜菜夜蛾幼虫、灯蛾幼虫、茄无网蚜、桃蚜、萝卜蚜、甘蓝蚜、瓜实蝇、灰地种蝇、萝卜地种蝇、葱地种蝇、毛尾地种蝇、韭菜迟眼蕈蚊、菠菜潜叶蝇、豌豆潜叶蝇、豆根蛇潜蝇幼虫、小绿叶蝉、西瓜虫等。⑤用 3 000～4 000 倍液，防治康氏粉蚧、菜叶蜂幼虫。⑥在床面上无蘑菇时，用 2 500 倍液，防治紫跳虫、草菇折翅菌蚊幼虫、韭菜迟眼蕈蚊幼虫、宽翅迟眼蕈蚊幼虫等。⑦用 1 500 倍液，防治锦秋毛豆上初发生的 B 型烟粉虱，每公顷每次喷药液 750 千克。⑧用 2 000 倍液，防治甘蓝夜蛾幼虫。

（2）灌根　①用 2.5%乳油 2 000 倍液，灌根防治韭蛆。②用 2.5%溴氰菊酯乳油 800 倍液 1 份和 50%辛硫磷乳油 1 500 倍液 2

份，按比例混匀后灌根，每公顷灌药液 450～600 千克，防治蚂蚁为害黄瓜、番茄幼苗。

【注意事项】

（1）在叶菜收获前 2 天停用。不能与碱性农药混用。

（2）不能随意增加使用次数和用药量，应轮换用药。

（3）有些人对本剂易产生过敏反应，施药时应注意安全防护。

（4）与敌敌畏、马拉硫磷、辛硫磷、乐果、喹硫磷等有混配剂，可见各条。

40. 溴氟菊酯

【其他名称】中西溴氟菊酯。

【药剂特性】本品属拟除虫菊酯类杀虫剂，有效成分为溴氟菊酯。原药外观为淡黄色到深棕色浓稠油状液体，对光、弱酸条件较稳定，遇碱易分解。对人、畜、蜜蜂低毒，对鱼类、家蚕毒性高。防治对象与溴氰菊酯相仿，可虫螨兼治，具有杀卵作用，持效期长。

【主要剂型】10％乳油。

【使用方法】用 10％乳油对水稀释后喷雾。①用 1 000～1 500 倍液，防治甘蓝夜蛾幼虫。②用 1 000～2 000 倍液，防治小菜蛾幼虫、菜青虫、茄子红蜘蛛等。③用 2 000～3 000 倍液，防治桃蚜、甘蓝蚜、萝卜蚜等。

【注意事项】在蔬菜收获前 10 天停用。本剂不能与碱性物质混用。

41. 溴灭菊酯

【药剂特性】本品属拟除虫菊酯类杀虫剂，有效成分为溴灭菊酯。制剂（乳油）外观为红棕色透明液体，pH 为 6～7，在酸性条件下稳定性好，遇碱易分解。对人、畜低毒。具有杀虫谱广、兼治螨类的作用。

【主要剂型】20％乳油。

【使用方法】每公顷用 20％乳油 150～225 毫升，对水 600～900 千克（升），喷雾防治菜蚜、菜青虫等。

【注意事项】

（1）本剂不能与碱性物质混用。在施药过程中，严禁污染桑园、鱼塘、水池及蜜源植物。

（2）在贮运过程中，应注意防火。

（三）有机氯类杀虫剂及混配剂

42. 硫丹

【其他名称】硕丹、赛丹、韩丹、安杀丹、安杀番、安都杀芬等。

【药剂特性】本品属有机氯类杀虫、杀螨剂，有效成分为硫丹。原药为浅棕色结晶，有臭味，对光稳定，遇酸、碱、湿气分解，对铁有腐蚀性。对人、畜为中等毒性，对天敌和益虫具有选择性。对害虫具有触杀和胃毒作用，对有机磷类杀虫剂和拟除虫菊酯类杀虫剂产生抗药性的害虫，也有好的防治效果。

【主要剂型】

（1）单有效成分　20％、35％乳油。

（2）双有效成分混配　①与辛硫磷：35％、40％硫丹·辛硫磷乳油。②与氰戊菊酯：25％氰戊·硫丹乳油。③与 S-氰戊菊酯：25％氰戊·硫丹乳油。④与溴氰菊酯：20％溴氰·硫丹乳油。⑤与氯氰菊酯：20％氯氰·硫丹乳油。

【使用方法】用乳油对水稀释后喷雾。

（1）用 20％硫丹乳油喷雾或灌根　①用 300～500 倍液喷雾，防治菜青虫、菜螟幼虫、烟青虫、黏虫、灰地种蝇（种蝇）、黄条跳甲、蓟马、叶蝉等。②用 200 倍液，灌根防治地老虎幼虫。

（2）用 35％硫丹乳油喷雾　①用 1 000 倍液，防治黄胸蓟马、色蓟马、印度裸蓟马、枸杞蚜虫、枸杞负泥虫等。②用 1 500 倍液，防治枸杞上的棉铃虫。③每公顷用 1.2～1.8 升乳油，防治菜青虫、小菜蛾幼虫、菜蚜等。

【注意事项】

（1）在食用或饲料作物收获前 21 天停用。本剂可与大多数非碱性农药混用。

（2）应在阴凉干燥、远离火源处贮存。

（3）不要污染水源。

（四）有机磷类杀虫剂及混配剂

43. 乙酰甲胺磷

【其他名称】高灭磷、杀虫磷、盖土磷、杀虫灵、酰胺磷、欧杀松等。

【药剂特性】本品属有机磷类杀虫、杀螨剂，有效成分为乙酰甲胺磷。原药为无色固体，溶于水，在碱性溶液中易分解；乳油外观为黄色透明液体；可湿性粉剂外观为疏松粉末，pH 为 4～6。对人、畜、家禽、鱼类低毒。对害虫具有内吸、触杀和胃毒作用，并有一定的熏蒸杀虫和杀卵作用，施药后 2～3 天，防效显著，持效期长。

【主要剂型】

原药，10%、30%、40%、50% 乳油，25%、50% 可湿性粉剂。

【使用方法】用乳油对水稀释后喷雾或配制毒土撒施。

（1）用 10% 乳油喷雾　用 1 000 倍液，防治小菜蛾幼虫。

（2）用 30% 乳油喷雾　用 1 000 倍液，防治黑尾叶蝉、长绿飞虱、灰飞虱、白背飞虱等。

（3）用 40% 乳油喷雾　①用 500～800 倍液，防治棉铃虫、烟青虫、黄条跳甲等。②用 1 000 倍液，防治菜青虫、东方芥菜叶甲、大蒜上的豌豆潜叶蝇成虫等。③用 1 000～1 500 倍液，防治黄色白禾螟幼虫、茭白二化螟、大螟、瓜蚜、菜蚜等。

（4）用 50% 乳油喷雾　①用 1 000 倍液，防治柳二尾蚜、胡萝

卜微管蚜、桃赤蚜、甘蓝蚜、瓜蓟马、黄蓟马、瓜褐螨、红背安缘
蝽、斑背安缘蝽、细角瓜蝽、白雪灯蛾幼虫、稀点雪灯蛾幼虫、红
斑郭公虫等。②用1 500倍液，防治黄胸蓟马、色蓟马、印度裸蓟
马等。

（5）撒毒土　用40％乳油1份，细土150份，拌匀配成毒土，
每公顷撒毒土450千克，防治菜用玉米上的棉尖象。

【注意事项】

（1）在青菜、白菜收获前7天停用。不宜在菜豆上使用本剂，
以免造成药害。

（2）不能与碱性药剂混用。若发现药瓶中有结晶析出，应先摇
匀，或把药瓶放在热水中，待结晶溶解后再用。

（3）在施药过程中，应避免药液沾染皮肤。

（4）易燃，在贮运过程中应注意防火。

44. 二嗪磷

【其他名称】二嗪农、地亚农、大利松、大亚仙农等。

【药剂特性】本品属有机磷类杀虫剂，有效成分为二嗪磷，对
酸、碱不稳定，对光稳定。乳油外观为淡赤褐色透明液体，不能与
含铜药剂混用。对人、畜低毒，对眼和皮肤有轻微的刺激作用，对
蜜蜂高毒。对害虫具有触杀、胃毒及熏蒸杀虫作用，并有一定的杀
螨活性。

【主要剂型】40％、50％乳油，40％可湿性粉剂，5％、10％颗
粒剂，2％粉剂等。

【使用方法】用乳油对水稀释后喷雾或用颗粒剂处理土壤。

（1）用40％乳油喷雾　①用1 000倍液，防治小菜蛾幼虫。
②用1 000～1 200倍液，在蘑菇采收后，防治白翅型蚤蝇。

（2）用50％乳油喷雾　①用1 000倍液，防治菜青虫、小菜蛾
幼虫、菜螟幼虫、菜蚜、葱蓟马等。②用1 000～1 500倍液，防治
菠菜潜叶蝇、葱类斑潜蝇、豆类灰地种蝇等。

（3）土壤处理　①每公顷用5％二嗪磷颗粒剂37.5～45千克，

处理土壤，防治根蛆。②每公顷用10％二嗪磷颗粒剂30～45千克，与细土450千克拌匀，在播种前均匀撒施于苗床上，防治蚯蚓为害。

【注意事项】

（1）在蔬菜收获前10天停用。本剂不能与碱性农药混用。

（2）本剂不宜用塑料、铜合金容器盛装，应在阴凉干燥处贮存。

45. 马拉硫磷

【其他名称】马拉松、马拉赛昂、防虫磷、四〇四九等。

【药剂特性】本品属有机磷类杀虫、杀螨剂，有效成分为马拉硫磷。乳油外观为淡黄色或棕色，或深褐色油状液体，具有强烈的大蒜臭味，pH在7以上或5以下时，迅速分解失效，在水中能缓慢分解，对热稳定性差，对光稳定。对人、畜低毒，对眼、皮肤有刺激性，对鱼类为中等毒性，对蜜蜂、天敌（如：寄生蜂、捕食性瓢虫及螨类等）高毒。对害虫具有触杀和胃毒作用，气温升高，杀虫效果增强。

【主要剂型】

（1）单有效成分　原药，45％、50％、70％乳油，50％可湿性粉剂。

（2）双有效成分混配　①与溴氰菊酯：10％、70％溴氰·马拉松乳油。②与甲氰菊酯：40％甲氰·马拉松乳油（桃小净）。③与氰戊菊酯：20％、30％、40％氰戊·马拉松乳油，30％增效氰戊·马拉松乳油，21％增效氰戊·马拉松乳油（灭杀毙）。④与高效顺反氯氰菊酯：20％农家宝乳油。⑤与氯氰菊酯：20％增效氯氰·马拉松乳油，36％氯氰·马拉松乳油。⑥与异丙威：30％马拉·异丙威乳油。⑦与联苯菊酯：14％马拉·联苯菊乳油。⑧与三唑酮：35％马拉·三唑酮乳油。⑨与毒死蜱：40％马拉·毒死蜱乳油（超乐）。

【使用方法】用乳油对水稀释喷雾或灌根。

（1）用 45％乳油喷雾　①用 1 000 倍液，防治蒙古灰象甲、豌豆象、金龟子、黄条跳甲、黄守瓜、菜青虫、菜蚜，葱地种蝇等。②用 1 000～1 500 倍液，防治豆天蛾幼虫、豆芫菁、飞虱、叶蝉、蓟马等。

（2）用 50％乳油喷雾　①用 1 000 倍液，防治瓜绢螟幼虫、大豆小夜蛾幼虫、毛胫夜蛾幼虫、葡萄长须卷蛾幼虫、棉褐带卷蛾幼虫、桑剑纹夜蛾幼虫，胡萝卜微管蚜、柳二尾蚜、黑缝油菜叶甲、棉叶蝉、菜叶蜂幼虫、康氏粉蚧、韭菜迟眼蕈蚊等。②用 1 000～1 500 倍液，防治苜蓿盲蝽、牧草盲蝽、绿盲蝽等。③用 1 500 倍液，防治小绿叶蝉、油菜筒喙象、中华稻蝗、芋蝗等。④用 2 000 倍液，防治丝大蓟马、显尾瓜实蝇等。

（3）用混配剂喷雾　用 40％超乐乳油（有效成分为马拉硫磷和毒死蜱）1 500 倍液，每公顷用 900 千克药液，防治秋花椰菜上斜纹夜蛾幼虫。

（4）灌根　①用 50％乳油 1 000 倍液灌根，防治韭萤叶甲幼虫、韭蛆等。②用 45％乳油 1 000 倍液灌根，防治蒜蛆（葱地种蝇幼虫）。③在大蒜地内初有韭蛆为害时，可每公顷用 45％乳油 7.5～15 千克，在浇地入水口处，随浇水滴入，并兼治葱黄寡毛跳甲及刺足根螨。

【注意事项】

（1）在蔬菜收获前 7～10 天停用。在瓜类、豇豆、葡萄等作物上慎用，以避免药害。

（2）对钻蛀性害虫防效差。本剂易燃，在贮运过程中要防火。

（3）与敌百虫、辛硫磷、敌敌畏、杀螟硫磷等有混配剂，可见各条。

46. 高氯·马

【其他名称】高效顺反氯·马、农家宝。

【药剂特性】本品为混配杀虫剂，有效成分为马拉硫磷和高效顺反氯氰菊酯。制剂（乳油）外观为淡黄色或棕黄色液体。对人、畜低毒，对蜜蜂、家蚕、鱼类有毒。对害虫具有触杀和胃毒作用，两者混配后有增效作用。

【主要剂型】20%、37%乳油。

【使用方法】用乳油对水稀释喷雾或灌根。

（1）喷雾　①每公顷用20%乳油450～750毫升，对水喷雾防治蚜虫、菜青虫。②每公顷用20%乳油750～1 500毫升，对水喷雾防治小菜蛾幼虫。③用37%乳油1 500倍液喷雾，防治大蒜地内的葱地种蝇成虫和韭菜迟眼蕈蚊成虫。

（2）灌根　用37%乳油1 000倍液，灌根防治大蒜地内韭蛆，也可每公顷用37%乳油7.5～15千克，在浇地入水口，随浇水均匀滴入，防治韭蛆，并兼治葱黄寡毛跳甲及刺足根螨。

【注意事项】

（1）本剂不能与碱性物质混用。施药时注意个人安全防护。

（2）其他可参照马拉硫磷和高效顺反氯氰菊酯。

47. 氰戊·马拉松 （增效）

【其他名称】菊马合剂、增效氰·马、灭杀毙等。

【药剂特性】本品为混配杀虫、杀螨剂，有效成分为马拉硫磷、氰戊菊酯及增效磷。制剂外观为黄褐色或棕色透明液体，有蒜臭味，在微酸和中性溶液中稳定，遇强酸及碱易分解失效，对光较稳定，遇明火易燃。对人、畜为中等毒性，对家蚕、蜜蜂、鱼、虾毒性高。对害虫具有触杀、胃毒作用，兼有一定的拒食、杀卵及杀蛹作用，持效期可达10天以上。

【主要剂型】21%乳油。

【使用方法】用21%乳油对水稀释后喷雾。①用1 000倍液，防治棉铃虫、韭菜跳盲蝽、神泽氏叶螨、土耳其斯坦叶螨。②用1 000～1 500倍液，防治黄胸蓟马、色蓟马、印度裸蓟马等。③用1 000～2 000倍液，防治新疆菜蝽、巴楚菜蝽。④用1 500倍液，防治端大蓟马、葱蓟马、禾蓟马等。⑤用2 000倍液，防治灰地种蝇（种蝇）、瓜绢螟幼虫、侧多食跗线螨（茶黄螨）等。⑥用

2 000～3 000 倍液，防治甘薯麦蛾幼虫、小菜蛾幼虫、豆野螟幼虫、叶蝉、截形叶螨、二斑叶螨等。⑦用 3 000 倍液，防治葡萄长须卷蛾幼虫、茄黄斑螟幼虫、豆天蛾幼虫、豆秆黑潜蝇等。⑧用 4 000 倍液，防治白粉虱、各类粉蝶幼虫、银纹夜蛾幼虫、甜菜夜蛾幼虫、灯蛾幼虫、黏虫、黄条跳甲类、韭萤叶甲、东方油菜叶甲、大猿叶虫成虫、小猿叶虫成虫等。⑨用 4 000～6 000 倍液，防治蜡类、豆蚜等。⑩用 6 000 倍液，防治棉铃虫、烟青虫、豇豆荚螟幼虫、豆荚斑螟幼虫、豆卷叶螟幼虫、菜螟幼虫、葱须鳞蛾幼虫、桃蚜、茄无网蚜、萝卜蚜、甘蓝蚜、瓜蚜、瓜实蝇、萝卜地种蝇、毛尾地种蝇、葱地种蝇、葱斑潜蝇成虫、烟蓟马、二十八星瓢虫等。⑪用 6 000～8 000 倍液，防治甘蓝夜蛾幼虫、斜纹夜蛾幼虫。⑫用 8 000 倍液，防治黄守瓜成虫、瓜绢螟幼虫、各类地老虎幼虫，菠菜潜叶蝇、豌豆潜叶蝇等。

【注意事项】

（1）在蔬菜收获前 10 天停用。应避免与碱性或强酸性物质混用、混贮存。

（2）其他可参照马拉硫磷和氰戊菊酯。

48. 氰戊·马拉松

【其他名称】菊·马。

【药剂特性】本品为混配杀虫剂，有效成分为马拉硫磷和氰戊菊酯。制剂（乳油）外观为棕褐色透明油状液体，有蒜臭味，在中性和弱酸性溶液中稳定，遇碱、强酸和水能分解。对人、畜毒性较低。对害虫具有胃毒和触杀作用。

【主要剂型】10％、20％、40％乳油。

【使用方法】用乳油对水稀释后喷雾。

（1）用 40％乳油喷雾 ①用 1 000～1 500 倍液，防治茄子红蜘蛛、侧多食跗线螨（茶黄螨）。②用 2 000 倍液，防治大葱上甜菜夜蛾幼虫。③用 2 000～30 00 倍液，防治菜青虫、小菜蛾幼虫、菜螟幼虫、甘蓝夜蛾幼虫、银纹夜蛾幼虫、斜纹夜蛾幼虫、马铃薯瓢虫、豌豆潜叶蝇、菠菜潜叶蝇等。

（2）用20%乳油喷雾　①用2 000倍液，防治斜纹夜蛾幼虫、桑剑纹夜蛾幼虫、桃蚜、甘蓝蚜、萝卜蚜、茄无网蚜等。②用3 000倍液，防治各类地老虎幼虫、大猿叶虫成虫、小猿叶虫成虫、豆秆黑潜蝇、灰地种蝇、萝卜地种蝇、葱地种蝇、毛尾地种蝇等。

（3）用10%乳油喷雾　①用1 000倍液，防治马铃薯瓢虫、茄二十八星瓢虫等。②用1 500倍液，防治棉铃虫、烟青虫、马铃薯块茎蛾幼虫、茄黄斑螟幼虫、烟蓟马、菠菜潜叶蝇、豌豆潜叶蝇等。③用1 500～2 000倍液，防治菜螟幼虫。④用3 000倍液，防治韭菜迟眼蕈蚊。

【注意事项】不能与碱性农药混用。其他可参照马拉硫磷和氰戊菊酯。

49. 马拉·联苯菊

【其他名称】马·联苯。

【药剂特性】本品为混配杀虫剂，有效成分为马拉硫磷和联苯菊酯。制剂（乳油）外观为黄棕色透明液体，遇酸稳定，遇碱不稳定。对人、畜为中等毒性，对鱼有毒。对害虫具有触杀和胃毒作用，兼有拒食作用，药效快，持效期长，并有杀螨作用。

【主要剂型】14%乳油。

【使用方法】每公顷用14%乳油150～195毫升，对水喷雾防治菜青虫。

【注意事项】

（1）在蔬菜收获前7天停用。不能与碱性农药混用。药液应随配随用，不宜久存。在贮运过程中应远离火源。

（2）其他可参照马拉硫磷和联苯菊酯。

50. 溴氰·马拉松

【其他名称】溴·马。

【药剂特性】本品为混配杀虫剂，有效成分为马拉硫磷和溴氰菊酯。对人、畜为中等毒性。对害虫具有触杀和胃毒作用，两者混配后，增效作用显著。

【主要剂型】10％乳油。

【使用方法】用10％乳油对水稀释后喷雾。①用1 500倍液，防治马铃薯瓢虫、茄二十八星瓢虫、葱须鳞蛾幼虫、烟蓟马等。②用2 000倍液，防治萝卜地种蝇、灰地种蝇、毛尾地种蝇、葱地种蝇、豌豆潜叶蝇、各类地老虎幼虫、桑剑纹夜蛾幼虫等。③每公顷用乳油225～375毫升，防治蚜虫、菜青虫、斜纹夜蛾幼虫、黄条跳甲等。

【注意事项】

（1）药液应随配随用。应存放在通风干燥、阴凉处，但不宜久存。

（2）其他可参照马拉硫磷和溴氰菊酯。

51. 乐果

【其他名称】乐戈、大灭松、L395等。

【药剂特性】本品属有机磷类杀虫、杀螨剂，有效成分为乐果。原药为白色固体，乳油外观为黄棕色透明油状液体，易燃，有蒜臭味，易溶于水，遇碱易分解，在贮存过程中会缓慢分解失效。对人、畜为中等毒性，对鱼类低毒，对家禽毒性高，对蜜蜂、寄生蜂、捕食性瓢虫有毒杀作用。对害虫具有触杀和一定的胃毒作用，持效期一般为4～5天。

【主要剂型】

（1）单有效成分 原药，40％、50％、75％乳油，3.6％高渗乳油，60％可溶性粉剂，1.5％、2％粉剂。

（2）双有效成分混配 ①与氰戊菊酯：20％、30％、40％氰戊·乐果乳油。②与氯氰菊酯：20％、40％氯氰·乐果乳油。③与溴氰菊酯：15％、20％溴氰·乐果乳油。④与杀虫单：80％乐果·杀虫单可溶性粉剂。

【使用方法】用乳油对水稀释后喷雾、灌根、土壤处理及浸种等。

（1）用 40％乐果乳油喷雾　①用 1 000 倍液，防治瓜绢螟幼虫、葱须鳞蛾幼虫、各类金龟子、大灰象甲等。②用 1 000～1 500 倍液，防治桃蚜、萝卜蚜、甘蓝蚜、茄无网蚜、柳二尾蚜、胡萝卜微管蚜、桃赤蚜、茄子红蜘蛛、豌豆潜叶蝇、葱蓟马等。③用 2 000 倍液，防治扁豆夜蛾幼虫、扁豆小灰蝶幼虫。

（2）用 50％乐果乳油喷雾　用 1 000 倍液，防治烟蓟马、温室白粉虱、慈姑钻心虫等。

（3）用 75％乐果乳油喷雾　用 1 000 倍液，防治瓜蓟马、黄蓟马等。

（4）混配喷雾　用 50％乐果乳油 800 倍液加入 20％氰戊菊酯乳油 5 000 倍液，防治小菜蛾幼虫。

（5）灌根　①用 50％乐果乳油 1 000 倍液，防治根蛆（即灰地种蝇、葱地种蝇、萝卜地种蝇、毛尾地种蝇等的幼虫）。②用 40％乐果乳油 1 000 倍液，防治各类金龟子幼虫（蛴螬）、金针虫等。

（6）土壤处理　①每公顷用 40％乐果乳油 2.25～3 千克，对水 52.5 千克，喷雾于 750～1 125 千克粪土或细土上，拌匀后，施入栽蒜沟内，然后栽蒜覆土，防治蒜蛆。②每公顷用 2％粉剂 15～22.5 千克，与细土 450 千克拌匀，在播种前均匀撒施于苗床上，防治蚯蚓为害。

（7）浸种　用 40％乐果乳油 1 500～2 000 倍液，浸泡蒜种 2 分钟，捞出晾干后播种，防治蒜蛆。

（8）配制毒饵　把 5 千克秕谷、麦麸、棉籽饼等物用小火炒香，再用 40％乐果乳油 10 倍液拌潮，制成毒饵，每公顷用毒饵 37.5 千克，在无风闷热的傍晚撒入菜田，诱杀保护地小地老虎。

【注意事项】

（1）在豆类蔬菜收获前 5 天停用，在叶菜类和茄果类蔬菜收获前 10～14 天停用。

（2）不能与碱性农药混用。喷施过本剂的植物，在 30 天内避免家畜误食，以防中毒。

（3）宜在阴凉处贮存，但不宜久存。与敌百虫有混配剂，可见各条。

52. 氰戊·乐果

【其他名称】蚜青灵、速杀灵、乐·氰。

【药剂特性】本品为混配杀虫剂，有效成分为乐果和氰戊菊酯。制剂（乳油）外观为棕褐色透明油状液体，兼有两个单剂的优点，对光、中性及酸性条件稳定，遇碱分解。对人、畜毒性较低。对害虫具有触杀和胃毒作用，并有一定的内吸杀虫和杀卵作用。

【主要剂型】25％、30％乳油。

【使用方法】用25％或30％乳油对水稀释后喷雾。①用1 000～1 500倍液，防治菜青虫、棉铃虫、小菜蛾幼虫、菜螟幼虫、斜纹夜蛾幼虫、银纹夜蛾幼虫、豆野螟幼虫、茄子红蜘蛛等。②用1 500倍液，防治桃蚜、萝卜蚜、甘蓝蚜、茄无网蚜等。

【注意事项】可参照乐果和氰戊菊酯。

53. 溴氰·乐果

【其他名称】乐·溴。

【药剂特性】本品为混配杀虫剂，有效成分为乐果和溴氰菊酯。制剂（乳油）外观为浅黄色透明液体。对人、畜为中等毒性，对蚕、鱼有毒。对害虫具有触杀和胃毒作用，击倒速度快，两者混配后，增效作用显著。

【主要剂型】15％乳油。

【使用方法】用15％乳油对水稀释后喷雾。①用1 000～2 000倍液，防治菜青虫。②用4 000倍液，防治甘蓝上的蚜虫。③每公顷用乳油300～450毫升，防治菜蚜、菜青虫、小菜蛾幼虫、斜纹夜蛾幼虫等。

【注意事项】本剂不能和碱性物质混用。其他可参照乐果和溴氰菊酯。

54. 亚胺硫磷

【其他名称】亚氨硫磷、酞胺硫磷等。

【药剂特性】本品属有机磷类杀虫剂，有效成分为亚胺硫磷。乳油外观为淡黄色至棕色油状液体，有特殊刺激性臭味，在高温下（45℃以上）或遇碱易分解，可燃易爆，遇冷后有结晶析出，在常温下稳定。对人、畜、鱼类为中等毒性，对蜜蜂有毒。对害虫具有触杀和胃毒作用，并能渗入植物表面，持效期长。

【主要剂型】20%、25%乳油。

【使用方法】用25%乳油对水稀释后喷雾或灌根。

（1）喷雾　①用300～500倍液，防治黄蓟马（瓜亮蓟马）、菜青虫、地老虎幼虫、菜螟幼虫等。②用400倍液，防治马铃薯瓢虫、茄二十八星瓢虫、棉铃虫等。③用800～1 000倍液，防治菜蚜、豌豆潜叶蝇、瓜绢螟幼虫、造桥虫、叶蝉等。

（2）灌根　用250倍液，防治地老虎幼虫、蛴螬、蝼蛄、金针虫、拟地甲等。

【注意事项】

（1）在蔬菜收获前10天停用。不能与碱性农药混用。

（2）若有结晶析出，可把药瓶放在温水中，待结晶溶解后再用。

55. 伏杀硫磷

【其他名称】伏杀磷、佐罗纳、左罗纳等。

【药剂特性】本品属有机磷类杀虫、杀螨剂，有效成分为伏杀硫磷。乳油外观为红色透明液体，在常温下贮存稳定性2年以上。对人、畜为中等毒性，对蜜蜂有毒。对害虫具有触杀和胃毒作用，并能渗入植物体内，但无内吸传导作用，持效期约为14天。

【主要剂型】25%、35%乳油。

【使用方法】用乳油对水稀释后喷雾。

（1）用25%乳油喷雾　用1 000倍液，防治棉叶蝉。

（2）用 35％乳油喷雾 ①用 1 000 倍液，防治菜叶蜂幼虫，马铃薯甲虫等。②每公顷用乳油 1.5～1.8 升（有效成分为 525～630 克），对水 900～1 200 千克，防治菜青虫、菜蚜等。③每公顷用乳油 1.8～2.7 升（有效成分为 630～945 克），对水 750～1 125 千克，防治小菜蛾幼虫。④每公顷用乳油 2.25～3.0 升（有效成分为 787.5～1 050 克），对水 750～1 125 千克，防治豆野螟幼虫、茄子红蜘蛛等。

【注意事项】

（1）在蔬菜收获前 7 天停用。不宜与碱性农药混用。

（2）因药效较慢，使用时间应比其他有机磷类杀虫剂提前。

56. 杀螟硫磷

【其他名称】杀螟松、苏米松、扑灭松、速灭松、杀虫松、苏米硫磷、杀螟磷、富拉硫磷、诺发松、灭蛀磷、速灭虫等。

【药剂特性】本品属有机磷类杀虫剂，有效成分为杀螟硫磷。乳油外观为黑褐色油状液体，具有特殊臭味，遇高温、碱性条件易分解，对光稳定，可在常温下长期贮存。对人、畜低毒，对鱼类、蜜蜂毒性高。对害虫具有触杀和胃毒作用，并能渗入植物体内，杀死钻蛀性害虫。

【主要剂型】

（1）单有效成分 20％、50％乳油，60％精制乳油，2％粉剂等。

（2）双有效成分混配 ①与辛硫磷：46％杀螟·辛硫磷乳油。②与马拉硫磷：12％马拉·杀螟松乳油。③与氯氰菊酯：20％除害灵乳油。④与氰戊菊酯：20％、40％氰戊·杀螟松乳油。⑤与 S-氰戊菊酯：司米可比（杀螟硫磷·S-氰戊菊酯）36％乳油。

【使用方法】用乳油对水稀释后喷雾。

（1）用 50％杀螟硫磷乳油喷雾 ①用 1 000 倍液，防治康氏粉蚧、黑尾叶蝉、长绿飞虱、白背飞虱、灰飞虱、大豆小夜蛾幼虫、毛胫夜蛾幼虫、双线盗毒蛾幼虫、黄色白禾螟幼虫、棉褐带卷蛾幼虫、桑剑纹夜蛾幼虫、稻负泥虫幼虫等。②用 1 000～1 500 倍液，防治菜青虫、菜螟幼虫、豆荚螟幼虫、棉双斜卷蛾幼虫、茄二十八星瓢虫等。③用 1 500～2 000 倍液，防治棉铃虫、潜叶蝇、蓟马、螨类等。④用 800～1 000 倍液，防治菜蚜、猿叶虫。

（2）喷粉　每公顷用 2% 粉剂 22.5～30 千克喷粉，防治棉铃虫、潜叶蝇、蓟马、芫菁类、螨类等。

【注意事项】

（1）在蔬菜收获前 10 天停用。本剂对十字花科蔬菜易产生药害，应慎用。

（2）本剂不能与碱性药剂混用，药液应随配随用。

57. 氰戊·杀螟松

【其他名称】菊·杀。

【药剂特性】本品为混配杀虫剂，有效成分为杀螟硫磷和氰戊菊酯。制剂（乳油）外观为棕黄色或深棕色油状液体。对人、畜低毒，对鱼类、家蚕、蜜蜂有毒。对害虫具有胃毒和触杀作用，两者混配后，增效作用显著。

【主要剂型】20%、40% 乳油。

【使用方法】用乳油对水稀释后喷雾或灌根。

（1）用 40% 乳油喷雾　①用 2 000～4 000 倍液，防治大葱上的甜菜夜蛾幼虫。②每公顷用乳油 225～450 毫升，防治菜蚜、菜青虫。

（2）用 20% 乳油喷雾　①用 2 000～3 000 倍液，防治菜螟幼虫。②每公顷用 450～900 毫升乳油，防治菜青虫、菜蚜。

（3）灌根　用 40% 乳油 2 000～3 000 倍液，灌根防治蚂蚁为害黄瓜、番茄幼苗。

【注意事项】

（1）在十字花科蔬菜上慎用本剂，避免产生药害。注意施药者的个人安全防护。

（2）其他可参照杀螟硫磷和氰戊菊酯。

58. 辛硫磷

【其他名称】肟硫磷、倍腈松、拜辛松、巴赛松、腈肟磷、肟磷、倍氰松等。

【药剂特性】本品属有机磷类杀虫剂，有效成分为辛硫磷。乳油外观为棕褐色油状液体，在酸性及中性溶液中稳定，在碱性条件下、遇高温及光照易分解。对人、畜、鱼类低毒，对蜜蜂、七星瓢虫毒性较大。对害虫具有触杀和胃毒作用，并有一定的熏蒸作用和渗透性，在土壤中持效期可达 30～50 天。

【主要剂型】

（1）单有效成分　40％、50％、75％乳油，40％增效乳油，1.5％、2.5％、3％、5％颗粒剂。

（2）双有效成分混配　①与马拉硫磷：20％马拉·辛硫磷乳油，50％高渗马拉·辛硫磷乳油。②与氰戊菊酯：20％、30％、50％氰戊·辛硫磷乳油，25％增效氰戊·辛硫磷乳油。③与溴氰菊酯：25％、50％溴氰·辛硫磷乳油。④与氯氟氰菊酯：25％、30％、40％辛硫·氯氟氰乳油。⑤与 S-氰戊菊酯：30％、40％氰戊·辛硫磷乳油。⑥与氯氰菊酯：20％、40％氯氰·辛硫磷乳油，20％氯氰·辛硫磷水乳剂。⑦与甲氰菊酯：20％甲氰·辛硫磷乳油。⑧与氯菊酯：10％氯菊·辛硫磷乳油。⑨与三唑酮：20％辛硫·三唑酮乳油。⑩与毒死蜱：48％毒·辛乳油（地蛆灵）。

（3）三有效成分混配　与马拉硫磷和氰戊菊酯：26％马·氰·辛硫磷乳油。

【使用方法】本剂的使用方法有喷雾、灌根、喷粉、浸种、配制毒土和毒饵等。

（1）用 50％辛硫磷乳油喷雾　把乳油对水稀释后喷雾。①用 800 倍液，防治小地老虎、大地老虎、黄地老虎、白边地老虎、警纹地老虎等的幼虫。②用 1 000 倍液，防治洋葱上的葱蓟马、葱潜叶蝇、大青叶蝉，及马铃薯甲虫、马铃薯瓢虫、茄二十八星瓢虫、黄条跳甲类、韭萤叶甲、东方油菜叶甲、大小猿叶虫成虫、各类金龟子、大灰象甲、茄蚤跳甲、红斑郭公虫、豆秆黑潜蝇、菠菜潜叶蝇、豌豆潜叶蝇、番茄斑潜蝇幼虫、葱斑潜蝇（落地化蛹的）幼虫、豆天蛾幼虫、各类粉蝶幼虫、银纹夜蛾幼虫、甜菜夜蛾幼虫、灯蛾幼虫、黄领麻纹灯蛾幼虫、双线盗毒蛾幼虫、棉双斜卷蛾幼虫、（枸杞上）棉铃虫、小菜蛾幼虫、烟蓟马、葱蓟马、胡萝卜微管蚜、柳二尾蚜、葱蚜、棉叶蝉、薄球蜗牛等。③用 1 000～1 500 倍液，防治小白纹毒蛾幼虫。④用 1 500 倍液，防治黄胸蓟马、色蓟马、印度裸蓟马、端大蓟马、稻管蓟马、稻蓟马、红棕灰夜蛾幼虫、焰夜蛾幼虫、黄草地螟幼虫、黄色白禾螟幼虫、桑剑纹夜蛾幼虫、葱须鳞蛾幼虫、烟青虫、瓜绢螟幼虫、橙灰蝶幼虫、直纹稻弄蝶幼虫、菜叶蜂幼虫、南亚寡鬃实蝇、双斑萤叶甲、黄斑长跗萤叶甲、中华弧丽金龟子、无斑弧丽金龟子、琉璃弧丽金龟子、黑缝油菜叶甲、稻负泥虫幼虫、十四点负泥虫、棉尖象、韭菜跳盲蝽、甘薯跳盲蝽、中华稻蝗、芋蝗、菜白棘跳虫、黄星圆跳虫等。⑤用 1 500～2 000 倍液，在蘑菇采收后，防治白翅型蚤蝇。

（2）用 75％辛硫磷乳油喷雾　用 1 000 倍液，防治韭菜迟眼蕈蚊、葱黄寡毛跳甲、大蒜绿圆跳虫等。

（3）混配喷雾　按有效成分计算配比，用辛硫磷 49 份、阿维菌素 1 份混配，每公顷用混配药剂 150 克，对水稀释 3 000 倍液，防治小菜蛾幼虫。

（4）用 50％辛硫磷乳油灌根　把乳油对水稀释后灌根。①用 800 倍液，防治根蛆（即灰地种蝇、葱地种蝇、萝卜地种蝇、毛尾地种蝇等的幼虫）。②用 1 000 倍液，防治黄条跳甲类幼虫、韭萤叶甲幼虫、大猿叶虫幼虫、各类金龟子幼虫（蛴螬）、茄蚤跳甲幼虫、各类地老虎幼虫、金针虫、异型眼蕈蚊幼虫、韭蛆、大蒜绿圆跳虫等。③用 1 000～1 500 倍液，防治黄守瓜幼虫、中华弧丽金龟子幼虫、无斑弧丽金龟子幼虫、琉璃弧丽金龟子幼虫、苜蓿盲蝽、牧草盲蝽、绿盲蝽等。④用 1 500 倍液，防治菜豆根蚜、刺足根螨、黑足黑守瓜幼虫、黄瓜线虫等。⑤在大蒜地内初有韭蛆为害时，每公顷用乳油 7.5～15 千克，在浇地入水口处，随浇水滴入乳油，并可兼治葱黄寡毛跳甲和刺足根螨。⑥用 1 000 倍液，浇淋植株根部，防治蚯蚓为害，每公顷用药液 3 750～4 500 千克。⑦用 1 500 倍液，防治茄子根结线虫病。

（5）用 75％辛硫磷乳油灌根　①用 500 倍液，防治韭蛆。②用800倍液，防治葱黄寡毛跳甲幼虫。

（6）用混配液灌根　①用 50％辛硫磷乳油 1 500 倍液 2 份，2.5％溴氰菊酯乳油 800 倍液 1 份，把两者混配后，每公顷灌混配液 450 千克，防治蚂蚁为害番茄、黄瓜幼苗。②用 Bt 乳剂 400 倍液与 50％辛硫磷乳油 1 000 倍液混配后灌根，防治葱黄寡毛跳甲幼虫。③每公顷用 48％地蛆灵乳油（有效成分为毒死蜱和辛硫磷）4.5 千克，对水 7 500 千克，用工农-16 型喷雾器，在韭菜迟眼蕈蚊成虫产卵盛期初喷灌根，防治韭蛆。

（7）毒土　用 50％辛硫磷乳油配制毒土。①每公顷用乳油 1.5 升，对水后拌干细土，在傍晚撒于田间，防治白雪灯蛾幼虫、稀点雪灯蛾幼虫。②每公顷用乳油 750～900 毫升，拌细土 1 125 千克，把两者拌匀，从田块四周开始，逐渐向中部撒毒土，防治各类蟋蟀。③每公顷用乳油 3 千克，对水 52.5 千克，再喷淋到750～1 050 千克粪土或细土上，拌匀，施入栽蒜沟内，防蒜蛆。④每公顷用乳油 3～3.75 千克，对水 30～37.5 千克，喷淋于 375～450 千克干细土上，拌匀后，顺垄条施并浅锄，或撒于地面并翻耕，防治灰地种蝇幼虫。⑤每公顷用乳油 2.4 千克，对水 22.5 千克，喷淋于 450 千克干细土上，拌匀后，把莲藕田水在午后或傍晚放尽，撒毒土，翌日灌水深 3.3 厘米湿润藕田，3 天后转入正常水浆管理，防治长腿水叶甲。

（8）毒饵　用 50％辛硫磷乳油配制毒饵。①每公顷用乳油 375～600 毫升，拌 450～600 千克炒香的饵料（如麦麸、豆饼、棉籽饼等），拌时适当加水，制成毒饵，在傍晚撒于田间，防治各类蟋蟀。②用乳油 750～1 500 毫升，拌饵料 45～60 千克，制成毒饵（拌匀），每公顷用毒饵 22.5～37.5 千克，撒于沟内，防治灰地种蝇幼虫、蝼蛄、金针虫。③用糖 6 份、醋 3 份、白酒 1 份、水 10

份、乳油 1 份，调制成糖醋毒液，可诱杀白边地老虎或警纹地老虎成虫。④用糖 1 份、醋 1 份、水 2.5 份，再加少许乳油，配成毒液，在大碗内加入少量锯末，装入毒液，夜间加盖白天开盖，可诱杀灰地种蝇成虫。

（9）使用粉剂　可用 2.5％粉剂喷施或配毒土。①每公顷喷施粉剂 15～22.5 千克，防治黑缝油菜叶甲成虫。②每公顷喷施粉剂 30～45 千克，防治甜菜跳甲、异型眼蕈蚊。③每公顷用粉剂 30 千克，拌细土 450 千克，拌匀后在播种时撒入田内并耙入土中，防治黑缝油菜叶甲、油菜蚤跳甲幼虫。

（10）浸种　用 50％辛硫磷乳油对水稀释后使用。①用 1 500～2 000 倍液，浸泡大蒜种 2 分钟，捞出晾干播种，防治蒜蛆。②用 1 500 倍液，浸泡留种作物（如韭菜、韭黄、葱类、百合、马铃薯、芋、唐菖蒲等）的球根（茎）等 15 分钟，捞出晾干播种，防治刺足根螨。

（11）使用颗粒剂　①每公顷用 5％颗粒剂 15～22.5 千克，与细土 450 千克拌匀，在播种前均匀撒施于苗床上，防治蚯蚓为害。②在玉米心叶末期，每株玉米心叶内撒施 1.5％颗粒剂 1 克，防治玉米螟。③用 3％颗粒剂 1 千克与 15 千克过筛细煤渣拌匀，配制成毒土混剂，每株玉米心叶内撒施毒土混剂 2 克，防治玉米螟。

【注意事项】

（1）在蔬菜收获前 3～5 天停用。本剂不能与碱性药剂混用。本剂对黄瓜、大白菜、菜豆等易产生药害，应慎用。

（2）应在傍晚或阴天时喷药。喷药后 2 天，对蜜蜂及天敌无毒害作用。

（3）应在避光干燥处贮存。

（4）与敌百虫、敌敌畏、杀螟硫磷、丙溴磷、喹硫磷、三唑磷、硫丹、阿维菌素、氟铃脲、鱼藤酮等有混配剂，可见各条。

59. 氯氰·辛硫磷

【其他名称】辛·氯。

【药剂特性】本品为混配杀虫剂，有效成分为辛硫磷和氯氰菊酯。制剂（乳油）外观为淡褐色透明液体，pH 为 4～6。对人、畜低毒。对害虫具有触杀和胃毒作用，击倒速度快，两者混配后增效作用显著。

【主要剂型】20％乳油，40％乳油。

【使用方法】用 40％乳油对水稀释后喷雾。①用 500 倍液，防治豇豆荚螟幼虫。②用 500～1 000 倍液，防治小菜蛾幼虫。③用 1 000 倍液，防治蚜虫。④用 1 500～2 000 倍液，防治菜青虫、甜菜夜蛾幼虫。

【注意事项】本剂不能与碱性物质混用，应在阴凉、避光处存放。其他可参照辛硫磷和氯氰菊酯。

60. 溴氰·辛硫磷

【其他名称】辛·溴。

【药剂特性】本品为混配杀虫剂，有效成分为辛硫磷和溴氰菊酯。制剂（乳油）外观为浅棕色或棕色透明液体，遇酸稳定，遇碱易分解。对人、畜低毒。对害虫具有触杀和胃毒作用，击倒力强，两者混配后，增效作用显著。

【主要剂型】50％乳油。

【使用方法】每公顷用 50％乳油 300～375 毫升，对水稀释后喷雾，防治蔬菜蚜虫。

【注意事项】不能与碱性物质混用，并应在避光处保存。其他可参照辛硫磷和溴氰菊酯。

61. 氯菊·辛硫磷

【其他名称】氯菊·辛。

【药剂特性】本品为混配杀虫剂，有效成分为辛硫磷和氯菊酯。制剂（乳油）外观为棕黄色透明液体。对人，畜低毒。对害虫具有胃毒和触杀作用。

【主要剂型】10％乳油。

【使用方法】每公顷用 10％乳油 375～750 毫升，对水稀释后喷雾防治菜蚜、菜青虫等。

【注意事项】

（1）不能与碱性农药混用。药剂应随配随用。在施药过程中，严禁污染水源、桑园和蜜源植物。应避光贮存，注意防火。

（2）其他可参照辛硫磷和氯菊酯。

62. 氰戊·辛硫磷

【其他名称】新光 1 号、宝发 1 号、快杀灵、太灵、辛·氰、扑雷灵等。

【其他名称】本品为混配杀虫剂，有效成分为辛硫磷和氰戊菊酯。制剂（乳油）外观为棕黄色油状透明液体。在酸性和中性条件下稳定，遇碱易分解。对光较敏感。对人、畜低毒，对蜜蜂、家蚕、鱼类、天敌毒性大。对害虫具有触杀和胃毒作用，击倒速度快。

【主要剂型】25％、50％乳油。

【使用方法】用 50％乳油对水稀释后喷雾或灌根。

（1）喷雾 ①用 1 000～2000 倍液，防治美洲斑潜蝇。②用 2 000倍液，防治巴楚菜蝽、新疆菜蝽。③用 2 000～3 000 倍液，防治甜菜象甲、蒙古灰象甲。④用 3 000 倍液，防治螨类。⑤每公顷用乳油 300～600 毫升，对水 750～900 千克，防治棉铃虫、造桥虫、小菜蛾幼虫、菜螟幼虫、斜纹夜蛾幼虫、叶甲、跳甲、二十八星瓢虫、叶蝉、蓟马等害虫。⑥每公顷用乳油 375～450 毫升，对水 525～750 千克，防治菜青虫。⑦每公顷用乳油 375～750 毫升，对水 525～1 125 千克，防治菜蚜。

（2）灌根 用 2 000～3 000 倍液，防治甜菜象甲幼虫。

【注意事项】

（1）在蔬菜收获前 7 天停用。不能与碱性农药混用。在黄瓜、菜豆等蔬菜上慎用，以避免药害。施药时注意安全防护。

（2）其他可参照辛硫磷和氰戊菊酯。

63. 马拉·辛硫磷

【其他名称】灭蝇王、辛·马混剂、高渗辛·马等。

【药剂特性】本品为混配杀虫剂，有效成分为辛硫磷和马拉硫磷及适量高渗剂。对人、畜低毒。对害虫具有触杀、胃毒和熏蒸作用。

【主要剂型】50%乳油。

【使用方法】用50%乳油对水稀释后喷雾或灌根。①用1 000～1 300倍液喷雾，防治美洲斑潜蝇。②用1 500～2 000倍液喷雾，防治蔬菜上的潜叶蝇、蚜虫、叶蝉、飞虱等。③用1 500～1 800倍液浇灌根垄，药液量要够，防治韭菜、葱蒜、白菜等蔬菜上的根蛆。

【注意事项】

（1）在蔬菜收获前7天停用。本剂不能与碱性农药混用，应在阴凉、避光、远离火源处贮存。

（2）其他可参照辛硫磷和马拉硫磷。

64. 哒嗪硫磷

【其他名称】哒净硫磷、苯哒嗪硫磷、苯哒磷、打杀磷、杀虫净、必芬松、哒净松等。

【药剂特性】本品属有机磷类杀虫剂，有效成分为哒嗪硫磷。乳油外观为棕红色至棕褐色透明液体，pH为6.8～8.5；粉剂外观为灰白色疏松粉末，pH为5～8。对酸、热稳定，遇碱易分解。对人、畜低毒。对害虫具有触杀和胃毒作用，无内吸作用。对蜘蛛无害。

【主要剂型】

（1）单有效成分　20%乳油，2%粉剂。

（2）双有效成分混配　与氰戊菊酯：20%哒嗪·氰戊乳油。

【使用方法】有喷雾、喷粉和配制毒土等三种使用方法。

（1）喷雾　用20%哒嗪硫磷乳油800倍液，防治菜青虫、小菜蛾幼虫、菜螟幼虫、甜菜夜蛾幼虫、斜纹夜蛾幼虫、甘蓝夜蛾幼虫、菜蚜，螨类、叶蝉、蓟马、跳甲、黄守瓜等。

（2）毒土　每公顷用2%粉剂22.5～30千克，加干细土150～300千克，拌匀制成毒土，均匀施入土中或撒于作物根际周围，防治地老虎幼虫、蛴螬、金针虫、拟地甲、蟋蟀等。

（3）喷粉　每公顷用2%粉剂22.5～30千克，防治马铃薯地内的马铃薯瓢虫。

【注意事项】不能与碱性农药混用。对鲜食蔬菜，不宜使用粉剂。

65. 毒死蜱

【其他名称】乐斯本、氯蜱硫磷、氯吡硫磷、氯吡磷、杀死虫、泰乐凯、陶斯松、蓝珠、新农宝等。

【药剂特性】本品属有机磷类杀虫剂，有效成分为毒死蜱。乳油外观为草黄色液体，有硫醇臭味，在室温下稳定，闪点为35℃。对人、畜为中等毒性，对眼有轻度刺激，对皮肤有明显刺激，长时间接触会被灼伤，对鱼类毒性较高、对蜜蜂有毒。对害虫具有触杀、胃毒及熏蒸作用，在土壤中持效期较长。

【主要剂型】

（1）单有效成分　10%、40%（新农宝）、40.7%、48%乳油。

（2）双有效成分混配　与氯氰菊酯：52.25%农地乐乳油，50%氯氰·毒死蜱乳油，44%速凯（氯氰·毒死蜱）乳油。

【使用方法】用乳油对水稀释后喷雾或灌根。

（1）用48%乳油喷雾　①用800～1 000倍液，防治美洲斑潜蝇、番茄斑潜蝇、豌豆潜叶蝇、菜潜蝇等幼虫。②用1 000倍液，防治白雪灯蛾幼虫、稀点雪灯蛾幼虫、瓜绢螟幼虫、菜青虫、斜纹夜蛾幼虫等。③用1 500倍液，防治葱斑潜蝇落地化蛹幼虫、茄黄斑螟幼虫等。④用1 000倍液，在卵块盛孵期防治水生蔬菜螟虫；也可喷雾或泼浇防治已蛀入茎秆内的水生蔬菜螟虫。⑤在大葱斑潜蝇发生初期，每公顷每次喷 1 000 倍药液 750 千克。

（2）用 40.7％乳油喷雾　每公顷用乳油 1.5～2.25 升，防治小菜蛾幼虫、豆野螟幼虫。

（3）灌根　①每公顷用 40.7％乳油 7.5～15 千克，对水 15 吨，灌于根际，防治韭蛆，有机质含量高的地块，可适当增加用药量。②用 48％乳油 2 000 倍液，每公顷用 7.5 吨药液，在韭菜迟眼蕈蚊成虫产卵盛期初喷灌根，防治韭蛆。③在韭菜地内迟眼蕈蚊成虫或葱地种蝇（葱蝇）成虫发生末期，田间未见被害株时，每公顷用 48％乳油 3.75 升，适量对水稀释后，在浇地的入水口处，随浇水均匀滴入药液，防治蛆害。④在 4 月上、中旬大蒜灌第 1 水或第 2 水时，每公顷用 48％乳油 3 750～5 625 毫升，随水施药，防治根蛆（韭菜迟眼蕈蚊和葱地种蝇的幼虫）。⑤用 48％乳油 2 000 倍液，浇淋植株根部，防治蚯蚓为害，每公顷用药液 3 750～4 500 千克。

（4）用 40％乳油喷雾　①每公顷用 40％乳油 1 000 毫升，对水 750 千克。防治甘蓝上的 2～3 龄菜青虫。②用 40％乳油 1 000 倍液，在蕹抱土起垄前，每公顷用 3 000 千克药液，喷淋蕹基部，防治危害蕹的大蒜根螨。

【注意事项】

（1）在蔬菜收获前 7 天停用。本剂不能与碱性农药混用。

（2）要避免药液流入河流池塘，不能在花期用药。

（3）与阿维菌素、敌百虫、辛硫磷、马拉硫磷等有混配剂，可见各条。

66. 氯氰·毒死蜱 （52.25％乳油）

【其他名称】农敌乐、农地乐。

【药剂特性】本品为混配杀虫剂，有效成分为毒死蜱和氯氰菊酯。对人、畜为中等毒性，对鱼类有毒。对害虫具有触杀、胃毒和熏蒸作用，杀虫谱广，药效快，对光、热稳定。

【主要剂型】52.25％乳油。

【使用方法】用 52.25％乳油对水稀释后喷雾。①每公顷用乳油 375～525 毫升，防治菜青虫、斜纹夜蛾幼虫、甘蓝夜蛾幼虫等，在低龄幼虫时施药。②每公顷用乳油 525 毫升，在甜菜夜蛾盛发期施药。③在豆类作物开花期，每公顷用乳油 525～750 毫升，防治豆荚野螟幼虫。④每公顷用乳油 525 毫升，防治美洲斑潜蝇低龄幼虫。⑤用 1 500 倍液，在卵块盛孵期防治水生蔬菜螟虫。⑥在葱地潜蝇发生高峰期（9 月 28 日），用 1 500 倍液喷雾防治，每公顷喷药液 750 千克。

【注意事项】

（1）本剂不能与碱性农药混用。对瓜苗（特别在保护地内）可能有药害，应慎用，可在瓜蔓 1 米长以后使用。

（2）应在早晚、风小、气温低时施药。蔬菜地一般每公顷喷药液量为 300～750 千克。

（3）应贮存在远离火源和高温处。其他可参照毒死蜱和氯氰菊酯。

67. **氯氰·毒死蜱**（44％乳油）

【其他名称】速凯。

【药剂特性】本品为混配杀虫剂，有效成分为毒死蜱和氯氰菊酯。制剂（乳油）外观为黄色至浅棕色透明液体，pH 为 5.5，闪点 48～49℃，在常温下贮存稳定。对人、畜为中等毒性，对鱼、蜜蜂、家蚕有毒。对害虫具有渗透作用和熏蒸作用，对多种抗药性蔬菜害虫效果良好。

【主要剂型】44％乳油。

【使用方法】用 44％乳油对水稀释后喷雾。①每公顷用乳油 450～600 毫升，防治低龄菜青虫。②每公顷用乳油 450～750 毫升，防治黄条跳甲、黄守瓜、菜螟幼虫、瓜绢螟幼虫等。③每公顷用乳油 525～750 毫升，防治低龄斜纹夜蛾幼虫。④每公顷用乳油 600～900 毫升，防治蚜虫、蓟马等。⑤每公顷用乳油 750～1 050 毫升，在卵孵盛期防治美洲斑潜蝇，也可防治低龄抗药性甜菜夜蛾幼虫。⑥每公顷用乳油 750～1 200 毫升（有效成分为 330～528

克），在菜豆花期防治豆荚螟幼虫。

【注意事项】可参照毒死蜱、氯氰菊酯及农地乐。

68. 敌百虫

【其他名称】三氯松、毒霸、DEP 等。

【药剂特性】本品属有机磷类杀虫剂，有效成分为敌百虫，可溶于水，在高温下遇水易分解，在碱性溶液中逐渐转变成为毒性更大的敌敌畏，但很快分解失效，在常温及酸性条件下稳定。原药为白色块状固体，可溶粉剂外观为白色或灰白色粉末，粉剂外观为淡黄褐色粉末。对人、畜、蜜蜂低毒。对害虫具有胃毒作用，兼有一定的渗透作用。

【主要剂型】

（1）单有效成分　80％、90％、95％原药，50％、80％可溶粉剂，30％、50％乳油，50％可湿性粉剂，2.5％、5％、6％粉剂。

（2）双有效成分混配　①与马拉硫磷：40％、60％敌·马乳油。②与辛硫磷：50％敌百·辛硫磷乳油。③与乐果：40％乐果·敌百虫乳油。④与毒死蜱：10％、40％敌百·毒死蜱乳油。⑤与丙溴磷：40％丙溴·敌百虫乳油。

【使用方法】本剂可用于喷雾、喷粉、灌根、浸种、配制毒土或毒饵等。

（1）用90％原药喷雾　①用 800 倍液，防治各类地老虎幼虫、韭菜迟眼蕈蚊成虫、南亚寡鬃实蝇等。②用 1 000 倍液，防治黄条跳甲类、韭萤叶甲、东方油菜叶甲、大猿叶虫成虫、小猿叶虫成虫、芜菁类、菠菜潜叶蝇、豌豆潜叶蝇、大葱上甜菜夜蛾幼虫、大蒜绿圆跳虫等。③用 1 000～1 500 倍液，防治东方芥菜叶甲。

（2）用80％可溶粉剂喷雾　用 1 000 倍液，防治各类金龟子成虫、大灰象甲等。

（3）用30％敌百虫乳油喷雾　用 500 倍液，防治各类金龟子成虫、大灰象甲等。

（4）用90％原药灌根　①用 500 倍液，防治韭蛆，可在韭根一侧扒土深 3～4 厘米，把药液装在去掉喷头的喷雾器内，往浅沟内灌药液。②用 1 000 倍液，防治黄条跳甲类幼虫、韭菜叶甲幼虫、大猿叶虫幼虫、根蛆（灰地种蝇、萝卜地种蝇、毛尾地种蝇、葱地种蝇等的幼虫），大蒜绿圆跳虫等。③用 1 500 倍液，防治蚂蚁为害黄瓜、番茄幼苗。④用 1 500～2 000 倍液，防治黄守瓜幼虫。⑤用 90%原药 1 份、石灰 1 份，对水为 4 000 倍液，每窝灌 0.5 千克药液，防治东方行军蚁、小家蚁等。

（5）用 80%可溶粉剂灌根 ①用 1 000 倍液，防治各类金龟子幼虫（蛴螬）、金针虫等。②用 1 200 倍液，浇淋植株根部，防治蚯蚓为害，每公顷用药液 3 750～4 500 千克。

（6）用 30%敌百虫乳油灌根 用 500 倍液，防治各类金龟子幼虫（蛴螬）、金针虫等。

（7）用 2.5%粉剂喷粉 ①每公顷用粉剂 37.5 千克，在韭菜迟眼蕈蚊成虫盛发期，喷撒于韭墩四周围，防治韭蛆。②每公顷用粉剂 22.5 千克，在葱地种蝇（葱蝇）成虫初发生时，田间喷粉，防治蒜蛆。

（8）毒土 ①每公顷用 2.5%粉剂 30 千克，拌 150 千克细土，混匀制成毒土，在做好育苗床后，先往床底撒一层毒土后，再铺育苗营养土，可防治蛴螬。②每公顷用 2.5%粉剂 22.5 千克，均匀拌入粪土中，再施入栽蒜沟内，防治蒜蛆。③每公顷用 90%原药 2.25 千克，拌细土 1 125 千克，撒入栽蒜沟内，防治蒜蛆。④每公顷用 90%原药 1.5～3.0 千克，拌细土 450 千克，撒施后并翻入土中，防治地下害虫，以减轻魔芋白绢病的为害。

（9）浸种 ①用 90%原药 1 500～2 000 倍液，浸泡蒜种 2 分钟，捞出晾干后栽种，防治蒜蛆。②先用温水浸泡蒜种 2 小时，再用 90%原药 1 000～1 500 倍液，浸泡蒜种 2 小时后，捞出晾干栽种，防治马铃薯茎线虫为害大蒜。③用 90%原药 1 000 倍液，喷淋马铃薯种薯，晾干后贮存，可防马铃薯块茎蛾幼虫为害。

（10）配制毒饵 ①先用 1.5 千克（升）60～70℃热水溶解 90%原药 50 克，为 30 倍液（毒液），每千克毒液可拌 30～50 千克炒香的麦麸、豆饼、棉籽饼等物，拌匀配成毒饵，在拌毒饵时，要充分加水，加水量为饵料质量的 1～1.5 倍，用手一握略出水即可，然后在傍晚撒于田间，每公顷面积上撒毒饵 22.5～45 千克于作物根部土表，可诱杀蟋蟀类、蝼斯类、蝼蛄类、各类地老虎幼虫等。②用糖 6 份、醋 3 份、白酒 1 份、水 10 份、90% 原药 1 份，配成糖醋毒液，装入盆内放置在田间，可诱杀各类地老虎成虫。③用糖 1 份，醋 1 份、水 2.5 份、90% 原药少量，配成糖醋毒液，在大碗内加入少量锯末，装入毒液，在田间夜间加盖白天开盖，可诱杀灰地种蝇成虫。④用糖 1 份、醋 1 份、水 2.5 份，加少量 90% 原药，配成毒液，拌入锯末中，再把拌糖醋毒液的锯末装入塑料袋内，每 100～150 米² 放 1 袋，可诱杀葱斑潜蝇成虫，当袋内锯末变干时，可补充糖醋毒液。⑤用糖 0.5 千克、醋 1 千克、水 10 千克、敌百虫 5 克，配成糖醋毒液，可诱杀韭菜地内的葱地种蝇、灰地种蝇、肖黎泉蝇、异枻八方毛眼种蝇等的成虫等。

【注意事项】

（1）在蔬菜收获前 7 天停用。本剂不能与碱性农药混用。在豆类及瓜类蔬菜上慎用本剂，以防药害。

（2）配好的药液应尽量用完。施药结束后，即清洗喷雾器械。宜先用清水洗手后，再用肥皂。

（3）在配好的喷雾药液中，按药液量加入 0.05%～0.1% 洗衣粉，可提高药效。与鱼藤酮有混配剂，可见各条。

（4）应在通风干燥、避光处贮存。

69. 敌百·辛硫磷

【其他名称】辛·敌。

【药剂特性】本品为混配杀虫剂，有效成分为敌百虫和辛硫磷。制剂（乳油）外观为棕黄色油状液体，易燃，高温下易爆炸，遇光、碱易分解。对人、畜低毒。

【主要剂型】50% 乳油。

【使用方法】每公顷用 50% 乳油 750～1 050 毫升，对水 750～

1 050千克稀释后均匀喷雾，防治菜青虫、菜螟幼虫、斜纹夜蛾幼虫、造桥虫、叶甲、跳甲、蚜虫、叶蝉等。

【注意事项】

（1）本剂不能与碱性农药混用，应在避光、远离火源处贮存。避免污染水源、桑园及蜜源植物。

（2）其他可参照敌百虫和辛硫磷。

70. 敌·马

【其他名称】敌抗磷、敌马合剂、D-M合剂等。

【药剂特性】本品为混配杀虫、杀螨剂，有效成分为敌百虫和马拉硫磷。在中性及酸性条件下稳定，遇碱分解，遇活性铁、锡、铜、铝等金属能促进分解。对人、畜低毒。对害虫具有触杀和胃毒作用，并有熏蒸和内吸杀虫作用，持效期长。

【主要剂型】40%、50%、60%乳油，4%粉剂。

【使用方法】用于喷雾或喷粉。

（1）用60%乳油喷雾 对水稀释后喷雾。①用600～1 000倍液，防治菜青虫。②用1 000倍液，防治豇豆荚螟幼虫。③用1 000～1 200倍液，防治蔬菜蚜虫、棉铃虫等。

（2）用50%乳油喷雾 每公顷用乳油750～1 050毫升，对水750～900千克稀释后喷雾，防治小菜蛾幼虫、斜纹夜蛾幼虫、菜螟幼虫、豆野螟幼虫、造桥虫、棉铃虫、叶蝉、飞虱、二十八星瓢虫、蓟马、螨类等。

（3）喷粉 每公顷用4%粉剂22.5～30千克喷施，防治蚜虫、菜青虫等。

【注意事项】

（1）不能与碱性农药混用。在蔬菜收获前7天停用。在瓜类和豆类的幼苗期慎用本剂。

（2）应在通风阴凉处贮存，长期低温贮存会出现结晶，不影响含量。

（3）其他可参照敌百虫与马拉硫磷。

71. 敌敌畏

【其他名称】二氯松、DDVP、DDV 等。

【药剂特性】本品属有机磷类杀虫、杀螨剂，有效成分为敌敌畏。原药为浅黄色至棕黄色油状液体，挥发性强，对热稳定，在水溶液中缓慢分解，在碱性条件下分解加快，对铁有腐蚀性。对人、畜为中等毒性，对鱼类毒性高，对蜜蜂剧毒。对害虫具有触杀、胃毒和熏蒸作用。

【主要剂型】

（1）单有效成分　50%、80%乳油，10%高渗乳油，22%烟剂。

（2）双有效成分混配　①与马拉硫磷：35%增效敌畏·马乳油。②与辛硫磷：30%敌畏·辛硫磷乳油。③与溴氰菊酯：25%增效溴氰·敌敌畏乳油，70%溴氰·敌敌畏乳油。④与氰戊菊酯：20%、30%、50氰戊·敌敌畏乳油。⑤与氯氰菊酯：10%、20%氯氰·敌敌畏乳油。⑥与甲氰菊酯：35%甲氰·敌敌畏乳油。⑦与噻嗪酮：50%噻嗪·敌敌畏乳油。

（3）三有效成分混配　①与辛硫磷和氰戊菊酯：30%增效氰·辛·敌敌畏乳油，50%氰·辛·敌敌畏乳油。②与辛硫磷和马拉硫磷：40%马·辛·敌敌畏乳油。

【使用方法】本剂可用于对水稀释喷雾、配制毒土、熏蒸等。

（1）用50%敌敌畏乳油喷雾　①用1 000倍液，防治瓜绢螟幼虫、瓜实蝇、南亚寡鬃实蝇、大蒜上粪蚊成虫、紫跳虫等。②用1 500~2 000倍液，防治柳二尾蚜、胡萝卜微管蚜、桃赤蚜、甘蓝蚜、螨类等。

（2）用80%乳油喷雾　①用800~1 000倍液，防治小地老虎、黄守瓜、黄条跳甲等。②用900倍液，防治东方芥菜叶甲。③用1 000倍液，防治烟青虫、棉铃虫、小菜蛾幼虫、灯蛾幼虫、夜蛾幼虫、豆野螟幼虫、大菜螟幼虫、茄二十八星瓢虫、温室白粉虱、大蒜上轮紫斑跳虫等。④用1 500倍液，防治芫菁类、韭萤叶甲、葱地种蝇成虫。⑤用 1 500～2000 倍液，防治大猿叶虫、菜青虫、甘蓝夜蛾幼虫、斜纹夜蛾幼虫、菜螟幼虫、菜叶蜂幼虫、菜蚜等。

（3）用 80％乳油灌根 ①用 800～1 000 倍液，防治黄守瓜幼虫、黄条跳甲幼虫、小地老虎幼虫等。②用 1 000 倍液，防治茄子根结线虫病。

（4）配制毒土 ①每公顷用 80％乳油 1.5 升，对水 37.5 千克（升），喷于 300 千克细砂上，拌匀后制成毒砂，撒于西瓜地内，防治蚜虫。②每公顷用 80％乳油 2.25 千克，对水 75 千克，拌 375 千克麦糠，撒入蒜地（在蒜薹露尾前），防葱地种蝇（葱蝇）。③用 80％乳油 1 份，与 30～40 份细土拌匀，在番茄斑潜蝇和南美斑潜蝇成虫羽化前，把毒土撒入田间，防治成虫。

（5）浸种 用 80％乳油 1 000 倍液，浸泡蒜种 24 小时，防治蒜种上的腐嗜酪螨、郁金香瘿螨等。

（6）配制糖醋液 用糖 0.5 千克、醋 1 千克、水 10 千克、敌敌畏 5 克，配成糖醋毒液，可诱杀韭菜地内的葱地种蝇、灰地种蝇、肖黎泉蝇、异枏八方毛眼种蝇的成虫等。

（7）熏蒸 ①每公顷保护地用 80％乳油 4.5～6 千克，分倒入若干个装有干锯末的花盆内，再把花盆均匀摆放在保护地内，在傍晚密闭棚膜，在花盆内放入几枚烧红的煤球，使锯末冒烟，防治白粉虱、蚜虫等。②每公顷保护地每次用 22％烟剂 4.5 千克，在傍晚密闭棚膜进行熏蒸，防治白粉虱、蚜虫等。③每公顷保护地用 10％烟剂 7.5 千克熏蒸，防治美洲（南美、番茄）斑潜蝇，连熏 2～3 次。④每公顷保护地用 22％烟剂 3 750 克熏蒸，防治 B 型烟粉虱和温室白粉虱。

（8）灌穗 用 50％乳油 800 倍液灌注玉米雄穗，防治玉米螟。

【注意事项】

（1）在蔬菜收获前 7 天停用。本剂不能与碱性农药混用。药液应随配随用，不宜久存。在豆类和瓜类幼苗上慎用本剂，以防药害。

（2）不能在中午气温高时使用本剂，保护地内喷雾，应注意通风。若熏蒸施药，点完烟剂后，施药人员应迅速退到棚外，并关好棚门。

（3）与阿维菌素有混配剂，可见各条。

72. 氯氰·敌敌畏

【其他名称】绿坤、敌畏·氯氰。

【药剂特性】本品为混配杀虫剂，有效成分为敌敌畏和氯氰菊酯。对人、畜为中等毒性，对鱼、蚕、蜜蜂有毒。对害虫具有触杀和胃毒作用，击倒力强，两者混配后增效作用显著，但持效期短。

【主要剂型】10％、43％乳油。

【使用方法】用 10％乳油对水稀释后喷雾。①用 4 000 倍液，防治桃蚜、萝卜蚜、甘蓝蚜、茄无网蚜。②每公顷用乳油 300～450 毫升，防治菜蚜。③每公顷用乳油 600～900 毫升，防治菜青虫、斜纹夜蛾幼虫等。

【注意事项】在蔬菜收获前 7 天停用。不宜与碱性物质混用。其他可参照敌敌畏和氯氰菊酯。

73. 溴氰·敌敌畏

【其他名称】敌·溴。

【药剂特性】本品为混配杀虫剂，有效成分为敌敌畏和溴氰菊酯。制剂（乳油）外观为浅黄色或黄色透明液体。对人、畜为中等毒性。对害虫具有触杀和熏蒸作用。

【主要剂型】15％（快灭安）、18％、70％乳油。

【使用方法】用乳油对水稀释后喷雾。①用 15％乳油 1 000～2 000 倍液，防治菜青虫。②每公顷用 70％乳油 135～195 毫升，或 18％乳油 195～375 毫升，防治菜蚜、菜青虫等。

【注意事项】在蔬菜收获前 7 天停用。不能与碱性物质混用。在瓜类蔬菜上慎用本剂，以避免药害。其他可参照敌敌畏和溴氰菊酯。

74. 喹硫磷

【其他名称】爱卡士、喹恶磷、克铃死、喹恶硫磷。

【药剂特性】本品属有机磷类杀虫、杀螨剂，有效成分为喹硫磷。乳油外观为棕色油状液体，pH 为 5～8，微溶于水，对光稳定，耐热性差，遇碱易分解，在常温下可贮存 2 年。颗粒剂外观为灰色至浅棕色颗粒。对人、畜为中等毒性，对鱼类、蜜蜂毒性高，对多种天敌杀伤力大。对害虫具有胃毒和触杀作用，并有良好的渗透作用和一定的杀卵作用。

【主要剂型】

（1）单有效成分　25％乳油，22％、10％高渗乳油，12.5％增效乳油，5％颗粒剂。

（2）双有效成分混配　①与辛硫磷：30％喹硫·辛硫磷乳油。②与溴氰菊酯：12.5％溴氰·喹硫磷乳油。③噻螨酮：25％噻螨·喹硫磷乳油。

【使用方法】乳油可用于对水稀释后喷雾、灌根、浸种，用颗粒剂处理土壤。

（1）用 25％喹硫磷乳油喷雾　①用 750 倍液，防治侧多食跗线螨（茶黄螨）。②用 1 000 倍液，防治葱斑潜蝇幼虫、菠菜潜叶蝇幼虫、豌豆潜叶蝇幼虫、葱须鳞蛾幼虫、棉褐带卷蛾幼虫、桑剑纹夜蛾幼虫、小菜蛾幼虫、瓜绢螟幼虫、斜纹夜蛾幼虫、菜青虫、菜蚜、棕榈蓟马（瓜蓟马）、黄蓟马、异型眼蕈蚊、小青花金龟子、斑青花金龟子、网目拟地甲、韭菜跳盲蝽等。③用 800～1 000 倍液，防治姜弄蝶幼虫。④用 1 500 倍液，防治色蓟马、黄胸蓟马、印度裸蓟马、葱类蓟马、细角瓜蝽、芝麻天蛾幼虫、红棕灰夜蛾幼虫、焰夜蛾幼虫、小巢蓑蛾幼虫、丽木冬夜蛾幼虫、稻眼蝶幼虫、直纹稻弄蝶幼虫、花弄蝶幼虫、红斑郭公虫、褐背小萤叶甲幼虫、豆根蛇潜蝇幼虫、菲岛毛眼水蝇幼虫、黄翅三节叶蜂幼虫、莲藕潜叶摇蚊幼虫、黄星圆跳虫、菜白带跳虫、稻负泥虫幼虫等。

（2）用25％增效喹硫磷乳油喷雾　①用1 000倍液，防治棉铃虫、烟青虫、茄黄斑螟幼虫、烟蓟马、葱蓟马、黄条跳甲、各类金龟子、大小猿叶虫成虫、大灰象甲、番茄斑潜蝇幼虫等。②用1 500倍液，防治中华弧丽金龟子、无斑弧丽金龟子、琉璃弧丽金龟子、大豆荚瘿蚊幼虫、棉双斜卷蛾幼虫、西瓜虫等。

（3）灌根　①用25％增效喹硫磷乳油1 000倍液，防治根蛆（灰地种蝇、葱地种蝇、萝卜地种蝇、毛尾地种蝇等的幼虫）、各类金龟子幼虫（蛴螬）、金针虫等。②用25％喹硫磷乳油1 000倍液，防治韭蛆、网目拟地甲幼虫等。③若用25％喹硫磷乳油1 000倍液，与70％乙铝·锰锌可湿性粉剂500倍液、或60％琥铜·乙膦铝可湿性粉剂500倍液，或14％络氨铜水剂300倍液、或50％琥铜·甲霜灵可湿性粉剂600倍液，或77％氢氧化铜可湿性粉剂400倍液混配灌根，可防治地下害虫和节、冬瓜疫病。④用25％喹硫磷乳油1 500倍液，防治东方行军蚁。

（4）浸种　用25％喹硫磷乳油1 000倍液，喷淋马铃薯种薯，晾干后贮存，防治马铃薯块茎蛾幼虫。

（5）注射　用兽用注射器把25％喹硫磷乳油1 000～1 500倍液注射到虫瘿内，防治紫茎甲幼虫（豆科植物）。

（6）土壤处理　每公顷用5％颗粒剂22.5～30千克，与112.5～150千克细土拌匀，撒于地表再耙入土中，防治枸杞实蝇的越冬蛹或初羽化成虫。

【注意事项】在蔬菜收获前10～15天停用。本剂不能与碱性农药混用。

75. 三唑磷

【其他名称】三唑硫磷、特力克等。

【药剂特性】本品属有机磷类杀虫、杀螨剂，有效成分为三唑磷。纯品为淡黄色液体，遇酸、碱易分解，对光较稳定。对人、畜为中等毒性，对蜜蜂、鱼、家蚕有毒。对害虫具有触杀和胃毒作用，有渗透性，并有杀卵作用（特别是对鳞翅目害虫卵），兼有一定的杀线虫作用。

【主要剂型】

（1）单有效成分　20％、36％、40％、42％乳油。

（2）双有效成分混配　①与辛硫磷：20％增效辛硫·三唑磷乳油。②与氯氰菊酯：15％、20％氯氰·三唑磷乳油。③与甲氰菊酯：10％甲氰·三唑磷乳油。④与溴氰菊酯：达富（溴氰菊酯·三唑磷）36％乳油。

【使用方法】

（1）喷雾　用20％三唑磷乳油对水稀释后喷雾。①用800～1 000倍液，防治蔬菜上蚜虫、螨类等。②每公顷用乳油1.5～1.9升，对水600～750千克，防治菜青虫、小菜蛾幼虫等。

（2）灌根　在韭菜收割后，用20％三唑磷乳油1 000倍液，用工农-16型喷雾器（去掉喷头）顺行灌根部，每公顷灌药液3 000～4 500千克，防治韭蛆（迟眼蕈蚊幼虫）。

【注意事项】在蔬菜收获前7天停用。不能与碱性农药混用。应在通风干燥、阴凉、远离火源处贮存。与阿维菌素有混配剂，可见各条。

76. 二溴磷

【药剂特性】本品属有机磷类杀虫剂，有效成分为二溴磷。纯品为白色晶体，遇水、高温、碱易分解。对人、畜低毒，对眼、黏膜有刺激性，对蜜蜂毒性强。对害虫具有胃毒和熏蒸作用，在常温下持效期为1～2天。

【主要剂型】50％乳油。

【使用方法】用50％乳油对水稀释后喷雾。①用1 500倍液，防治菜青虫、斜纹夜蛾幼虫、黄条跳甲等。②用1 500～2 000倍液，防治菜蚜、菜螟幼虫、葱蓟马、温室白粉虱等。

【注意事项】

（1）不能与碱性物质混用。药液应随配随用。

（2）在豆类、瓜类蔬菜上慎用本剂，以防药害。

77. 灭蚜松

【其他名称】灭蚜灵、赛福斯、灭那虫等。

【药剂特性】本品属有机磷类杀虫剂，有效成分为灭蚜松。纯品为白色结晶，具有硫醇臭味，呈弱碱性，遇强无机酸和碱不稳定，遇多种酸能生成盐。对人、畜低毒。对害虫具有内吸杀虫作用，也有触杀作用，使用安全，持效期长。主要防治蚜虫，对蓟马、螨类也有效。

【主要剂型】50%乳油，70%可湿性粉剂，烟剂。

【使用方法】有喷雾、拌种、浸根、烟熏等。

（1）喷雾　用50%乳油1 000～1 500倍液，防治蚜虫等害虫。

（2）拌种　①用70%可湿性粉剂0.8～1千克，加适量水调成稀糊状，拌和50千克菜籽，然后播种，持效期可达40～60天。②每500千克马铃薯种薯，用70%可湿性粉剂0.5～0.75千克，对水稀释30倍液，均匀喷洒在种薯上，持效期可达30～40天。防治苗期蚜虫。

（3）浸（灌）根　用70%可湿性粉剂0.5千克，对水10千克，定植前，把蔬菜秧苗用药液浸根10分钟；或在定植后用70%可湿性粉剂500倍液灌根，每株灌250毫升药液。可防治苗期蚜虫。

（4）熏蒸　每公顷保护地用烟剂4.5～7.5千克，分成50克一包，搞好引火捻，在傍晚密闭棚膜，把烟剂均匀摆放在地面的砖上，然后由里向外，用暗火依次点燃烟剂，熏蒸一夜，防治蚜虫，兼治白粉虱、螨类。

【注意事项】

（1）在蔬菜收获前7天停用。不宜用本剂对花椰菜浸根，以避免药害。

（2）可参照烟剂使用技术。

78. 杀螟腈

【药剂特性】本品属有机磷类杀虫剂，有效成分为杀螟腈，在常温下为黄色油状液体，遇碱较稳定。对人、畜低毒。对害虫具有触杀和胃毒作用，持效期长。

【主要剂型】50%乳油，2%粉剂。

【使用方法】用50%乳油800～1 000倍液，喷雾防治菜青虫、棉铃虫、烟青虫、小菜蛾幼虫、菜螟幼虫、大菜粉蝶幼虫、甘蓝夜蛾幼虫、银纹夜蛾幼虫、斜纹夜蛾幼虫、黄瓜绢野螟幼虫、茄白翅野螟幼虫、豆野螟幼虫、甜菜夜蛾幼虫、豆荚螟幼虫、地老虎幼虫、菜蚜、桃蚜、黄条跳甲、康氏粉蚧等。

【注意事项】在瓜类和已包心的白菜上要慎用本剂，以防药害。

79. 倍硫磷

【其他名称】百治屠、番硫磷、拜太斯、倍太克斯、芬杀松。

【药剂特性】本品属有机磷类杀虫、杀螨剂，有效成分为倍硫磷。乳油外观为淡黄色或棕黄色，或棕色，或褐色油状液体，微有蒜臭味，对光、热、碱稳定，pH为5～7。对人、畜为中等毒性，对鱼类、蜜蜂高毒。对害虫具有触杀和胃毒作用，并对作物表面有一定的渗透作用。

【主要剂型】50%乳油。

【使用方法】用50%乳油对水稀释为1 000～1 500倍液，喷雾防治蚜虫、菜青虫、棉铃虫、斜纹夜蛾幼虫、茄二十八星瓢虫、朱砂叶螨（棉红蜘蛛）、康氏粉蚧等。

【注意事项】

（1）在蔬菜收获前10～15天停用。在十字花科蔬菜上及桃树上，慎用本剂，以避免药害。

（2）可与多种农药混用，若与碱性农药混用，药液应随配随用，不宜久存。

80. 稻丰散

【其他名称】爱乐散、益尔散、乙基乙酯磷等。

【药剂特性】本品属有机磷类杀虫、杀螨剂，有效成分为稻丰散。乳油外观为浅黄色、透明可乳化油状液体，有芳香气味，对酸稳定，遇碱易分解，在通常条件下，可保存 3 年。对人、畜为中等毒性，对鱼类、蜜蜂有毒，对蜘蛛等天敌有一定杀伤力。对害虫具有触杀作用，兼有胃毒和渗透作用。

【主要剂型】50％乳油

【使用方法】①每公顷用 50％乳油 1.8～2.25 升（有效成分为 900～1 125 克），对水 750～900 千克喷雾，防治菜蚜蓟马、菜青虫、小菜蛾幼虫、斜纹夜蛾幼虫、菜螟幼虫，兼治螨类、豆荚螟幼虫、棉铃虫、黄条跳甲、叶甲、象甲、二十八星瓢虫等。②用 50％乳油 1 000 倍液喷雾，防治康氏粉蚧。

【注意事项】不能与碱性物质混用。对葡萄和桃树的某些品种有药害。

81. 丙溴磷

【其他名称】多虫磷、溴氯磷、克虫磷、布飞松、菜乐康等。

【药剂特性】本品属有机磷类杀虫剂，有效成分为丙溴磷，纯品为淡黄色液体。对人、畜为中等毒性，对鱼类高毒，对蜜蜂和鸟有毒性。对害虫具有触杀和胃毒作用。

【主要剂型】

（1）单有效成分　40％乳油，20％增效乳油。

（2）双有效成分混配　①与辛硫磷：35％、45％丙溴·辛硫磷乳油，45％高渗丙溴·辛硫磷乳油。②与氯氰菊酯：44％氯氰·丙溴磷乳油、多虫清（氯氰·丙溴磷）44％乳油。③与溴氰菊酯：40.8％高利安（溴氰菊酯·丙溴磷）乳油，猛克（溴氰菊酯·丙溴磷）41％乳油。

【使用方法】用 40％丙溴磷乳油 500 倍液喷雾，防治菜青虫、小菜蛾幼虫等。

【注意事项】

（1）宜在下午 4 点以后施药。应存放在阴凉干燥处。

（2）与敌百虫有混配剂，可见敌百虫。

82. 氯氰·丙溴磷

【其他名称】多虫清。

【药剂特性】本品为混配杀虫剂，有效成分为丙溴磷和氯氰菊酯。制剂（乳油）外观为黄色至棕色液体，pH 为 3.0～6.5，遇碱易分解，遇弱酸及中性条件稳定，在常温下贮存稳定性 3 年。对人、畜、鸟类低毒，对家蚕、鱼类毒性高。对害虫具有触杀和胃毒作用，兼有渗透作用，持效期可达 7～10 天。

【主要剂型】44％乳油。

【使用方法】每公顷用 44％乳油 600～900 毫升，对水 750～900 千克喷雾，防治菜青虫、烟青虫、菜螟、银纹夜蛾、斜纹夜蛾、小菜蛾、棉铃虫、豆野螟、豆荚螟等鳞翅目害虫的幼虫，并能防治菜蚜、叶蝉、飞虱、蓟马、叶甲、跳甲、黄守瓜、二十八星瓢虫、螨类等。

【注意事项】

（1）在蔬菜收获前 10～15 天停用。因本剂已是混配剂，故不宜再与其他农药混用。应在早晚气温低、风速小时施药。

（2）应注意，多虫清是混配剂的名称。

（五）氨基甲酸酯类杀虫剂及混配剂

83. 甲萘威

【其他名称】西维因、胺甲萘、加保利等。

【药剂特性】本品属氨基甲酸酯类杀虫剂，有效成分为甲萘威。可湿性粉剂外观为灰色或粉红色粉末，pH 为 5～8，难溶于水，对光、热和酸性物质稳定，遇碱易分解。对人、畜、鱼类毒性低，对蜜蜂及天敌高毒。对害虫具有胃毒和触杀作用，施药后两天才能发挥药效，持效期 7 天以上。

【主要剂型】

（1）单有效成分　25％、50％可湿性粉剂，40％悬浮剂，20％

乳油，1.5%、2%、5%粉剂。

（2）双有效成分混配　与氰戊菊酯：20%氰戊·甲萘威悬浮剂。

【使用方法】有喷雾、喷粉、灌根等。

（1）用25%可湿性粉剂喷雾　对水稀释后喷施。①用150～200倍液，防治菜青虫、菜螟幼虫、蚜虫、跳甲等。②用200～300倍液，防治棉铃虫、小地老虎幼虫、甘蓝夜蛾幼虫、蓟马、飞虱、叶蝉等。③用300～400倍液，防治甜菜夜蛾幼虫。

（2）用40%悬浮剂喷雾　对水稀释后喷施。①用400～600倍液，防治棉铃虫、甘蓝夜蛾幼虫、小地老虎幼虫、菜螟幼虫、菜青虫、蓟马、叶蝉、飞虱等。②用800～1 000倍液，防治蚜虫、甜菜夜蛾幼虫、银纹夜蛾幼虫、斜纹夜蛾幼虫、卷叶螟幼虫等。

（3）喷粉　①每公顷用2%粉剂22.5～37.5千克，防治豆根蛇潜蝇幼虫。②每公顷用5%粉剂30千克，防治棉叶蝉、甜菜夜蛾幼虫、菜青虫、西瓜虫等。

（4）灌根　每公顷用25%可湿性粉剂120千克，随浇地水施入田间，防治韭蛆。

【注意事项】

（1）在蔬菜收获前10天停用。不能与碱性农药混用。

（2）在瓜类作物上慎用本剂，以避免药害。若使用不当，易杀伤害螨天敌，使螨害大发生。

（3）贮存时应防潮，以避免结块失效。

（4）与四聚乙醛有混配剂，可见各条。

84. 氰戊·甲萘威

【其他名称】氰·萘威、氰西杀虫悬浮剂。

【药剂特性】本品为混配杀虫剂，有效成分为甲萘威和氰戊菊酯。制剂（悬浮剂）外观为灰白色可流动性液体，pH为6～7。对人、畜低毒。对害虫具有触杀作用，兼有胃毒作用，既有速效又有持效期长的特点。

【主要剂型】20％悬浮剂。

【使用方法】每公顷用 20％悬浮剂 600～900 克，对水稀释后喷雾，防治菜青虫、蔬菜蚜虫等。

【注意事项】

（1）不能与碱性物质和铜制剂混用。应先摇匀、后使用。施药时，严禁污染鱼塘、桑园及蜜源植物。

（2）其他可参照甲萘威和氰戊菊酯。

85. 抗蚜威

【其他名称】辟蚜雾、灭定威、比加普等。

【药剂特性】本品属氨基甲酸酯类杀虫剂，有效成分为抗蚜威。可湿性粉剂外观为蓝色粉末，水分散粒剂外观为蓝色颗粒，在常温下密封贮存有效期为 2 年，水溶液见光易分解。对人、畜为中等毒性，对鱼类、蜜蜂、鸟及天敌毒性低。对害虫具有触杀、熏蒸和叶面渗透杀虫作用。气温在 20℃以上时，才有熏蒸作用。

【主要剂型】

（1）单有效成分　50％可湿性粉剂，25％、50％水分散粒剂，25％高渗可湿性粉剂，5％高渗可溶液剂。

（2）双有效成分混配　与溴氰菊酯：益立升（抗蚜威·溴氰菊酯）10.75％乳油。

【使用方法】用于喷雾和灌根。

（1）喷雾　用 50％可湿性粉剂对水稀释后喷雾。①用 1 500 倍液，防治大豆蚜、豌豆修尾蚜。②用 2 000 倍液，防治豆蚜、葱蚜、胡萝卜微管蚜、柳二尾蚜、枸杞蚜虫、枸杞负泥虫、在越冬代成虫出土盛期和卵孵化盛期的十四点负泥虫等。③用 2 000～3 000 倍液，防治桃蚜、萝卜蚜、甘蓝蚜、茄无网蚜、莴苣指管蚜、莲缢管蚜等。④用 3 000 倍液，防治小绿叶蝉。

（2）混配喷雾　①用 50％抗蚜威可湿性粉剂 2 000 倍液与 20％丁硫克百威乳油 800 倍液混配后，防治枸杞蚜虫、枸杞负泥虫等。②用 5％增效抗蚜威可溶液剂 2 000 倍液，防治大豆蚜、豌豆修尾蚜、番茄瘿螨、神泽氏叶螨、土耳其斯坦叶螨等。

（3）灌根　用 50％可湿性粉剂 3 000 倍液，灌根防治菜豆根蚜。

【注意事项】

（1）在蔬菜收获前 7～11 天停用。宜在 20℃以上气温时使用。对瓜蚜（棉蚜）无效，不宜使用本剂。

（2）必须使用金属容器盛装本剂。在施用本剂后 24 小时内，禁止家畜进入施药区。

86. 丁硫克百威

【其他名称】好年冬、丁硫威、丁呋丹、克百丁威、好安威、丁基加保扶等。

【药剂特性】本品属氨基甲酸酯类杀虫剂，有效成分为丁硫克百威。乳油外观为浅棕色黏稠液体，在中性或微酸性条件下稳定，对热不稳定，有水时能水解，在酸性条件下很快水解成克百威（呋喃丹），在好气或嫌气条件下，在土壤和水中分解较快，在室温下贮存 1 年以上，稳定性良好。对人、畜为中等毒性，室内试验对鱼有毒，在田间使用条件下无害。对害虫具有触杀和胃毒作用，持效期长。

【主要剂型】

（1）单有效成分　3％、5％颗粒剂，20％乳油，35％种子处理制剂（红色粉末）。

（2）双有效成分混配　与三唑酮：6.5％丁硫·三唑酮悬浮剂和种子处理制剂。

【使用方法】用于喷雾或土壤处理。

（1）喷雾　用 20％乳油对水稀释后喷雾。①用 600～800 倍液，防治丝大蓟马。②用 800 倍液，防治端大蓟马、大豆蚜、豌豆修尾蚜、莲缢管蚜、番茄瘿螨、神泽氏叶螨、土耳其斯坦叶螨。③每公顷用乳油 600～750 毫升，防治蔬菜潜叶蝇。④每公顷用乳油 1 500 毫升，防治黄瓜上的蓟马；用乳油 2 250 毫升，防治节瓜蓟马。⑤在茄子4～5叶时，用600倍液，防治棕榈蓟马若虫，每公顷喷药液750千克。

（2）土壤处理 ①每公顷用3％丁硫克百威颗粒剂60千克撒施，防治茭白田内的稻水象甲（田间水位须保持1厘米深）。②在连栋大棚内，先灌水闷棚15天，10月5日每公顷撒施5％颗粒剂45千克，药后开沟做畦，第二天定植黄瓜苗（35天苗龄），地膜覆盖，防治黄瓜根结线虫。

【注意事项】

（1）在使用前必须阅读本剂标签说明，严格按照标签上的方法和剂量施药。

（2）应密封存放于阴凉、干燥通风、远离火源处。

（3）与抗蚜威可混配使用，可见抗蚜威。

87. 异丙威

【其他名称】叶蝉散、灭扑威、异灭威、灭扑散、速死威、灭必虱、MIPC等。

【药剂特性】本品属氨基甲酸酯类杀虫剂，有效成分为异丙威，遇碱和强酸易分解，但遇弱酸、光、热稳定。粉剂外观为白色或浅黄色疏松粉末，pH为5～8；乳油外观为微黄色透明液体，pH为4～7。对人、畜为中等毒性，对蜜蜂有毒，对鱼类低毒。对害虫具有触杀作用，速效性强，但持效期为3～5天，对叶蝉类和稻飞虱有特效。

【主要剂型】

（1）单有效成分 20％乳油，2％、4％、10％粉剂，20％烟剂。

（2）双有效成分混配 ①与吡虫啉：25％吡虫·异丙威可湿性粉剂。②与噻嗪酮：25％噻嗪·异丙威可湿性粉剂，30％噻嗪·异丙威乳油，25％噻嗪·异丙威悬浮剂，优佳安（噻嗪·异丙威）25％可湿性粉剂。

【使用方法】用于喷粉或喷雾。

（1）喷粉 每公顷用2％粉剂30千克，防治棉叶蝉、黑尾叶蝉、长绿飞虱、白背飞虱、灰飞虱等。

（2）喷雾 用20％乳油对水稀释后喷施。①用500倍液，防治黑尾叶蝉、黄蓟马等。②用800倍液，防治小绿叶蝉。

（3）熏蒸 每公顷保护地用20％烟剂3 750克熏蒸，防治B型烟粉虱和温室白粉虱。

【注意事项】

（1）在薯（芋）类作物上不能使用本剂，以避免药害。在使用本剂的前、后10天，不能使用敌稗。

（2）本剂应在阴凉干燥处保存。与马拉硫磷有混配剂，可见各条。

88. 速灭威

【其他名称】治灭虱、MTMC等。

【药剂特性】本品属氨基甲酸酯类杀虫剂，有效成分为速灭威，遇碱易分解。可湿性粉剂和粉剂外观为疏松粉末，pH为5～8。对人、畜为中等毒性，对鱼类低毒，对蜜蜂及天敌毒性高。对害虫具有触杀作用，并有一定的熏蒸和内吸作用，速效性强，但持效期仅2～3天。

【主要剂型】

（1）单有效成分 25％可湿性粉剂，20％乳油，2％、4％粉剂。

（2）双有效成分混配 与噻嗪酮：25％、30％噻嗪·速灭威乳油，25％噻嗪·速灭威可湿性粉剂。

【使用方法】用喷雾法。①用25％速灭威可湿性粉剂600～800倍液，防治小绿叶蝉。②用20％乳油500倍液，防治黄领麻纹灯蛾幼虫。

【注意事项】在食用作物收获前10天停用。不能与碱性物质混用。应存放在阴凉干燥处。

89. 噁虫威

【其他名称】高卫士、苯噁威、免敌克、快康、恶虫威等。

【药剂特性】本品属氨基甲酸酯类杀虫剂，有效成分为噁虫威，对光稳定。制剂（可湿性粉剂）外观为灰白色细粉，无味，在常温下原包装避光贮存稳定达3年。对人、畜为中等毒性，对蜜蜂高毒，对鱼为中等毒性。对害虫具有触杀和胃毒作用，兼有一定的内吸作用。

【主要剂型】20％、80％可湿性粉剂。

【使用方法】在节瓜蓟马若虫盛孵期，用20％可湿性粉剂1 000～2 000倍液，喷雾防治。

【注意事项】

(1) 本剂不能与强碱性物质混用。药液应随配随用，不宜久存。

(2) 在施药过程中，应注意个人的安全防护。

90. 氯氰·仲丁威

【其他名称】氯杀威、氯氰·仲。

【药剂特性】本品为混配杀虫剂，有效成分为仲丁威和氯氰菊酯。仲丁威（巴沙、扑杀威）属氨基甲酸酯类杀虫剂，受热易分解，在碱性和强酸性条件下不稳定，在弱酸条件下稳定，对人、畜低毒。制剂（乳油）外观为淡黄色或棕色透明液体，pH为5～6，对人、畜低毒，对鱼、蜜蜂毒性较高。对害虫具有触杀和胃毒作用，杀虫速度快。

【主要剂型】20％乳油。

【使用方法】用20％乳油2 000～3 000倍液，喷雾防治蚜虫、菜青虫、斜纹夜蛾幼虫等。

【注意事项】在施药过程中，应注意个人安全防护。应在阴凉干燥处贮存。

（六）沙蚕毒素类杀虫剂及混配剂

91. 杀虫双

【药剂特性】本品属沙蚕毒素类杀虫剂，有效成分为杀虫双。

水剂外观为茶褐色或棕褐色液体，颗粒剂外观为褐色圆柱状松散颗粒（粒径 1.5 毫米、粒长 2～3 毫米），pH 为 6～8；易溶于水，易吸潮，在常温及碱性条件下稳定，在酸性条件下可分解成沙蚕毒素。对人、畜为中等毒性，对家蚕毒性大，对鱼类、蜜蜂毒性小。对害虫具有胃毒、触杀、内吸作用，并有一定的熏蒸和杀卵作用，害虫中毒后，很快不能取食，逐渐死亡，持效期 7～10 天。

【主要剂型】

（1）单有效成分　18％、25％水剂，3％、3.6％、5％颗粒剂。

（2）双有效成分混配　与井冈霉素：22％井冈·杀虫双水剂。

【使用方法】用水剂对水稀释后喷雾。

（1）用 25％水剂喷雾　①用 200 倍液，防治生姜上的二化螟幼虫。②用 400 倍液，防治南美斑潜蝇幼虫，丝大蓟马、瓜褐蜡、红背安缘蝽、斑背安缘蝽等。③用 500 倍液，防治美洲斑潜蝇幼虫、番茄斑潜蝇幼虫、豌豆潜叶蝇幼虫、菜潜蝇幼虫、瓜绢螟幼虫等。④用 800～1 000 倍液，防治亚洲玉米螟幼虫。⑤每公顷用水剂 2.25～3 升，对水 900～1 125 千克，防治菜青虫、小菜蛾幼虫、菜螟幼虫、小地老虎幼虫、棉铃虫、慈姑钻心虫、菜蚜等。

（2）混配喷雾　用 18％杀虫双水剂 1 份和苏云金杆菌 4 份混配，然后对水稀释为 250 倍液，防治小菜蛾幼虫。

（3）用 10％悬浮剂喷雾　用 500 倍液，防治菜青虫。

（4）泼浇或灌穗　①用 18％水剂 400 倍液，泼浇或喷雾防治已蛀入茎秆内的水生蔬菜螟虫。②用 25％水剂 500 倍液灌注玉米雄穗，防治玉米螟。

（5）毒土　在玉米心叶末期，每公顷用 5％颗粒剂 3 千克，与 60 千克细土拌匀，制成毒土撒施，防治玉米螟。

【注意事项】

（1）在蔬菜收获前 15 天停用。在药液中加入 0.05％～0.1％洗衣粉，能提高防治效果。

（2）在豆类蔬菜上不能使用本剂；在茄果类及十字花科蔬菜幼苗（在高温季节）上，应慎用本剂，以避免产生药害。

（3）在桑园和养蚕区附近，可以使用颗粒剂。

92. 杀虫单

【药剂特性】本品属沙蚕毒素类杀虫剂，有效成分为杀虫单。纯品为白色结晶，易溶于水，不易吸湿，遇强酸、强碱及铁易分解。对人、畜为中等毒性，对鱼类、蜜蜂、天敌毒性小，对家蚕毒性大。对害虫具有胃毒、触杀、内吸作用。

【主要剂型】

（1）单有效成分　90%原药，36%、50%、80%可溶粉剂，3.6%、5%颗粒剂，20%微乳剂，80%可湿性粉剂。

（2）双有效成分混配　与井冈霉素：50%井冈·杀虫单可湿性粉剂，55%井冈·杀虫单可溶粉剂。

【使用方法】用喷雾法。①每公顷用90%原药750～900克，对水稀释后喷施，防治黑尾叶蝉、长绿飞虱、白背飞虱、灰飞虱等；②每公顷用90%可湿性粉剂600克，对水900千克稀释，在成虫羽化高峰期或幼虫低龄期喷施，防治美洲斑潜蝇、南美斑潜蝇、豌豆彩潜蝇等。③用20%微乳剂500～1 000倍液，防治甘蓝（团棵期）上的2～3龄小菜蛾幼虫，施药间隔期在7天以上。④用80%可湿粉性剂800倍液，喷雾或泼浇防治已蛀入茎秆内的水生蔬菜螟虫。

【注意事项】可参照杀虫双。与噻嗪酮、乐果、苏云金杆菌等有混配剂。

93. 杀虫环

【其他名称】易卫杀、虫噻烷、甲硫环、类巴丹等。

【药剂特性】本品属沙蚕毒素类杀虫剂，有效成分为杀虫环。可溶粉剂外观为白色或微黄色粉末，pH为1.5～3.5，在正常条件下贮存稳定期至少2年。对人、畜为中等毒性，对皮肤、眼有轻度刺激作用，对鱼类和蚕的毒性大。对害虫具有触杀和胃毒作用，也有一定的内吸、熏蒸和杀卵作用，对害虫的药效较迟缓，中毒轻者有时能复活，持效期短。

【主要剂型】50%可溶粉剂。

【使用方法】用50%可溶粉剂对水稀释后喷雾。①每公顷用可溶粉剂600～750克，对水750千克，防治菜蚜、菜青虫、小菜蛾幼虫、甘蓝夜蛾幼虫、螨类等。②用2 000倍液，防治桃蚜。

【注意事项】在豆类蔬菜上不宜使用本剂。可与速效杀虫农药混用，以提高击倒力。

94. 多噻烷

【药剂特性】本品属沙蚕毒素类杀虫剂，有效成分为多噻烷，是易卫杀的同系物，理化性质与其相似。乳油外观为棕红色液体，微溶于水。对人、畜为中等毒性，对皮肤有刺激作用，对鱼类毒性中等，对农田蜘蛛杀伤力较小。对害虫具有胃毒、触杀、内吸作用，及杀卵和一定的熏蒸作用，持效期7～10天。

【主要剂型】30%乳油。

【使用方法】用30%乳油对水稀释后喷雾。①每公顷用乳油2.5升，对水稀释为1 000倍液，防治菜青虫、黄条跳甲、白菜叶蝉等。②每公顷用乳油1.5～2.25升，防治蔬菜蚜虫、小菜蛾幼虫等。

【注意事项】在作物收获前14天停用。在施药过程中，要注意个人的安全防护，避免中毒。

95. 杀螟丹

【其他名称】巴丹、派丹、培丹、沙蚕胺等。

【药剂特性】本品属沙蚕毒素类杀虫剂，有效成分为杀螟丹。可溶粉剂外观为淡蓝绿色粉状物，有特殊臭味，稍有吸湿性，溶于水，在酸性条件下稳定，在碱性条件下不稳定，对铁等金属有腐蚀性。对人、畜为中等毒性，对鱼类毒性大，对家蚕剧毒。对害虫具有胃毒和触杀作用，也有一定的内吸性，并有杀卵作用，持效期长。

【主要剂型】50%、98%可溶粉剂，2%粉剂，4%颗粒剂。

【使用方法】用于喷雾或喷粉。

（1）用50%可溶粉剂喷雾　对水稀释后喷施。①用500～750倍液，防治马铃薯块茎蛾幼虫。②用1 000倍液，防治南瓜斜斑天牛、黄瓜天牛、黄守瓜、黑足黑守瓜等。③用1 000～1 500倍液，防治菜青虫、小菜蛾幼虫、马铃薯瓢虫、茄二十八星瓢虫、黄条跳甲、葱蓟马等。④用2 000倍液，防治瓜蓟马、黄蓟马等。⑤用2 000～3 000倍液，防治蚜虫、螨类等。

（2）用98%可溶粉剂喷雾　对水稀释后喷施。①用1 500倍液，防治小菜蛾幼虫。②用1 500～2 000倍液，防治美洲斑潜蝇幼虫、番茄斑潜蝇幼虫、豌豆潜叶蝇幼虫、菜潜蝇幼虫等。③用2 000倍液，防治丝大蓟马、黄胸蓟马、色蓟马、印度裸蓟马、黄领麻纹灯蛾幼虫等。④用1 000倍液，喷雾或泼浇防治蛀入茎秆内的水生蔬菜螟虫。

（3）混配喷雾　①用98%杀螟丹可溶粉剂2 000倍液与10%氯氰菊酯乳油1 000倍液混配后喷施，防治蔬菜跳虫。②用99%杀螟丹原药1份与苏云金杆菌9份混配后，然后对水稀释为250倍液喷施，防治小菜蛾幼虫。

（4）喷粉　用2%粉剂喷施。①每公顷用22.5～30千克，防治黑缝油菜叶甲幼虫。②每公顷用30千克，防治双斑萤叶甲、黄斑长跗萤叶甲、菜叶蜂幼虫、油菜蚤跳甲幼虫等。③每公顷用粉剂30千克，与干细土225千克混匀，制成毒土，撒于株间，防治红棕灰夜蛾幼虫、焰夜蛾幼虫等。④每公顷用30～45千克，防治大豆小夜蛾幼虫、毛胫夜蛾幼虫等。⑤每公顷用37.5千克，防治芝麻天蛾幼虫。⑥每公顷用22.5～37.5千克，防治豆根蛇潜蝇幼虫。

【注意事项】

（1）在蔬菜收获前21天停用。高温季节，在十字花科蔬菜上慎用本剂，以避免药害。

（2）不宜在桑园或养蚕区使用本剂。

（七）昆虫生长调节剂类杀虫剂及混配剂

96. 抑食肼

【其他名称】虫死净、RH-5849 等。

【药剂特性】本品属苯甲酰肼类昆虫生长调节剂，有效成分为抑食肼。原药外观为无色或淡黄色粉末。对人、畜为中等毒性。具有阻止害虫食欲的作用，以致其饿死，并可抑制成虫产卵，在施药后 2～3 天可见防效。

【主要剂型】20％可湿性粉剂和悬乳剂。

【使用方法】用 20％可湿性粉剂对水稀释后喷雾。①用 1 000 倍液，防治菜青虫、斜纹夜蛾幼虫，甜菜夜蛾幼虫等。②每公顷用可湿性粉剂 1.2～1.875 千克，防治小菜蛾幼虫。

【注意事项】

（1）在蔬菜收获前 7～10 天停用。不能和碱性物质混用。

（2）注意施药者个人的安全防护。

97. 虫酰肼

【其他名称】米满、米螨、特虫肼、菜螨、RH-5992 等。

【药剂特性】本品属非甾族新型昆虫生长调节剂，有效成分为虫酰肼。制剂（悬浮剂）外观为乳白色液体，pH 为 7～8，对光稳定，在常温条件下贮存 2～3 年稳定。对人、畜低毒，对鸟无毒，对鱼有毒，对蚕高毒。对害虫具有胃毒作用，对鳞翅目害虫的幼虫有极高的选择性和毒力，幼虫食药后，6～8 小时内停止取食，3～4 天后开始死亡。

【主要剂型】20％、24％悬浮剂。

【使用方法】用 20％悬浮剂 1 000～2 000 倍液喷雾，防治甜菜夜蛾幼虫、斜纹夜蛾幼虫等。

【注意事项】

（1）在使用本剂前，务请仔细阅读产品标签。

（2）在小菜蛾幼虫上慎用本剂，应先试验，待药效确定后，再大面积推广使用。

（3）应在阴冷干燥、通风条件良好处贮存。

98. 虫螨腈

【其他名称】除尽、溴虫腈等。

【药剂特性】本品属芳基取代吡咯类杀虫、杀螨剂，有效成分为虫螨腈。制剂（悬浮剂）外观为白色至棕黄色悬浮液体，pH 为 7.5～9.0，在常温下贮存有效期大于 2 年。对人、畜低毒，对鱼类有毒。对害虫具有胃毒和触杀作用，有一定的内吸渗透作用，可防治对氨基甲酸酯类、有机磷类和拟除虫菊酯类等杀虫剂产生抗药性的害虫和某些螨类。

【主要剂型】10%悬浮剂，5%、10%乳油。

【使用方法】用悬浮剂或乳油对水稀释后喷雾。

（1）用 10%悬浮剂喷雾 ①用 1 000 倍液，防治花椰菜上小菜蛾幼虫。②用 1 200 倍液，防治甜菜夜蛾幼虫。③用 1 500～2 500 倍液，防治毛豆上甜菜夜蛾幼虫。④用 2 000 倍液，防治蔬菜苗期蚜虫、甘蓝夜蛾幼虫。⑤每公顷用悬浮剂 255～495 毫升，防治抗药性小菜蛾幼虫，并兼治菜蚜，持效期可达 15 天以上。⑥用 1 500 倍液，防治西葫芦上的 B 型烟粉虱，大白菜上的（8 月 11 日）甜菜夜蛾 2 龄幼虫等。

（2）用乳油喷雾 ①每公顷用 5%乳油 1 200 毫升，对水 900千克，防治甘蓝上的甜菜夜蛾幼虫。②用 10%乳油 5 000 倍液，防治美洲（南美、番茄）斑潜蝇。

【注意事项】

（1）在十字花科蔬菜收获前 14 天停用。每季蔬菜使用本剂次数不得超过 2 次。应在早、晚或阴天喷药。

（2）在施药过程中，要注意个人的安全防护。

99. 氟虫腈

【其他名称】锐劲特、氟苯唑、威灭等。

【**药剂特性**】本品属苯基吡唑类杀虫剂，有效成分为氟虫腈。制剂（悬浮剂）外观为白色涂料状黏性液体，pH 为 6.86，在常温下贮存稳定。对人、畜为中等毒性，对鱼类、蜜蜂高毒，对有益昆虫无影响。对害虫具有胃毒作用，兼有触杀和内吸作用，与当前常用杀虫剂无交互抗药性，并有刺激生长和提高产量的效果。

【**主要剂型**】5％悬浮剂，8％水分散粒剂，5％种子处理干粉剂，0.3％颗粒剂，0.05％饵剂。

【**使用方法**】用 5％悬浮剂对水稀释后喷雾。①每公顷用悬浮剂 300 毫升，对水 900 千克稀释后，再加入 750 毫升中性洗洁精，搅匀后喷施，防治菜青虫、小菜蛾幼虫、造桥虫等。②每公顷用悬浮剂 240～480 克（毫升），防治马铃薯甲虫、辣椒和茄子上的蓟马。③每公顷用悬浮剂 0.75～1.5 升，防治美洲斑潜蝇成虫、番茄斑潜蝇成虫、豌豆潜叶蝇成虫、菜潜蝇成虫、肖藜泉蝇幼虫、黑纹粉蝶幼虫、粉斑夜蛾幼虫、大菜螟幼虫、菜野螟幼虫、小菜蛾幼虫、萝卜蚜等。④用 2 000～4 000 倍液，防治甜菜夜蛾幼虫、斜纹夜蛾幼虫、甘蓝夜蛾幼虫等。⑤用 1 000 倍液，防治锦秋毛豆上初发生的 B 型烟粉虱，每公顷每次喷药液 750 千克；用 1 000 倍液，防治菜黑斯象（蔬菜象鼻虫）、茄黄斑螟幼虫。⑥用 1 500 倍液，喷雾防治 B 型烟粉虱。⑦用 2 000 倍液，防治马铃薯甲虫。⑧每公顷用 5％悬浮剂 450 毫升，防治茄子上的茄二十八星瓢虫，每公顷喷药液 600 千克。

【**注意事项**】

（1）在使用前，务请仔细阅读标签，并严格按照标签上的使用要求施药。

（2）本剂对拟除虫菊酯类、氨基甲酸酯类、环戊二烯类等杀虫剂已产生抗药性的害虫有很好的防治效果。应先试验，后大面积推广应用。

（3）在施药过程中，要注意个人的安全防护。应以原包装在阴凉、安全处妥善贮存。

100. 噻嗪酮

【其他名称】扑虱灵、灭幼酮、亚乐得、优乐得、布芬净、稻虱灵（净）等。

【药剂特性】本品属噻二嗪类选择性杀虫剂，有效成分为噻嗪酮。可湿性粉剂外观为灰白色粉粒，在常温下贮存有效期达 3 年以上。对人、畜、鸟类低毒，对天敌安全。对害虫具有触杀和胃毒作用，使若虫蜕皮畸形而死亡，对成虫没有直接杀伤力，但可使成虫寿命缩短、或产卵量下降，或产下畸形卵等。一般在施药后 3～7天，才能看出效果，持效期可长达 30 天以上。

【主要剂型】

（1）单有效成分　20％、25％可湿性粉剂，10％、20％、25％乳油。

（2）双有效成分混配　①与杀虫单：21.5％噻嗪·杀虫单悬浮剂，25％、50％、75％噻嗪·杀虫单可湿性粉剂。②与井冈霉素：16％井冈·噻嗪酮悬浮剂，45％井冈·噻嗪酮可湿性粉剂。

（3）三有效成分混配　①与杀虫单和井冈霉素：21％、45％井·噻·杀虫单可湿性粉剂。②与杀虫单和三唑酮：45％噻·酮·杀虫单可湿性粉剂。

【使用方法】对水稀释后喷施。

（1）用 10％乳油喷雾　用 1 000 倍液，防治白粉虱。

（2）用 20％可湿性粉剂（乳油）喷雾　①用 1 000 倍液，防治小绿叶蝉、棉叶蝉。②用 1 500 倍液，防治烟粉虱。③用 2 000 倍液，防治长绿飞虱、白背飞虱、灰飞虱等。

（3）用 25％噻嗪酮可湿性粉剂（乳油）喷雾　①用 1 000～1 500 倍液，防治枸杞木虱、白粉虱等。②用 2 000 倍液，防治侧多食跗线螨（茶黄螨）。③用 1 000～1 500 倍液，防治 B 型烟粉虱和温室白粉虱。

（4）混配喷雾　用 25％噻嗪酮可湿性粉剂 1 500 倍液与 2.5％联苯菊酯乳油 5 000 倍液混配喷施，防治白粉虱。

【注意事项】

（1）不宜在白菜、萝卜上使用，否则易出现药害。也不能用毒土法使用本剂。

（2）连续两次使用本剂的间隔天数为 20～30 天。应密封后，在阴凉干燥、避光处贮存。

（3）与敌敌畏、异丙威、速灭威、甲氰菊酯等有混配剂，可见各条。

101. 除虫脲

【其他名称】灭幼脲一号、伏虫脲、氟脲杀、二氟脲、敌灭灵、二福隆等。

【药剂特性】本品属苯甲酰基苯基脲类杀虫剂，有效成分为除虫脲。悬浮剂外观为白色可流动液体，可湿性粉剂外观为白色至浅黄色粉末，对光、热、酸及中性介质稳定，遇碱易分解，在常温下贮存稳定期至少 2 年。对人、畜、鸟类、鱼类、蜜蜂、天敌等低毒，对眼有轻度刺激性。对害虫具有胃毒和触杀作用，使中毒害虫在蜕皮时，因不能形成新皮而死，但杀虫速度较慢。

【主要剂型】10%、20%悬浮剂，5%、25%可湿性粉剂，5%乳油。

【使用方法】对水稀释后喷雾。

（1）喷雾　①用 20%悬浮剂 500～1 000 倍液，防治菜粉蝶（幼虫为菜青虫）、云斑粉蝶、大菜粉蝶、银纹夜蛾、甜菜夜蛾、斜纹夜蛾、小菜蛾、灯蛾等鳞翅目害虫的幼虫。②用 10%悬浮剂 3 000 倍液，防治美洲（南美、番茄）斑潜蝇。

（2）混配喷雾　每公顷用 20%悬浮剂 150 毫升，加 20%氰戊菊酯（或 10%氯氰菊酯、或 2.5%溴氰菊酯）乳油 150～225 毫升，防治蚜虫。

【注意事项】

（1）不能和碱性物质混用。在养蚕区慎用。若有沉淀，应先摇匀后再对水稀释配药。

（2）应在幼虫低龄期施药。应存放在阴凉干燥处。

（3）与吡虫啉有混配剂，可见各条。

102. 氟啶脲

【其他名称】定虫隆、抑太保、定虫脲、克福隆、啶虫脲、氯氟脲、IKI7899。

【药剂特性】本品属苯基甲酰基脲类杀虫剂，有效成分为氟啶脲。乳油外观为棕色油状液体，pH 为 6.7，在常温下贮存稳定。对人、畜、鸟类、蜜蜂低毒，对眼、皮肤有轻度刺激作用，对家蚕有毒，对水生甲壳类动物（如虾）有影响。对害虫以胃毒作用为主，兼有触杀作用，使害虫蜕皮不能正常进行而死亡，在施药后 3～5 天才能见到药效，适合防治对有机磷类、氨基甲酸酯类、拟除虫菊酯类等杀虫剂已产生抗药性的害虫。

【主要剂型】5％乳油。

【使用方法】用 5％乳油对水稀释后喷雾。①用 1 000 倍液，防治瓜绢螟幼虫、菜青虫、甘蓝上甜菜夜蛾幼虫、斜纹夜蛾幼虫、甘蓝夜蛾幼虫等。②用 1 000～2 000 倍液，防治二十八星瓢虫幼虫、豆野螟幼虫等。③用 2 000 倍液，防治棉铃虫、小菜蛾幼虫、银纹夜蛾幼虫、灯蛾幼虫、粉斑夜蛾幼虫、大菜螟幼虫、菜野螟幼虫、黑纹粉蝶幼虫、美洲斑潜蝇成虫、番茄斑潜蝇成虫、豌豆潜叶蝇成虫、菜潜蝇成虫等。④用 2 000～2 500 倍液，防治豆银纹夜蛾幼虫、白边地老虎幼虫、警纹地老虎幼虫等。⑤用 3 000 倍液，防治南美斑潜蝇成（幼）虫、豌豆彩潜蝇成（幼）虫等。

【注意事项】

（1）在蔬菜收获前 7 天停用。对蚜虫、叶蝉、飞虱类害虫无效。施药间隔期以 6 天为宜。

（2）应在幼虫低龄期施药，对钻蛀性害虫则应在成虫产卵高峰期至卵孵盛期施药。

103. 灭幼脲

【其他名称】苏脲一号、灭幼脲三号、一氯苯隆。

【药剂特性】本品属酰基脲类杀虫剂，有效成分为灭幼脲。悬浮剂外观为白色乳状悬浮液，遇碱和强酸易分解，对光和热较稳定，pH 为 6～8，在常温下贮存稳定。对人、畜低毒，对鱼类、蜜蜂、鸟类及天敌安全，但对家蚕敏感。对害虫具有胃毒作用，其次为触杀作用，耐雨水冲刷，施药后 3～4 天见药效，持效期达 15～20 天。

【主要剂型】25%、50%悬浮剂。

【使用方法】用于喷雾或随水灌根。

（1）喷雾　用 25%悬浮剂对水稀释后喷雾。①用 500 倍液，防治黑纹粉蝶幼虫、粉斑夜蛾幼虫、大菜螟幼虫、菜野螟幼虫等。②用 500～600 倍液，防治芝麻天蛾幼虫、双线盗毒蛾幼虫、八点灰灯蛾幼虫、小巢蓑蛾幼虫、丽木冬夜蛾幼虫、花弄蝶幼虫、豆灰蝶幼虫、棕灰蝶幼虫、橙灰蝶幼虫、橙黄豆粉蝶幼虫、黄翅三节叶蜂幼虫等。③用 600 倍液，防治枸杞上棉铃虫。④用 500～1 000 倍液，防治各类粉蝶幼虫、银纹夜蛾幼虫、甜菜夜蛾幼虫、灯蛾幼虫、小菜蛾幼虫等。⑤用 2 000 倍液，防治菜豆上美洲斑潜蝇。⑥用 2 500 倍液，防治美洲（南美、番茄）斑潜蝇。

（2）灌根　在韭菜地内的迟眼蕈蚊成虫或葱地种蝇（葱蝇）成虫发生末期，田间未见被害株时，可每公顷用 25%灭幼脲悬浮剂 15 千克，适量对水稀释后，在浇地入水口处，随浇水均匀滴入药液，防治韭菜蛆害。

【注意事项】

（1）不能与碱性物质混用。若有沉淀现象，应先摇匀后，再对水稀释配药液。

（2）应在害虫初发生时使用本剂，若大面积连片使用，防效更好，但不宜在桑园附近施药。

（3）应在阴凉处保存。与三唑酮等有混配剂，可见各条。

104. 氟铃脲

【其他名称】盖虫散、六伏隆、伏虫灵、抑虫琳、XRD-473等。

【药剂特性】本品属酰基脲类杀虫剂，有效成分为氟铃脲。原药为白色无臭结晶体，对光稳定。对人、畜、鸟类、蜜蜂低毒，对眼有严重刺激性，对鱼有毒。对害虫具有胃毒作用，兼有触杀和杀卵作用，击倒力强、作用迅速，在田间及空气湿度大的条件下，可提高杀卵效果。

【主要剂型】

（1）单有效成分　5％乳油。

（2）双有效成分混配　①与辛硫磷：20％氟铃·辛硫磷乳油。②与苏云金杆菌：1.5％抑虫琳（氟铃脲·苏云金杆菌）可湿性粉剂。

【使用方法】

（1）喷雾　用5％乳油对水稀释后喷雾。①用2 000～3 000倍液，防治菜青虫、小菜蛾幼虫等。②每公顷用乳油750～1 125毫升，防治豆野螟幼虫。③用1 000倍液，防治豇豆和苋菜上的甜菜夜蛾幼虫。

（2）使用混配剂喷雾　①用20％氟铃·辛硫磷乳油1 000～1 500倍液，每公顷喷药液750千克，防治白菜上的小菜蛾幼虫。②在青菜上使用1.5％抑虫琳可湿性粉剂喷雾，用500～800倍液防治甜菜夜蛾，用800倍液防治斜纹夜蛾，用1 000倍液防治小菜蛾，并可防治菜青虫、瓜绢螟等。

（3）灌根　①在韭菜收割后，每公顷灌5％乳油2 000倍液3 000～4 500千克，用工农-16型喷雾器顺行灌根部（去掉喷头），防治韭蛆（韭菜迟眼蕈蚊幼虫）。②每公顷用5％乳油1 500～3 000毫升，对水2 250千克，开沟灌根，防治韭蛆（以韭菜迟眼蕈蚊幼虫为主），持效期达90天以上。

【注意事项】

（1）适宜防治对有机磷类和拟除虫菊酯类杀虫剂产生抗药性的

害虫。不宜在桑园、鱼塘等地及附近使用本剂。

（2）宜在害虫低龄期施药，对钻蛀性害虫，可在产卵末期至卵孵盛期施药。

105. 氟虫脲

【其他名称】卡死克。

【药剂特性】本品属酰基脲类杀虫及选择性杀螨剂，有效成分为氟虫脲。原药为无臭白色结晶，在常温下对光、热及水解的稳定性好。对人、畜、鱼类、鸟类低毒，对叶螨天敌安全。对害虫具有触杀和胃毒作用，使中毒害虫（螨）和卵不能正常发育而死，不能直接杀死成螨，对若螨效果好，在施药后2～3小时，害虫（螨）即停止取食，过3～10天后，死亡达到高峰期。

【主要剂型】5％乳油，5％可分散液剂。

【使用方法】用5％乳油对水稀释后喷雾。

（1）喷雾　①用1 000～1 500倍液，防治甘蓝夜蛾幼虫、斜纹夜蛾幼虫、豆荚螟幼虫等。②用1 000～2 000倍液，防治豆叶螨、茄子红蜘蛛、桃小食心虫等。③用2 000倍液，防治小菜蛾幼虫、银纹夜蛾幼虫、灯蛾幼虫、大猿叶虫幼虫、美洲斑潜蝇成虫、豌豆潜叶蝇成虫、番茄斑潜蝇成虫，菜潜蝇成虫等。④用2 000～2 500倍液，防治菜青虫。⑤每公顷用乳油375～525毫升，对水600～750千克，防治夜蛾类害虫的1～2龄幼虫。⑥用1 000倍液，防治美洲（南美、番茄）斑潜蝇、菠菜潜叶蝇、甜菜夜蛾幼虫。

（2）混配喷雾　用5％乳油2 000倍液，每公顷用1 125千克药液，再加入5％氯氰菊酯乳油（安绿保）300毫升，混匀后喷施，防治甘蓝夜蛾幼虫、斜纹夜蛾幼虫等。

（3）灌穗　用5％乳油2 500倍液灌注玉米雄穗，防治玉米螟。

【注意事项】

（1）在使用本剂前，务请仔细阅读标签。

（2）不能与碱性农药混用。若有需要，须在施用本剂后10天，方能施用波尔多液。

（3）做好施药者的安全防护工作，不宜在桑园及水源附近施药。不宜用塑料容器存放本剂。

（4）比一般的有机磷类和拟除虫菊酯类杀虫剂提前 2～3 天使用本剂，对钻蛀性害虫宜在卵孵盛期使用。在一个生长季节内，最多使用本剂 2 次。

106. 灭蝇胺

【其他名称】潜克、美克等。

【药剂特性】本品属新型选择性昆虫生长调节剂，有效成分为灭蝇胺。pH 为 5～9 时，水解不明显。对人、畜、鸟类低毒，对皮肤有弱刺激性，对鱼有毒，对天敌安全。对害虫具有内吸杀虫作用，对双翅目害虫（如潜叶蝇、韭菜迟眼蕈蚊等）的幼虫有特殊活性，使其幼虫或蛹发生畸变，不能正常羽化为成虫而死亡，持效期较长。

【主要剂型】10％悬浮剂、水剂、微乳剂，50％可溶粉剂，50％、70％、75％可湿性粉剂等。

【使用方法】各剂型可对水后喷雾或灌根。

（1）喷雾 ①用 10％悬浮剂 500～1 000 倍液，防治黄瓜上的美洲斑潜蝇 1～2 龄幼虫，每公顷每次喷药液 750 千克。②用 10％悬浮剂 1 500 倍液，或 75％可湿性粉剂 10 000 倍液，防治豌豆潜叶蝇幼虫。③用 10％水剂 2 000 倍液，防治菠菜潜叶蝇幼虫。④在大葱斑潜蝇发生初期，用 75％可湿性粉剂 4 000～5 000 倍液，每公顷每次喷药液 750 千克。⑤每公顷用 50％可溶粉剂 93.75～150 克，或 10％微乳剂 255～562.5 克，防治黄瓜上的美洲斑潜蝇，并对南美斑潜蝇防效较好。

（2）灌根 ①用 70％可湿性粉剂 3 000 倍液，每公顷灌药液 3 750 千克，用工农-16 型喷雾器粗灌根，防治韭蛆（韭菜迟眼蕈蚊幼虫）。②在韭菜收割后 1 天，用 75％可湿性粉剂 2 000 倍液，顺垄浇灌，每公顷灌药液 3～4.5 吨，防治韭蛆。

【注意事项】

（1）在使用该药剂前，务请仔细阅读农药产品标签，并按要求操作。

（2）在多年使用阿维菌素防效下降的地区，可用灭蝇胺交替或轮换使用。

（八）其他类型化学杀虫剂及混配剂

107. 丁醚脲

【其他名称】宝路、杀螨隆、汰芬隆、杀螨脲等。

【药剂特性】本品属硫脲类杀虫、杀螨剂，有效成分为丁醚脲。原药外观为白色至浅灰色粉末，pH 为 7.5（25℃），对光稳定。对人、畜为中等毒性，对鱼类高毒，对蜜蜂毒性也较高，对天敌较安全。对害虫具有触杀和胃毒作用，并有良好的渗透作用，在阳光下，杀虫效果更好，施药后 3 天出现防效，5 天后效果最佳。

【主要剂型】50%可湿性粉剂。

【使用方法】用 50%可湿性粉剂对水稀释后喷雾。①用 1 200 倍液，防治甜菜夜蛾幼虫。②用 1 500 倍液，防治小菜蛾幼虫、蚜虫、温室白粉虱，及蔬菜上的叶螨、跗线螨等。③用 2 000 倍液，防治菜青虫。

【注意事项】

（1）宜在晴天使用，在温室内的使用效果不如露地。

（2）因本剂无杀卵作用，故在害虫盛发期，宜隔 3～5 天施药 1 次，要做好个人的安全防护。

（3）本剂应在通风干燥、温度低于 30℃处贮存，稳定期 2 年以上。

108. 吡虫啉

【其他名称】咪蚜胺、益达胺、大功臣、康福多、高巧、艾美乐、灭虫精、扑虱蚜、一遍净、一扫净、灭虫净、蚜虱净等。

【药剂特性】本品属硝基亚甲基类杀虫剂，有效成分为吡虫啉，对光、热稳定，在 pH 为 5～11 时稳定。可溶液剂外观为透明黄色液体，pH 为 6.5～7.5；水分散粒剂外观为褐色颗粒状物，pH 为 7.0～9.0，细度 0.2～0.6 毫米；种子处理可分散粉剂外观为红色粉末，pH 为 5.5～7.5；在常温下贮存稳定性 2 年以上。对人、畜低毒，对天敌及有益昆虫毒性低，对蚕有毒。对害虫具有内吸杀虫作用，兼有胃毒、触杀和拒食作用，对有机磷类、氨基甲酸酯类、拟除虫菊酯类等杀虫剂产生抗药性的害虫，也有优异的防治效果。

【主要剂型】2.5％、10％、20％、25％可湿性粉剂，1％、2％、5％颗粒剂，70％种子处理可分散粉剂，5％、20％可溶液剂，5％乳油，2％高渗乳油，2％、2.5％高渗可湿性粉剂，70％水分散粒剂。

【使用方法】用于喷雾、灌根及拌种等。

（1）用 10％可湿性粉剂喷雾 对水稀释后喷施。①用 1 250 倍液，防治小猿叶虫。②用 1 000～1 500 倍液，防治瓜褐螨、红背安缘螨、斑背安缘螨、侧多食跗线螨（茶黄螨）、神泽氏叶螨、土耳其斯坦叶螨等。③用 1 500 倍液，防治斜纹夜蛾幼虫、银纹夜蛾幼虫、枸杞上棉铃虫、小白纹毒蛾幼虫、双线盗毒蛾幼虫、古毒蛾幼虫、芝麻天蛾幼虫、棕灰蝶幼虫、豆灰蝶幼虫、稻眼蝶幼虫、直纹稻弄蝶幼虫、豆小卷叶蛾幼虫、褐卷蛾幼虫、黄胸蓟马、色蓟马、印度裸蓟马、端大蓟马、禾蓟马、稻管蓟马、稻蓟马、胡萝卜微管蚜、柳二尾蚜、萝卜蚜、莲缢管蚜、蔬菜苗期蚜虫、肖黎泉蝇幼虫、菲岛毛眼水蝇幼虫、大豆荚瘿蚊幼虫、烟粉虱、绿小叶蝉、棉叶蝉、长绿飞虱、白背飞虱、灰飞虱、中华弧丽金龟子、无斑弧丽金龟子、琉璃弧丽金龟子、细角瓜螨、黑足黑守瓜、截形叶螨、西瓜虫等。④用 2 500 倍液，防治葱类蓟马。⑤用 1 000 倍液，防治锦秋毛豆上初发生的 B 型烟粉虱，每公顷每次喷药液 750 千克。⑥用 1 500～2 000 倍液，防治枸杞负泥虫、十四点负泥虫。⑦用 2 000～2 500 倍液，防治 B 型烟粉虱和温室白粉虱。⑧在茄子 4～5 叶时，用 2 500 倍液防治棕榈蓟马若虫，每公顷喷药液 750 千克。⑨用 3 000 倍液，防治西葫芦上的 B 型烟粉虱。

（2）用 5％乳油喷雾 对水稀释为 2 000 倍液，防治辣椒上桃蚜。

（3）用 20％康福多可溶液剂喷雾　①每公顷用有效成分 10～20 克，喷施药液 900 千克，防治桃蚜、萝卜蚜、甘蓝蚜等。②每公顷用可溶液剂 225～450 毫升（有效成分 45～90 克），防治温室白粉虱，可在若虫虫口数上升时施药。③用 1 500 倍液，防治锦秋毛豆上初发生的 B 型烟粉虱。④用 2000 倍液，防治蓟马类害虫。⑤在大棚菜豆结荚期，用 3 000 倍液，防治温室白粉虱，每公顷喷药液 1 200 升。

（4）用 2.5％可湿性粉剂喷雾　对水稀释为 2 000～3 000 倍液，防治花卉上的蚜虫、介壳虫等。

（5）用混配剂喷雾　用 5％除虫啉悬浮剂（有效成分为吡虫啉和除虫脲）4 000 倍液，每公顷喷施 750 千克药液，防治萝卜蚜、桃蚜等。

（6）灌根　用 10％可湿性粉剂 1 500 倍液，灌根防治菜豆根蚜、异型眼蕈蚊幼虫、中华弧丽金龟子幼虫、无斑弧丽金龟子幼虫、琉璃弧丽金龟子幼虫等。

（7）拌种　每公顷用的豆种，用 10％可湿性粉剂 105 克拌种，防治菜豆根蚜。

（8）用 70％水分散粒剂喷雾　①用 15 000 倍液，喷雾防治锦秋毛豆上初发生的 B 型烟粉虱。②用 15 000～20 000 倍液，在塑料大棚黄瓜结瓜盛期防治温室白粉虱，每公顷喷药液 675 千克。

【注意事项】

（1）在蔬菜收获前 10 天停用。先把药剂用少量水配成母液，然后再加足水，搅匀后喷施。

（2）应存放在通风干燥、阴凉处。

（3）与异丙威、氯氰菊酯、多菌灵、阿维菌素、鱼藤酮等有混配剂，可见各条。

109. 硫双威

【其他名称】拉维因、硫双灭多威、双灭多威、硫敌克等。

【药剂特性】本品属氨基甲酰肟类杀虫剂，有效成分为硫双威，有轻微硫磺气味，在中性条件下稳定，在碱性条件下迅速水解，在酸性条件下缓慢水解，在铜、氧化铁及其他重金属存在时，也能分解，其水悬液遇日光而分解。可湿性粉剂外观为白色或淡灰色粉末，贮存稳定性在2年以上。对人、畜为中等毒性，对眼、皮肤稍有刺激性，对鱼类有毒，对蚕和蜜蜂的残留毒性存在时间较长，不伤害天敌和益虫。对害虫具有胃毒作用，兼有触杀作用，杀卵活性高，施药后1～2天达到较高防效，持效期7～10天，但在土壤中不移动、持效期短，对蚜虫、螨类、蓟马等无防效。

【主要剂型】25%、75%可湿性粉剂，37.5%悬浮剂。

【使用方法】用75%可湿性粉剂1 000～1 500倍液，喷雾防治菜青虫、小菜蛾幼虫、斜纹夜蛾幼虫等。

【注意事项】

（1）在蔬菜收获前7天停用。宜在害虫卵孵盛期使用。

（2）可与氨基甲酸酯类和有机磷类农药混用。不能与碱性或强酸性农药混用，也不能与代森锰、代森锰锌等农药混用。

（3）应在阴凉干燥、安全处贮存。

110. 啶虫脒

【其他名称】莫比朗、吡虫清、乙虫脒、虫即可、NI-25等。

【药剂特性】本品属吡啶类化合物、是一种新型杀虫剂，有效成分为啶虫脒，在常温下、中性及偏酸条件下稳定。制剂外观为淡黄色液体，pH为4.5～6.5。对人、畜为中等毒性，对蚕有毒，对鱼、蜜蜂、天敌毒性较低。对害虫具有触杀和胃毒作用，还有渗透作用，杀虫速效，持效期达20天左右，能防治对现有药剂有抗药性的蚜虫。

【主要剂型】3%乳油，20%可溶粉剂。

【使用方法】

（1）用3%乳油喷雾 对水稀释后喷雾。①每公顷用3%乳油150～225毫升，对水750～900千克，防治蔬菜苗期蚜虫。②每公顷用 3％乳油 600～750 毫升，防治黄瓜上的蚜虫。

（2）用 5％可湿性粉剂喷雾　①每公顷用 5％啶虫脒可湿性粉剂 300～450 克，对水 900 千克，防治蔬菜上的蚜虫。②在大棚黄瓜结瓜期，用 1 500 倍液，防治温室白粉虱，每公顷喷药液 1 200 千克。③用 2 000 倍液，防治枸杞负泥虫、十四点负泥虫。④用 3 000 倍液，防治菠菜蚜虫。

【注意事项】

（1）不能和碱性物质混用。在多雨年份，药效仍可达 15 天以上。做好施药时的安全防护。

（2）应密封，在阴凉干燥、安全处贮存。

111. 噻虫嗪

【其他名称】阿克泰。

【药剂特性】本品属新一代杀虫剂，有效成分为噻虫嗪。在 pH 为 2～12 的条件下稳定，对人、畜低毒，对眼睛和皮肤无刺激性。对害虫具有良好的胃毒和触杀作用，其作用机理完全不同于现有的杀虫剂，也没有交互抗性问题，并具有强内吸传导性，植物叶片吸收药剂后可迅速传导到各个部位，害虫吸食药剂后，迅速抑制活动停止取食，并逐渐死亡，对具有刺吸式口器害虫有特效、并对多种咀嚼式口器害虫也有很好的防效，具有高效、单位面积用药量低，持效期可达 30 天左右等特点。

【主要剂型】25％水分散粒剂。

【使用方法】将 25％水分散粒剂对水后喷雾或灌根。

（1）喷雾　①用 1 500 倍液，防治蓟马类害虫。②用 5 000～6 000 倍液，在秋棚黄瓜五片真叶期防治 B 型烟粉虱，每公顷喷药液 750 千克。③用 5 000～6 000 倍液，防治 B 型烟粉虱和温室白粉虱。④用 8 000～10 000 倍液，在塑料大棚黄瓜结瓜盛期防治温室白粉虱，每公顷喷药液 675 千克。

（2）灌根　在幼苗定植前，用 6 000～8 000 倍液灌根，每株灌 30 毫升药液，防治 B 型烟粉虱和温室白粉虱。

【注意事项】

（1）在使用该药剂前，务请仔细阅读农药产品标签，并按要求操作。

（2）害虫停止取食后，死亡速度较慢，通常在施药后2～3天出现死虫高峰期。

（3）对抗性蚜虫、飞虱等害虫防效特别优异。

（4）在使用该药剂时，不要盲目加大用药量。制剂贮存稳定期2年以上。

（5）本剂一般不会引起中毒事故，如误食引起不适等中毒症状，没有专门解毒药剂，可请医生对症治疗。

112. 茚虫威

【其他名称】 安打、全垒打等。

【药剂特性】 本品属噁二嗪类杀虫剂，有效成分为茚虫威，在酸性（pH为5）的条件下稳定，遇碱不稳定。对人、畜低毒，无"三致"作用，对鱼类、天敌昆虫和螨类安全。对害虫具有胃毒和触杀作用，受药害虫在4小时内会停止取食，2天内死亡，对各龄幼虫都有效，适宜防治夜蛾类害虫。与有机磷类、拟除虫菊酯类和氨基甲酸酯类等杀虫剂无交互抗性问题，耐雨水冲刷。

【主要剂型】 15%悬浮剂（安打）、30%水分散粒剂（全垒打）。

【使用方法】 将15%悬浮剂对水后喷雾。①用3 000倍液，防治小菜蛾幼虫，每公顷喷药液750千克。②用3 500倍液，防治甜菜夜蛾幼虫。③用4 000倍液，防治茄黄斑螟幼虫。④用3 500～4 500倍液，防治小青菜上（7月22日）的斜纹夜蛾或大白菜上（7月25日）的小菜蛾。⑤用4 000～5 000倍液，防治大白菜上（8月11日）的甜菜夜蛾2龄幼虫，并对菜青虫、小菜蛾、棉铃虫等都有很好的防治效果。⑥每公顷用悬浮剂750毫升，防治大白菜上的菜青虫或青花菜（绿菜花）上的斜纹夜蛾低龄幼虫。⑦每公顷用悬浮剂132～200毫升，防治菜青虫。⑧每公顷用悬浮剂132～264毫升，防治棉铃虫。

【注意事项】

（1）该药在大多数蔬菜收获前 3 天停用，番茄在收获前 5 天停用。

（2）宜在早、晚气温低于 28℃时施药，每公顷喷液量为 300～750 千克。

（3）配好的药液要及早喷施，注意轮换用药。

（4）在施药后 12 小时，人进入施药田很安全。

（5）在使用该药剂前，务请仔细阅读农药产品标签，并按要求操作。

（九）杀螨剂及混配剂

113. 三唑锡

【其他名称】倍乐霸、三唑环锡、灭螨锡、亚环锡等。

【药剂特性】本品属有机锡类杀螨剂，有效成分为三唑锡，在稀酸中不稳定、易分解，对光和雨水有较好的稳定性。可湿性粉剂外观为淡黄色或白色粉末，在适宜条件下贮存可保存 2 年以上。对人、畜为中等毒性、对家禽、鸟类毒性中等，对蜜蜂毒性小，对鱼类毒性高。对螨类具有触杀作用，对成、若螨及夏卵均有毒杀作用，但对冬卵无效，对具有抗药性的螨类也有很好的防效。

【主要剂型】25％可湿性粉剂，20％悬浮剂。

【使用方法】把药剂对水稀释后喷雾。

（1）用 25％可湿性粉剂喷雾　①用 1 000 倍液，防治茄子和豆类蔬菜上的螨类。②用 1 000～1 500 倍液，防治葡萄叶螨。

（2）用 20％悬浮剂喷雾　用 2 000～2 500 倍液，防治侧多食跗线螨（茶黄螨）。

【注意事项】

（1）在蔬菜收获前 15 天停用。本剂不能与碱性物质混用。

（2）可与多种杀虫剂或杀菌剂混用。但不宜连续使用本剂，应与其他杀螨剂轮换使用。

114. 三环锡

【其他名称】普特丹。

【药剂特性】本品属有机锡类杀螨剂，有效成分为三环锡。工业品外观为浅褐色粉末，在弱酸或弱碱条件下稳定，遇强酸可形成盐。对人、畜、蜜蜂、鱼类低毒，对天敌较安全。对成螨、若螨及卵均有良好的防效，但药效发挥速度较慢，持效期较长，对有机磷类杀虫剂已产生抗药性的害螨改用本剂，也有防效。

【主要剂型】25%可湿性粉剂。

【使用方法】用25%可湿性粉剂1 000～1 500倍液，喷雾防治蔬菜、花卉、葡萄上的多种害螨。

【注意事项】在施药过程中，要注意个人的安全防护。

115. 双甲脒

【其他名称】螨克、双虫脒、双二甲脒、果螨杀、杀伐螨、三亚螨、阿米德拉兹、胺三氮螨等。

【药剂特性】本品属有机氮类杀螨剂，有效成分为双甲脒。乳油外观为黄色液体，闪点28℃、易燃易爆，在中性液体中较稳定，遇强酸或强碱不稳定，在潮湿条件下存放，会缓慢分解。对人、畜为中等毒性，对鸟类、蜜蜂、天敌低毒，对鱼类高毒。对害螨具有触杀、胃毒作用，也有熏蒸、拒食、驱避作用，对冬卵防效差，可防治对三氯杀螨醇产生抗药性的螨类，防治效果更为显著。

【主要剂型】20%乳油，10%高渗乳油。

【使用方法】用20%乳油对水稀释后喷雾。①用800～1 000倍液，防治番茄瘿螨、神泽氏叶螨、土耳其斯坦叶螨等。②用1 000倍液，防治侧多食跗线螨（茶黄螨），还可防治小菜蛾幼虫。③用1 000～1 500倍液，防治朱砂叶螨、截形叶螨、二斑叶螨等。④用1 000～2 000倍液，防治茄子、豆类上的螨类（红蜘蛛）。⑤用2 000倍液，防治豆叶螨。⑥用2 000～3 000倍液，防治西瓜、冬瓜上的螨类（红蜘蛛）。

【注意事项】

（1）在蔬菜收获前 30 天停用。本剂不能与碱性物质混用，在使用本剂的前 7 天和施药后的 14 天，不要喷施波尔多液。

（2）在气温高于 25℃以上时使用本剂，防治效果好。

（3）应存放于阴凉处，但要避免低温冷冻。与氯氟氰菊酯有混配剂，可见各条。

116. 炔螨特

【其他名称】克螨特、奥美特、螨除净、丙炔螨特等。

【药剂特性】本品属有机硫类杀螨剂，有效成分为炔螨特。乳油外观为浅至黑棕色黏稠状液体，易燃，不宜与强酸或强碱类物质混合，在通常条件下贮存 2 年不变质。对人、畜低毒，对皮肤有轻微刺激，对鸟类、蜜蜂、天敌安全，对鱼类有毒。对害螨具有胃毒和触杀作用，杀卵效果差，持效期 14～30 天。

【主要剂型】57%、73%乳油。

【使用方法】用 73%乳油对水稀释后喷雾。①用 1 000 倍液，防治侧多食跗线螨（茶黄螨）、神泽氏叶螨、土耳其斯坦叶螨等。②用 1 000～2 000 倍液，防治截形叶螨、二斑叶螨等。③用 3 000 倍液，防治豆类、瓜类、茄果类蔬菜上的螨类（红蜘蛛）。④用 8 000 倍液，防治蘑菇上的腐嗜酪螨。

【注意事项】

（1）在蔬菜收获前 7 天停用。本剂不能和杀虫剂混用。对于株高低于 25 厘米以下的瓜苗、豆苗等、用 73%乳油的稀释倍数不宜低于 3 000 倍。

（2）在温度 20℃以上施药，药效可以提高，但在 20℃以下，药效随温度下降而递减。

（3）与氟丙菊酯、噻螨酮等有混配剂，可见各条。

117. 溴螨酯

【其他名称】螨代治、新灵、溴杀螨醇、溴杀螨、新杀螨、溴丙螨醇、溴螨特等。

【药剂特性】本品属卤代苯类杀螨剂，有效成分为溴螨酯，在中性及微酸性条件下稳定、不易燃烧。乳油外观为棕色透明液体，能与大多数杀虫剂混用，贮存稳定性在 2 年以上。对人、畜低毒，对皮肤有轻微刺激作用，对鸟类、蜜蜂低毒，对鱼高毒。对害螨具有触杀作用，对成螨、若螨、卵均有杀伤作用，温度变化对药效影响不大，持效期 30 天以上。

【主要剂型】25%、50%乳油。

【使用方法】用乳油对水稀释后喷雾。

（1）用 50%乳油喷雾　①用 800～1 000 倍液，防治神泽氏叶螨、土耳其斯坦叶螨等。②用 1 000～1 500 倍液，防治花卉上的害螨。③每公顷用乳油 300～450 毫升，对水 750～1 050 升，防治蔬菜害螨。

（2）用 25%乳油喷雾　用 1 000 倍液，防治番茄刺皮瘿螨。

【注意事项】

（1）在蔬菜采收期，不宜使用本剂。不能与强酸或碱性物质混用。

（2）对三氯杀螨醇产生抗药性的害螨，对本剂也有交互抗药性，不宜使用。

（3）应在通风干燥、阴凉处贮存，温度不能超过 35℃。

118. 噻螨酮

【其他名称】尼索朗、除螨威、合赛多、己噻唑等。

【药剂特性】本品为噻唑烷酮类杀螨剂，有效成分为噻螨酮。乳油外观为淡黄色或浅棕色液体，可湿性粉剂外观为灰白色粉末，在阴凉干燥条件下保存 2 年不变质。对人、畜低毒，对眼有轻微刺激作用，对鸟类低毒，在常量下对蜜蜂无毒性反应，对天敌影响很小，对鱼类有毒。对害螨具有杀卵、杀若螨作用，但对成螨无杀伤作用。环境温度高低不影响使用效果，一般施药后 10 天才能显示出较好的防效，持效期可保持 50 天左右。

【主要剂型】

（1）单有效成分 5％乳油，5％可湿性粉剂。

（2）双有效成分混配 与炔螨特：尼索螨特（噻酮·炔满特）28.3％乳油。

【使用方法】用 5％乳油或 5％可湿性粉剂对水稀释后喷雾。①用 1 500～2 000 倍液，防治茄子、辣椒、豆类等蔬菜上的叶螨。②用 2 000 倍液，防治侧多食跗线螨（茶黄螨）、截形叶螨、二斑叶螨、神泽氏叶螨、土耳其斯坦叶螨、番茄刺皮瘿螨、菜豆上六斑始叶螨等。

【注意事项】

（1）在蔬菜收获前 30 天停用。在 1 年内，只使用 1 次为宜。

（2）可与波尔多液、石硫合剂等多种农药混用，但波尔多液的浓度不能过高。

（3）本剂宜在成螨数量较少时（初发生时）使用，若是螨害发生严重时，不宜单独使用本剂，最好与其他具有杀成螨作用的药剂混用。

（4）与喹硫磷、甲氰菊酯有混配剂，可见各条。

119. 哒螨灵

【其他名称】哒螨酮、速螨酮、哒螨净、螨必死、螨净、扫螨净、牵牛星、灭螨灵等。

【药剂特性】本品属哒嗪酮类杀虫、杀螨剂，有效成分为哒螨灵，在 pH 为 4～9 的条件下稳定，对光相对不稳定。乳油在常规条件下至少保存 2 年。对人、畜低毒，对眼有轻微刺激作用，对蜜蜂、家蚕有毒，对鱼为中等毒性。对害螨具有触杀作用，对成螨、若螨及卵都有效，速效性好，而且药效不受温度影响，与常规杀螨剂无交互抗药性，持效期 30～40 天。

【主要剂型】9.5％高渗乳油，15％乳油，20％可湿性粉剂。

【使用方法】用乳油或可湿性粉剂对水稀释后喷雾。

（1）用 15％乳油喷雾 ①用 1 500 倍液，防治神泽氏叶螨、土耳其斯坦叶螨、豆叶螨、菜豆上的六斑始叶螨等。②用 2 500 倍液，防治截形叶螨。③用 3 000 倍液，防治侧多食跗线螨（茶黄螨）。

（2）用 20％可湿性粉剂喷雾 用 1 500～2 000 倍液，防治蔬菜上的叶螨、跗线螨，并可兼治蚜虫、粉虱、蓟马等害虫。

【注意事项】

（1）在蔬菜收获前 3 天停用。本剂不能与碱性农药混用，宜在阴凉通风处贮存。

（2）在 1 年内，最多使用 2 次。与苯丁锡、噻螨酮等杀螨剂无交互抗药性。

（3）与苯丁锡有混配剂，可见苯丁锡。

120. 苯丁锡

【其他名称】托尔克、芬布赐、克螨锡、螨完锡、螨烷锡。

【药剂特性】本品属杀螨剂，有效成分为苯丁锡，对光、热、氧气、酸稳定。可湿性粉剂外观为浅红色粉末，在常温下贮存稳定性在 2 年以上。对人、畜低毒，对眼、皮肤、呼吸道刺激性较大，对鸟类、蜜蜂低毒，对天敌影响小，对鱼类高毒。对害螨具有触杀作用，对成螨、若螨杀伤力较强，杀卵作用小，施药后 3 天开始见效，第 14 天时达到高峰，气温在 22℃以上时，药效提高，低于15℃时，药效差。

【主要剂型】

（1）单有效成分 25％、50％可湿性粉剂，25％悬浮剂。

（2）双有效成分混配 ①与哒螨灵：10％苯丁·哒螨灵乳油。②与硫磺：50％硫磺·苯丁锡悬浮剂。

【使用方法】用 50％可湿性粉剂对水稀释后喷雾。①用 1 000 倍液，防治花卉（如玫瑰、菊花）上的叶螨。②用 1 000～1 500 倍液，防治辣椒、黄瓜、豆类等蔬菜上的叶螨。③用 1 500 倍液，防治神泽氏叶螨，土耳其斯坦叶螨等。

【注意事项】

（1）在使用前，务请仔细阅读该产品标签。在番茄收获前 10天停用本剂。

（2）已对有机磷类和有机氯类农药产生抗药性的害螨，对本剂无交互抗药性。施药时，应做好个人安全防护。

121. 氟丙菊酯

【其他名称】罗速发、氟酯菊酯、杀螨菊酯等。

【药剂特性】本品属拟除虫菊酯类杀螨、杀虫剂，有效成分为氟丙菊酯，遇酸稳定。对人、畜低毒，对鱼类毒性高。对害螨具有触杀作用，对成、若螨高效，击倒速度快，持效期达 20 天以上，并对多种蚜虫、蓟马、潜叶蛾、卷叶蛾、小绿叶蝉、木虱等有良好的防治效果。

【主要剂型】

（1）单有效成分　2%乳油，3%可湿性粉剂。

（2）双有效成分混配　与炔螨特：特威（氟丙菊酯·炔螨特）41.5%乳油（质量/容量）。

【使用方法】用 2%乳油 1 000～1 500 倍液，喷雾防治豆类、茄子上的螨类（红蜘蛛）。

【注意事项】在施药过程中，应注意安全操作及防护。应注意区别，甲氰菊酯有时也被称为杀螨菊酯。

122. 杀螨特

【药剂特性】本品属杀螨剂，有效成分为杀螨特。工业品外观为棕色油状液体，遇强酸或强碱易分解，制剂在光照下易分解放出二氧化硫气味。对害螨有触杀作用，杀螨作用迅速，适宜防治对有机磷杀虫剂产生抗药性的螨类。

【主要剂型】35%乳油。

【使用方法】用 35%乳油 1 000～1 500 倍液，喷雾防治茄子红蜘蛛、侧多食跗线螨（茶黄螨）等。

【注意事项】在蔬菜收获前 15 天停用。本剂不能和碱性物质混用。

123. 浏阳霉素

【其他名称】多活菌素、杀螨霉素等。

【药剂特性】本品属抗生素类杀螨剂,有效成分为浏阳霉素,在 pH 为 2～13 范围内,在室温下稳定,对紫外光不稳定。乳油外观为棕黄色油状液体,pH 为 5～6。对人、畜低毒,对眼有一定的刺激作用,对蜜蜂、家蚕、天敌安全,对鱼类有毒。对害螨具有触杀作用,对卵也有一定的抑制作用(孵化的幼螨大多不能成活),持效期 7～14 天,也可用于防治蜂螨或桑树上的害螨。

【主要剂型】

(1) 单有效成分　10%乳油。

(2) 双有效成分混配　与乐果:20%复方浏阳霉素(浏阳霉素·乐果)乳油。

【使用方法】用乳油对水稀释后喷雾。

(1) 用 10%乳油喷雾　①每公顷用乳油 750～1 500 毫升,对水为 1 000～1 500 倍液喷施,防治菜豆、茄子上的红蜘蛛。②每公顷用乳油 600～900 毫升,对水稀释为 1 000～1 500 倍液,防治辣椒跗线螨。③每公顷用乳油 450～600 毫升,对水 600 千克,防治辣椒成株期的红蜘蛛(以截形叶螨和二斑叶螨为优势种)。

(2) 用 20%复方乳油喷雾　①用 1 000 倍液,防治端大蓟马、葱蓟马、侧多食跗线螨、神泽氏叶螨、土耳其斯坦叶螨等。②用 1 000～1 500倍液,防治番茄瘿螨、豆叶螨等。

(3) 用 5%增效浏阳霉素喷雾　用 1 000 倍液,防治截形叶螨、二斑叶螨、朱砂叶螨等。

【注意事项】

(1) 对十字花科蔬菜有轻度药害,应慎用。在蜂巢和桑树上不能使用混配剂。

(2) 可与多种有机磷类或氨基甲酸酯类农药混配,但应先试后用，药液应随配随用。

（3）应在阴凉干燥处贮存。

124. 洗衣粉

【药剂特性】本品为日用洗涤剂，主要成分为十二烷基苯磺酸钠及其他表面活性剂，其外观多为疏松粉状物，易溶于水，水溶液呈碱性。对人、畜安全，不伤天敌。对害虫具有触杀作用，药液可黏着害虫翅膀和堵塞气孔，使其不能飞翔或窒息而死，但不耐雨水冲刷，基本上无持效期。而且，加入某些农药的稀释药液中，可增强药液在植株上的黏附性，从而提高防治效果。

【主要剂型】一般含量为 20%～30%。

【使用方法】用于对水稀释喷雾。

（1）防治害虫（螨）　①用 400～500 倍液，每公顷每次喷药液 750～900 千克，防治蔬菜、果树上的螨类。②用 1 000 倍液，防治温室白粉虱，花卉上的螨类、蚜虫等。③用洗衣粉 0.2 份、尿素 0.8 份、水 100 份，按此比例配成混合液（尿洗合剂），防治蚜虫。

（2）提高药液的黏附性能　根据不同的农药品种，洗衣粉的加入量也略有不同，按配好的药液量加入。①在杀虫双、青虫菌、杀螟杆菌等的药液中加入 0.05%～0.1%。②在多菌灵、异菌脲、乙烯菌核利、井冈霉素等的药液中，加入 0.1%。③在苯菌灵、代森锰锌、硫磺·甲硫灵等的药液中加入 0.1%～0.2%。④在甲基硫菌灵、百菌清、硫磺·多菌灵、氧氯化铜等的药液中加入 0.2%。

【注意事项】

（1）本剂不能与遇碱分解的农药混用。混用药液应随配随用。

（2）在豆类及瓜类蔬菜上慎用本剂，以避免药害。一般应先试验，无药害时再使用。

（3）使用本剂的次数应比一般农药要多，间隔期要适当缩短。雨后要补喷。

二、杀软体动物剂

1. 四聚乙醛

【其他名称】密达、蜗牛散、蜗牛敌、多聚乙醛等。

【药剂特性】本品属杀软体动物剂，有效成分为四聚乙醛。纯品四聚物为无色结晶。颗粒剂外观为浅蓝色，遇水软化。对人、畜为中等毒性，对鸟类为中等毒性，对鱼类低毒，对眼有轻微刺激作用。对软体动物具有胃毒及触杀作用，短时间内能杀死蜗牛、蛞蝓、福寿螺等，每公顷撒施 30 万粒，即能收到良好的杀螺效果。

【主要剂型】

(1) 单有效成分　6％颗粒剂（每千克约有 7 万粒），10％颗粒剂，80％可湿性粉剂。

(2) 双有效成分混配　与甲萘威：30％聚醛·甲萘威母药（除蜗净），6％聚醛·甲萘威颗粒剂（蜗灭佳）。

【使用方法】

(1) 用 6％密达颗粒剂撒施　①每公顷用 6％密达颗粒剂 3.75～7.5 千克，在蔬菜播种后或定植幼苗后，均匀把颗粒剂撒施于田间；也可采用条施或点施，药点（条）相距 40～50 厘米为宜。②每公顷用 6％密达颗粒剂 3.75 千克，均匀撒于田间，防治小白菜上的蜗牛。③田间要平整，并保持 1～4 厘米的浅水层，每公顷用 6％密达颗粒剂 15 千克，与 75 千克泥沙拌匀，均匀撒入田中，药后 1 天不要灌水入田，防治水生蔬菜田中的福寿螺，如在施药后短期内遇降雨或涨潮，可酌情补充施药。

(2) 用 10％多聚乙醛颗粒剂撒施　①每平方米用颗粒剂 1.5 克撒施，防治灰巴蜗牛、同型巴蜗牛、野蛞蝓、网纹蛞蝓、细钻螺（在晴天傍晚撒施）等。②每公顷用颗粒剂量，在发生轻年份用 12.75～15 千克，在发生重年份，用 18～22.5 千克，撒于田间，诱杀蜗牛。

（3）用80％聚乙醛可湿性粉剂喷施　①在气温高于20℃，在栽植前1～3天，每公顷每次用可湿性粉剂1.2千克，加水稀释后1次施用，保持1～3厘米深的田水约7天，防治福寿螺。②每公顷用可湿性粉剂4.5～6千克，对水稀释为2 000倍液喷雾，防治琥珀螺、椭圆萝卜螺等。

（4）用6％蜗克星颗粒剂　每公顷用颗粒剂4.5～6千克，采用撒施，每撒药量为1～2克，用药间距大于1米，防治蔬菜蜗牛。

【注意事项】

（1）气温在15～35℃之间，在潮湿条件下施用本剂，防治效果好。施药后，不要在田间践踏，避免把颗粒剂踩入土（泥）中。

（2）本剂不宜和化肥、农药混用。施药后遇大雨，则应补施药。

（3）本剂应存放在阴凉干燥处。不宜用焊接的马口铁容器贮存。

2. 杀螺胺

【其他名称】百螺杀、贝螺杀、氯螺消等。

【药剂特性】本品属杀软体动物剂，有效成分为杀螺胺，遇强酸或碱分解，但硬水对其生物活性无影响。制剂外观为黄棕色粉末，在常温下贮存稳定性2年以上。对人、畜低毒，对黏膜有强烈刺激作用，若长时间接触也会产生皮肤反应，对益虫无害，对鱼类高毒，对蛇、蛙、贝类有很强的杀灭作用，但田间浓度对植物无毒。对害螺具有阻止其吸入氧气而窒息死亡的作用，但水体中盐分含量过高或流动的水体，对药效影响较大。

【主要剂型】70％可湿性粉剂。

【使用方法】用70％可湿性粉剂对水稀释后喷雾。①每公顷用可湿性粉剂750克，对水稀释为1 000倍液，防治琥珀螺、椭圆萝卜螺。②用有效浓度为0.1％～0.5％的药液，在阴天上午或晴天清晨，即蛞蝓尚未入土前，把药液直接喷到蛞蝓体上，才有效果。

【注意事项】

（1）在使用本剂前，务请仔细阅读标签。本剂只宜在水体中使用，不宜在干旱条件下使用。

（2）在施药过程中，要注意安全防护。应在阴凉干燥、安全处贮存本剂。

3. 灭梭威

【其他名称】灭旱螺、甲硫威、灭虫威、灭赐克。

【药剂特性】本品属氨基甲酸酯类杀虫、杀螨、杀软体动物剂，有效成分为灭梭威，在碱性条件下水解。对人、畜高毒、对鱼类高毒。其饵剂可以防治蜗牛和蛞蝓。

【主要剂型】灭旱螺 2％饵剂。

【使用方法】每公顷用 2％饵剂 4.5～7.5 千克，施于根际土表，防治野蛞蝓和蜗牛。

【注意事项】在施药过程中，应注意个人的安全防护。

三、杀 鼠 剂

1. 杀鼠醚

【其他名称】立克命、追踪粉、杀鼠萘、杀鼠迷、毒鼠萘、克鼠立、鼠毒死、萘满香豆素等。

【药剂特性】本品属第一代抗凝血杀鼠剂，有效成分为杀鼠醚，无臭无味，在阳光下可迅速分解。为高毒杀鼠剂，对猫、狗、鸟类无二次中毒危害，对益虫无害。触杀粉外观为浅蓝色粉末，无味，在原包装及正常贮存条件下，保存 2 年以上不变质。对鼠类适口性好，并有一定的引诱作用，破坏鼠类的凝血机能，引起内出血，过 3～6 天后衰竭而死。据报道，本剂可以有效地杀灭对杀鼠灵产生抗药性的鼠类。

【主要剂型】0.75％触杀粉，0.037 5％饵剂。

【使用方法】

（1）**毒饵配制** ①取颗粒状饵料 19 份，拌入食用油 0.5 份，搅拌均匀，使颗粒饵料外包一层油膜，然后再加入 1 份 0.75％触杀粉，拌匀后即成毒饵。②取面粉 19 份，0.75％触杀粉 1 份，先把两者拌匀，然后用温水和成面团，制成颗粒状，晾干即可。在配制毒饵过程中，还可加入白糖、鱼骨粉、食用油等作引诱物质，并要加入少量红墨水作警戒色，以防人、畜误食中毒。

（2）**毒饵投放** ①可沿地埂、田间小路、水渠等处，每隔 5 米投放一堆毒饵，每堆放 5～10 克，或每个鼠洞旁投放 15～20 克毒饵。过 15 天后，在取食率高的饵点处，可再补充投饵一次。②也可把 0.75％触杀粉，撒在鼠洞、鼠道处，铺成厚度均匀的毒粉层，当老鼠经过时，身体可沾上药粉，当鼠用口清除体上的药粉时中毒。

【注意事项】

（1）应用新鲜的谷物配制毒饵，应现配现用。尽量避免家禽、家畜与毒饵接近。

（2）剩余毒饵和中毒死亡鼠要深埋。

（3）对本剂，应按剧毒药物加强保管。

2. 杀鼠灵

【其他名称】华法灵、华法令、灭鼠灵、动物香豆素等。

【药剂特性】本品属第一代抗凝血杀鼠剂，有效成分为杀鼠灵，无色、无味，性质稳定。属高毒杀鼠剂，对牛、羊、鸡、鸭毒性较低，对猫、狗较敏感。母药外观为白色粉末，饵剂外观为粉红色短棒状，宽 3～4 毫米、长 5～7 毫米。对鼠类适口性好，无忌食性，造成鼠类体内慢性出血而死，在投毒后第 3 天发现死鼠，5～7 天后为死亡高峰期，药效期为 10～14 天。鼠中毒后不会产生强烈反应，也不会使其他鼠类引起警觉而拒食毒饵。一般死在洞内。

【主要剂型】2.5％母药，0.025％饵剂。

【使用方法】

（1）**毒饵配制**　①取大米、小麦、玉米糁等97份（按质量计），植物油2份，2.5%母药1份，加少量红（蓝）墨水作警戒色，充分拌均匀后，制成毒饵备用。②用面粉99份，2.5%母药1份，少许红（蓝）墨水，加适量水拌匀后，制成颗粒状，每粒毒饵重约1克，再加少量植物油黏附在毒饵颗粒外即成。

（2）**毒饵投放**　①在室内每间房（15米^{2}面积），沿墙根堆放3～4堆，每堆用毒饵10～15克。②在田间，每公顷投放1 500～2 250堆，每堆用毒饵70～100克。应注意，在投毒饵后48小时检查，并补充被吃掉的毒饵，一直连续投放到毒饵不再被鼠取食为止。

【注意事项】

（1）不能用手直接抓药，以避免中毒和引起鼠类警觉拒食。要连续投饵，间隔时间不超过48小时。并收集死鼠深埋。

（2）在配制或投放毒饵时，要注意安全。本剂应存放在阴凉干燥处。

3. 氯鼠酮

【其他名称】氯敌鼠、鼠顿停、可伐鼠、鼠可克、马顿停。

【药剂特性】本品属第一代抗凝血杀鼠剂，有效成分为氯鼠酮，可溶于油脂，遇酸不稳定，稳定性不受温度影响。饵剂为粉红色至红色颗粒，颗粒大小为1～4毫米，在常温、阴凉干燥处，密封的包装内，至少2年稳定性不变。为高毒杀鼠剂，对人、畜、家禽较安全，但对狗较敏感。对鼠类毒性较大，适口性好，作用缓慢，而油质饵料不会因雨水淋洗而降低毒性。

【主要剂型】90%原药，0.25%母药，0.25%油剂，0.007 5%饵剂。

【使用方法】

（1）**毒饵配制**　①用49份饵料，1份0.25%油剂，把两者搅拌均匀，堆闷数小时，即成毒饵备用。②取90%原药3克，溶于油温不高于110℃的食油1千克中，待油冷却至常温时，加入少许红墨水，再与50千克饵料（小麦或米等）充分拌匀，可再加25克食糖和少量食用油，充分拌匀，制成毒饵备用。③用50千克饵料，加入0.25%母药1千克，充分拌匀；再用3～5千克米汤或稀面糊，溶解0.5千克白糖和少量红墨水，把两者混合拌匀，并加入0.1千克食用油，拌匀即成。

（2）**毒饵投放** ①防治家栖鼠类，每个房间设1～3个饵点，每个饵点一次投毒饵10～30克；或每个饵点每次投3～5克毒饵，连投3～5天。②防治野栖鼠类，可沿田埂、地塄、小路、地边，每隔3～5米，投放毒饵5克；或每50米² 投放一堆，每堆用10克毒饵。

【注意事项】室内灭鼠后，要及时清理房间，收集死鼠深埋。本剂应存放在阴凉干燥处。

4. 敌鼠

【其他名称】野鼠净、得伐鼠、敌鼠钠盐、二苯杀鼠钠盐等。

【药剂特性】本品属第一代抗凝血杀鼠剂，有效成分为敌鼠。敌鼠钠盐外观为淡黄色粉末，无臭无味，溶于热水，稳定性好，可长期保存不变质；饵剂外观为褐色小颗粒，每粒重0.1克，稳定性好。对人、畜、家禽毒性较低，但对猫、狗等有二次中毒现象。对鼠类适口性好、杀鼠作用缓慢，在投毒饵后4～6天出现死鼠，中毒鼠多死于洞内，不会引起鼠类警觉，灭鼠较彻底，可杀灭多种家鼠和野鼠。

【主要剂型】80%钠盐，0.005%饵剂。

【使用方法】

（1）**配制毒饵** 杀灭家鼠可用0.025%～0.03%毒饵，杀灭野鼠用0.05%～0.1%毒饵。先备好饵料，如大米、稻谷、小麦、玉米糁、胡萝卜丝、红薯丝等，最好以灭鼠地上种植的作物作为饵料；再按饵料质量的0.025%～0.1%称取敌鼠钠盐，将其溶于适量沸水中，再加入少许红墨水，若能加入2%～5%食糖或食用油更好，配成药液，然后把饵料加入到药液中，充分搅拌，使饵料能均匀吸收药液，待药液全部被饵料吸收后，摊开晾干备用。

(2) 投放毒饵 ①在室内，每间房设 1～3 个饵点，每点投毒饵 5～10 克，投毒饵后连续 3～5 天检查毒饵被食情况，并及时补充被食掉的毒饵。②在保护地内，投放 0.1% 毒饵，沿四周每隔 5 米投放一堆，每堆用 5 克毒饵，被鼠类取食后则及时补投毒饵，同时，在保护地外也需投放毒饵。③在田间，沿地堰、地塄处，每隔 5～10 米投放一堆，每堆用毒饵 20 克。

【注意事项】在配制毒饵前，应注意敌鼠钠盐含量是否达到 80%，若含量达不到 80%，则会影响到灭鼠效果。其余各条可参照杀鼠灵。

5. 氟鼠灵

【其他名称】杀它仗、伏灭鼠、氟鼠酮、氟羟香豆素等。

【药剂特性】本品属第二代抗凝血杀鼠剂，有效成分为氟鼠灵。属高毒杀鼠剂，对鱼类高毒，对鸟类毒性也很高，对狗和鹅敏感。饵剂由有效成分、糖浆、蓝色染料等组成，在常温下可贮存 2 年；粉剂可与谷物饵料等配制成毒饵使用。对鼠类具有适口性好，使用安全，不产生忌食的特点，对各种鼠类，包括对第一代抗凝血剂产生抗性的鼠类，均有很好的防治效果。

【主要剂型】0.005% 饵剂，0.1% 粉剂。

【使用方法】

(1) 配制毒饵 先用 0.5 份食用油或米汤与 19 份饵料拌匀，使每一粒饵料外包一层油膜或米汤膜，然后再加入 1 份 0.1% 粉剂，拌匀后，即成为 0.005% 毒饵。也可先将谷物饵料用水浸泡至发胀后捞出，稍晾后，取 19 份饵料加 1 份 0.1% 粉剂，拌匀后，即成为 0.005% 毒饵。可用当地鼠类喜食的新鲜谷物做饵料。

(2) 投放毒饵 ①防治家栖鼠类，在初春或秋冬季，每间房 (15 米^2) 内设 1～3 个饵点，每点投放 3～5 克毒饵，隔 3～6 天后，对每个毒饵点进行检查，酌情补充毒饵。②防治野栖鼠类，在春、秋季田间，可按 5 米×10 米等距投放毒饵，每点投放毒饵 3～5 克，在田埂、地角、坟丘处，可适当多放些毒饵。

【注意事项】

（1）在施药过程中要注意安全防护。在施药结束后，要及时清理毒饵和死鼠，深埋或烧掉。

（2）在施药前，应先准备好解毒药维生素 K_1，该维生素也是第一代抗凝血杀鼠剂的解毒药。

6. 溴鼠灵

【其他名称】杀鼠隆、大隆、溴鼠隆、可灭鼠、溴联苯鼠隆、溴联苯杀鼠迷、敌鼠隆等。

【药剂特性】本品属第二代抗凝血杀鼠剂，有效成分为溴鼠灵，在常温下化学性质比较稳定。属高毒杀鼠剂，对家畜、家禽剧毒，对鱼、鸟有毒。饵剂外观为红色粒状物，不易燃、不易爆、不溶于水，适合在室内及北方干燥地区使用；蜡块外观蓝色，适合在南方多雨潮湿地区或下水道内使用，常温贮存稳定期在 2 年以上。具有急性和慢性杀鼠剂的两种优点，适口性好，不会产生拒食作用，一般中毒潜伏期为 3～5 天，可杀死对第一代抗凝血剂产生抗性的鼠类，有二次中毒现象。

【主要剂型】0.005％饵剂，0.005％蜡块，0.5％母药。

【使用方法】

（1）配制毒饵 ①用 0.5％母药 1 份先与 15 份面粉拌匀后，再与 84 份粉碎后的粮食搅拌均匀，再经机械加工，晾干后使用。②用 0.5％母药 1 份加水 6～8 份混匀后，再与 99 份去皮谷物混合并搅拌均匀，晾干后使用。

（2）投放毒饵 ①防治家栖鼠类，在每间房内布 1～3 个饵点，每个饵点投放饵剂 2～5 克，若鼠数量多，可过 7～10 天，再补投一次被吃掉的饵剂。②防治野栖鼠类，在每公顷设 150～225 处饵点，每处饵点投放 5～7 克饵剂；或沿田埂、地垄，每隔 5 米设置一个饵点，投放 5 克饵剂；或投放于鼠洞旁，每洞 7～10 克饵剂。

【注意事项】

（1）在鼠类对第一代抗凝血剂没有产生抗性的地区，不宜先使用本剂；待鼠类对第一代抗凝血剂产生抗性后，再使用本剂较为恰当。

（2）不能用手直接抓药，以避免中毒和引起鼠类警觉。

（3）在使用本剂时，要注意安全，避免中毒。对死鼠应及时收集深埋，以避免二次中毒。

7. 溴敌隆

【其他名称】乐万通、扑灭鼠、马其等。

【药剂特性】本品属第二代抗凝血杀鼠剂，有效成分为溴敌隆，性质稳定，但在高湿条件下、暴露在阳光下则不稳定。为高毒杀鼠剂，可引起二次中毒，对鱼类为中等毒性，对鸟类低毒。对鼠类具有胃毒作用，适口性好，作用缓慢，不易引起鼠类警觉，防治对第一代抗凝血杀鼠剂产生抗性的鼠类有高效。

【主要剂型】0.005%饵剂，0.5%母药。

【使用方法】

（1）**配制毒饵** ①用0.5%母药1份与4份面粉混合拌匀，再用5份植物油与90份去皮谷物搅拌均匀，然后再把两者混合拌匀，晾干即可。②用0.5%母药0.5千克，对12千克清水搅匀，再加入50千克稻谷拌匀，常翻动谷堆，堆闷24小时，待稻谷充分吸收药液后即成毒饵。③用0.5%母药1千克，加水5千克搅匀，再用小麦40千克、玉米60千克，混合拌匀后晾干即可。

（2）**投放毒饵** ①防治家栖鼠类，每间房内（15米²）设饵点2处，投放毒饵5～15克；若以小家鼠为主，则堆数增多，每堆用2克毒饵。②防治野栖鼠类，每公顷投放毒饵3 000～3 750克，每堆约20克；也可沿田埂、地堰、地边投放毒饵，每隔3～5米一堆，每堆用5克毒饵。③在保护地内沿四周每隔5米投放一堆，每堆约5克毒饵，同时在保护地外也要投放毒饵，毒饵被鼠类取食后，可补投。④在院落内，宜在傍晚沿院墙，每隔5米投放一堆，每堆有3～5克毒饵，次日清晨回收。

【注意事项】可参照溴鼠灵条中有关内容。

8. 毒鼠磷

【药剂特性】本品属有机磷类杀鼠剂，有效成分为毒鼠磷。工业品为浅粉色或淡黄色粉末，化学性质稳定。对人、畜剧毒，对家禽毒性较低，二次中毒的危险性较小。对鼠类具有胃毒作用，无拒食性，中毒鼠多在24小时内死亡，具有速效、省工、省时等优点。

【主要剂型】90％原药。

【使用方法】

（1）毒饵配制　一般防治野鼠用0.5％～1％毒饵，防治小家鼠可用0.3％的毒饵。先根据所用麦粒、米、谷等饵料量和防治鼠类的种类，准确计算和称取90％原药的用量，先把毒鼠磷原药溶于其14～16倍质量的95％工业酒精中，待原药全部溶解后，倒入备好的饵料中，立即拌均匀，再加入3％～5％的白糖或植物油，还有少许红墨水（作警戒色），混均匀后即可。

（2）投放毒饵　一般每公顷投放毒饵1.5～2.25千克。具体投放毒饵的方法可参照磷化锌或抗凝血杀鼠剂中介绍的方法。

【注意事项】

（1）在配药和施毒饵过程中，不能用手直接接触药剂和饵料，一方面注意安全防护，以避免中毒，另一方面避免引起鼠类警觉而拒食。

（2）把溶解原药的酒精容器放在热水中加热，能加快原药的溶解速度，但决不能放在火上直接加热。

（3）本剂的保管和使用都要按剧毒农药的有关规定进行操作。

9. 安妥

【药剂特性】本品为硫脲类杀鼠剂，有效成分为安妥，无臭，味苦。工业品为灰白色或蓝灰色粉末，化学性质稳定，受潮结块后，再粉碎后仍不失效。对人、畜毒性较低，对狗等肉食性动物毒性高。对鼠类有很强的胃毒作用，适口性好，鼠类食药后 6～72 小时即可死亡，适宜防治褐家鼠和黄毛鼠。鼠中毒后急需喝水。

【主要剂型】95％粉剂。

【使用方法】

（1）毒饵（粉）配制　①用胡萝卜块、水果块、蔬菜块等配成0.5％毒饵，或用小麦配成 2％毒饵。②用安妥 1 份、饵料 100 份、面糊水 8～10 份（用面粉 0.5 千克加水 10 千克配成），然后制成毒饵。③用 97 份玉米面、鱼骨粉 1 份、食用油 1 份，安妥粉剂 1 份，混匀后加适量水和成面团，并制成黄豆粒大小的（毒）饵粒。④用面粉或滑石粉 4 份，安妥粉剂 1 份，把两者混匀成 20％毒粉。

（2）毒饵（粉）投放　①每间房屋内放 2～3 堆，每堆毒饵量为 10～20 克，对植物性毒饵可在 3 天后回收。②在每个鼠洞口投放 50 克小麦毒饵。③在鼠洞内或鼠道上撒一层厚 2 毫米的毒粉，面积约 20 厘米×20 厘米，每日检查毒粉上的鼠迹，若连续两天没有鼠迹，可清除毒粉。

【注意事项】

（1）在配制饵料时，不能用发酵有酸味的饵料，也不能用手直接接触饵料，以防鼠类拒食。

（2）投放鼠药（饵）时，必须把食物收藏好，把水源管好，迫使中毒鼠到室外找水喝，并死于室外。对中毒死鼠要及时收集深埋。

（3）在夏秋季之间用药量小，而冬季用药量大。当鼠类一次取食毒饵量未达致死量，即产生抗药力，并拒绝再食，抗药力可维持2 个月。若要重复使用本剂，需间隔 6 个月以上。

10. 灭鼠优

【其他名称】抗鼠灵。

【药剂特性】本品属吡啶脲类杀鼠剂，有效成分为灭鼠优，原药为淡黄色粉状物，无臭无味，性质稳定。对人、畜高毒。对鼠类具有胃毒作用，适口性好，不易引起拒食，也不易产生耐药性个体，杀鼠速度快，中毒后 24 小时内死于洞中，造成二次中毒的危险性小。

【主要剂型】 95％原药。

【使用方法】

（1）**小麦毒饵** 先把小麦浸泡至发芽，捞出后拌入少量食用油，再按饵料质量的 1％加入原药，并充分搅拌均匀，即成毒饵。在每个房屋内投放 4 堆，每堆用毒饵 5～10 克。

（2）**红薯毒饵** 先把红薯去皮后，切成重约 1 克的小薯块，再按甘薯质量拌入 1％的原药，搅拌均匀，即成毒饵。在田间，每隔 5 米投放一堆，每堆放 5 块甘薯块毒饵。

【注意事项】

（1）在配制和投放毒饵过程，要注意安全防护，避免中毒。

（2）对死鼠要及时收集深埋。要避免长期单一使用本剂。

11. C 型肉毒梭菌毒素

【其他名称】 生物毒素杀鼠剂、肉毒梭菌毒素、C 肉毒杀鼠素、C 型肉毒梭菌外毒素、C 型肉毒毒素、C 型肉毒杀鼠素、C 型肉毒梭菌素等。

【药剂特性】 本品属一种大分子蛋白质杀鼠剂，有效成分为 C 型肉毒梭菌毒素。水剂外观呈棕黄色透明液体，冻干剂外观为灰白色块状或粉末固体。毒素易溶于水，无异味，对热不稳定，光照对毒素失毒有一定影响，遇酸（pH 为 3.5～6.8）稳定，遇碱（pH 为 10～11）减毒较快。对人、畜比较安全，在自然条件下可自动分解，无残留，无二次中毒危险。对鼠类适口性好，中毒鼠死亡时间在 2～4 天。

【主要剂型】 水剂（100 万 MLD/毫升小白鼠静注），冻干剂（200 万～300 万 MLD/毫升小白鼠静注）。

【使用方法】

（1）**毒饵配制** 一般用 0.06％～0.1％浓度配制毒饵，防治农田鼠以用 0.1％毒饵为好。①先往拌毒饵的容器内倒入清水 10 千克，以水温在 0～16℃、pH 略偏酸性的河水或自来水为好，再从毒素瓶中倒入 50 毫升毒素，稍轻晃动，使毒素充分溶解，再将 50 千克饵料（如燕麦）倒入毒素稀释液中，充分搅拌，使每粒饵料均沾有毒素液即可，为 0.1% 燕麦毒素毒饵。②若用冻干剂配制毒素毒饵，需先把冻干剂毒素瓶放在 0℃ 的冰水中，使冻干剂慢慢溶化，再用按比例计量的凉水，把冻干剂毒素溶解，以后配制步骤及方法与水剂毒素毒饵的配制方法相同。

（2）**毒素毒饵投放** ①在北方秋冬季节，在室内每间房内（15 平方米）可沿墙边、墙角等处堆放 2 堆，每堆有 5～10 克毒素毒饵，一次投饵，平均每户 100 克左右。鼠多投饵多，鼠少投饵少。②在 3～4 月份前，用 0.1% 毒素毒饵，每个棕色田鼠洞内投 100 粒饵料，投后立即将洞口封好。

【注意事项】

（1）不要在高温阳光下配制毒素毒饵，最好现配现用。在气温 15℃ 以下使用，防效较好。

（2）该毒素毒饵的投饵方法与化学毒饵基本相同。投饵量多少可根据不同鼠种试用不同的投饵量。为提高防治效果，可根据鼠的种类选择饵料种类，如对小家鼠可用玉米糁做饵料，对褐家鼠可用面粉制成的面团或大米做饵料，对棕色田鼠可用燕麦做饵料。一般不加引诱剂。

（3）毒素水剂产品，一般在 -15℃ 以下的冰箱内保存。对冻干剂不能用热水或加热溶化，以防降低毒素的毒性。

（4）应按照剧毒化学农药的安全操作规则来配制、使用、贮存、运输毒饵及处理剩余毒饵。

12. 磷化锌

【其他名称】耗鼠尽。

【药剂特性】本品属无机类杀鼠剂，有效成分为磷化锌，原药为灰黑色粉末，具有大蒜味，在干燥和较暗的条件下，化学性质稳定，而在受潮、强光和遇酸条件下，能分解放出易燃剧毒的磷化氢气体。对人、畜、家禽、鸟类毒性很高，而中毒死亡的鼠类，若再被狗、猫等肉食动物食用，又可造成狗、猫等动物二次中毒。对鼠类具有胃毒作用，杀鼠种类广，适口性好，有一定的引诱力，中毒鼠一般在 24 小时内死亡，但中毒未死的个体鼠，再遇此药，有明显的拒食现象，一般需隔年使用本剂，不能连续使用。

【主要剂型】90%原药。

【使用方法】

(1) 玉米（豆类）毒饵　用玉米或豆类 5 千克，粗粉碎成 4～6 块，先用 500 克稀面汤拌混匀，然后再加入饵料质量 5%的磷化锌，拌匀即成毒饵。在傍晚撒于黄胸鼠和家鼠活动区，诱杀鼠类。

(2) 小麦（大麦、小米）毒饵　用小麦或大麦、或小米 49 份，先用水把饵料浸泡膨胀，稍晾后拌入适量（3%）花生油及少量红墨水做警戒色，再加入 1 份磷化锌，充分拌匀，即成毒饵。一般每间房内投放 2～3 堆，每堆有 3～5 克毒饵；而在田间，每 9 米² 面积投放一堆，每堆有 3～5 克毒饵；也可距鼠洞口 10～15 厘米处投放一堆毒饵，每堆有毒饵 3～5 克。

(3) 植物性毒饵　用红薯或胡萝卜，或苹果，去皮后切成 1 克左右质量的小块，作为饵料，再按饵料质量的 1%～3%加入磷化锌后，拌匀即成毒饵。用此毒饵在水源缺乏地区防治褐家鼠效果很好。但此毒饵需现配现用，过 1～2 天后就变质，在炎热季节不宜使用此毒饵。

(4) 面糊毒饵　用白面 13 份、磷化锌 12 份、水 75 份。先用锅把油、葱、盐爆炒发香后，把水倒入锅内煮，再把白面用少量水调成糊状，倒入锅内，搅拌熬成面糊状，待面糊冷却后，把磷化锌加入，充分拌匀后成毒糊，然后用玉米棒芯或玉米秆，把一端沾上毒面糊，塞入鼠洞内，待鼠要出洞时，用嘴咬障碍而中毒。

【注意事项】

(1) 应在室外顺风操作配制毒饵，并做好安全防护。宜用木棒搅拌毒饵，人手不可接触毒饵，以避免中毒，又可防老鼠嗅到人味而拒食。

（2）先投放无毒饵（与毒饵种类相同的饵料），过 2～3 天后，再投放毒饵，可提高灭鼠效果。毒饵应投放在鼠类经常活动处，如墙角、隐蔽处。

（3）配制毒饵的容器要专用。残留毒饵要及时回收，中毒死鼠应及时捡回深埋，避免造成二次中毒。

四、杀菌（杀线虫）剂

（一）生物源杀菌剂及混配剂

1. 木霉菌

【其他名称】灭菌灵、生菌散、特立克等。

【药剂特性】本品属微生物杀菌剂，有效成分为木霉属真菌孢子。原药外观为黄褐色粉末，不溶于水，pH 为 6～7。对人、畜、鱼低毒，对皮肤有轻微的刺激作用。对多种真菌病害有防治效果。

【主要剂型】可湿性粉剂（含 1.5 亿个活孢子/克，或含 2 亿个活孢子/克）。

【使用方法】用制剂对水稀释后喷雾或处理土壤。

（1）喷雾 ①每公顷每次用可湿性粉剂 3～4.5 千克，对水 900 千克，相当于稀释成 200～300 倍液，防治黄瓜、大白菜等的霜霉病，每隔 7 天喷 1 次，连喷 3 次。②用木霉菌（2 亿个活孢子/克）300～600 倍液，防治黄瓜、番茄的灰霉病。③每次每公顷用（2 亿个活孢子/克）木霉菌特立克可湿性粉剂 1 875～3 750 克（相当于 3 750 亿～7 500 亿个活孢子），对水 1 500 千克（相当于400～800 倍液），防治茄子灰霉病。

（2）土壤处理 ①在辣椒苗定植时，每公顷用木霉菌 1.5 千克，再与 18.75 千克米糠混拌均匀，把幼苗根部沾上菌糠后栽苗；或在田间初发病时，每公顷用木霉菌量为 21 千克，对水 12.6 吨（相当于稀释 600 倍液），灌根防治辣椒枯萎病。②在植株初发病时，用木霉菌 400～450 克，与 50 千克细土混均匀，制成菌土，盖在植（病）株根茎部，每公顷用 15 千克，可防治黄瓜、苦瓜、南瓜、扁豆、薄荷、菊花等作物的白绢病，及芦笋紫纹羽病。

【注意事项】

（1）不能与酸性或碱性农药混用。在喷药后 8 小时内遇雨，应及时补喷。一定要在发病初期喷药，尽量喷均匀周到。

（2）宜在避光、阴凉、干燥处贮存。

2. 武夷菌素

【其他名称】BO-10、农抗武夷菌素等。

【药剂特性】本品属核苷酸类抗生素杀菌剂，有效成分为武夷菌素。制剂外观为棕色液体，pH 为 5.0～7.0。对人、畜、鸟类、鱼类、蜜蜂、天敌均十分安全。对病害具有保护和治疗等杀菌作用，持效期为 7～9 天。

【主要剂型】1%、2%水剂。

【使用方法】对水稀释后喷雾。

（1）用 2%水剂喷雾　①用 100 倍液，防治石刁柏（芦笋）茎枯病。②用 100～150 倍液，防治番茄叶霉病，冬瓜、节瓜的白粉病。③用 150 倍液，防治茄科蔬菜白粉病，黄瓜黑星病，洋葱茎腐病，番茄、芹菜的灰霉病，大葱（大蒜盲种葡萄孢）灰霉病，洋葱、芫荽的白粉病，莲藕炭疽病等。④用 150～200 倍液，防治黄瓜霜霉病，萝卜炭疽病，豌豆、白菜类、苦苣、苦苣菜、苣荬菜的白粉病等。⑤用 200 倍液，防治黄瓜、西瓜、冬瓜、节瓜、苦瓜、苋菜、冬寒菜等的炭疽病，黄瓜、南瓜、甜（辣）椒、菜豆、豇豆、草莓等的白粉病，落葵的蛇眼病和紫斑病，番茄（蓼白粉菌）白粉病等。

（2）用 1%水剂喷雾　①用 100～150 倍液，防治韭菜灰霉病，西瓜和甜瓜的炭疽病、白粉病、霜霉病、细菌性角斑病，葡萄的白粉病、霜霉病等。②用 150 倍液，防治石刁柏（芦笋）茎枯病，凤仙花、翠菊、月季、丁香等的白粉病。③用 150～200 倍液，防治黄瓜细菌性角斑病，番茄的早疫病和晚疫病等。

（3）混配喷雾　用2％水剂150倍液与50％多菌灵可湿性粉剂600倍液混配，防治黄瓜、佛手瓜、冬瓜、节瓜等的黑星病。

（4）浸种　用2％水剂100倍液，浸泡番茄种子60分钟，捞出后用水洗净催芽，可防治叶霉病和枯萎病。

【注意事项】

（1）本剂不宜和强碱性农药混用。药液应随配随用，不宜久存。施药期可适当提前，可连续施药2～3次，间隔7～10天施药1次。

（2）应在阴凉干燥处贮存。贮存期2年以上。

3. 宁南霉素

【其他名称】菌克毒克。

【药剂特性】本品属胞嘧啶核甘肽型抗生素杀菌剂，有效成分为宁南霉素，易溶于水，遇碱易分解。制剂外观为褐色液体，pH为3.0～5.0，无臭味，带酯香。对人、畜、鱼类低毒。对病害具有预防和治疗作用，耐雨水冲刷，适宜防治病毒病（由烟草花叶病毒引起）和白粉病。

【主要剂型】2％水剂。

【使用方法】用2％水剂对水稀释后喷雾。①用200～260倍液，防治菜豌豆的白粉病和病毒病。②用260倍液，防治番茄病毒病。③用260～400倍液，防治黄瓜和豇豆的白粉病。④在甜（辣）椒、番茄、白菜等蔬菜幼苗定植前和定植缓苗后，用宁南霉素100毫克/升浓度的药液（2％水剂200倍液）喷雾各1次，防治病毒病。⑤用200倍液，防治温室番茄白粉病。

【注意事项】不能与碱性药剂混用。应采用预防用药（最好在发病前）的方式进行防治。应在阴凉干燥处贮存。

4. 抗霉菌素120

【其他名称】抗霉菌素、120农用抗菌素、TF-120、农抗120等。

【药剂特性】本品属嘧啶核苷类抗生素杀菌剂，有效成分为抗霉菌素120，易溶于水，在酸性条件下稳定，遇碱不稳定。水剂外观为褐色液体，无臭味，无霉变结块，pH 为 3～4，在 2 年贮存期内比较稳定。对人、畜低毒，安全。对病害具有内吸、预防和治疗等杀菌作用，对白粉病有较好的防治效果。

【主要剂型】2％、4％水剂。

【使用方法】对水稀释后喷雾或灌根。

（1）用 2％水剂喷雾　①用 100 倍液，防治大白菜黑斑病。②用100～150 倍液，防治冬瓜和节瓜的白粉病。③用 150 倍液，防治茄科蔬菜、洋葱、芫荽等的白粉病。④用 150～200 倍液，防治萝卜炭疽病，白菜类、苦苣、苦苣菜、苣荬菜等的白粉病。⑤用 200 倍液，防治黄瓜、西瓜、冬瓜、节瓜、苦瓜、苋菜、冬寒菜、莲藕、甜（辣）椒等的炭疽病，黄瓜、南瓜、西葫芦、瓠瓜、甜（辣）椒、草莓等的白粉病，番茄的（蓼白粉菌）白粉病和早疫病，黄瓜的霜霉病和黑斑病，冬瓜疫病，大葱霜霉病，芹菜斑枯病，辣椒"虎皮"病，落葵的蛇眼病和紫斑病。⑥用 100 毫克/升浓度的药液，防治葡萄、月季花等的白粉病。⑦用 200～300 倍液，防治姜纹枯病。

（2）用 2％水剂灌根　①用 130～200 倍液，防治甜椒、黄瓜、西瓜等的枯萎病。②用 200～300 倍液，防治姜纹枯病。

（3）涂抹　用 2％水剂 10 倍液，涂抹番茄早疫病的初期病斑。

（4）用 4％水剂喷雾　用 500～600 倍液，防治魔芋软腐病，每公顷喷药液 750 千克（并掺入磷酸二氢钾 1.5～3.0 千克）。

【注意事项】

（1）在蔬菜收获前 1～2 天停用。不能与碱性药剂混用。可与杀虫剂混用，可先把本剂稀释配成 100 毫克/升浓度的药液。

（2）应在通风、干燥、阴凉处贮存。

5. 多抗霉素

【其他名称】多氧霉素、多效霉素、保利霉素、科生霉素、宝丽安、兴农 606、灭腐灵、多克菌、多氧清等。

【药剂特性】本品属肽嘧啶核苷酸类抗生素杀菌剂，有效成分为多抗霉素，易溶于水，对紫外线、酸性及中性溶液稳定，遇碱不稳定。可湿性粉剂外观为浅棕黄色粉末（pH 为 2.5～4.5）或灰褐色粉末，常温贮存稳定 3 年以上；水剂外观为深棕色液体。对人、畜、蜜蜂低毒，对鱼类及水生生物毒性较低。对病害具有内吸杀菌作用，还有抑制病原菌产孢和病斑扩大的作用。

【主要剂型】2%、3%、10%可湿性粉剂，0.3%、3%水剂。

【使用方法】对水稀释后用于喷雾、灌根或浸种。

（1）用 2%可湿性粉剂喷雾　①用 100 倍液，防治茄子和番茄的叶霉病。②用 30 毫克/升浓度的药液，每隔 7～10 天 1 次，连喷3～4 次，防治大葱和洋葱的紫斑病。③用 100～200 毫克/升浓度的药液，防治花卉的霜霉病、白粉病，甜（辣）椒白粉病。④用 150 毫克/升浓度的药液，防治西洋参黑斑病。

（2）用 10%可湿性粉剂喷雾　用 500～800 倍液，防治番茄的晚疫病、灰霉病，黄瓜的霜霉病、白粉病，草莓灰霉病等。

（3）用水剂喷雾　①用 0.3%水剂 80～120 倍液，防治蔬菜的灰霉病、疫病等。②用 3%水剂（多氧清）500 倍液，防治芦笋茎枯病。

（4）全程防治黄瓜枯萎病　用 0.3%水剂 60 倍液浸种 2～4 小时后播种，定植时用 80～120 倍液蘸根或灌根，植株盛花期再用80～120 倍液，喷施 1～2 次，防治黄瓜枯萎病。

（5）用 3%可湿性粉剂喷雾　①用 300 倍液，防治保护地番茄红粉病。②用 150～200 倍液，防治番茄晚疫病，每公顷喷药液1 125千克。

【注意事项】

（1）在蔬菜收获前 2～3 天停用。不宜和碱性或酸性农药混用。在施药后 24 小时内遇雨，应及时补喷。

（2）应密封好后，在阴凉干燥处贮存。

6. 井冈霉素

【其他名称】有效霉素。

【药剂特性】本品属抗生素类杀菌剂，有效成分为井冈霉素，易溶于水，吸湿性强，在中性和微酸性条件下稳定，在强酸和强碱条件下易分解，也能被多种微生物分解。水剂外观为棕色透明液体，无臭味，pH 为 2~4；可溶粉剂外观为棕黄色或棕褐色疏松粉末，pH 为 5.5~6.5；粉剂外观为棕褐色疏松粉末，pH 为 4~7，一般有效期为 2 年。对人、畜低毒，对鸟类、鱼类安全。对病害具有内吸杀菌作用，耐雨水冲刷，持效期 15~20 天。

【主要剂型】

（1）单有效成分　3%、5%、10%水剂，2%、4%、5%、10%、15%、20%可溶粉剂，0.33%粉剂。

（2）双有效成分混配　与多菌灵：28%井冈·多菌灵悬浮剂。

【使用方法】可用于灌根、喷雾及拌种。

（1）灌根　用 5%水剂对水稀释后灌根。①用 500~1 000 倍液，防治番茄白绢病、茭白纹枯病。②用 1 000~1 600 倍液，在拔除病株后，浇灌病株空穴和邻近植株，每株灌药液 400~500 毫升，防治苦瓜、薄荷、菊花等的白绢病。③用 1 500 倍液，每平方米面积喷淋 2~3 升药液，防治冬瓜、节瓜的立枯病，豌豆苗茎基腐病（立枯病）。④用 1 500 倍液喷淋植株根茎部，防治番茄、茄子、甜（辣）椒等的立枯病，落葵的茎基腐病和茎腐病。⑤用 1 000~1 500 倍液，在黄瓜播种后，每平方米苗床面积浇灌药液 3~4 千克，可防治立枯病、白绢病、根腐病等。⑥用 50~100 毫克/千克浓度的药液灌根，防治姜纹枯病。⑦用 1 000 倍液，灌根防治茄子白绢病。

（2）喷雾　①用 5%水剂 1 500 倍液，防治茄科蔬菜幼苗立枯病，番茄丝核菌果腐病。②用 40~50 毫克/千克浓度的药液，防治蚕豆立枯病、菜用大豆（镰刀菌）根腐病。③用 50~100 毫克/千克浓度的药液，防治茭白纹枯病、韭菜菌核病、豆瓣菜丝核菌病、姜纹枯病、菱角纹枯病等。④用有效霉素 600 倍液，防治草莓（丝核菌）芽枯病。

（3）拌种　用 3%水剂 10~20 毫升，拌 1 千克种子，可防治豆类立枯病、白绢病。

【注意事项】

（1）在蔬菜收获前 14 天停用。应避免长期、单一使用本剂，提倡隔年使用或与其他杀菌剂混用。在施药过程中应注意安全防护。

（2）应密封贮存，并要注意防霉、防腐、防冻、防晒、防潮、防热。

（3）与杀虫单、杀虫双、噻嗪酮等有混配剂，可见各条。

7. 春雷霉素

【其他名称】春日霉素、加收米、嘉赐霉素等。

【药剂特性】本品属抗生素类杀菌剂，有效成分为春雷霉素，溶于水，遇碱分解，遇酸及在中性和常温下稳定。水剂外观为深绿色液体，可湿性粉剂外观为浅棕黄色粉末，在常温下贮存 2～3 年以上。对人、畜、鱼类低毒，对蜜蜂有一定的毒害作用。对病害具有内吸、治疗和预防等杀菌作用。对瓜类作物还有促进叶色浓绿，延长收获期的作用。

【主要剂型】2% 水剂，2%、4%、6% 可湿性粉剂，0.4% 粉剂。

【使用方法】对水稀释后可用于喷雾、灌根和浸种。

（1）用 2% 水剂喷雾　①用 400～750 倍液，防治黄瓜的炭疽病、细菌性角斑病。②用 550～1 000 倍液，防治番茄的叶霉病、灰霉病，甘蓝黑腐病等。③每公顷用水剂 1.5～1.95 升，对水 900～1 200 千克，防治辣椒细菌性疮痂病，芹菜早疫病，菜豆晕枯病等。

（2）灌根　用 2% 水剂 50～100 倍液，灌根防治黄瓜枯萎病。

（3）浸种　用 25～40 毫克/升浓度的药液，浸泡种薯 15～30 分钟，防治马铃薯环腐病。

（4）用 2% 可湿性粉剂喷雾　①用 400～500 倍液，防治白菜软腐病。②用 500 倍液，防治仙人掌细菌性斑点病、软腐病。

【注意事项】

（1）在番茄、黄瓜收获前 7 天停用。本剂不能与碱性药剂混用。药液应随配随用，一次用完。不宜长期单一使用本剂。

（2）应在有效期内用完药剂。本剂可与多菌灵、代森锰锌、百菌清等药剂混用，但应先小面积试验，再大面积推广应用。

（3）叶面喷雾时，可加入适量中性洗衣粉，可提高防效。喷药后 5 小时内遇雨，应补喷。

（4）与王铜（氧氯化铜）有混配剂，可见各条。

8. 硫酸链霉素

【其他名称】农用硫酸链霉素、链霉素。

【药剂特性】本品属抗生素类杀菌剂，有效成分为硫酸链霉素，呈弱酸性，易溶于水，在低温下比较稳定，遇碱及在高温下长时间久放，易分解失效。可溶粉剂外观为白色或类白色粉末，pH 为 4.5～7.0。对人、畜低毒，可引起皮肤过敏。对多种植物细菌性病害有很好的防治效果，对作物安全，持效期为 3～4 天，在气温低时，持效期可达 7～8 天。

【主要剂型】68％、72％农用可溶粉剂，医用硫酸链霉素。

【使用方法】可用于喷雾、灌根、浸种（苗）。

（1）喷雾　用 72％农用可溶粉剂对水稀释后喷施。①用 3 000 倍液，防治菜豆细菌性叶斑病，豇豆细菌性疫病，萝卜细菌性角斑病，香芹菜软腐病，芋软腐病（放干田中水后）。②用 3 000～4 000 倍液，防治芹菜、芥菜类、西葫芦、青花菜、紫甘蓝、乌塌菜等的软腐病，菜豆细菌性疫病，白菜类的黑腐病、软腐病、细菌性角斑病和叶斑病，萝卜的黑腐病和软腐病，白菜类的细菌性褐斑病和黑斑病，草莓细菌性叶斑病等。③用 3 500～4 000 倍液，防治莴苣和莴笋的腐败病。④用 4 000 倍液，防治番茄、甜（辣）椒、大葱、大蒜、洋葱、甘蓝类、冬瓜、节瓜、球茎茴香等的软腐病，黄瓜的细菌性角斑病、叶枯病、缘枯病、枯萎病、圆斑病，苦瓜细菌性角斑病，番茄的溃疡病、青枯病、疮痂病、细菌性斑疹病和

（假单胞）果腐病，甜（辣）椒的疮痂病、青枯病、细菌性叶斑病和果实黑斑病，茄子的软腐病和细菌性褐斑病，菜豆细菌性晕疫病，豌豆和豇豆的细菌性叶斑病，蚕豆的细菌性疫病和叶烧病，甘蓝类黑腐病，甜瓜和百合的细菌性软腐病，洋葱的球茎软腐病和腐烂病，芹菜的细菌性叶斑病和叶枯病，芫荽和胡萝卜的细菌性疫病，魔芋细菌性叶枯病，草莓青枯病，蘑菇细菌性褐斑病，仙人掌细菌性斑点病、软腐病等。⑤用 4 000～5 000 倍液，防治冬瓜和节瓜的细菌性角斑病。⑥用 100～200 毫克/千克浓度的药液，防治白菜类、青花菜、紫甘蓝等的黑腐病。⑦用 200 毫克/千克浓度的药液，防治魔芋软腐病。⑧用 500 毫克/千克浓度的药液，可杀死黄瓜、冬瓜、节瓜、苦瓜等植株上的冰核细菌，可增强抗霜冻的能力。⑨用 2 000 倍液，防治保护地西葫芦软腐病。

（2）混配喷雾 ①把 100 万单位的硫酸链霉素稀释成浓度为 150 毫克/千克的药液，与 40％三乙膦酸铝可湿性粉剂 250 倍液混配喷施，兼防黄瓜细菌性角斑病和真菌性霜霉病。②用 72％农用链霉素可溶粉剂 4 000 倍液与 72％杜邦克露可湿性粉剂 1 000 倍液混配后喷施，兼防苦瓜细菌性角斑病和真菌性霜霉病。

（3）浸种 把 100 万单位的硫酸链霉素对水稀释后浸种，然后捞出洗净催芽或晾干播种，但药液浓度和浸种时间长短，因作物种类而异。①用 500 倍液，浸种 2 小时，防治黄瓜的细菌性角斑病、叶枯病、缘枯病、枯萎病、圆斑病、软腐病，冬瓜和节瓜的细菌性角斑病，十字花科蔬菜的黑腐病。②用 500 倍液，浸种 2～3 小时，防治豆薯（沙葛）细菌性叶斑病。③用 500 倍液，浸种 24 小时，防治菜豆和豇豆的细菌性疫病。④用 500 倍液，浸种 12 小时，防治苦瓜细菌性角斑病。⑤用 500 倍液，浸种 30 分钟，防治辣椒疮痂病。⑥用 150 倍液，浸种 15 分钟，防治西瓜炭疽病。⑦用 500 毫克/千克浓度的药液，浸种 48 小时，防治姜瘟病。⑧用 500 毫克/千克浓度的药液，浸种 1 小时，防治魔芋的白绢病、软腐病、炭疽病、细菌性叶枯病，芋软腐病，胡萝卜白绢病。⑨用 200 毫克/千克浓度的药液，浸种 2 小时，防治番茄溃疡病。

（4）浸苗　用72％农用链霉素可溶粉剂对水稀释后浸苗，药液浓度和浸苗时间长短因作物种类而异。①用 1 000 倍液，定植时，浸苗 4 小时，防治茼蒿细菌性萎蔫病。②用 1 500 倍液，浸苗 30 分钟，洗净后定植，防治菊花根癌病。

（5）灌根　用72％农用链霉素可溶粉剂对水稀释后灌根。①用 4 000 倍液，每株灌 300～500 毫升药液，每隔 10 天灌 1 次，连灌 2～3 次，防治番茄青枯病、茄子青枯病、姜腐烂病。②用 3 000～4 000 倍液，在拔掉病株后灌病穴，每穴灌药液 500～1 000 毫升，防治姜瘟病。③用 400 毫克/千克浓度的药液，灌淋病穴及附近植株，每株灌药液 500 毫升，连灌 2 次，防治魔芋软腐病和细菌性叶枯病。

（6）注射　用 10 000 毫克/千克浓度的链霉素药液，用兽用注射器把药液注射到植株内，每株次用 3～4 毫升药液，防治魔芋的软腐病和细菌性叶枯病。

【注意事项】

（1）在蔬菜收获前 2～3 天停用。在使用前，要查看药剂的有效期，过期失效药剂不能使用。

（2）不能与碱性药剂混用，也不宜用碱性水配制药液。本剂可与杀虫剂或杀菌剂混用，但不能与微生物杀虫剂混用，如 Bt、杀螟杆菌。

（3）喷药后 8 小时内遇雨，应补喷。高温天气，也可能出现轻微药害。本剂应在通风干燥处贮存。

9. 硫酸链霉素·土霉素

【其他名称】新植霉素、新植、链霉素·土。

【药剂特性】本品为抗生素类混配杀菌剂，有效成分为硫酸链霉素和土霉素。对人、畜低毒，不杀伤天敌。适宜防治多种蔬菜的细菌性病害，杀菌效果好，对环境安全。

【主要剂型】1％可湿性粉剂（20 克/包）。

【使用方法】可用于喷雾、浸种、灌根。

（1）喷雾　把可湿性粉剂对水稀释后喷雾。①每公顷用可湿性粉剂 300 克，对水 750～1 500 千克，相当于稀释为 2 500～5 000 倍液喷施，防治白菜软腐病，番茄青枯病，黄瓜、西瓜、甜瓜等的细菌性角斑病，白菜、油菜、甘蓝等的黑腐病。②用 3 000～4 000 倍液，防治芹菜和香芹菜的软腐病。③用 4 000 倍液，防治菜豆的细菌性疫病、晕疫病，豇豆细菌性疫病，蚕豆的细菌性茎疫病和叶烧病，甜瓜细菌性软腐病，胡萝卜细菌性疫病，白菜类的黑腐病、细菌性角斑病、叶斑病、褐斑病，白菜类、甘蓝类、青花菜、紫甘蓝、茄子等的软腐病。④用 4 000～5 000 倍液，防治芹菜细菌性叶斑病，番茄的疮痂病、软腐病、青枯病、溃疡病，甜（辣）椒的疮痂病、软腐病，大葱、大蒜和洋葱的软腐病，冬瓜、节瓜、萝卜的细菌性角斑病，菜豆细菌性叶斑病，芫荽细菌性疫病。⑤用 100～200 毫克/千克浓度的药液，防治白菜类、青菜花、紫甘蓝等的黑腐病。⑥用 150～200 毫克/千克浓度的药液，防治黄瓜的细菌性角斑病、缘枯病、叶枯病。⑦用 200 毫克/千克浓度的药液，防治番茄细菌性髓部坏死病。⑧用 250 毫克/千克浓度的药液，防治叶用莴苣欧氏杆菌腐烂病。

（2）浸种　把可湿性粉剂对水稀释后，药液浓度和浸种时间长短，因作物种类而异。①用 200 毫克/千克浓度的药液，浸种 3 小时后，捞出洗净催芽，可防治黄瓜、番茄、茄子、辣椒等的种传细菌性病害。②用 500 毫克/千克浓度的药液，浸种 48 小时，可防治姜瘟病。

（3）灌根　把可湿性粉剂对水稀释为 4 000～5 000 倍液灌根，防治番茄的青枯病、溃疡病。

【注意事项】

（1）本剂不能与碱性农药混用，也不能与细菌性杀虫剂（如 Bt）混用。药液应现配现用。

（2）若在发病初期施药，每隔 7～10 天 1 次；若施药偏晚，每隔 2～3 天 1 次，连喷 2～3 次。

（3）受潮结块后，经粉碎，仍可使用，不影响药效。应在阴凉干燥处贮存，贮存期 2 年。

（二）其他类型杀菌剂及混配剂

10. 弱病毒疫苗

【其他名称】N_{14}。

【药剂特性】本品属生物杀菌剂，有效成分为"弱病毒"（一种致病力很弱的病毒）。对人、畜低毒安全，不污染环境。弱病毒侵入寄主后，只给寄主造成极轻危害或不造成危害，但可诱发寄主产生抗体，会阻止同种致病力强的病毒再侵入寄主。弱病毒（N_{14}）主要防治烟草花叶病毒（TMV）引起的植物病毒病。

【主要剂型】浓缩液病毒疫苗。

【使用方法】用浸根、喷雾、摩擦等接种。

（1）浸根　当番茄幼苗有 2 片真叶时，结合分苗，把幼苗拔出，并洗净根部泥土，然后放入疫苗的 100 倍稀释液中，浸泡30～60 分钟后，再栽苗，浸根药液可反复使用 3～4 次。

（2）喷雾　在番茄幼苗有 1～3 片真叶时，在疫苗的 100 倍稀释液中，加入 0.5％的金刚砂（600 目），然后用每平方厘米压力为 2～3 千克的喷枪，在距幼苗 5～10 厘米处，把稀释液喷到幼苗上，喷枪移动速度为每秒 8 厘米，每 4 000 株幼苗，约需 200 毫升疫苗稀释液。

（3）摩擦　在番茄幼苗有 1～3 片真叶时，用食指蘸取少许加入金刚砂的疫苗 100 倍稀释液，轻轻摩擦幼苗叶片正面接种。

【注意事项】

（1）在接种前，须将稀释接种用的用具用开水煮沸 20 分钟，或用 10％磷酸三钠溶液浸泡 20 分钟。操作者应用肥皂水洗手 3 次，操作过程中不能吸烟。并采取多种措施确保接种前的幼苗不能被（强致病力的）病毒侵染，以提高防治效果。

（2）须用洁净的自来水或凉开水稀释浓缩液病毒疫苗。

（3）接种后，要把室温提高到 30～35℃ 1 天，然后再恢复正常。

（4）浓缩液疫苗在室温下保存 3 个月，在 4℃避光保存 1 年。

11. 菇类蛋白多糖

【其他名称】真菌多糖、抗毒剂 1 号等。

【药剂特性】本品属生物制剂，为食用菌菌体的代谢产物，有效成分为菇类蛋白多糖。制剂外观为褐色或深棕色液体，pH 为 4.5～5.5，稍有沉淀，无异味，在常温下贮存稳定。对人、畜低毒安全。具有预防性抗病毒病作用，并有能促进植物生长增产的作用。

【主要剂型】0.5％水剂。

【使用方法】可用于喷雾、灌根和蘸根。

（1）喷雾　从定植缓苗后，或初发病时，用水剂对水稀释后，开始喷施，每隔 7～10 天喷 1 次，连喷 4～5 次。①用 250～300 倍液，防治西葫芦、甜瓜、苦瓜、金（搅）瓜、番茄、茄子、甜（辣）椒、菜豆、菜用大豆、韭菜、水芹、叶荟菜（莙荙菜）、菠菜、苋菜、蕹菜、茼蒿、落葵、大蒜、魔芋、莴笋、莴苣、姜等的花叶病毒病，黄瓜绿斑花叶病，番茄的斑萎病毒病、曲顶病毒病，茄子斑萎病毒病、甜（辣）椒（CaMV）花叶病，大蒜的褪绿条斑病毒病、嵌纹病毒病，苦苣菜脉黄病毒病。②用 300 倍液，防治菜豆（TAV）花叶病，扁豆花叶病毒病，菠菜矮花叶病，萝卜（RMV）花叶病毒病，乌塌菜、青花菜、紫甘蓝、黄秋葵、草莓、菊花等的病毒病。③用 300～350 倍液，防治芦笋（石刁柏）、百合等的病毒病。

（2）蘸根　在番茄、茄子、辣椒等的幼苗定植时，在 0.5％水剂 300 倍液中浸根 30～40 分钟后，再栽苗。

（3）灌根　用 0.5％水剂 250 倍液灌根，每株每次用 50～100 毫升药液，每隔 10～15 天 1 次，连灌 2～3 次。

【注意事项】

（1）本剂不能与酸性或碱性农药混用。药液应现配现用。喷药后 24 小时内遇雨，应补喷。

（2）最好在幼苗定植前 2～3 天喷 1 次药液，喷雾、蘸根、灌根可配合使用，若与其他防治病毒病措施（如：防治蚜虫）配合使用，防效更好。

（3）应在避光阴凉、干燥处贮存。

12. 混合脂肪酸

【其他名称】83 增抗剂，耐病毒诱导剂等。

【药剂特性】本品为脂肪酸混合物，有效成分为 C_{13}～C_{15} 脂肪酸，外观为乳黄色液体。对人、畜低毒，具有防治蔬菜病毒病、促进作物生长的作用。

【主要剂型】10％水剂或水乳剂。

【使用方法】用 83 增抗剂对水稀释为 100 倍液，在发病初或发病前喷雾，每隔 7～10 天喷 1 次，连喷 3～4 次，可防治黄瓜、南瓜、甜瓜、金（搅）瓜、冬瓜、节瓜、西瓜、番茄、茄子、甜（辣）椒、豇豆、莴苣、莴笋、白菜类、甘蓝类、榨菜、萝卜、青花菜、紫甘蓝、芽用芥菜、黄秋葵、芋、草莓等的病毒病，西葫芦、笋瓜、甜瓜、西瓜、菜豆、菜用大豆、大蒜、蕹菜、扁豆等的花叶病，大葱和洋葱的黄矮病，黄瓜绿斑花叶病，番茄和茄子的斑萎病毒病，甜（辣）椒（CaMV）花叶病，豌豆（BBWV）病毒病，大蒜的褪绿条斑病毒病和嵌纹病毒病，甘蓝（CaMV）花叶病。

【注意事项】也可在苗床期喷施，可与其他防治病毒病的措施配合使用，防治效果更好。

13. 高脂膜

【药剂特性】本品为高级脂肪醇组成的成膜物，熔点为 23℃。在常温下水乳剂外观为白色细腻黏稠液体（当气温高于 20℃时）或白色细腻膏状物（当气温低于 20℃时），pH 为 6～8，不产生沉淀。对人、畜、鱼类低毒安全，对眼有一定的刺激性。药剂本身不具备杀菌作用，但被稀释后喷施到植物表面，可形成一层肉眼看不见的薄膜，透光透气，不影响作物生长，但能保护植株不受外来病原菌的侵染和阻止病原菌扩展，并能增强植株的抗逆性，增加产量。

【主要剂型】27%水乳剂。

【使用方法】用27%水乳剂对水稀释后喷施。

（1）**防治病害** 在发病初期开始喷雾，每隔5~7天喷1次，连喷3~4次。①用80~100倍液，防治黄瓜、西葫芦、瓠瓜、番茄、草莓等的白粉病，番茄和茄子的斑枯病，落葵的蛇眼病和紫斑病。②用150倍液，防治南瓜白粉病、黄瓜霜霉病。③用200倍液，防治大白菜霜霉病、番茄叶枯病。④用250倍液，防治韭菜灰霉病。⑤用100倍液，防治甜（辣）椒白粉病。

（2）**增强植株抗逆性** 用80~100倍液喷雾，可预防黄瓜受霜冻危害，避免冬瓜、节瓜、苦瓜受冻害，提高番茄幼苗的耐低温能力和白菜类的抗冻能力，避免结球甘蓝水肿病。进入高温季节，又提高番茄植株的耐热性，抗日灼果和裂果；避免或减轻甜瓜的叶烧病和日灼果。

（3）**提高药液的展附性能** 把水乳剂对水稀释后，可和多种杀菌剂混用，能提高药液的展附性能，从而增强防治效果。①用高脂膜100倍液与40%硫磺·多菌灵悬浮剂500倍液混配喷雾，防治紫菜头（芹菜尾孢）褐斑病。②用高脂膜200倍液与75%百菌清可湿性粉剂600倍液混配后喷雾，防治草莓的（大斑叶点霉）褐斑病、褐角斑病。③用高脂膜200倍液与70%代森锰锌可湿性粉剂800~1 000倍液混配后喷雾，防治莲藕（叶点霉）烂叶病。④用高脂膜100~300倍液，可与百菌清、甲基硫菌灵、代森锰锌、多菌灵、苯菌灵、硫磺·甲硫灵、硫磺·多菌灵等的药液混配，防治茄子褐色圆星病。⑤用高脂膜400倍液，可与甲基硫菌灵、百菌清、硫磺·多菌灵、氧氯化铜等的药液混配，防治芋污斑病。

【注意事项】

（1）使用前应充分摇匀，若因低温而变稠，可先用热水预热融化后，再对水稀释。宜先用少量水把水乳剂溶化，再加足水。

（2）宜在发病初期使用，植株表面（包括叶背面）均要喷到。喷后遇雨应及时补喷。

（3）在保护地内使用或遇高温天气时使用，有时会有药害，应慎用。最好先小面积试验后再应用。

14. 菌毒清

【其他名称】菌必清、菌必净、灭菌灵、环中菌毒清。

【药剂特性】本品属甘胺酸类杀菌剂，有效成分为菌毒清，在酸性和中性条件下稳定，遇碱易分解。水剂外观为淡黄色透明液体，pH 为 5～8，有轻微肥皂味。对人、畜、鱼类低毒，对有些人可能有皮肤发红等过敏现象。具有一定的内吸和渗透等作用，对多种真菌病害和病毒病害有良好的防治效果。

【主要剂型】5％水剂、可湿性粉剂。

【使用方法】主要用于喷雾。

（1）用 5％菌毒清水剂喷雾　把水剂对水稀释后喷施。①用 200～300 倍液，在初发病时，每公顷喷 1 125 千克药液，每隔 7～10 天喷 1 次，连喷 3～5 次，防治番茄和辣椒的病毒病。②用 400 倍液，防治南瓜病毒病，笋瓜花叶病。③用 500 倍液，防治西葫芦的花叶病、病毒病。

（2）用 5％菌毒清可湿性粉剂喷雾　把可湿性粉剂对水稀释后喷施。①用 300 倍液，防治黄瓜绿斑花叶病，扁豆花叶病毒病。②用 400 倍液，防治金瓜、韭菜、乌塌菜、芽用芥菜、菊花等的病毒病，番茄的斑萎病毒病及曲顶病毒病，茄子斑萎病毒病，水芹花叶病毒病，大蒜的褪绿条斑病毒病和嵌纹病毒病。③用 400～500 倍液，防治甘蓝（CaMV）花叶病，萝卜（RMV）花叶病毒病，黄秋葵病毒病。④用 500 倍液，防治甜瓜、青花菜、紫甘蓝、石刁柏（芦笋）、百合等的病毒病，甜（辣）椒（CaMV）花叶病，菜豆（TAV）花叶病，菠菜矮花叶病，牛蒡花叶病，姜花叶病毒病。

（3）用 5％菌毒清水剂灌根　用 500 倍液，灌根防治茄子茎基腐病。

【注意事项】

（1）本剂不宜和其他农药品种混用。当外界气温较低时，在水剂中会出现结晶沉淀，可用温水在容器外加热，使沉淀溶解后再用。

（2）若出现过敏症状，应立即停止接触本剂。

（3）不宜使用普通聚氯乙烯容器包装和贮存。

（三）无机类杀菌剂及混配剂

15. 甲醛

【其他名称】福尔马林、福美林、蚁醛等。

【药剂特性】本品属有机杀菌剂，有效成分为甲醛。纯品为气体，易溶于水，工业品为无色或带淡黄色液体，呈弱酸性，在常温下易挥发，有强烈的刺激性气味，能腐蚀铁质容器，长期贮存会产生白色沉淀（三聚甲醛）。对人、畜有毒，对眼、皮肤有强烈的刺激作用。具有杀菌及熏蒸作用，可用于种子或土壤的消毒灭菌，一般不能用于叶面喷雾。

【主要剂型】40%水剂。

【使用方法】主要用于浸种或土壤处理。

（1）浸种 用40%水剂对水稀释后，用药液浸种，然后捞出洗净后，催芽播种或晾干播种，药液浓度和浸种时间因蔬菜作物品种而异。①用50倍液，浸种10分钟，防治大葱和洋葱的黑粉病。②用50倍液，浸种40分钟，防治蚕豆枯萎病。③用100倍液，浸种30分钟，防治冬瓜疫病。④用100倍液，先浸泡种姜6小时，再闷种6小时后，姜种切口沾上草木灰后播种，防治姜瘟病。⑤用100倍液，浸种30分钟，防治瓜类炭疽病，茄子的褐纹病、黄萎病、炭疽病，黄瓜的疫病、枯萎病、黑星病、蔓枯病。⑥用120倍液，浸种4分钟，防治马铃薯疮痂病。⑦用120倍液，浸泡百合种球3.5小时，防治基腐病。⑧用150倍液，浸种1.5小时，防治黄瓜的细菌性角斑病、叶枯病、缘枯病、细菌性枯萎病、圆斑病，冬瓜和节瓜的细菌性角斑病。⑨用150倍液，浸种1～2小时，防治西瓜枯萎病。⑩用150倍液，浸种30分钟（不同品种而异，应先试验），再放入冷水中浸泡5小时，防治西瓜、冬瓜、节瓜等的炭疽病，西瓜的疫病和细菌性果斑病，甜瓜枯萎病。⑪用200倍液，浸种30分钟，防治蚕豆炭疽病。⑫用200倍液，浸种30分钟，防治黄瓜的蔓枯病、炭疽病，马铃薯的早疫病、晚疫病、疮痂病、粉痂病、青枯病、茎基腐病，菜豆和豌豆的炭疽病，甘蓝根朽病。⑬用200倍液，浸种5分钟，或浸湿后，盖塑膜闷种2小时，晾干播种，防治马铃薯粉痂病。⑭用300倍液，闷种2小时，洗净晾干播种，防甜瓜叶枯病。⑮用300倍液，浸种3小时，防治大葱和洋葱的紫斑病、霜霉病。⑯用300倍液，浸种4小时，防治菜豆的枯萎病、炭疽病。⑰用200倍液，浸泡种薯20～30分钟，取出晾干播种，防治魔芋软腐病。

（2）土壤处理 用40%水剂对水稀释后处理土壤，进行灭菌。①按每平方米面积用水剂20～30毫升，对水2～4千克稀释后，喷洒苗床面或畦面，然后用塑膜密闭5天左右，塑膜边应用土压好，塑膜上不能有破损处，揭去塑膜后，晾地15～20天，待药味散尽后，再播种或栽苗，防治番茄溃疡病，甜（辣）椒和菜豆的菌核病。②先翻地，使土层疏松，用100倍液，每100平方米面积喷洒15千克药液，然后即覆盖塑膜密闭，过5～7天后，揭膜，再翻土1～2次，过14～21天，即可栽苗。③用50～100倍液，喷淋苗床，每平方米喷药液2～3千克，防治黄瓜黑星病。④用100～300倍液，每立方米苗床土喷淋250～300毫升药液，边喷淋床土边把床土堆成圆锥状，然后盖塑膜密闭3～5天，揭膜翻土，待药味散尽后再用，可灭除床土中的病原菌。

（3）灌穴 当田间初有番茄青枯病病株后，即拔掉病株，用40%水剂200倍液浇灌病穴，每穴浇灌药液250毫升。

（4）设施表面消毒 在播种或定植前，用40%水剂50～100倍液，喷淋或洗刷保护地内的骨架或设施表面，进行灭菌处理。

【注意事项】

（1）若甲醛中出现白色沉淀，不能使用，可先把甲醛药瓶放入温水中，使沉淀溶化消失；如经加热后，沉淀仍不消失，可加入等量的碳酸钠溶液（浓度为 0.8%），在温暖处放搁 2～3 日，待沉淀消失后再使用，但应注意：甲醛溶液的浓度已被稀释了 1 倍。

（2）处理种子应在播种前进行。最好先施入基肥后，再进行土壤灭菌处理。在土壤灭菌处理后，施用的有机肥应经过腐熟灭菌处理。

（3）本剂蒸气对人有毒，施药时要做好个人的安全防护。

16. 磷酸三钠

【其他名称】磷酸钠、正磷酸钠等。

【药剂特性】本品属无机化合物，有效成分为磷酸三钠。其外观为无色或白色结晶，在干燥空气中易风化，在 100℃时失去结晶水，溶于水，在 20℃时，100 克（毫升）水中溶解约 11 克，水溶液呈强碱性。具有钝化病毒，使其失活的作用，可用于种子处理及器物处理。

【主要剂型】化学试剂（含量在 98% 以上）。

【使用方法】把药剂用水稀释后浸种或处理用具。

（1）浸种　用 10% 磷酸三钠溶液浸种，然后捞出种子，用清水冲洗 3 次，使种子表面无滑腻感，然后催芽播种，浸种时间长短因蔬菜品种而异。①浸种 10 分钟，可防治种传的西瓜、冬瓜、节瓜等的花叶病，西葫芦的花叶病和病毒病。②浸种 20 分钟，可防治种传的南瓜、瓠瓜等的病毒病，笋瓜花叶病，黄瓜绿斑花叶病。③浸种 20～30 分钟，可防治种传的甜（辣）椒病毒病、（CaMV）花叶病。④先用清水浸泡番茄种子 3～4 小时，再用 10% 溶液浸种 40～50 分钟，防治番茄种传病毒病。

（2）处理用具　用 10% 磷酸三钠溶液浸泡割韭刀，以防割韭时传播韭菜病毒病，可同时集中处理 4～5 把割韭刀。

【注意事项】

（1）在用本剂处理种子前，应先把种子中的破籽、瘪籽、霉籽等捡出去。不能浸泡已发芽的种子，否则会产生严重药害。

（2）最好与其他防治病毒病的措施综合配套采用，能提高防治效果，如选用抗病毒优种，及早防治蚜虫和喷抗病毒药剂等。

17. 高锰酸钾

【其他名称】过锰酸钾、灰锰氧等。

【药剂特性】本品属无机类杀菌剂，有效成分为高锰酸钾，其外观为暗紫色有光泽结晶体，在空气中稳定，易溶于水，形成紫色溶液（浓度低时为玫瑰色），每 100 克（毫升）水中，在 15℃时，溶解约 5 克，在 25℃时，溶解约 7 克；遇浓酸即分解放出游离氧，遇盐酸放出氯气。为强氧化剂，遇还原剂易褪色。对多种蔬菜病害有一定的防治效果。

【主要剂型】化学试剂。

【使用方法】可用于喷雾、浸种、灌根等。

（1）**浸种** ①用高锰酸钾 1 000 倍液，浸泡番茄种子 30 分钟，捞出用水洗净种子，再催芽播种，防治种传的番茄病毒病、溃疡病、细菌性斑点病等。②用 500 倍液，浸泡辣椒种子 30 分钟，然后洗净催芽，防治种传疫病。③用 0.5% 药液，浸泡辣椒种子 60 分钟，然后洗净催芽，防治种传病毒病。④先用 500 倍液浸种 30 分钟，出苗后每隔 7～10 天，用 800～1 000 倍液喷雾 3 次，防治茄果类幼苗猝倒病。

（2）**喷雾** ①在发病初期，用高锰酸钾 1 000 倍液，全株均要喷到，防治番茄病毒病，苦瓜病毒病，黄瓜绿斑花叶病。②用 500～800 倍液，防治大白菜软腐病。③在黄瓜 2 叶 1 心至结瓜前，每隔 5～7 天喷 1 次 600～800 倍液，连喷 4 次，防治霜霉病。④在病毒病初发生时，茄果类蔬菜用 600～800 倍液、瓜类蔬菜用 1 000～1 200 倍液，全株喷雾，每隔 5～7 天喷 1 次，连喷 3～4 次，防治病毒病。

（3）灌根　①在发病初期，用高锰酸钾 1 000 倍液灌根，每隔 10 天灌 1 次，连灌 2～3 次，每株次灌药液 500 毫升，防治冬瓜和节瓜的枯萎病。②在西瓜播种、幼苗和伸蔓三个时期，用 500～800 倍液喷施或灌根，也可在植株初见萎蔫时，用 500 倍液灌根，防治西瓜枯萎病。③在茄苗齐苗后 3 天，用 800～1 500 倍液灌根，使苗床达到湿润程度，防治茄子猝倒病。④在适宜辣椒疫病发生期，每公顷地每次浇水均可用高锰酸钾 7.5 千克，用细纱布包好并绑在细木棍上，插在浇水口处，随水浇灌，防治辣椒疫病。

（4）土壤处理　每公顷用高锰酸钾 30～37.5 千克，然后翻土整地，防治保护地西葫芦软腐病。

【注意事项】

（1）应在避光处密封保存。

（2）在配药过程，要不断搅拌，使药剂颗粒完全溶解；要随配随用，药液不宜久存。

（3）应在上午 9 点左右及下午 16 点以后喷药液，幼苗期用低浓度，成株期用高浓度。

（4）在幼苗有 7 片叶前，喷药后 5 分钟，及时用清水冲洗。

18. 生石灰

【其他名称】氧化钙、苛性石灰、煅烧石灰等。

【药剂特性】本品属无机类杀菌、杀虫剂。生石灰为白色块状，在空气中能吸收水汽和二氧化碳，自然消解成消（熟）石灰和碳酸钙，呈粉状。生石灰加水时发生反应，发热膨胀而崩碎，成为白色的粉末状消石灰（氢氧化钙），用生石灰量 3～4 倍的水量，可得到膏状石灰泥，用 10 倍以上的水量可生成乳浊状的石灰乳，呈碱性。可用于防治某些蔬菜病虫害。

【主要剂型】原药。

【使用方法】可用于土壤处理等。

（1）撒施　①每公顷撒施消石灰 1.5～2.25 吨，用于调节土壤的酸碱度，可防治黄瓜、南瓜（黑籽南瓜）、西瓜、番茄、茄子、甜（辣）椒、马铃薯、菜豆、扁豆等的白绢病，番茄、茄子、甜（辣）椒、草莓等的青枯病，白菜类、萝卜、甘蓝等的根肿病，胡萝卜细菌性软腐病，姜瘟病，甜瓜枯萎病，豌豆苗茎基腐病（立枯病），马铃薯粉痂病，番茄病毒病（促进土壤中病残体上的烟草花叶病毒钝化，失去侵染能力）。②每公顷撒施消石灰 750～1 500 千克，可防治辣椒疮痂病，菊花白绢病，刺足根螨。③在菜地翻耕后，每公顷撒消石灰 375～450 千克，并晒土 7 天，防治蔬菜跳虫。④每公顷施用石灰 750 千克，防治落葵根结线虫病。⑤在晴天，每公顷用生石灰 75～112.5 千克，撒于株行间呈线状，防治黄蛞蝓。⑥在保护地春夏休闲空茬时期，选择近期为天气晴好、阳光充足、气温较高的时机，先把保护设施内的土壤翻 30～40 厘米深，并粉碎土块，每公顷均匀撒施碎稻草和生石灰各 4 500～7 500 千克，碎稻草长 2～3 厘米，尽量用粉末状生石灰，再翻地，使碎稻草和生石灰粉均匀分布于土壤耕层内，起田埂，均匀浇水，待土层湿透后，上铺无破损的透明塑膜，四周用土压实，然后闭棚膜升温，高温闷棚 10～30 天，利用太阳能和微生物发酵产生的热量，使土温达到 45℃，可大大减轻菌核病、枯萎病、软腐病、根结线虫病、螨类、多种杂草的为害。高温处理后，要防止再传入有害病虫。⑦按生石灰∶草木灰∶硫磺＝50∶50∶2 的比例配制三元粉，每公顷用三元粉 750 千克施入播种沟内，防治魔芋软腐病；或每公顷用生石灰粉 750～1 500 千克，撒在植株周围 20 厘米范围内，防治魔芋软腐病。⑧每公顷施生石灰 750～1 500 千克，并深翻土地，7 天后播种，防治魔芋白绢病。⑨每公顷用生石灰 1 500 千克，然后翻土整地，防治保护地西葫芦软腐病。⑩在莲田第 1 次翻耕前，每公顷撒施生石灰 1 500 千克左右，深翻入土。发病田重施，特别是酸性田，放干水后，每公顷撒施生石灰 750 千克，并露田 3～4 天，防治莲腐败病。

（2）穴施　在降雨或浇水前，拔掉病株，用石灰处理病穴。①每穴撒施生（消）石灰 250 克，防治番茄的青枯病、溃疡病，茄子青枯病，马铃薯软腐病，西葫芦软腐病，甜瓜疫病，芹菜和香芹菜的软腐病，白菜类的软腐病和根肿病，韭菜白绢病，落葵苗腐病，枸杞根腐病，姜青枯病，胡萝卜细菌性软腐病，魔芋炭疽病，草莓枯萎病。②用1份石灰和2份硫磺混匀，制成混合粉，每公顷穴施150千克，防治大葱和洋葱的黑粉病。③每病穴内浇20％石灰水300～500毫升，防治番茄的青枯病、溃疡病，西葫芦软腐病，石刁柏（芦笋）紫纹羽病。④在拔除魔芋白绢病病株后，穴施生石灰灭菌。

（3）灌根 用90％敌百虫原药1份和石灰1份混匀，对水稀释为4 000倍液，每窝灌药液600毫升，防治为害蔬菜的东方行军蚁。

（4）涂抹 用2％石灰浆，在入窖前，涂抹山药尾子的切口处，防治腐烂病。

（5）喷雾 每公顷用石灰粉7.5～12千克，对水750～1 200千克稀释后，用清液喷雾，防治琥珀螺、椭圆萝卜螺。

（6）配药 用于配制石硫合剂或波尔多液，详见各条。

（7）浸种 用饱和石灰水清液浸泡种薯12小时，取出晾干播种，防治魔芋白绢病。

【注意事项】

（1）在农药上使用的生石灰（CaO）含量应在95％以上。

（2）在配药及施药过程中，要注意安全防护。

19. 硫磺

【其他名称】硫。

【药剂特性】本品属无机硫类杀菌剂，有效成分为硫磺，有吸湿性，不溶于水、酸，在阳光照射下会逐渐升华，其水悬液呈微酸性，与碱反应可生成多硫化物，易燃，与氧化剂混合能发生爆炸。粉剂外观为黄色粉末，有明显气味。对人、畜、鱼低毒，对蜜蜂无害，但硫粉尘对眼结膜和皮肤有一定的刺激作用，燃烧时发出青色火焰，产生的二氧化硫气体有刺激性臭味和漂白作用，具有杀菌和杀螨作用。

【主要剂型】

（1）单有效成分　硫磺粉，45％、50％悬浮剂，18％烟剂。

（2）双有效成分混配　①与甲基硫菌灵：40％、50％硫磺·甲硫灵悬浮剂，70％硫磺·甲硫灵可湿性粉剂。②与代森锰锌：70％硫磺·锰锌可湿性粉剂。③与三唑酮：20％、50％硫磺·三唑酮悬浮剂，20％、50％硫磺·三唑酮可湿性粉剂。④与多菌灵：40％、50％硫磺·多菌灵悬浮剂。⑤与百菌清：50％硫磺·百菌清悬浮剂，10％硫磺·百菌清粉剂。

（3）三有效成分混配　①与甲基硫菌灵和福美双：50％、70％福·甲·硫磺可湿性粉剂。②与多菌灵和福美双：50％多·福·硫磺可湿性粉剂。③与多菌灵和三唑酮：40％硫·酮·多菌灵悬浮剂。

【使用方法】 可用于熏蒸和喷雾。

（1）熏蒸　①在定植前 7～10 天，密闭棚膜，按每 55 米³ 空间，用硫磺粉 130 克、干锯末 250 克，把两者混匀，放在瓦盆内，用烧红的木炭或煤球点燃硫磺锯末混剂，人迅速退到棚外，关好棚门，熏蒸一夜或密闭 24 小时，放风，排出有害气体，防治番茄叶霉病，黄瓜、西葫芦、丝瓜等的黑星病。②在贮藏库内（也可把用具放入），按每立方米空间，用 10 克硫磺粉，熏蒸 24 小时，可防治贮藏期南瓜青霉病，大蒜的青霉病、红腐病。③按每立方米空间，用硫磺粉 5～10 克，与少量干锯末、刨花等物混匀，堆放在干燥的砖上点燃，可防治贮藏期甜椒腐烂。④在贮蒜期，按每立方米空间用 100 克硫磺粉，发现有螨害时，拌适量干锯末，放在花盆内，密闭门窗点燃硫磺锯末，熏蒸 24 小时，能杀死害螨，但对螨卵无效，可待螨卵孵化后，再熏蒸一次，能防治大蒜贮期螨害。

（2）喷雾　用硫磺粉 0.5 千克、骨胶 0.25 千克、水 100 千克，先把骨胶用热水煮化（煮胶容器最好放在热水中），再加入硫磺粉调成糊状，然后再加足水量稀释，搅匀后喷雾，防治黄瓜白粉病。

【注意事项】

（1）硫磺粉粒越细，效力越大。

（2）用硫磺熏蒸时，产生的二氧化硫气体，对人、畜有毒，对金属有腐蚀性，对绿色植物有漂白作用，应注意避免受其危害。

（3）在运输、贮存、使用硫磺时，应注意防火。本剂可与石灰混用，与苯丁锡有混配剂，可见各条。

20. 硫磺悬浮剂

【其他名称】硫悬浮剂。

【药剂特性】本品属无机硫类杀菌剂，有效成分为硫磺。悬浮剂外观为灰白色黏稠流动性液体，pH 为 5～8 或 6～8，在常温下贮存 2 年，药剂性质基本不变。对人、畜低毒。具有保护杀菌作用，兼有杀螨和促进作物增产的作用，长期使用不产生抗药性，耐雨水冲刷，持效期为 10～15 天。

【主要剂型】45％、50％悬浮剂。

【使用方法】用悬浮剂对水稀释后喷雾。

（1）用 50％悬浮剂喷雾　①用 200 倍液，防治豇豆、蚕豆、豌豆等的锈病，草莓芽线虫病。②用 250～300 倍液，防治黄瓜、南瓜、西葫芦、瓠瓜、茼蒿等的白粉病，番茄的叶霉病和白粉病。③用 300 倍液，防治枸杞瘿螨，茄子、甜（辣）椒、苦苣、豇豆、苦苣菜、苣荬菜等的白粉病，番茄（蓼白粉菌）白粉病，菜豆、葛、苦苣、苦苣菜、苣荬菜、扁豆等的锈病。④用 200～400 倍液，防治花卉白粉病。

（2）用其他剂型喷雾　①用 45％悬浮剂 200 倍液，或用 45％超微粒悬浮剂 400～800 倍液，防治辣椒上的侧多食跗线螨（茶黄螨）。②用 45％微粒悬浮剂 400 倍液，在割韭后喷洒畦面，防治韭菜锈病。

【注意事项】

（1）本剂不能与硫酸铜、硫酸亚铁、矿油乳剂等混用。若病害发生重，可与百菌清、多菌灵、三唑酮等药剂混用。

（2）当气温高于 32℃时，不能使用本剂，以避免药害，在高温季节，可在早晚施药，并适当降低使用浓度（加大稀释倍数）。

当气温低于 4℃时，也不宜使用本剂，以避免药效不好。

（3）葫芦科植物（如黄瓜）、马铃薯、大豆、葡萄、桃等作物，对硫磺敏感，在使用时要小心，以防发生药害。

（4）应在通风干燥、避光处贮存本剂。

21. 石硫合剂

【其他名称】石灰硫磺合剂、可隆、多硫化钙。

【药剂特性】本品属无机类杀菌剂，主要有效成分为五硫化钙，有强烈的臭鸡蛋味，呈碱性，遇酸、高温及光照，易分解。制剂外观为褐色液体。对人、畜为中等毒性，对皮肤、黏膜有刺激性和腐蚀性。对病害具有保护杀菌作用，兼有杀虫、杀螨作用，宜在发病前使用。

【主要剂型】45％原药，30％、45％固体，29％水剂，自配药剂。

【配制方法】用生石灰 1 千克，硫磺粉 2 千克，水 10 千克。先把生石灰用热水化开，加水煮沸，然后把硫磺粉调成糊状，慢慢倒入石灰乳中，同时迅速搅拌，再继续煮沸 40～60 分钟，在此期间，应随时用开水补足因加热煮沸而蒸发的水量；待药液变成红褐色，渣子变成黄绿色时，即停火冷却，除去渣子，即成为石硫合剂原液。一般熬制的原液可达 20～24 波美度，品质高的可达 30 波美度左右。为了避免在熬制过程中不断加水的麻烦，可用生石灰 1 千克，硫磺粉 2 千克，水 15 千克，或用生石灰 10 千克，硫磺 20 千克、水 130 千克进行熬制。

【使用方法】把合剂对水稀释后喷雾。

（1）喷雾　①用 30％固体石硫合剂 150 倍液，防治枸杞瘿螨，甜（辣）椒、豇豆、茴香、枸杞、白菜类等的白粉病，番茄（蓼白粉菌）白粉病，菜豆、蚕豆、豇豆、扁豆、苦苣、苦苣菜、苣荬菜、豌豆等的锈病。②用 45％固体石硫合剂 200～600 倍液，防治害螨，在干燥或温度低时，使用浓度高些；潮湿或温度高，使用浓度低些。③用 45％固体石硫合剂 100 倍液，防治黄瓜白粉病。

④用0.1～0.2波美度液，防治黄瓜、甜瓜、豌豆等的白粉病及螨类。⑤用0.2波美度液，防治葡萄毛毡病、黑痘病、白粉病，桃缩叶病（在出芽前可用2～5波美度液）。⑥用0.2～0.5波美度液，防治茄子、南瓜、西瓜等的白粉病，螨类（红蜘蛛）。⑦用0.3波美度液，防治香椿白粉病。⑧用0.3～0.4波美度液，防治桃褐腐病、炭疽病（出芽前用4～5波美度液）。⑨在春季芦笋发芽前后，用0.5波美度液，防治茎枯病。⑩用0.5波美度液，防治观赏植物介壳虫、白粉病。

（2）灌根　在冬季清园（2月初）时，用1波美度液浇株，防治石刁柏（芦笋）茎枯病。

【注意事项】

（1）若自己配制石硫合剂，须选用质轻、白色、块状新鲜生石灰，而含杂质多、已风化的消石灰则不能用；硫磺粉越细越好；不能用含铁锈的水来溶解或配制本剂。

（2）熬制或贮存本剂不能用铜、铝器皿。用过的喷雾器、皮肤或衣服上沾上药液，均应及时用水洗涤干净，避免被腐蚀。

（3）不能与遇碱分解的药剂、含铜药剂等混用。喷施过本剂后，过7～10天后才能喷波尔多液；而喷波尔多液后15～20天，才能喷本剂。在气温高于32℃，或低于4℃时，不能喷洒本剂。

（4）在果实采收期，不能使用本剂。在番茄、马铃薯、豆类、葱、姜、桃、葡萄、甜瓜、黄瓜（尤其是温室黄瓜）等作物上慎用本剂，严格掌握使用浓度和喷药时期，以防药害。

（5）应在低温、阴凉处，用小口容器密封贮存，可在液面加少许煤油隔离空气。若原液贮存时间过久，在使用前，应重新测定浓度；若原液贮存不当，出现表面结硬壳、底有沉淀现象，则表明药效已降低。而稀释液应随配随用，不能长期存放，夏季不超过3日，冬季不超过7日。可用小口陶瓷坛贮存原液。

（6）在使用前，先用波美比重计测定原液的波美度（波美比重），再根据所需用的药液浓度对水稀释，稀释方法可查阅附表4和附表5中的"石硫合剂容量（质量）倍数稀释表"，应注意有容量倍数稀释表和质量倍数稀释表的区别。

（7）若没有波美比重计，可找一个干燥的浅色玻璃瓶，先称出空瓶质量，再装满清水后称重，减去空瓶质量，即得出一瓶水质量（不含空玻瓶质量）；再把瓶内清水倒掉，把瓶内弄干后，再装满一瓶石硫合剂原液称重，求出原液质量（不含空玻瓶质量）。然后按下列公式计算原液普通比重：原液普通比重＝（原液质量÷同容积的水质量）。再根据原液普通比重在附表 3 中查出原液的波美度。

（8）商品石硫合剂波美比重在 32 度以上，含多硫化钙 27.5％以上。

22. 硫磺·多菌灵

【其他名称】多·硫、灭病威。

【药剂特性】本品为混配杀菌剂，有效成分为硫磺和多菌灵。悬浮剂外观为灰白色中带浅黄色的可流动悬浮液体，pH 为 6～8，在常温下贮存 2 年有效成分含量基本不变。对人、畜低毒。对硫磺和多菌灵能防治的病害均有效，兼有增效和延缓抗药性产生（对多菌灵）的作用。

【主要剂型】40％、50％悬浮剂。

【使用方法】用悬浮剂对水稀释后喷雾。

（1）用 40％悬浮剂喷雾　①用 400 倍液，防治茭白的锈病、瘟病、胡麻斑病，莲藕腐败病，葛锈病，冬寒菜根腐病（喷病穴及附近植株）。②用 400～500 倍液，防治冬寒菜炭疽病。③用 500 倍液，防治苦瓜斑点病，番茄的斑枯病、（镰刀菌）果腐病、白粉病，茄子灰霉病，菜豆的斑点病、轮纹病、褐斑病，根霉软腐病，豇豆斑枯病、轮纹病，豌豆黑斑病、（尖镰刀菌）凋萎病，扁豆轮纹斑病，四棱豆斑枯病，菠菜斑点病，韭菜菌核病，大葱和洋葱的小菌核病，芹菜斑枯病，莴苣的褐斑病、穿孔病、莴笋褐斑病，茼蒿叶枯病，甘蓝类菌核病，山药的黑斑病、（围小丛壳）炭疽病、（镰孢）褐腐病，西葫芦和甜瓜的（镰刀菌）果腐病，青花菜角斑病，胡萝卜白绢病，紫菜头（芹菜尾孢）褐斑病，姜炭疽病，魔芋白绢病，芋污斑病，葛炭疽病，慈姑黑粉病，豆瓣菜褐斑病，黄花菜叶斑病，石刁柏（芦笋）茎枯病，草莓的褐斑病、（大斑叶点霉）褐斑病、褐角斑病，菊花叶斑病，落葵（叶点霉）紫斑病。④用500～600倍液，防治黄瓜、西葫芦、南瓜、瓠瓜、茄子、草莓等白粉病，南瓜斑点病，西瓜枯萎病（从坐果期开始喷药），番茄圆纹病，白菜和芥菜的菌核病，白菜类和甘蓝的黑胫病，洋葱颈腐病，大葱（大蒜盲种葡萄孢）灰霉病，蕹菜炭疽病。⑤用600倍液，防治番茄灰霉病，茄子褐色圆星病，甜（辣）椒的根腐病、枯萎病，菜用大豆褐斑病，菠菜的炭疽病、叶点病，白菜类白粉病，紫甘蓝、青花菜、甘蓝等的灰霉病，笋瓜叶点病，扁豆淡褐斑病，大葱叶霉病，石刁柏（芦笋）褐斑病，苦苣、苦苣菜、苣荬菜等的锈病，菊花枯萎病，落葵紫斑病，草莓灰霉病。⑥用600～700倍液，防治大白菜萎蔫病，白菜类蔬菜黄叶病。⑦用600～800倍液，防治大葱和洋葱的炭疽病。⑧用800倍液，防治白菜类、萝卜、乌塌菜等的白斑病，大蒜（蒜薹）和荸荠球茎的灰霉病，菠菜污霉病，菜豆根腐病，豇豆煤霉病，豌豆的褐斑病、褐纹病，玫瑰花的白粉病、叶斑病，菊花叶斑病，大花茜草炭疽病。⑨用700～800倍液，防治白菜类的炭疽病与褐斑病，番茄煤污病。

（2）用50％悬浮剂喷雾　①用500倍液，防治番茄炭疽病，甜（辣）椒的褐斑病、（色链隔孢）叶斑病，大蒜灰叶斑病。②用500～600倍液，防治豇豆枯萎病，冬瓜和节瓜的灰斑病。③用600倍液，防治南瓜灰斑病，番茄的芝麻斑病、斑点病，甜（辣）椒的叶枯病、炭疽病，蚕豆赤斑病，豌豆白粉病，落葵蛇眼病，叶荟菜褐斑病，黄瓜（长蠕孢）圆叶枯病。④用600～700倍液，防治黄瓜叶斑病，萝卜炭疽病。⑤用600～800倍液，防治大蒜灰霉病。⑥用700～800倍液，防治番茄叶霉病。

（3）灌根　用40％悬浮剂对水稀释后灌根。①用500倍液，防治苦瓜的枯萎病、（尖镰孢菌苦瓜专化型）枯萎病。②用600倍液，防治甜（辣）椒根腐病，菊花枯萎病。③用600～700倍液，防治白菜类蔬菜黄叶病。④用600倍液灌根或喷淋茎基部，防治辣椒（皮腐镰孢）根腐病。

（4）浸种　用 40%悬浮剂 600 倍液，浸种 30 分钟，捞出洗净晾干播种，防治菜豆炭疽病。

（5）涂抹　用 40%悬浮剂 100 倍液、涂切口处，防治霸王花枯萎腐烂病和炭疽病。

【注意事项】

（1）在蔬菜收获前 10 天停用。其他可参照多菌灵、硫磺及硫磺悬浮剂。

（2）与高脂膜可以混用，见各条。

23. 硫磺·甲硫灵

【其他名称】复方甲托，混杀硫等。

【药剂特性】本品为混配杀菌剂，有效成分为硫磺和甲基硫菌灵。悬浮剂外观为灰白色黏稠状可流动性悬浮液，对人、畜低毒。对病害具有预防和治疗等杀菌作用。

【主要剂型】50%悬浮剂（其中：硫磺为 20%或 30%，甲基硫菌灵为 30%或 20%）、40%悬浮剂。

【使用方法】用悬浮剂对水稀释后喷雾。

（1）用 50%悬浮剂喷雾　①用 500 倍液，防治黄瓜的炭疽病、（长蠕孢）圆叶枯病，番茄的灰霉病、菌核病、煤霉病、斑枯病、芝麻斑病、斑点病、灰叶斑病、圆纹病，茄子的菌核病、黑枯病、褐色圆星病、斑枯病、褐轮纹病、（黑根霉）果腐病，甜（辣）椒的炭疽病、叶枯病、褐斑病、（匐柄霉）白斑病，丝瓜（黑根霉）果腐病，菜豆菌核病，豇豆的菌核病和煤霉病，豌豆的褐纹病和白粉病，蚕豆黄萎病，菠菜的叶点病、斑点病。污霉病，大白菜萎蔫病，大葱的叶霉病和（大蒜盲种葡萄孢）灰霉病，洋葱颈腐病，豆薯幼苗（镰刀菌）根腐病，石刁柏（芦笋）茎枯病，草莓的褐斑病、（大斑叶点霉）褐斑病、褐角斑病。②用 500～600 倍液，防治黄瓜的蔓枯病、叶斑病，冬瓜和节瓜的灰斑病，南瓜蔓枯病，苦瓜灰叶斑病，菜豆红斑病，草莓灰霉病，豇豆红斑病，葡萄的白粉病、炭疽病、轮纹病，桃炭疽病，慈姑的褐斑病、斑纹病。③用600倍液，防治菜豆灰霉病，菜用大豆菌核病，白菜类和萝卜的白斑病，草莓"V"形褐斑病，豌豆和豇豆的灰霉病，乌塌菜白斑病，慈姑叶柄基腐病，莲藕（小菌核）叶腐病。④用600～800倍液，防治瓜类的炭疽病和白粉病。

（2）用40%悬浮剂喷雾　①用500倍液，防治甜（辣）椒（镰孢）根腐病。②用500～600倍液，防治芋炭疽病，薄荷灰斑病，葛（粉葛）褐斑病。③用600倍液，防治冬瓜和节瓜的（壳二孢）叶斑病。④每公顷用悬浮剂2 625～2 850克，对水1 050千克，防治黄瓜白粉病。⑤每公顷用悬浮剂2 850～5 550克，对水1 050～1 125千克，防治黄瓜炭疽病。

（3）灌根　①用50%悬浮剂500倍液灌根，每株次灌药液0.5升，防治茄子、番茄、蚕豆等的黄萎病，茄子白绢病。②用40%悬浮剂500倍液灌根，防治甜（辣）椒（镰孢）根腐病。

【注意事项】

（1）不能与含铜药剂混用。在高温季节，宜在早晚施药。

（2）存放过久，可能分层，可先摇匀后，再稀释配制药液，不影响药效。

（3）应在阴凉、干燥、远离火源处贮存。其他可参照甲基硫菌灵和硫磺。选用50%悬浮剂，应注意各有效成分的比例。

24. 硫磺·三唑酮

【其他名称】三唑酮·硫磺。

【药剂特性】本品为混配杀菌剂，有效成分为三唑酮和硫磺。悬浮剂外观为浅黄色可流动悬浮液，pH为5～8。对人、畜低毒。对病害具有内吸杀菌作用，持效期长。

【主要剂型】50%悬浮剂。

【使用方法】每公顷用50%悬浮剂1 125～1 200克，对水750～1 125千克，防治菜豆白粉病。

【注意事项】若出现轻微分层，可摇匀后再稀释配制。其他可参照三唑酮和硫磺。

25. 硫酸铜

【其他名称】蓝矾、胆矾、五水硫酸铜等。

【药剂特性】本品属无机铜类杀菌剂，有效成分为硫酸铜，其外观为天蓝色结晶，含杂质多时呈黄绿色或绿色，无气味，溶于水，在空气中可失去部分结晶水而变为白色，吸湿后仍能恢复成天蓝色（五水硫酸铜），过于潮湿时，可以潮解，但均不影响药效。对人、畜为中等毒性，对鱼高毒。对病害具有保护性杀菌作用，但易出现药害。又可作为作物的微量元素肥料。

【主要剂型】

（1）单有效成分　93%或96%原药。

（2）双有效成分混配　与腐殖酸：2.12%、2.2%、3.3%腐殖·硫酸铜水剂。

（3）三有效成分混配　与十二烷基硫酸钠和三十烷醇：1.5%植病灵（烷醇·硫酸铜）乳油或水乳剂。

【使用方法】用于浸种（苗）、喷雾及处理土壤。

（1）浸种　把硫酸铜对水稀释后浸种，然后捞出洗净后，再催芽播种或晾干后播种，药液浓度和浸种时间长短，因蔬菜种类而异。①用0.1%溶液浸种5分钟，可防治种传的番茄枯萎病、褐色根腐病、叶霉病，茄子枯萎病。②先用清水浸泡种子10~12小时后，再用1%溶液浸种5分钟，捞出拌少量草木灰，防治种传甜（辣）椒的疫病、炭疽病、疮痂病、细菌性叶斑病。③用0.5%溶液浸泡马铃薯块30分钟，防治贮藏软腐病。④用50毫克/千克浓度的溶液浸泡种薯10分钟，防治马铃薯环腐病。

（2）浸苗　用96%硫酸铜对水稀释，配成1%浓度，浸泡菊花苗5分钟，洗净后定植，防治根癌病。

（3）喷雾　把原药对水稀释后喷施。①用500~1 000倍液，防治马铃薯的晚疫病、黑胫病，番茄晚疫病，辣椒炭疽病。②在高温季节，用1 000倍液喷施，可增强植株的耐热力，提高番茄抗日灼果、裂果，甜瓜抗日灼果、叶烧病的能力。③当蔬菜作物缺铜时，可用0.05%～0.1%的水溶液，进行叶面喷施补铜。④可用0.5%～1%的浓度，对生产食用菌的菇房、耳棚、场地、贮藏室、接菌室、用具等，进行喷洒消毒。

（4）土壤处理　①在浇定植水前，每公顷撒施硫酸铜22.5～30千克，然后浇水，防治甜（辣）椒根腐病。②在夏季高温季节，每公顷用硫酸铜45千克，撒于地面，然后浇水，可防治甜（辣）椒疫病，黄瓜灰色疫病，冬瓜和节瓜的绵疫病。③在拔除病株后，每个病穴内浇5%硫酸铜溶液0.5～1升，防治姜瘟病。④每公顷用硫酸铜7.5千克，装入布袋内，插在进水口处，随水滴浇，防治琥珀螺，椭圆萝卜螺。⑤在适宜辣椒疫病发生期，每公顷地每次浇水均可用96%硫酸铜原药37.5～45千克，用细纱布包好并绑在细木棍上，插在浇水口处，随水浇灌，防治辣椒疫病。⑥在大棚内，每公顷撒施硫酸铜30千克，然后翻耕整地，防治黄瓜（腐霉）根腐病。

【注意事项】

（1）对金属有腐蚀性，须用木制或陶制容器贮存或配制硫酸铜溶液，不能使用铁器。

（2）白菜、大豆、莴苣、茼蒿、桃树等作物对铜易产生药害，应慎用。

（3）在贮存时，应避免日晒、雨淋或受潮。

26. 氢氧化铜

【其他名称】可杀得、冠菌铜、冠菌清、克杀得、根灵、丰护安等。

【药剂特性】本品属无机铜类杀菌剂，有效成分为氢氧化铜，溶于酸而不溶于水。可湿性粉剂外观为蓝色粉末，pH为8～9，在室温下贮存稳定5年以上。对人、畜低毒，对鱼类、鸟类、蜜蜂有毒。对病害具有保护杀菌作用，药剂能均匀地黏附在植物表面，不易被水冲走，杀菌作用强，宜在发病前或发病初使用。

【主要剂型】

（1）单有效成分　77％可湿性粉剂，53.8％、61.4％水分散粒剂，7.1％悬浮剂，57.6％冠菌清干粒剂。

（2）双有效成分混配　与代森锰锌：61.1％猛杀得（氢铜·锰锌）水分散粒剂。

【使用方法】用77％可湿性粉剂对水稀释后喷雾或灌根。

（1）喷雾　①用400倍液，防治黄瓜的细菌性角斑病、叶枯病、缘枯病，冬瓜和节瓜的疫病。②用400～500倍液，防治番茄的灰叶斑病、芝麻斑病、青枯病、疮痂病、细菌性的斑疹病和髓部坏死病，黄瓜（长蠕孢）圆叶枯病，甜（辣）椒的褐斑病、细菌性叶斑病、（匐柄霉）白斑病、（色链隔孢）叶斑病、果实黑斑病。③用500倍液，防治菜豆的角斑病、细菌性疫病、根腐病，豇豆的轮纹病、煤霉病、角斑病、细菌性疫病，蚕豆的褐斑病、轮纹病，扁豆的红斑病、轮纹病，菜用大豆褐斑病，黄瓜的细菌性枯萎病、圆斑病、软腐病，佛手瓜蔓枯病，冬瓜和节瓜的蔓枯病、细菌性角斑病、软腐病、绵疫病，西葫芦的（镰刀菌）果腐病、软腐病，苦瓜蔓枯病，西瓜的褐腐病、细菌性果斑病，甜瓜细菌性软腐病，番茄的早疫病、晚疫病、圆纹病、溃疡病、软腐病、（匐柄霉）斑点病、酸腐病、（根霉）果腐病、（假单胞）果腐病，甜（辣）椒的白星病、疮痂病、青枯病、软腐病，马铃薯早疫病，大葱的软腐病、白色疫病，洋葱的软腐病、腐烂病、球茎软腐病，大蒜的灰叶斑病、软腐病，芹菜的叶斑病、叶枯病、细菌性叶斑病，甘蓝黑腐病，莴苣和莴笋的轮斑病、软腐病、细菌性叶缘坏死病，落葵炭疽病，球茎茴香软腐病，芫荽细菌性疫病，款冬褐斑病，胡萝卜细菌性疫病，牛蒡的黑斑病、细菌性叶斑病，山药斑纹病，魔芋炭疽病，慈姑（实球黑粉菌）黑粉病，水芹褐斑病，石刁柏（芦笋）的立枯病、根腐病，草莓的蛇眼病、青枯病，茄子（致病疫霉）果实疫病、（黑根霉）果腐病、软腐病、细菌性褐斑病，仙人掌细菌性斑点病、软腐病、仙人掌（交链孢）金黄色斑点病，保护地西葫芦软腐病，豇豆煤霉病等。④用500～600倍液，防治蚕豆的叶烧病、细菌性茎疫病，菜豆细菌性晕疫病，豆薯（沙葛）细菌性叶斑病。⑤用 600 倍液，防治菜豆斑点病，蕹菜炭疽病，姜眼斑病，葡萄霜霉病。⑥用 600～800 倍液，防治保护地莴笋霜霉病。⑦在马铃薯封行后，初发病时，用 800 倍液，防治晚疫病，每公顷喷药液 1 275 千克；或每公顷用可湿性粉剂 1 500 克，防治马铃薯晚疫病，每公顷喷药液 750 千克。⑧用 900～1 000 倍液，防治魔芋软腐病，每公顷喷药液 750 千克（并掺入磷酸二氢钾 1.5～3.0 千克）。

（2）灌根　①用 400 倍液，防治冬瓜和节瓜疫病。②用 400～500 倍液，在初发病时，每株次灌 0.3～0.5 升药液，每隔 10 天灌 1 次，连灌 2～3 次，防治番茄和茄子的青枯病，石刁柏（芦笋）的立枯病、根腐病。③用 500 倍液，每平方米苗床面积浇 3 升药液，防治甜瓜猝倒病。

（3）种子处理　用 500 倍液浸泡种薯 20～30 分钟，取出晾干播种，防治魔芋白绢病。

（4）喷淋根部　①用 500 倍液，防治洋葱干腐病。②用 700 倍液，防治耐热菠菜根腐病。

（5）使用其他剂型　①用 57.6%冠菌清干粒剂 1 000 倍液，喷雾防治番茄细菌性髓部坏死病。②用 53.8%可杀得水分散粒剂 1 000倍液，喷雾防治仙人掌细菌性斑点病、软腐病。③在发病前或发病初，每公顷用 61.1%猛杀得水分散粒剂 600～800 倍液，防治马铃薯晚疫病，每公顷每次喷药液 750 千克。

【注意事项】

（1）在蔬菜收获前 7 天停用。本剂不能与强酸或强碱性农药混用。若与其他药剂混用时，宜先将本剂溶于水，搅匀后，再加入其他药剂。

（2）在对铜敏感的白菜、大豆、桃树等作物上，应先试后用。在高温、高湿条件下慎用。

（3）应在通风干燥处贮存。

27. 王铜

【其他名称】氧氯化铜、碱式氯化铜、好宝多、万克等。

【药剂特性】本品属无机铜类杀菌剂，有效成分为王铜，外观为绿色或蓝绿色粉末，不溶于水，溶于稀酸但同时分解，对金属容器有腐蚀性。对人、畜低毒。对病害具有保护性杀菌作用，宜在发病前或初发病时使用。

【主要剂型】

（1）单有效成分　30％悬浮剂，84.1％可湿性粉剂。

（2）双有效成分混配　与春雷霉素：47％、50％春雷·王铜可湿性粉剂（加瑞农）。

【使用方法】将悬浮剂对水稀释后喷雾。

（1）喷雾　用30％悬浮剂对水稀释后喷雾。①用600倍液，防治姜眼斑病。②用700倍液，防治芋污斑病，蕹菜炭疽病。③用800倍液，防治莴苣和莴笋的细菌性腐败病、细菌性软腐病，蕹菜的（茄匐柄霉）叶斑病、炭疽病，落葵（叶点霉）紫斑病、球茎茴香软腐病，薄荷斑枯病，香芹菜软腐病，芹菜的（叶点霉）叶斑病、细菌性叶斑病、细菌性叶枯病，芫荽细菌性疫病，姜的细菌性软腐病、瘟病（青枯病）、炭疽病，西瓜细菌性果斑病，瓠瓜褐斑病，蚕豆轮纹病，菜用大豆细菌性斑疹病，豆薯（沙葛）细菌性叶斑病。

（2）混配喷雾　①30％悬浮剂600倍液与70％甲基硫菌灵可湿性粉剂800倍液混配喷洒，防治山药的（围小丛壳）炭疽病、（镰孢）褐腐病。②30％悬浮剂600倍液与70％甲基硫菌灵可湿性粉剂1 000倍液混配喷洒，防治山药褐斑病，葛炭疽病。

（3）浸种　用30％悬浮剂800倍液，浸泡姜种6小时，姜种切口处蘸上草木灰后播种，防治姜瘟病。

【注意事项】在蔬菜收获前1天停用。其他可参照硫酸铜、氢氧化铜。

28. 春雷·王铜

【其他名称】加瑞农、春雷氧氯铜。

【药剂特性】本品为混配杀菌剂，有效成分为春雷霉素和王铜

（碱式氯化铜）。可湿性粉剂外观为浅绿色粉末，贮存稳定期 2 年。对人、畜、鱼类低毒安全。对病害具有保护和内渗等杀菌作用，耐雨水冲刷，不易产生抗药性。

【主要剂型】47％可湿性粉剂、5％漂浮粉剂。

【使用方法】有喷雾、灌根、浸种，喷施漂浮粉剂等。

（1）喷雾　用 47％可湿性粉剂对水稀释后喷施。①用 500 倍液，防治番茄的青枯病、溃疡病，茄子叶霉病。②用 600～800 倍液，防治黄瓜的霜霉病、白粉病、细菌性角斑病、灰色疫病，南瓜蔓枯病、番茄叶霉病，青花菜黑腐病，芥蓝细菌性叶斑病，仙人掌细菌性斑点病、软腐病等。③用 700～800 倍液，防治甜瓜的霜霉病和（镰刀菌）果腐病。④用 800 倍液，防治西葫芦软腐病，西瓜细菌性果斑病，甜瓜细菌性软腐病，瓠瓜果斑病，番茄的（匍柄霉）斑点病、（假单胞）果腐病、细菌性髓部坏死病，白菜、甘蓝、花椰菜等的软腐病、黑腐病，豇豆细菌性疫病，豌豆细菌性叶斑病，莴苣和莴笋的白粉病、轮斑病，石刁柏（芦笋）的（匍柄霉）叶枯病、紫斑病，草莓细菌性叶斑病，百合的细菌性软腐病、叶尖干枯病。⑤用 800～900 倍液，防治扁豆轮纹斑病，番茄果实牛眼腐病。⑥用 900 倍液，防治白菜类的细菌性褐斑病、黑斑病，乌塌菜软腐病。⑦用 800～1 000 倍液，防治冬瓜和节瓜的绵腐病、软腐病、细菌性角斑病，南瓜（壳针孢）角斑病，西葫芦褐腐病，丝瓜绵腐病，苦瓜霜霉病，西瓜的白粉病、细菌性斑点病，番茄的早疫病、晚疫病、细菌性斑点病，茄子的（黑根霉）果腐病、软腐病、细菌性褐斑病，甜（辣）椒果实黑斑病。⑧用 1 000 倍液，防治保护地莴笋腐败病，西葫芦（镰刀菌）果腐病，苦瓜细菌性角斑病，菠菜黑斑病，莴苣和莴笋的细菌性腐败病、软腐病、细菌性叶缘坏死病，牛蒡细菌性叶斑病。⑨在发病前或发病初，每公顷用可湿性粉剂 1 500 克，防治马铃薯晚疫病，每公顷每次喷药液 750 千克。

（2）灌根　用 47％可湿性粉剂对水稀释后灌根。①用 500 倍液，防治番茄的青枯病、溃疡病。②用 600～800 倍液，防治黄瓜灰色疫病。③用 800～900 倍液，每株次灌 300 毫升，每隔 10 天灌 1 次，连灌 2～3 次，防治番茄果实牛眼腐病。

（3）拌种　用 47% 可湿性粉剂拌种，用药量为种子质量的 0.3%，防治青花菜和芥蓝的黑腐病、细菌性叶斑病。

（4）喷施漂浮粉剂　每公顷保护地每次用 5% 漂浮粉剂的喷施量如下。①用 15 千克，防治黄瓜的霜霉病、炭疽病、黑星病，番茄的早疫病、晚疫病。②用 11.25～15 千克，防治甜瓜霜霉病、细菌性叶斑病。

【注意事项】

（1）在蔬菜收获前 7 天停用。不宜在中午气温高时施药。

（2）应在通风干燥、避光阴凉处贮存。

29. 氧化亚铜

【其他名称】靠山、氧化低铜、铜大师等。

【药剂特性】本品属无机铜类杀菌剂，有效成分为氧化亚铜，易被氧化成氧化铜，对铝有腐蚀性。水分散粒剂外观为红褐色微型颗粒，pH 为 8～10，在常温（不超过 30℃）下贮存稳定期为 5 年。对人、畜、鱼类低毒，对眼和皮肤有轻微刺激作用，对蜜蜂、鸟类无明显不良作用。对病害具有保护性杀菌作用。

【主要剂型】靠山 56% 水分散粒剂，86.2% 铜大师可湿性粉剂或水分散粒剂。

【使用方法】用于喷雾或灌根。

（1）用靠山喷雾　将 56% 水分散粒剂对水稀释后喷施。①用 400 倍液，防治辣椒细菌性叶斑病。②用 500～700 倍液，防治番茄早疫病。③用 600～800 倍液，防治黄瓜灰色疫病，南瓜蔓枯病，西瓜细菌性果斑病，茄子细菌性褐斑病，芹菜的细菌性叶斑病和叶枯病，蒲公英褐斑病。④用 700～800 倍液，防治冬瓜和节瓜的绵疫病、绵腐病，西葫芦（镰刀菌）果腐病，苦瓜霜霉病，番茄（假单胞）果腐病，茄子（黑根霉）果腐病。⑤用 800 倍液，防治冬瓜和节瓜的细菌性软腐病，西瓜褐色腐败病，甜瓜的疫病、霜霉病、

（镰刀菌）果腐病，丝瓜绵腐病，苦瓜的蔓枯病、细菌性角斑病，番茄的果实牛眼腐病、（匐柄霉）斑点病，莴苣和莴笋的轮斑病。⑥用 800～1 000 倍液，防治芹菜（叶点霉）叶斑病。⑦用 900～1 000 倍液，防治甜瓜细菌性软腐病。⑧在发病前或发病初，每公顷用靠山 1 500 克，防治马铃薯晚疫病，每公顷每次喷药液 750 千克。

（2）用靠山灌根　将 56% 水分散粒剂对水稀释后灌根。①用 600～800 倍液，防治黄瓜灰色疫病。②用 800 倍液，每株次灌药液 300 毫升，每隔 10 天灌 1 次，连灌 2～3 次，防治番茄果实牛眼腐病。

（3）用铜大师喷雾　将铜大师对水稀释后喷施，每隔 7～10 天喷 1 次，连喷 3～4 次。①每公顷每次用 2.1～2.8 千克（折有效成分为 1.81～2.4 千克），防治黄瓜霜霉病，甜（辣）椒疫病。②每公顷每次用 1 140～1 455 克，防治番茄早疫病。③用 800～1 200 倍液，防治葡萄霜霉病。④在马铃薯封行后，初发病时，用 1 000 倍液防治晚疫病，每公顷每次喷药液 1 275 千克。

【注意事项】在对铜敏感的作物上，慎用本剂，以防药害。在高温天气或低温潮湿天气时，慎用本剂，以避免药害。

30. 碱式硫酸铜

【其他名称】绿得保、铜高尚、保果灵、杀菌特、波尔多粉、绿得宝等。

【药剂特性】本品属无机铜类杀菌剂，有效成分为碱式硫酸铜。对人、畜低毒，对环境安全。对病害具有保护性杀菌作用，耐雨水冲刷，持效期可达 20～30 天。

【主要剂型】30%、35% 悬浮剂，80% 可湿性粉剂。

【使用方法】将 30% 悬浮剂对水稀释后喷雾、灌根、涂抹。

（1）喷雾　①用 300 倍液，防治南瓜黑斑病，西葫芦软腐病，丝瓜轮纹病，落葵叶斑病，姜眼斑病，芋细菌性斑点病。②用 300～400 倍液，防治冬瓜和节瓜的绵疫病、软腐病，甜瓜（黑根霉）软腐病，茄子果实疫病，菜豆白粉病，莴苣和莴笋的腐败病，叶荟菜霜霉病。③用 350 倍液，防治青花菜和紫甘蓝的黑腐病。④用350～400 倍液，防治胡萝卜细菌性疫病。⑤用 400 倍液，防治黄瓜软腐病，南瓜（壳针孢）角斑病，西瓜黏菌病，苦瓜的细菌性角斑病、褐斑病，瓠瓜果斑病，番茄的（匍柄霉）斑点病、（假单胞）果腐病，茄子的软腐病、细菌性褐斑病，甜（辣）椒果实黑斑病，菜豆的炭腐病、细菌性叶斑病，豇豆的角斑病、红斑病、细菌性疫病，蚕豆的炭疽病、细菌性茎疫病、叶烧病，扁豆斑点病，菜用大豆的紫斑病、细菌性斑疹病，洋葱的球茎软腐病、腐烂病，芹菜的（叶点霉）叶斑病、细菌性叶斑病、叶枯病，莴苣和莴笋的白粉病、细菌性叶缘坏死病、软腐病，莴苣穿孔病，蕹菜的（柱盘孢）叶斑病、（茄匍柄霉）叶斑病，落葵（叶点霉）紫斑病，球茎茴香软腐病，薄荷斑枯病，香芹菜软腐病，荒荽细菌性疫病，款冬褐斑病，白菜类细菌性褐斑病、黑斑病，青花菜和紫甘蓝的软腐病，牛蒡的黑斑病、细菌性叶斑病，姜细菌性软腐病，魔芋的炭疽病、细菌性叶枯病，豆薯（沙葛）细菌性叶斑病，石刁柏（芦笋）的（匍柄霉）叶枯病、紫斑病，草莓的（拟盘多孢）根腐病、蛇眼病、青枯病，枸杞的白粉病、灰斑病，百合的灰霉病、细菌性软腐病、叶尖干枯病，土当归褐纹病，香椿白粉病，菊花的斑枯病、枯萎病。⑥用 400～450 倍液，防治蒲公英锈病。⑦用 400～500 倍液，防治黄瓜灰色疫病，西瓜细菌性果斑病，番茄的酸腐病、（根霉）果腐病，茄子（黑根霉）果腐病，豌豆细菌性叶斑病，扁豆轮纹斑病，大葱白色疫病，菠菜叶斑病，西洋参黑斑病，山药斑纹病，芋炭疽病，菊芋斑枯病，莲藕（叶点霉）烂叶病，慈姑（实球黑粉菌）黑粉病，石刁柏（芦笋）的立枯病、根腐病，香椿锈病，蒲公英褐斑病。⑧用 500 倍液，防治西瓜褐色腐败病；蚕豆轮纹病，落葵炭疽病，乌塌菜软腐病，莲藕的褐纹病、（小菌核）叶腐病，草莓细菌性叶斑病。

（2）灌根 ①用 400 倍液，防治姜腐烂病，菊花枯萎病。②用400～500 倍液，防治黄瓜灰色疫病，甜瓜猝倒病，石刁柏的立枯病、根腐病。

（3）涂抹　剪去百合叶尖干枯病的发病叶后，用 300 倍液涂抹伤口处。

【注意事项】

（1）宜在发病前喷施。不能在阴雨天及早晚有露水时喷药。

（2）在对铜敏感的作物上慎用本剂，避免药害。

（3）要注意避免本剂对配药容器和施药器械造成腐蚀，认真搞好清洗工作。

31. 波尔多液

【药剂特性】本品属无机铜类杀菌剂，有效成分为碱式硫酸铜，几乎不溶于水，而形成极小的蓝色颗粒悬浮在液体中，若放置时间过久，悬浮小颗粒就会沉淀，改变药剂性质。波尔多液外观为天蓝色药液，呈碱性，对金属有腐蚀性。对人、畜低毒，对蚕有毒害作用。对病害具有保护性杀菌作用，宜在发病前喷施。

【主要剂型】在实际生产中，波尔多液中硫酸铜、生石灰、水的配比比例，根据作物种类（品种）、防治对象、气温等，有所区别。主要有以下两种表示配比方式：①以硫酸铜浓度为准，再用石灰半量式、石灰等量式来注明生石灰的用量。如 0.6％石灰半量式波尔多液，即用硫酸铜 6 千克、生石灰 3 千克，水 1 000 千克水配制。②也常用 1∶2∶200 等量式来表示波尔多液，即用 1 千克硫酸铜、2 千克生石灰、200 千克水配制。其他配比式可见附表 6。

【配制方法】用 9/10 的水溶解硫酸铜，用 1/10 的水溶解生石灰，待两液温度相一致而不高于室温时，分别过滤除渣；然后把硫酸铜溶液慢慢倒入石灰乳中，并不断搅拌，到药液成天蓝色即成。但不能反向把石灰乳倒入硫酸铜溶液中。

【使用方法】以下配制波尔多液的各物比例顺序为硫酸铜∶生石灰∶水。主要用于喷雾。

（1）喷雾　①用 0.5∶1∶100 液，防治甘蓝细菌性黑斑病，芋细菌性斑点病，豆薯（沙葛）细菌性叶斑病。②用 0.5∶1∶150～

200 液，防治黄瓜的细菌性角斑病、叶枯病、缘枯病、细菌性枯萎病、圆斑病。③用 1：0.5：100 液，防治水芹斑枯病，石刁柏（芦笋）（匐柄霉）叶枯病、紫斑病，草莓黏菌病。④用 1：0.5：160液，防治菠菜叶斑病。⑤用 1：0.5：160～200 液，防治蕹菜轮斑病。⑥用 1：0.5：200 液，防治芹菜斑枯病，葡萄的霜霉病、黑痘病、房枯病。⑦用 1：0.5：240 液，防治西瓜炭疽病。⑧用 1：0.5：250 液，防治成株期的黄瓜的霜霉病、疫病、蔓枯病，葱类的霜霉病、紫斑病。⑨用 1：0.5～1：240 液，防治冬瓜和节瓜的绵疫病，瓠瓜果斑病。⑩用 1：1：100 液，防治大葱和洋葱的黑斑病，大蒜的叶斑病、叶枯病、煤斑病，姜瘟病，慈姑的褐斑病、褐纹病，蕹菜（茄匐柄霉）叶斑病，叶荟菜霜霉病，款冬褐斑病，马铃薯的早疫病、晚疫病，香椿白粉病，菊花斑枯病，莲藕（叶点霉）烂叶病，芋软腐病（放干田中水后喷药）。⑪用 1：1：120 液，防治姜细菌性软腐病。⑫用 1：1：150 液，防治土当归褐纹病。⑬用 1：1：160 液，防治南瓜（壳针孢）角斑病，茄子果实疫病，菜用大豆的紫斑病、细菌性斑疹病，莴苣和莴笋的白粉病，莴苣穿孔病，薄荷斑枯病，西洋参黑斑病，菊芋斑枯病，石刁柏（芦笋）的立枯病、根腐病，蒲公英的锈病、褐斑病，芋炭疽病。⑭用 1：1：200 液，防治番茄的早疫病、晚疫病、斑枯病、灰霉病、叶霉病、芝麻斑病、灰斑病、（丝核菌）果腐病、圆纹病、细菌性斑疹病、溃疡病、细菌性髓部坏死病，茄子的褐纹病、绵疫病、赤星病、甜（辣）椒的褐斑病、（色链隔孢）叶斑病、霜霉病、果实黑斑病、炭疽病、叶枯病、疮痂病，黄瓜（长蠕孢）圆叶枯病，西瓜黏菌病，菜豆的炭疽病、红斑病、细菌性疫病，豇豆的轮纹病、红斑病，扁豆轮纹斑病，红豆锈病，蚕豆和菜用大豆的霜霉病，冬瓜疫病，豇豆煤霉病，蕹菜（柱盘孢）叶斑病，球茎茴香软腐病，芫荽细菌性疫病，洋葱霜霉病，胡萝卜细菌性疫病，黄花菜叶斑病，香椿锈病，莲藕褐纹病，马铃薯的晚疫病、早疫病，甜（辣）椒细菌性叶斑病。⑮用 1：1：200～240 液，防治甜（辣）椒白星病，黄瓜疫病。⑯用 1：1：240 液，防治丝瓜和瓠瓜的褐斑病，蚕豆炭疽病，牛蒡细菌性叶斑病。⑰用 1：1：200～300 液，防治山药斑纹病。⑱用 1：1：250～300 液，防治莴苣和菠菜的霜霉病。⑲用 1：1：300～500 液，防治蔬菜苗期的猝倒病、立枯病、灰霉病。⑳用 1：1：400 液，防治黄瓜苗期霜霉病。㉑用 1：1.5：200～250 液，防治慈姑黑粉病。㉒用 0.6% 石灰半量式液，防治葡萄的炭疽病、白腐病、褐斑病。

（2）浸种　用 1：1：100 液，浸种 24～72 小时，防治薏苡黑穗病。

（3）涂抹　用 1：2：200 液，涂抹仙人掌切口处，防治仙人掌软腐病、肿大病。

【注意事项】

（1）在蔬菜收获前 15～20 天停用。对蔬菜上残留的波尔多液，可先用稀醋清洗，再用清水冲净即可。

（2）宜选质轻、块状的白色生石灰，纯蓝色硫酸铜（不含有绿色或黄绿色杂质）。应随配随用。

（3）宜在晴天使用本剂。不能在阴雨天、多雾天或露水未干时使用，在作物花期也不宜使用。喷药后遇雨，应及时补喷。

（4）不能与遇碱分解的药剂、肥皂、石硫合剂、松脂合剂、矿物油乳剂、代森类杀菌剂、硫菌灵等混用。喷过石硫合剂的作物，过 7～10 天后，才能使用本剂；喷过矿物油乳剂后的 1 个月内，也不能使用本剂；喷过本剂后 20 天以上，方可喷施石硫合剂或松脂合剂。

（5）配制或贮存本剂，不能用金属容器；喷雾结束后，要及时清洗喷雾器械，以防被腐蚀。

（6）应注意：马铃薯、番茄、辣椒、瓜类、葡萄等对石灰敏感，白菜、莴苣、菜豆等对铜敏感，应慎用本剂，可先试后用。

（7）若用熟石灰，石灰用量应增加 30%。

（8）本剂其他配比类型及特点可见附表 6。

32.　波·锰锌

【其他名称】科博。

【药剂特性】本品为混配杀菌剂，有效成分为波尔多液和代森锰锌。可湿性粉剂外观为黄色粉末，pH 为 6.5～8（1％溶液，室温），在普通包装室温下，保质期为 2 年。对人、畜低毒，对眼睛有轻微刺激作用。宜在发病前或发病初喷施，对多种真菌和细菌病害有良好的防效。

【主要剂型】78％可湿性粉剂。

【使用方法】将 78％可湿性粉剂对水稀释后用于喷雾或浸种。

（1）喷雾 ①在葡萄生长有 10 厘米以上后，用 500～600 倍液（即每 100 千克水中加入 78％可湿性粉剂 167～200 克），防治霜霉病、白腐病、炭疽病、黑痘病、房枯病、穗轴褐枯病、褐斑病等，并兼治灰霉病，每隔 10 天喷 1 次。②每公顷用 78％可湿性粉剂 2 250～3 000克，对水 1 125～1 500千克，防治辣椒的炭疽病、疫病、叶斑病。③每公顷用 78％可湿性粉剂 3 000～3 750 克，对水 1 125～1 500千克稀释后，防治黄瓜的霜霉病、炭疽病、细菌性角斑病、圆斑病，番茄的早疫病、晚疫病、溃疡病、褐斑病。④用 500～600 倍液，防治魔芋软腐病，每公顷每次喷药液 750 千克（并掺入磷酸二氢钾 1.5～3.0 千克）。⑤用 400～600 倍液，防治仙人掌细菌性斑点病、软腐病、仙人掌（交链孢）金黄色斑点病。⑥用500～600 倍液，防治豇豆煤霉病。

（2）浸种 用 500 倍液，浸种 30 分钟，防治魔芋软腐病。

【注意事项】

（1）应遵守一般的农药使用规则和安全防护措施。

（2）在黄瓜及辣椒的幼苗期，禁止使用本剂。

33. 铜皂液

【药剂特性】本品属含铜杀菌剂，有效成分是铜的脂肪酸盐，呈中性或微碱性，不溶于水，但在水中能形成稳定的乳剂。其外观为淡蓝色乳状液体，在植物表面黏附力强，对病害具有保护性杀菌作用，对作物安全，持效期 10 天左右。

【配制方法】将 1 份硫酸铜在 10 份热水中溶解，再把 5 份肥皂切碎，放入 150 份沸水中溶解，然后把天蓝色的硫酸铜溶液慢慢倒入沸腾的肥皂水中，并不断搅拌，即得到铜皂原液，装在有盖的缸内或木桶内，能保存 1～2 个月。

【使用方法】使用时，把铜皂原液取出加热煮沸，再按 1 份铜皂原液对 4 份水的比例稀释后，即可喷雾，防治黄瓜的霜霉病、细菌性角斑病、缘枯病、叶枯病、细菌性枯萎病、圆斑病，白菜的霜霉病、白斑病，甘蓝根肿病，葱的霜霉病、紫斑病，豆薯（沙葛）细菌性叶斑病，并兼治白粉病。

【注意事项】

（1）宜选用优质硫酸铜、河水等配制本剂。

（2）在配制本剂时，硫酸铜溶液不宜倒的太急，要搅拌均匀，否则易出现"起脑"，降低药效或不能使用。在稀释时，往水中加入少量碱面，可防止"起脑"，如在稀释过程中出现"起脑"，可在原液中加入适量浓肥皂水，并充分搅拌加以预防。

（3）在喷施本剂后 10～15 天，才能喷施石硫合剂。在喷雾过程中，若堵塞喷头，可用氨水或浓灰汁洗净后再用。

34. 铜铵合剂

【其他名称】铜氨液。

【药剂特性】本品属无机铜类杀菌剂，由硫酸铜和含铵化合物配制而成，能溶于水，可防治土传病害，还可防治病毒病。

【配制方法】①用硫酸铜 1 千克和硫酸铵 1 千克，或用硫酸铜 1 千克和碳酸氢铵 5.5 千克，分别把碳酸氢铵（或硫酸铵）和硫酸铜磨碎，把两者充分混合后，用塑料袋装好或放入瓦甑内，密封 24 小时，使其充分反应。②用硫酸铜 1 千克、消石灰 2 千克、硫酸铵 7.5 千克，先把硫酸铜和硫酸铵分别磨碎，再充分混匀后，加入消石灰并迅速混均匀，立即装入塑料袋内或放入瓦甑内，密闭 24 小时，使其充分反应。

【使用方法】可用于土壤处理或喷雾。

（1）**防治土传病害**　在使用本剂时，应对水稀释，以硫酸铜计稀释 1 200～1 500 倍液，即用 1 千克硫酸铜配制的本剂，应对水1 200～1 500 千克。若用于灌根，每株浇 200～250 克稀释液；若用于土壤浇淋，每 0.11 平方米用 1 千克稀释液，可防治蔬菜苗期猝倒病，番茄青枯病。

（2）防治病毒病　①取 1 份本剂，对水 400 份稀释后，在发病初期喷雾或灌根，可防治甜椒病毒病。②取 1 份本剂（铜铵合剂药粉），对水 300～400 份稀释后喷雾；或取 1 份本剂，对水 250～300份稀释后灌根，在发病初期，防治番茄病毒病，每株灌 250 毫升药液。

【注意事项】

（1）用消石灰配制的本剂，在加水稀释后，尚有不少不溶于水的残渣，应除去。

（2）在防治病毒病时，宜用由碳酸氢铵配制的铜铵合剂。

35. 琥胶肥酸铜

【其他名称】丁戊己二元酸铜、琥珀酸铜、滴涕、DT、DT 杀菌剂、角斑灵、琥珀肥酸铜、二元酸铜等。

【药剂特性】本品为有机铜类混配杀菌剂，有效成分为琥胶肥酸铜（丁二酸铜、戊二酸铜、己二酸铜）。悬浮剂外观为淡蓝色悬浮状液体，pH 为 6.5～7.0；可湿性粉剂外观为浅绿色松散粉末。对人、畜、鱼类、贝类低毒，对蜜蜂无毒。具有保护性杀菌作用，适宜防治细菌性病害，并对植物生长有刺激作用。

【主要剂型】

（1）单有效成分　30%、50%、60%悬浮剂，30%、50%、60%可湿性粉剂。

（2）双有效成分混配　①与三乙膦酸铝：40%、50%、60%琥铜·乙膦铝（双有效成分）可湿性粉剂。②与甲霜灵：50%琥铜·甲霜灵可湿性粉剂。

（3）三有效成分混配　①与三乙膦酸铝和硫酸锌：60%琥铜·乙膦铝（三有效成分）可湿性粉剂。②与三乙膦酸铝和甲霜灵：

40％、50％、60％琥·铝·甲霜灵可湿性粉剂。③与三乙膦酸铝和敌磺钠：65％增效多菌敌（琥胶肥酸铜·三乙膦酸铝·敌磺钠）可湿性粉剂。

【使用方法】可用于喷雾、灌根、拌种等。

(1) 用50％琥胶肥酸铜可湿性粉剂喷雾　把琥胶肥酸铜对水稀释后喷施。①用300～350倍液，防治蚕豆黄萎病。②用300～400倍液，防治菜豆枯萎病。③用400～500倍液，防治番茄的圆纹病、疮痂病。④用500倍液，防治黄瓜的细菌性角斑病、叶枯病、缘枯病、软腐病、细菌性枯萎病和圆斑病，西葫芦的软腐病、绵疫病、(镰刀菌)果腐病，冬瓜和节瓜的软腐病，南瓜(壳针孢)角斑病，西瓜细菌性果斑病，甜瓜细菌性软腐病，番茄的细菌性斑疹病、软腐病、溃疡病、细菌性髓部坏死病、(镰刀菌)果腐病、酸腐病、(假单胞)果腐病、(匐柄霉)斑点病，茄子的(黑根霉)果腐病和软腐病，甜(辣)椒的细菌性叶斑病、软腐病、白星病、黑霉病、(埃利德氏霉)黑霉病、果实黑斑病，菜豆的细菌性疫病、细菌性晕疫病、炭腐病，蚕豆的轮纹病、细菌性茎疫病和叶烧病、褐斑病，豇豆细菌性疫病，豌豆黑斑病，扁豆斑点病，大葱的软腐病、黑斑病，洋葱的球茎软腐病、腐烂病、软腐病、黑斑病，大蒜的叶枯病、灰叶斑病、软腐病，胡萝卜细菌性软腐病，马铃薯软腐病，姜瘟病，石刁柏(芦笋)褐斑病、(匐柄霉)叶枯病、紫斑病，莴苣和莴笋的轮斑病、腐败病、细菌性叶缘坏死病，菜用大豆褐斑病，蕹菜(茄匐柄霉)叶斑病，款冬褐斑病，牛蒡黑斑病，豆薯(沙葛)细菌性叶斑病，草莓的蛇眼病、青枯病，菊花枯萎病。⑤用500～600倍液，防治芹菜和香芹菜软腐病。⑥用700倍液，防治大白菜软腐病。

(2) 用30％琥胶肥酸铜可湿性粉剂(悬浮剂)喷雾　把琥胶肥酸铜对水稀释后喷施。①用200倍液，防治葡萄的霜霉病、黑痘病。②用300～400倍液，防治黄瓜、番茄、马铃薯等的疫病。③用400倍液，防治甜(辣)椒白粉病，西瓜的炭疽病、白粉病。④用500倍液，防治黄瓜的白粉病、霜霉病，甜(辣)椒疮痂病，豇豆细菌性叶斑病，魔芋软腐病。

（3）用 60％琥胶肥酸铜可湿性粉剂（悬浮剂）喷雾　将琥胶肥酸铜对水稀释为 500 倍液喷施，防治蕹菜（柱盘孢）叶斑病，姜细菌性软腐病，牛蒡细菌性叶斑病。

（4）混配喷雾　用 50％琥胶肥酸铜可湿性粉剂 500 倍液与其他药剂混配后喷施，可兼防多种病害。①与 40％三乙膦酸铝可湿性粉剂 250 倍液混配，兼防黄瓜的霜霉病和细菌性角斑病。②与 40％三乙膦酸铝可湿性粉剂 300 倍液混配，兼防甜瓜的霜霉病和细菌性角斑病。③与 25％甲霜灵可湿性粉剂 800 倍液混配，兼防黄瓜的霜霉病和细菌性角斑病。

（5）灌根　将 50％琥胶肥酸铜可湿性粉剂对水稀释后，在发病初期，开始灌根，每隔 7～10 天灌 1 次，连灌 2～3 次，每株次灌药液 300～500 毫升，而药液浓度，因病害而异。①用 350 倍液，防治冬瓜和节瓜的枯萎病，番茄、茄子、甜（辣）椒、马铃薯、蚕豆等的黄萎病。②用 400 倍液，防治番茄青枯病，甜（辣）椒、黄瓜、菊花等的枯萎病。③用 500 倍液，防治茄子青枯病，姜腐烂病。④用 70％DT 可湿性粉剂 500 倍液，灌根防治扁豆枯萎病。

（6）土壤处理　用 50％琥胶肥酸铜可湿性粉剂 300～400 倍液匀开浇灌，待药液渗下后播种，再覆土，防治菜豆枯萎病。

（7）种子处理　用 50％琥胶肥酸铜可湿性粉剂拌种，用药量因蔬菜种类而异。①用药量为种子质量的 0.3％，防治种传的甜（辣）椒细菌性叶斑病、果实黑斑病。②用药量为种子质量的 0.4％，防治十字花科蔬菜根肿病，大白菜软腐病，萝卜、青花菜、紫甘蓝、白菜类等的黑腐病，白菜类和甘蓝的细菌性黑斑病、黑胫病。

【注意事项】

（1）在蔬菜收获前 7 天停用。本剂不能与碱性农药混用。在瓜类和十字花科蔬菜上慎用本剂，先试后用，以避免药害。

（2）在使用本剂前，应充分摇匀或搅拌。不宜在中午气温高时使用。施药后遇雨应补喷。

（3）应在通风干燥、避光阴凉处贮存。

36. 琥铜·乙膦铝（三有效成分）

【其他名称】百菌通、琥乙磷铝、琥·乙膦铝（三有效成分）、羧酸磷铜、DTM、DTMZ 等。

【药剂特性】本品为混配杀菌剂，有效成分为琥胶肥酸铜、三乙膦酸铝和硫酸锌。对人、畜低毒。对病害具有保护及内吸等杀菌作用。

【主要剂型】60％可湿性粉剂。

【使用方法】用于喷雾、灌根、涂抹、拌种等。

（1）喷雾　将 60％可湿性粉剂对水稀释后喷施。①用 400 倍液，防治大葱紫斑病。②用 500 倍液，防治黄瓜的霜霉病、细菌性角斑病、缘枯病、叶枯病、灰色疫病、细菌性枯萎病和圆斑病，西葫芦蔓枯病，冬瓜和节瓜的疫病、绵疫病、细菌性角斑病，丝瓜褐斑病，南瓜的（壳针孢）角斑病、黑斑病，苦瓜的细菌性角斑病、褐斑病，西瓜疫病，甜瓜的霜霉病、疫病、细菌性角斑病，番茄的溃疡病、绵疫病，甜（辣）椒的疮痂病、疫病、黑斑病、霜霉病，菜豆角斑病，豇豆的枯萎病、角斑病，蚕豆和菜用大豆的霜霉病，韭菜疫病，大葱的霜霉病、疫病、白色疫病、黑斑病，洋葱的霜霉病、黑斑病，细香葱疫病，大蒜叶枯病，马铃薯晚疫病，甘蓝的黑腐病、细菌性黑斑病，大白菜软腐病，白菜类霜霉病、（萝卜链格孢）黑斑病、假黑斑病，芹菜斑枯病，莴苣和莴笋的褐斑病、腐败病，冬寒菜根腐病（往病穴及附近植株根茎部施药），蕹菜（茄匐柄霉）叶斑病，落葵苗腐病，球茎茴香软腐病，芫荽细菌性疫病，苦苣、苦苣菜、苣荬菜等的霜霉病，草莓（疫霉）果腐病，芋细菌性斑点病，菊花叶斑病。

（2）灌根　将 60％可湿性粉剂对水稀释后灌根，从发病初期开始，每隔 7～10 天灌 1 次，连灌 2～4 次，药液浓度和每株次灌药液量，因病而异。①用 300～400 倍液，防治姜枯萎病。②用 350 倍液，防治南瓜枯萎病（0.3～0.5 升药液/株），甜瓜枯萎病（100 毫升药液/株）。③用 400 倍液，防治苦瓜枯萎病（200 毫升药液/株），番茄晚疫病（300 毫升药液/株），苦瓜（尖镰孢菌苦瓜专化型）枯萎病（0.5 升药液/株），西葫芦蔓枯病（250 毫升药液/株）。④用 500 倍液，防治甜（辣）椒疫病，黄瓜灰色疫病，茄子黄萎病，冬瓜、节瓜、西瓜等的疫病。

（3）涂抹 先刮去西葫芦茎蔓上的蔓枯病病斑，再用 60% 可湿性粉剂 50 倍液，涂抹病部，过 5 天后再用同样浓度的药液涂一次。

（4）拌种 用 60% 可湿性粉剂拌种，用药量为种子质量的 0.3%～0.4%，防治大白菜软腐病。

【注意事项】

（1）在蔬菜收获前 7 天停用。本剂不能与碱性农药混用。应在干燥通风处贮存。

（2）不同厂家生产的本剂，在有效成分种类上略有不同，使用前请注意。

37. 琥铜·乙膦铝（双有效成分）

【其他名称】真菌王，琥·乙膦铝（双有效成分）。

【药剂特性】本品为混配杀菌剂，有效成分为琥胶肥酸铜和三乙膦酸铝。制剂外观为浅绿色或浅蓝色松散粉末。对人、畜、鱼、贝、虾、蜜蜂低毒。对病害具有保护和内吸杀菌等作用，适宜防治真菌病害，兼治细菌病害。

【主要剂型】60% 可湿性粉剂。

【使用方法】用 60% 可湿性粉剂对水稀释后，在发病初期喷施。①用 700～800 倍液，防治番茄的早疫病、青枯病，茄子褐纹病，芹菜斑枯病，辣椒"三落"病。②用 700～900 倍液，防治黄瓜的霜霉病、白粉病、细菌性角斑病。③用 800～1 000 倍液，防治大白菜的软腐病、黑腐病、霜霉病，草莓灰霉病，葡萄霜霉病。

【注意事项】

（1）在作物收获前 7 天停用。避免在中午气温高时喷药。喷药后遇雨，应及时补喷药液。

（2）应在阴凉干燥处贮存，质量保证期2年。

38. 琥铜·甲霜灵

【其他名称】甲霜·铜、瑞毒铜、甲霜铜。

【药剂特性】本品为混配杀菌剂，有效成分为琥胶肥酸铜和甲霜灵。可湿性粉剂外观为浅绿色疏松粉末，pH分别为6~8或5~6，存放2年不影响稳定性。对人、畜低毒，对鱼类、蜜蜂安全。对病害具有内吸、保护和治疗等杀菌作用，对作物安全，并能延缓病原菌产生抗药性。

【主要剂型】40％、50％可湿性粉剂。

【使用方法】用于喷雾、灌根、浸种等。

（1）用50％可湿性粉剂喷雾　把可湿性粉剂对水稀释后喷施。①用500倍液，防治甜（辣）椒疫病，大白菜霜霉病，葡萄霜霉病，辣椒疮痂病。②用600倍液，防治黄瓜的疫病、白粉病、细菌性角斑病、叶枯病、缘枯病、细菌性枯萎病和圆斑病，西葫芦褐腐病，冬瓜和节瓜的疫病，苦瓜和越瓜的霜霉病，番茄的晚疫病、绵疫病、早疫病、灰叶斑病，茄子果实疫病，甜（辣）椒叶枯病，白菜类白锈病，韭菜疫病，草莓（疫霉）果腐病。③用600~700倍液，防治黄瓜霜霉病、丝瓜褐斑病，菠菜和反枝苋的白锈病，苦苣、苦苣菜、苣荬菜等的霜霉病。④用700倍液，防治山葵白锈病，芋疫病。⑤用700~800倍液，防治西瓜疫病，马铃薯晚疫病。⑥用800倍液，防治黄瓜灰色疫病，冬瓜和节瓜的绵疫病，豇豆疫病，莲藕腐败病。⑦用800~1 000倍液，防治大葱和洋葱的霜霉病。⑧用1 000倍液，防治莴苣霜霉病。

（2）用40％可湿性粉剂喷雾　将可湿性粉剂对水稀释后喷雾。①用600倍液，防治萝卜白锈病。②用600~700倍液，防治茄子的褐纹病、赤星病，豇豆白粉病，蕹菜的白锈病、褐斑病、（旋花白锈菌）白锈病，瓠瓜褐斑病，苋菜白锈病。

（3）用50％可湿性粉剂灌根　将可湿性粉剂对水稀释后，在发病初期开始灌根，每隔7~10天灌1次，连灌3~4次，每株次灌 300～500 毫升药液。①用 300 倍液，防治茄子黄萎病。②用 500 倍液，每平方米浇灌 3 升药液，防治姜（结群腐霉）软腐病、（简囊腐霉）根腐病。③用 600 倍液，防治黄瓜疫病，冬瓜和节瓜的疫病，番茄晚疫病。④用 700～800 倍液，防治西瓜疫病。⑤用 800 倍液，防治甜（辣）椒疫病，黄瓜灰色疫病。

（4）用 40% 可湿性粉剂灌根　将可湿性粉剂对水稀释为 800 倍液，每平方米浇灌 3 升药液，防治甜瓜疫病。

（5）浸种　用 50% 可湿性粉剂对水稀释为 500 倍液，浸泡种姜 1 小时后，再用塑膜覆盖闷种 1 小时，防治姜的（结群腐霉）软腐病和（简囊腐霉）根腐病。

【注意事项】

（1）在蔬菜收获前 3 天停用。本剂不能与碱性农药混用。在瓜类蔬菜上慎用本剂，使用浓度不宜低于 500 倍，以避免药害。

（2）可用塑料桶、木桶、瓷缸等物配药液，而不能用铁器。

39. 琥·铝·甲霜灵

【其他名称】甲霜·铝·铜。

【药剂特性】本品为混配杀菌剂，有效成分为琥胶肥酸铜、甲霜灵、三乙膦酸铝。可湿性粉剂外观为绿色疏松粉末，pH 为 4～7。对人、畜低毒。对病害具有保护和治疗等杀菌作用，可减轻或延缓因单一使用三乙膦酸铝或甲霜灵时，易引起病原菌产生抗药性的问题。

【主要剂型】50%、60% 可湿性粉剂。

【使用方法】可用于喷雾或灌根等。

（1）用 50%（60%）可湿性粉剂喷雾　将可湿性粉剂对水稀释后喷施。①用 500 倍液，防治黄瓜的霜霉病、疫病。②用 500～600 倍液，防治苋菜和反枝苋的白锈病。③用 600 倍液，防治苦瓜和越瓜霜霉病。④用 600～800 倍液，防治苦苣、苦苣菜的霜霉病。

（2）浸种　用 60% 可湿性粉剂 800 倍液，浸种姜 1 小时，再用塑膜覆盖闷种 1 小时，晾干下种，防治姜的（结群腐霉）软腐病和（简囊腐霉）根腐病。

（3）灌根 用60％可湿性粉剂800倍液，每平方米灌3升药液，防治姜的（结群腐霉）软腐病和（简囊腐霉）根腐病。

【注意事项】

（1）在蔬菜收获前14天停用。对铜敏感的作物上慎用本剂，以避免药害。

（2）不能与强酸或强碱性农药混用。喷雾时，稀释倍数不能低于400倍，以免发生药害。

（3）应在阴凉干燥处贮存。

40. 琥胶肥酸铜·三乙膦酸铝·敌磺钠

【其他名称】疫·羧·敌、增效多菌敌。

【药剂特性】本品为混配杀菌剂，有效成分为三乙膦酸铝、琥胶肥酸铜、敌磺钠。可湿性粉剂外观为褐灰绿色疏松粉末，pH 为4.5～7.5。对人、畜低毒。对病害具有内吸杀菌作用。

【主要剂型】65％可湿性粉剂。

【使用方法】可用于喷雾或灌根。

（1）喷雾 每公顷每次用65％可湿性粉剂1 875～2 850克，从黄瓜定植后起，对水稀释后喷雾，防治霜霉病，每隔7～10天喷1次，连喷3～4次。

（2）灌根 用65％可湿性粉剂600～800倍液，从冬瓜定植后7天起，开始灌根，每隔7～10天灌1次，连灌3次，每株次灌药液250～500毫升，防治枯萎病。

【注意事项】

（1）不能与碱性农药混用。要用塑料桶、木桶、瓷缸等容器配制药液，而不能用铁器。

（2）在温度过高时（如在保护地内），应慎用本剂，避免药害。

（3）应在通风干燥、避光处贮存。

41. 混合氨基酸铜·锌·锰·镁

【其他名称】庄园乐。

【药剂特性】本品属络合铜类杀菌剂，有效成分为混合氨基酸铜、混合氨基酸锌、混合氨基酸锰、混合氨基酸镁。制剂外观为无机械杂质的暗绿色液体，pH 为 6.0～7.0。对人、畜低毒。对病害具有保护性杀菌作用（铜离子），并能供给作物多种营养，有增加产量的作用。

【主要剂型】

（1）单有效成分　15％（庄园乐）水剂。

（2）双有效成分混配　与多菌灵：15％多菌灵·混合氨基酸盐悬浮剂、西瓜重茬剂（双·多）。

【使用方法】用 15％水剂对水稀释后喷雾、灌根、浸种等。

（1）浸种　用 300～400 倍液，浸泡瓜类作物种子 4～8 小时，捞出阴干后播种，可预防种传病害，并能促壮苗。

（2）喷雾　①用 200 倍液，防治甜（辣）椒白粉病，冬瓜和节瓜的绵腐病、白粉病，西瓜褐色腐败病，甜瓜霜霉病。②用 300～600 倍液，防治瓜类的霜霉病、白粉病、疫病、猝倒病，辣椒"三落"病，茄子褐纹病，番茄的早疫病、晚疫病，甘蓝、白菜、油菜、花椰菜等的霜霉病。

（3）灌根　①用 200 倍液，每平方米喷淋药液 2～3 升，连喷 2～3 次，防治黄瓜的（德里腐霉）猝倒病、幼苗（腐霉）根腐病，西瓜猝倒病。②用 200～400 倍液，防治瓜类的（如黄瓜、西瓜、甜瓜等）枯萎病和白绢病，茄子黄萎病等。

【注意事项】

（1）不能与酸性或碱性物质混用，也不能随意与其他农药混用。也不能用金属容器配药或施药。宜在发病前或发病初施药。

（2）在使用本剂前，应充分摇均匀，若有少量沉淀，不影响药效。本剂应贮存在阴凉干燥处。保质期 3 年。

42. 多菌灵·混合氨基酸盐

【其他名称】双·多、西瓜重茬剂、双多。

【药剂特性】本品为混配杀菌剂，有效成分为混合氨基酸铜·锌·锰·镁和多菌灵。对人、畜低毒。用于防治西瓜枯萎病，对其他瓜类、茄果类蔬菜的真菌病害也有良好的防效。

【主要剂型】15%悬浮剂。

【使用方法】将15%悬浮剂对水稀释后灌根或喷雾。

（1）灌根　①若采用营养钵育苗，在移栽时，每公顷用悬浮剂15千克，对水稀释为300～350倍液，每穴浇药液0.4～0.5升；若采用直播，可在播种时和幼苗有5～6片叶时，分别灌根1次，每公顷每次用悬浮剂7.5千克，对水9 000～10 500千克稀释后，每穴灌药液0.5升，可防治西瓜枯萎病和褐色腐败病，甜瓜枯萎病。②每公顷用悬浮剂15千克，对水稀释为600～700倍液，在西瓜营养钵育苗移栽时，灌穴，每穴浇灌药液400～450毫升，防治西瓜猝倒病。③用600～700倍液，在发病初期灌根，防治西瓜（镰刀菌）根腐病，南瓜枯萎病，笋瓜枯萎病。

（2）喷雾　①用600～700倍液，在发病初期，防治西瓜（镰刀菌）根腐病。②用500～600倍液，防治其他真菌病害（如：霜霉病、白粉病、炭疽病）。

【注意事项】不能与其他农药、化肥混用。应先摇匀后，再对水稀释，药液应随配随用。本剂应存放在阴凉处。

43. 络氨铜

【其他名称】硫酸四氨络合铜、胶氨铜、消病灵、瑞枯霉、增效抗枯霉、克病增产素等。

【药剂特性】本品属含铜杀菌剂，有效成分为络氨铜，在酸性条件下不稳定。制剂外观为深蓝色内含少量微粒结晶溶液，pH为8.0～9.5。对人、畜低毒。对病害具有内吸、预防和治疗等杀菌作用，并有增产作用。

【主要剂型】

（1）单有效成分　14%、15%、23%、25%水剂。

（2）双有效成分混配　与硫酸四氨络合锌：20%络锌·络氨铜水剂（抗枯宁）。

（3）三有效成分混配　与硫酸四氨络合锌和柠檬酸铜：25.9%

锌·柠·络氨铜水剂（抗枯灵）。

【使用方法】将水剂对水稀释喷雾或灌根。

（1）用 14％络氨铜水剂喷雾　①用 300 倍液，防治黄瓜的细菌性角斑病、叶枯病、缘枯病、软腐病、细菌性枯萎病和圆斑病，西葫芦绵腐病，冬瓜和节瓜的疫病，细菌性角斑病，甜瓜细菌性软腐病，丝瓜疫病，番茄的细菌性斑疹病、溃疡病、细菌性髓部坏死病、（匐柄霉）斑点病，茄子的绵疫病、（黑根霉）果腐病，甜（辣）椒的白星病、黑霉病、细菌性叶斑病、疮痂病、青枯病、软腐病、果实黑斑病，马铃薯软腐病，菜豆的根腐病、红斑病、细菌性疫病、细菌性晕疫病，豇豆的细菌性疫病、煤霉病、蚕豆褐斑病、轮纹病，四棱豆叶斑病，菜用大豆的褐斑病、灰斑病，大葱和洋葱的软腐病、黑斑病，大蒜的叶枯病、软腐病，莴苣和莴笋的细菌性叶缘坏死病、轮斑病，胡萝卜的细菌性软腐病、细菌性疫病，石刁柏（芦笋）褐斑病，甘蓝类细菌性黑斑病，芥菜类软腐病，萝卜黑腐病，乌塌菜软腐病，蕹菜（柱盘孢）叶斑病，牛蒡黑斑病，草莓蛇眼病。②用 300～350 倍液，防治萝卜软腐病。③用 350 倍液，防治结球芥菜、芹菜和香芹菜的软腐病，白菜类的黑腐病、软腐病、细菌性角斑病、叶斑病，大白菜褐腐病，小白菜叶腐病，甘蓝类的软腐病、黑腐病，萝卜细菌性角斑病，菜豆细菌性叶斑病，草莓青枯病。④用 400 倍液，防治番茄酸腐病，芹菜细菌性叶斑病。⑤用 600～800 倍液，防治仙人掌细菌性斑点病、软腐病。

（2）用 25％络氨铜水剂喷雾　①用 500 倍液，防治黄瓜的霜霉病、（长蠕孢）圆叶枯病，西葫芦（镰刀菌）果腐病，瓠瓜果斑病，番茄的早疫病、晚疫病、芝麻斑病、青枯病、疮痂病、软腐病、（镰刀菌）果腐病，洋葱球茎软腐病、腐烂病。②用 500～600 倍液，防治豆薯（沙葛）细菌性叶斑病。

（3）用 14％络氨铜水剂灌根　在发病初期，把水剂对水稀释后灌根，每隔 10 天左右灌 1 次，连灌 2～3 次，每株次灌 300 倍液0.3～0.5 升，防治甜（辣）椒枯萎病，冬瓜和节瓜的疫病。

（4）用 25％络氨铜水剂灌根　在发病初期，把水剂对水稀释后灌根，每隔 10 天左右灌 1 次，连灌 2～3 次，每株次灌药液 0.3～0.5 升。①用 500 倍液，防治番茄和茄子的青枯病。②用 300～600 倍液，防治黄瓜、西瓜、菜豆等的枯萎病。

【注意事项】

（1）在蔬菜收获前 15 天停用。本剂不能与酸性农药混用。

（2）不宜在中午气温高时喷药，可在下午 4 点以后喷药。喷药后 6 小时内遇雨，应补喷。与多菌灵有混配剂，可见各条。

（3）若瓶中出现沉淀，需摇匀后使用，不影响药效。

44. 络锌·络氨铜（附锌·柠·络氨铜）

【其他名称】络氨铜·锌、抗枯宁、抗枯灵等。

【药剂特性】本品为含铜混配杀菌剂。水剂外观为深蓝色溶液，pH 为 8.0～9.5（抗枯灵）。对人、畜低毒，对鱼类低毒，不污染环境。能防治多种蔬菜病害，并有促进蔬菜生长的作用。

【主要剂型】20％水剂（抗枯宁），25％水剂，25.9％水剂（抗枯灵），40％水剂。

【使用方法】可用于喷雾、灌根、浸根等。

（1）灌根　①用 25％络锌·络氨铜水剂 500～600 倍液，在拔病株后，往病穴及附近植株灌根，每株次灌 200 毫升药液，每隔 10 天灌 1 次，连灌 2～3 次，防治苦瓜枯萎病。②用抗枯灵水剂 500～600 倍液，防治西瓜和黄瓜的枯萎病。③用抗枯灵水剂 600 倍液，防治甜（辣）椒根腐病。④用抗枯宁水剂 400～600 倍液，每株次灌 200 毫升药液，防治西瓜枯萎病。⑤用 40％水剂 1 250 倍液，每株次灌 750 毫升药液，防治番茄青枯病。

（2）浸根　定植时，用抗枯灵 600 倍液，浸根 10～15 分钟，防治甜（辣）椒根腐病。

（3）喷雾　①每公顷用抗枯灵 1.5 升，对水 750 千克（升），喷雾防治西瓜枯萎病。②用 40％水剂 1 000～2 000 倍液，防治大白菜黑斑病。

【注意事项】

（1）在西瓜采收前 20 天停用。本剂不能与酸性农药混用，也不宜与其他农药、化肥混用。

（2）本剂内含有效成分种类可见络氨铜条。

45. 混合氨基酸络合铜

【其他名称】双效灵、混合氨基酸铜络合物等。

【药剂特性】本品属混合氨基酸铜络合物杀菌剂，有效成分为 17 种氨基酸铜。水剂外观为深蓝色水溶液，pH 为 7.5～8.0，在酸性或碱性溶液中易分解失效，在零下 20℃至零上 40℃范围内不变质，贮存稳定性在 2 年以上。对人、畜低毒安全，对皮肤、黏膜有一定的刺激作用。对病害具有内吸杀菌作用，对作物有保健作用。

【主要剂型】10％水剂。

【使用方法】将 10％水剂对水稀释后喷雾、灌根及土壤处理。

（1）喷雾 ①用 100～200 倍液，防治黄瓜霜霉病，番茄晚疫病，辣椒"三落"病，菜豆炭疽病，豇豆锈病，食用菌的霉烂病。②用 200 倍液，防治西瓜枯萎病。③用 250 倍液，防治菜豆枯萎病。④用 200～300 倍液，防治多种蔬菜疫病。⑤用 300 倍液，防治冬寒菜枯萎病，菠菜霜霉病。⑥用 200～400 倍液，喷洒瓜类植株茎基部，防治枯萎病，也可用水剂直接涂抹茎基部。⑦用 300～400 倍液，防治葡萄、月季、黄栌等的白粉病。⑧每公顷用水剂 3～3.75 千克，对水 600～750 千克，防治白菜、辣椒、菜豆、茄子等的霜霉病、角斑病、灰霉病、炭疽病、落叶病等。⑨从始瓜期到盛瓜期，每公顷每次用水剂 3.0～7.5 千克，防治西瓜炭疽病，每隔 7 天 1 次，连喷 3～4 次。

（2）灌根 ①在发病初期或拔病株后，用 200 倍液，每株次灌药液 300～500 毫升，每隔 10 天灌 1 次，连灌 2～3 次，防治黄瓜、冬瓜、节瓜、西瓜、甜瓜（100 毫升药液/株）、番茄、茄子等的枯萎病，番茄褐色根腐病。②用 250 倍液，每株次灌 500 毫升药液，防治苦瓜的枯萎病、（尖镰孢菌苦瓜专化型）枯萎病。③用 200～

300 倍液，防治冬瓜、香瓜、哈密瓜等的枯萎病，茄子黄萎病，姜枯萎病。④用 300 倍液，防治茄子茎基腐病，扁豆枯萎病，霸王花枯萎腐病。⑤用 400 倍液，防治番茄青枯病。

（3）土壤处理　①用 250 倍液，匀开浇灌土壤，待药液渗下后，再播种盖土，防治菜豆枯萎病。②在喷雾的同时，在距葡萄主根 30 厘米处，打一洞，往洞内灌入 1 000 倍液 1 千克，防治白粉病。

【注意事项】

（1）在蔬菜收获前 2 天停用。本剂不能与酸性或碱性农药混用。宜在阴天或在晴天下午 3 点以后喷施药液。

（2）在白菜、菜豆、芜菁等对铜易产生药害的作物上，应慎用本剂，最好先试后用。

（3）若在本剂中添加有微量元素或植物生长调节剂，称为增效双效灵。

（4）应在避光阴凉、通风良好、干燥处贮存。

46. 烷醇·硫酸铜

【其他名称】植病灵。

【药剂特性】本品为混配杀菌剂，有效成分为硫酸铜、三十烷醇、十二烷基硫酸钠。制剂（水乳剂）外观为绿色至天蓝色透明液体，pH 为 6.5～7.5，在正常情况下可贮存 2 年。对人、畜低毒。对病害具有保护及内吸治疗作用，并可增强植株的抗病力，对病毒产生钝化作用，主要用于防治蔬菜病毒病。

【主要剂型】1.5％水乳剂、乳油、水剂。

【使用方法】将 1.5％水乳剂对水稀释后喷雾。

（1）喷雾　用 1 000 倍液，从发病初期开始全田喷雾，每隔 7～8 天喷 1 次，连喷 3～4 次，防治黄瓜、南瓜、冬瓜、节瓜、苦瓜、番茄、甜（辣）椒、豇豆、马铃薯、菠菜、苋菜、茼蒿、落葵、叶蒝菜（君荙菜）、冬寒菜、白菜类、甘蓝类、榨菜、萝卜、魔芋、芋、草莓等的病毒病，西葫芦、笋瓜、甜瓜、菜豆、菜用大豆、大蒜等的花叶病，西瓜花叶病毒病，蚕豆萎蔫病毒病，豌豆（BBWV）病毒病，大葱和大蒜的黄矮病。

（2）灌根　①定植前，用水乳剂 1 000 倍液，按每平方米浇灌 5 升药液，处理幼苗，防治番茄病毒病。②每公顷每次用水乳剂 1.2～1.8 升，对水 3 000 千克稀释后，灌根防治蔬菜病毒病。

（3）拌种　用水剂 100 毫升，对少量水稀释后，拌 10 千克种子，防治病毒病。

【注意事项】

（1）应避免与生物农药混用或短时间内轮换使用。宜在植株表面无露水后，再喷药液。

（2）在使用前宜先摇匀，若有少量沉淀，不影响药效。

（3）可在定植前，定植缓苗后，每隔 7～8 天喷 1 次，连喷 3～4 次。

（4）应在通风干燥、避光阴凉处贮存。

47. 吗胍·乙酸铜

【其他名称】病毒 A、病毒净、毒克星、盐酸吗啉胍·铜、毒克清等。

【药剂特性】本品为混配杀菌剂，有效成分为乙酸铜和盐酸吗啉胍。可湿性粉剂外观为灰褐色粉末，在一般情况下稳定，但遇碱易分解。对人、畜低毒，对环境安全。对病害具有触杀作用，内吸性弱，但可通过水孔、气孔进入植株体内，对各种植物病毒病具有良好的预防和治疗作用。

【主要剂型】20％可湿性粉剂，20％可溶粉剂。

【使用方法】将 20％可湿性粉剂（可溶粉剂）对水稀释后喷施，每隔 10 天左右喷 1 次，连喷 3～4 次。①用 500 倍液，防治黄瓜、南瓜、西葫芦、冬瓜、节瓜、甜瓜、金瓜、番茄、茄子、甜（辣）椒、马铃薯、莴苣、莴笋、茼蒿、落葵、白菜类、甘蓝类、萝卜、榨菜、菠菜、韭菜、芽用芥菜、乌塌菜、青花菜、紫甘蓝、草莓、黄秋葵等的病毒病，西葫芦、甜瓜、笋瓜、菜用大豆、大蒜、蕹菜等的花叶病，西瓜、扁豆、水芹、姜等的花叶病毒病，蚕豆萎蔫病毒病，大葱和洋葱的黄矮病，黄瓜绿斑花叶病，番茄的斑萎病毒病、曲顶病毒病，茄子斑萎病毒病，甜（辣）椒（CaMV）花叶病，菜豆（TAV）花叶病，豌豆（BBWV）病毒病，大蒜的褪绿条斑病毒病、畦纹病毒病，菠菜矮花叶病，苦苣菜脉黄病毒病，甘蓝（CaMV）花叶病，萝卜（RMV）花叶病毒病，马铃薯小叶病。②用 500～600 倍液，防治菊花、百合、石刁柏（芦笋）等的病毒病。

【注意事项】

（1）不能与碱性农药混用。使用本剂时，稀释倍数不能低于 300 倍（即 1 千克可湿性粉剂，稀释用水量不能少于 300 千克），否则易产生药害。

（2）应在早期预防性施药，或在发病初期施药。若能与其他防治病毒病措施配合使用，防治效果更好。可根据当地昆虫传毒媒介（如：蚜虫、白粉虱等）发生程度，确定本剂的使用次数。

（3）应在避光、阴凉、干燥处贮存。

48. 噻菌铜

【其他名称】龙克菌。

【药剂特性】本品属噻唑杀菌剂，有效成分为噻菌铜。制剂为黄绿色黏稠液体，pH 为 5.5～8.5，热贮 54±2℃ 及 0℃ 以下贮存稳定，遇强碱分解，在酸性条件下稳定。对人、畜低毒，对作物、鱼、鸟、蜜蜂、蚕及有益生物安全，对环境无污染。对病害具有内吸、保护和治疗等杀菌作用，治疗作用大于保护作用，对细菌性病害有特效，对真菌性病害高效。在通常用药量下，其持效期可达 10～12 天。不易使病原菌产生抗药性，不会引起螨类大发生。

【主要剂型】20％悬浮剂（龙克菌）。

【使用方法】将 20％悬浮剂对水稀释后喷雾、灌根或土壤处理。

（1）喷雾 ①用 500 倍液，防止辣椒细菌性斑点病、并可兼治辣椒炭疽病，大豆细菌性斑点病（在植株开始分枝时用药）。②用

600 倍液，防治黄瓜细菌性角斑病、十字花科蔬菜（大白菜、花椰菜、甘蓝、萝卜等）的细菌性病害。③用 800 倍液，防治番茄细菌性髓部坏死病。

（2）灌根　①用 500 倍液，对植株基部喷雾，防治大蒜、韭菜、洋葱等的软腐病。②用 600 倍液，在发病初期及时拔去病株，并在病穴及四周喷浇、或对发病部位喷雾，防治大白菜软腐病。③用 600 倍液灌根，每株次灌药液 250 毫升，防治番茄、辣椒、茄子等的青枯病。④在生姜齐苗后，用 500 倍液，对发病中心及周围的植株进行喷淋或灌根；前期苗小每株次灌 250 毫升药液，随着姜苗的长大逐渐增加到每株次灌 500 毫升药液，防治姜瘟病。⑤在西瓜有核桃大小时，用 300～500 倍液灌根 1 次，7 天后以 500～800 倍液粗喷施 2 次（根部喷湿为宜），防治西瓜枯萎病。

（3）土壤处理　用 1 000～1 100 倍液淋浇土壤，防治土传病害。

【注意事项】

（1）宜在发病初期用药（喷雾或灌根），每隔 7～10 天用药 1 次，连续用药 2～3 次。

（2）喷雾时，宜将叶面喷湿；灌根时，最好在距离根 10～15 厘米周围挖一个小坑灌药液，防止药液流失。

（四）有机合成类杀菌剂及混配剂

49. 代森锰锌

【其他名称】新万生、大生、大生富、喷克、大生 M - 45、大丰、山德生、速克净、百乐、锌锰乃浦等。

【药剂特性】本品属有机硫类杀菌剂，有效成分为代森锰锌，遇酸、碱分解失效，高温暴露在空气中和受潮易分解，可引起燃烧。可湿性粉剂外观为灰黄色粉末。对人、畜低毒，对皮肤和黏膜有一定的刺激作用，对鱼类为中等毒性。对病害具有保护性杀菌作用，可与多种内吸性杀菌剂混配使用，以增加防治效果。

【主要剂型】

（1）单有效成分　50％、70％、80％可湿性粉剂，25％、30％、70％悬浮剂，75％水分散粒剂。

（2）双有效成分混配　①与霜脲氰：72％霜脲·锰锌可湿性粉剂，72％克露可湿性粉剂。②与甲霜灵：58％、72％甲霜·锰锌可湿性粉剂，53％金雷多米尔（精甲霜·锰锌、精甲霜灵·锰锌、金雷多米尔·锰锌）水分散粒剂（与精甲霜灵）。③与烯酰吗啉：65％安克·锰锌可湿性粉剂（或水分散粒剂），69％烯酰·锰锌可湿性粉剂。④与恶霜灵：64％恶霜·锰锌可湿性粉剂，64％杀毒矾可湿性粉剂。⑤与异菌脲：50％锰锌·异菌脲可湿性粉剂。⑥与多菌灵：40％多·锰锌可湿性粉剂。⑦与甲基硫菌灵：30％甲硫·锰锌悬乳剂。⑧与苦参碱：37.5％双吉（苦参·代森锰锌）悬浮剂。

（3）三有效成分混配　与多菌灵和福美双：50％多·福·锰锌可湿性粉剂。

【使用方法】可用于喷雾、灌根、土壤处理、浸（拌）种等。

（1）喷雾　将70％代森锰锌可湿性粉剂对水稀释后喷施。①用300～500倍液，防治瓜类作物的炭疽病、黑星病、疫病。②用400倍液，防治芹菜斑枯病。③用400～500倍液，防治甜椒、菜豆、豌豆、番茄等的炭疽病，莲藕褐纹病，茄子的早疫病、拟黑斑病、灰霉病、黑枯病，番茄的早疫病、叶霉病、轮纹病、斑枯病、灰霉病，马铃薯的早疫病、晚疫病，黄瓜的霜霉病、蔓枯病，苦瓜（链格孢）叶枯病，菜豆角斑病，蚕豆赤斑病，大白菜黑斑病，甘蓝、白菜等的霜霉病、白斑病、黑斑病，芹菜叶斑病，胡萝卜黑斑病，大葱的锈病、霜霉病、紫斑病、灰霉病，洋葱的锈病、霜霉病，韭菜灰霉病。④用500倍液，防治黄瓜的褐斑病、黑斑病、（叶点霉）叶斑病，冬瓜和节瓜的褐斑病、黑斑病，西瓜的叶枯病、黑斑病，甜瓜蔓枯病、大斑病，番茄的灰叶斑病、酸腐病，茄子的褐斑病、褐轮纹病，甜（辣）椒叶枯病，韭菜茎枯病，大蒜的煤斑病、叶枯病、黑头病，蒜薹黄斑病，白菜类的（萝卜链格孢）黑斑病和假黑斑病，青花菜和紫甘蓝的褐斑病，菠菜黑斑病，莴苣和莴笋的锈病，蕹菜（球腔菌）叶斑病，茼蒿炭疽病，落葵圆斑病，西洋参黑斑病，石刁柏（芦笋）炭疽病，草莓（拟盘多毛孢）根腐病，枸杞的炭疽病、灰斑病，土当归褐纹病、黄秋葵叶斑病，莲藕（假尾孢）褐斑病。⑤用500～600倍液，防治石刁柏（芦笋）（匐柄霉）叶枯病。⑥用600倍液，防治瓜类红粉病，大蒜黑斑病，洋葱紫斑病。⑦用800倍液，防治大蒜叶斑病，青花菜叶霉病。⑧用80%代森锰锌可湿性粉剂600～800倍液，防治菜豆锈病。

（2）混配喷雾　①用70%代森锰锌可湿性粉剂800倍液与50%多菌灵可湿性粉剂800倍液混配后，防治黄瓜、冬瓜、节瓜、佛手瓜等的黑星病，茄子褐色圆星病。②用70%代森锰锌可湿性粉剂1 000倍液与50%多菌灵可湿性粉剂1 000倍液混配后，防治菜豆根腐病。③用70%代森锰锌可湿性粉剂1 000倍液与15%三唑酮可湿性粉剂2 000倍液混配后，防治菜豆、扁豆、莴苣、莴笋、大蒜、黄花菜等的锈病。④用70%代森锰锌可湿性粉剂1 000倍液与15%三唑酮可湿性粉剂3 000倍液混配后，防治茭白、水芹等的锈病。⑤用70%代森锰锌可湿性粉剂和25%甲霜灵可湿性粉剂，按1∶1混配后，再对水稀释为800倍液，防治黄瓜、番茄、茄子、辣椒等的猝倒病、立枯病、根腐病等。⑥用70%代森锰锌可湿性粉剂1 000倍液与75%百菌清可湿性粉剂1 000倍液混配后，防治菜豆的轮纹病、褐斑病，豇豆和四棱豆的斑枯病，豌豆黑斑病，冬寒菜和枸杞的炭疽病。⑦用70%代森锰锌可湿性粉剂1 000倍液与50%甲基硫菌灵可湿性粉剂1 000倍液混配后，防治茴香菌核病。⑧用70%代森锰锌可湿性粉剂500倍液与40%三乙膦酸铝可湿性粉剂200倍液混配后，兼防治白菜类、甘蓝类、芥菜类、萝卜等的霜霉病和黑斑病。⑨用70%代森锰锌可湿性粉剂和80%三乙膦酸铝可湿性粉剂，按1∶1混配后，再对水稀释为300～400倍液，防治黄瓜霜霉病。⑩用70%代森锰锌可湿性粉剂800倍液与50%福美双可湿性粉剂800倍液混配后，防治冬瓜和节瓜的褐斑病。

（3）拌种　可用70％代森锰锌可湿性粉剂（或水分散粒剂）拌种，用药量因病而异。①用药量为种子质量的0.2％～0.3％，防治白菜类（甘蓝链格孢）猝倒病。②用药量为种子质量的0.3％，防治胡萝卜的黑斑病、黑腐病、斑点病。③用药量为种子质量的0.4％，防治十字花科蔬菜黑斑病。

（4）浸种　用70％代森锰锌可湿性粉剂1 000倍液，浸泡山药尾子10～20分钟后播种，防治山药（镰刀菌）枯萎病。

（5）灌根　①用70％代森锰锌可湿性粉剂500倍液，灌根防治甜瓜蔓枯病（在幼苗三叶期），山药（镰刀菌）枯萎病。②用80％代森锰锌可湿性粉剂400倍液，防治黄瓜枯萎病。③用70％代森锰锌可湿性粉剂800倍液，喷淋茎基部，防治洋葱干腐病。

（6）土壤处理　①每平方米苗床用70％代森锰锌可湿性粉剂1克和25％甲霜灵可湿性粉剂9克，再与4～5千克过筛干细土混匀，制成药土；浇好苗床底水后，先把1/3的药土撒于苗床上，播种后，再把2/3的药土覆盖在种子上，防治黄瓜苗期猝倒病，豌豆苗（丝囊霉）黑根病。②定植前，每公顷用50％代森锰锌可湿性粉剂75千克撒施，耙入土中，防治食用百合茎腐病。

（7）用新万生80％可湿性粉剂喷雾　将可湿性粉剂对水稀释后喷雾。①用500倍液，防治甜瓜蔓枯病，蚕豆炭疽病。②用500～600倍液，防治冬瓜和节瓜的黑星病，南瓜黑斑病，豌豆、扁豆、莴苣、莴笋等的锈病，豌豆、茼蒿、落葵等的炭疽病。③用600倍液，防治冬瓜和节瓜的黑斑病，甜瓜、菜豆等的炭腐病。④用800倍液，防治茄子斑枯病，甜（辣）椒（匐柄霉）白斑病。⑤用600～800倍液，防治保护地莴笋霜霉病。

（8）用大生80％可湿性粉剂喷雾　将80％可湿性粉剂对水稀释后喷雾，从发病前或初发病时开始施药，每隔7～10天喷1次，连喷4～6次，一般每公顷每次喷药液量，蔬菜为600～750千克，果树为3.0～4.5吨。①用400～600倍液，防治黄瓜霜霉病，西瓜炭疽病，番茄早疫病，辣椒疫病。也可在苗床期内喷药1～2次。②用500倍液，防治南瓜黑斑病，苦瓜炭疽病，瓠瓜子叶炭疽病，大白菜的霜霉病、黑斑病，莲藕褐纹病。③用500～600倍液，防治甜瓜炭腐病。④用600倍液，防治西瓜的叶枯病、黑斑病，甜瓜大斑病，苦瓜（链格孢）叶枯病，西芹和香芹的早疫病、斑枯病，茼蒿褐斑病，落葵蛇眼病。⑤用600～800倍液，防治葡萄霜霉病。

（9）用喷克80%可湿性粉剂喷雾　将80%可湿性粉剂对水稀释后喷施，每隔7～10天喷1次，连喷3～6次，每公顷每次的喷药液量，蔬菜为450～750千克，果树为3.0～4.5吨。①每公顷用80%可湿性粉剂2 295～2 955克，对水稀释后，在发病初期或爬蔓初期开始用药，防治黄瓜的霜霉病、黑斑病、角斑病、炭疽病、蔓枯病、黑星病；病害发生严重时期或年份，可用500倍液，用药间隔期为7天。②每公顷用80%可湿性粉剂2 295～2 955克，对水稀释后，在发病初期或开始爬蔓时喷药，防治西瓜、甜瓜、白兰瓜等的炭疽病、疫病、蔓枯病、霜霉病等。③每公顷用80%可湿性粉剂2 295～2 955克，在番茄苗期或定植后（移栽后）开始用药，防治番茄的早疫病、晚疫病、炭疽病、灰霉病、斑枯病、灰叶斑病等；也可在马铃薯苗高10～15厘米时开始喷药，防治马铃薯的晚疫病和早疫病。④用500～800倍液，在葡萄芽生长到1.5～4厘米时，开始喷药，防治葡萄的霜霉病、炭疽病、黑痘病、白腐病。⑤在桃花开后10天左右开始喷药，用800倍液，防治桃的褐腐病、炭疽病；用600倍液，防治桃的穿孔病、疮痂病。

（10）用速克净80%可湿性粉剂喷雾　用80%可湿性粉剂对水稀释后喷施。①每公顷用80%可湿性粉剂2 250～2 820克，对水300～750千克喷施，从发病初期或低温多湿时开始喷药，每隔5～7天喷药1次，防治马铃薯、番茄等的早疫病、叶霉病、晚疫病。②在发病初期，每公顷用80%可湿性粉剂1 500～1 950克，对水300～750千克喷雾，每隔10天喷1次，连喷4次，防治菜豆锈病。③在发病初期，每公顷用80%可湿性粉剂1 500～1 950克，对水600～750千克（升）喷施，每隔10天施药2次，连续3次，防治西瓜炭疽病。④在葡萄萌芽后，用80%可湿性粉剂600倍液，每隔2周（14天）施药，遇连续阴雨可适当缩短施药间隔，防治葡萄黑痘病。

(11) 用山德生 80％可湿性粉剂喷雾 用 80％可湿性粉剂，在发病前或发病初，对水稀释后喷施，每隔 7～10 天喷 1 次，连喷 3～4 次。①每公顷每次用可湿性粉剂 2 295～2 955 克，防治番茄早疫病。②每公顷每次用可湿性粉剂 1 800～2 700 克，防治黄瓜霜霉病。③每公顷每次用可湿性粉剂 2 400～3 000 克，对水量不少于 450 千克（升），防治甜椒疫病。④每公顷每次用可湿性粉剂 2 400～3 750克，防治西瓜炭疽病。⑤每公顷每次用可湿性粉剂 1 500～2 850克，防治葡萄霜霉病。

(12) 涂抹 用 70％代森锰锌可湿性粉剂与 50％多菌灵可湿性粉剂按 1：1 混配，用混配药剂 50 倍液涂抹嫩茎，防治石刁柏（芦笋）茎枯病。

(13) 使用混配剂喷雾 ①用 37.5％苦参·代森锰锌悬浮剂 800 倍液，防治石刁柏（芦笋）茎枯病。②用 53％精甲霜·锰锌水分散粒剂 500 倍液，防治蕹菜白锈病。

【注意事项】

(1) 在蔬菜收获前 15 天停用。本剂不能与碱性农药、化肥、含铜农药混用。

(2) 应在阴凉干燥处贮存。包装开口后未用完的药剂，应把袋口密闭封严后存放。

(3) 与三乙膦酸铝、腈菌唑、硫磺、氢氧化铜、氟吗啉、烯酰吗啉、噁唑菌酮、波尔多液（科博）等有混配剂，可见各条。

50. 甲霜·锰锌

【其他名称】 雷多米尔·锰锌、甲霜灵·锰锌、瑞毒霉·锰锌等。

【药剂特性】 本品为混配杀菌剂，有效成分为代森锰锌和甲霜灵。可湿性粉剂外观为黄色至浅绿色粉末，pH 为 6.5～8.5，在正常条件下贮存稳定期约为 3 年。对人、畜低毒。对病害具有保护、内吸和治疗等杀菌作用，耐雨水冲刷。

【主要剂型】58％可湿性粉剂。

【使用方法】用于喷雾、灌根、拌种及土壤处理等。

（1）喷雾　用58％可湿性粉剂对水稀释后喷施。①用400倍液，防治韭菜疫病。②用400～500倍液，防治黄瓜灰色疫病，冬瓜、节瓜、丝瓜、茄子等的绵疫病，番茄的早疫病、晚疫病，甜（辣）椒疫病，莴苣霜霉病，胡萝卜斑点病。③用500倍液，防治茄科蔬菜苗期猝倒病，番茄的绵疫病、茎枯病、斑枯病、黑斑病，茄子的早疫病、拟黑斑病、褐斑病、斑枯病、赤星病、果实疫病、（交链孢）果腐病，甜（辣）椒的叶枯病、黑斑病、黑霉病、（埃利德氏霉）黑霉病，马铃薯晚疫病，黄瓜的霜霉病、疫病、花腐病，南瓜黑斑病，西葫芦褐腐病，丝瓜绵腐病，苦瓜霜霉病，西瓜疫病，甜瓜叶斑病，豇豆疫病，蚕豆立枯病，扁豆的绵疫病、黑斑病，菜用大豆的（镰刀菌）根腐病、疫病，白菜类、甘蓝类、芥菜类、萝卜等的霜霉病，白菜类的黑斑病、白锈病、（萝卜链格孢）黑斑病、假黑斑病，芥菜类、青花菜、紫甘蓝等的黑斑病，萝卜的黑斑病、白锈病，薹菜的霜霉病、白锈病，大葱和洋葱的紫斑病，大葱和细香葱的疫病，大蒜疫病，菠菜的霜霉病、白锈病，莴苣和莴笋的轮斑病、霜霉病，蕹菜的褐斑病、白锈病、轮斑病、（旋花白锈菌）白锈病，苋菜白锈病，茼蒿和茴香的霜霉病，苦苣、苣荬菜、苦荬菜等的霜霉病，落葵苗腐病，叶荟菜（莙荙菜）霜霉病，西洋参疫病，石刁柏（芦笋）的紫斑病、（匐柄霉）叶枯病，枸杞炭疽病，百合的疫病、基腐病，马齿苋白锈病，反枝苋锈病，洋葱霜霉病，胡萝卜的黑斑病、黑腐病，芋疫病，莲藕的腐败病、褐纹病。④用500～600倍液，防治越瓜霜霉病。⑤用600倍液，防治青花菜霜霉病，山葵白锈病。⑥用800倍液，防治草莓（疫霉）果腐病。⑦用500～700倍液，防治仙人掌基腐病。⑧用600～800倍液，防治甜（辣）椒疫病。

（2）灌根　将58％可湿性粉剂对水稀释后，在发病初期开始灌根，每隔7～10天灌1次，发病重时，可缩短为5天灌1次，连灌3～4次，每株次灌药液0.3～0.5升。①用400～500倍液，防治甜（辣）椒疫病，黄瓜灰色疫病。②用 500 倍液，防治黄瓜和西瓜的疫病，番茄枯萎病，草莓（草莓疫霉）根腐病。③在黄瓜缓苗至结瓜期初见发病时，用 500 倍液，防治黄瓜（腐霉）根腐病，与其他药剂轮换灌根 2～3 次。④用 800 倍液，防治番茄（疫霉）根腐病。

（3）土壤处理　①将 58％可湿性粉剂对水稀释后，在初发病时喷淋苗床土，每平方米苗床上喷药液 2～3 升，酌情喷 1～2 次。用 500 倍液，防治茄科蔬菜猝倒病；用 800 倍液，防治黄瓜的（德里腐霉）猝倒病、（腐霉）根腐病，西瓜猝倒病。②每平方米苗床用 58％甲霜灵·锰锌可湿性粉剂 8～10 克、与 4～5 千克过筛干细土拌匀，制成药土，先浇足苗床底水（水温应与地温相近），待水渗下后，先把 1/3 的药土撒在苗床上，播种后再把 2/3 的药土撒在种子上，防治辣椒苗期疫病。③在定植前，每公顷用 58％甲霜灵·锰锌可湿性粉剂 15～22.5 千克与 225 千克细干土拌均匀，配成药土，将药土撒于地面，再翻耙入土，或在定植时，把药土施入定植沟内，防治辣椒疫病。

（4）拌种　用 58％可湿性粉剂拌种，用药量为马铃薯种薯块质量的 0.3％，防治晚疫病。

【注意事项】在蔬菜收获前 3 天停用。其他可参照代森锰锌和甲霜灵条。

51. 恶霜·锰锌

【其他名称】杀毒矾、恶唑烷酮、噁霜锰锌等。

【药剂特性】本品为混配杀菌剂，有效成分为代森锰锌和恶霜灵。恶霜灵属 2，6-二甲代苯胺类杀菌剂，对光、热稳定，对人、畜、鸟类、鱼类低毒，对蜜蜂有毒。可湿性粉剂外观为米色到浅黄色细粉末，对人、畜低毒，对蜜蜂有毒。对病害具有保护、治疗、铲除等杀菌作用，杀菌谱范围广，持效期 13～15 天。

【主要剂型】64％可湿性粉剂。

【使用方法】可用于喷雾、灌根、浸（拌）种及土壤处理。

（1）喷雾　将 64% 可湿性粉剂对水稀释后，在发病初期开始喷药。①用 400 倍液，防治黄瓜霜霉病，番茄茎枯病，茄子（交链孢）果腐病，韭菜的疫病和茎枯病，芥菜类黑斑病。②用 400～500 倍液，防治番茄斑枯病，茄子的早疫病、拟黑斑病、斑枯病，黄瓜花腐病，西葫芦褐腐病，冬瓜、节瓜、甜瓜、苦苣、苦苣菜、苣荬菜等的霜霉病，水芹锈病，大蒜疫病，葡萄的霜霉病、褐斑病、黑腐病、蔓割病。③用 500 倍液，防治黄瓜的灰色疫病、（叶点霉）叶斑病，冬瓜和节瓜的绵疫病，丝瓜绵腐病，苦瓜和越瓜的霜霉病，瓠瓜褐斑病，南瓜黑斑病，甜瓜大斑病，丝瓜绵疫病，番茄绵疫病，茄子的褐纹病、绵疫病、褐斑病、赤星病、果实疫病，甜（辣）椒的疫病、叶枯病、黑斑病，马铃薯的早疫病、晚疫病，大白菜炭疽病，白菜白粉病，白菜类、芥菜类、甘蓝类、萝卜等的霜霉病，白菜类的黑斑病、白锈病、（萝卜链格孢）黑斑病、假黑斑病，萝卜的黑斑病、白锈病，青花菜霜霉病，菜豆角斑病，豇豆的疫病、角斑病，扁豆绵疫病，大葱和洋葱的霜霉病、紫斑病、黑斑病，大蒜叶枯病，芹菜斑枯病，菠菜的霜霉病、黑斑病、白锈病，蕹菜的白锈病、褐斑病、（茄匐柄霉）叶斑病、（旋花白锈菌）白锈病，蕹菜的霜霉病、白锈病，苋菜、马齿苋、反枝苋、山葵等的白锈病，茼蒿、茴香、叶荟菜等的霜霉病，姜叶枯病，石刁柏（芦笋）的茎枯病、茎腐病，枸杞的炭疽病、灰斑病，百合疫病，芋疫病，莲藕褐纹病，草莓（疫霉）果腐病，莴苣和莴笋的霜霉病。④用 500～600 倍液，防治魔芋软腐病，每公顷每次喷药液750 千克（并掺入磷酸二氢钾 1.5～3.0 千克）。⑤用 800～1 000 倍液，防治保护地莴笋霜霉病。

（2）灌根　将 64% 可湿性粉剂对水稀释后，在发病初期，用药液灌根，酌情灌 2～3 次。①用 300 倍液，防治番茄枯萎病。②用500 倍液，防治甜（辣）椒疫病，黄瓜灰色疫病，石刁柏（芦笋）茎腐病，草莓（草莓疫霉）根腐病。③用 500 倍液，每平方米用 3 升药液，防治姜的（结群腐霉）软腐病和（简囊腐霉）根腐病，隔 10 天再灌 1 次。

（3）土壤处理　用 64%可湿性粉剂 500 倍液，在初发病时，每平方米苗床上喷淋 2～3 升药液，防治西瓜猝倒病。

（4）拌种　用 64%可湿性粉剂拌种，用药量为种子质量的 0.2%～0.3%，防治反枝苋白锈病。

（5）浸种　①用 64%可湿性粉剂 500 倍液，浸姜种 1 小时，再盖塑膜闷种 1 小时，晾干下播，防治姜的（结群腐霉）软腐病和（简囊腐霉）根腐病。②用 500 倍液浸种 30 分钟，取出晾干播种，防治魔芋白绢病、软腐病。

【注意事项】

（1）在蔬菜收获前 8 天停用。本剂不能与碱性农药混用。

（2）若田间病情较重，可适当提高用药量（即降低稀释倍数，如用 500 倍液改用 400 倍液）及适当缩短用药的间隔天数。

（3）应密封好，在通风干燥处贮存。

52. 安克·锰锌

【其他名称】烯酰吗啉·锰锌、烯酰·锰锌。

【药剂特性】本品为混配杀菌剂，有效成分为代森锰锌和烯酰吗啉。可湿性粉剂外观为绿黄色粉末，水分散粒剂外观为米色圆柱形颗粒、粒径为 3.76～3.86 微米，在 1%的水溶液中，pH 分别为 6～8 和 6.4～6.7，均在常温下贮存 2 年内稳定。对人、畜低毒。对病害具有内吸、预防和治疗等杀菌作用，耐雨水冲刷，持效期 7～10 天，宜在发病前或发病初期施药。

【主要剂型】69%可湿性粉剂，69%水分散粒剂。

【使用方法】将 69%可湿性粉剂或水分散粒剂对水稀释后喷雾、灌根、土壤处理等。

（1）喷雾　一般每隔 7～10 天喷药 1 次，连喷 3～4 次。①每公顷用本剂 1 500～1 995 克，防治十字花科蔬菜、黄瓜、苦瓜等的霜霉病；每公顷用本剂 1 995～2 505 克，防治马铃薯晚疫病，辣椒疫病。每公顷喷药液 900～1 200 千克。②每公顷用本剂 1 995～2 505 克，对水 2 250～3 000 千克，防治葡萄霜霉病。③每公顷用本剂 1 500～2000 克，对水 450～900 千克（升），防治白菜和油菜的霜霉病，西瓜的疫病和霜霉病，蛇瓜霜霉病，苦瓜、蛇瓜、瓠瓜等的疫病。④用 700 倍液，防治黄瓜霜霉病。⑤用 800～1 000 倍液，防治黄瓜疫病。⑥用 1 000 倍液，防治黄瓜灰色疫病，冬瓜和节瓜的绵疫病、绵腐病、霜霉病，西葫芦褐腐病，丝瓜绵腐病，苦瓜霜霉病，南瓜疫病，西瓜褐色腐败病，甜瓜的霜霉病、疫病，番茄的晚疫病、果实牛眼腐病，茄子果实疫病，蚕豆霜霉病，扁豆绵疫病，菜用大豆疫病，大蒜疫病，落葵苗腐病，叶菾菜（莙荙菜）霜霉病，大白菜霜霉病，白菜类的黑斑病、（萝卜链格孢）黑斑病、霜霉病，薹菜的霜霉病、白锈病，西洋参疫病，草莓（疫霉）果腐病，菊花霜霉病。⑦用 1 000～1 200 倍液，防治苦瓜猝倒病。⑧用 600 倍液，防治青花菜花球黑心病。⑨用 600～800 倍液，防治青花菜霜霉病。⑩用 800 倍液，防治甜椒疫病。

（2）灌根　①用 1 000 倍液，防治黄瓜灰色疫病，草莓（草莓疫霉）根腐病。②用 800 倍液，每穴每次灌药液 200～250 毫升，防治温室辣椒疫病。③用 1 000 倍液，防治番茄（疫霉）根腐病。

（3）土壤处理　①用 1 000 倍液，每平方米苗床上喷淋药液 2～3 升，防治黄瓜（德里腐霉）猝倒病，黄瓜幼苗（腐霉）根腐病，西瓜和甜瓜的猝倒病，酌情施药 1～2 次。②每平方米苗床用可湿性粉剂 8～10 克、与 4～5 千克过筛干细土拌匀，制成药土，先浇足苗床底水（水温应与地温相近），待水渗下后，先把 1/3 的药土撒在苗床上，播种后再把 2/3 的药土撒在种子上，防治辣椒苗期疫病。

（4）混配喷雾　用 69％安克·锰锌可湿性粉剂 1 600 倍液与 20％三唑酮乳油 2 000 倍液混配后，可在苦瓜霜霉病和白粉病混发时使用。

【注意事项】

（1）应避免长期单一使用本剂，在每季作物生长期内使用不得超过 4 次，应与其他类型药剂轮换使用。做好施药时的安全防护工作。

（2）在幼苗期用药或预防性施药，宜用低药量（高稀释倍数）；成株期发病后，宜用高药量（低稀释倍数）。

（3）在病原菌对甲霜灵、霜脲·锰锌、恶霜·锰锌等药剂已产生抗药性的地区，可选用本剂。

（4）应在通风干燥、阴凉处贮存。

53. 霜脲·锰锌

【其他名称】克露、克抗灵、锌锰克绝。

【药剂特性】本品为混配杀菌剂，有效成分为代森锰锌和霜脲氰。霜脲氰在中性、酸性及常效条件下稳定，对人、畜低毒，具有内吸杀菌作用。可湿性粉剂外观为淡黄色粉末，pH 为 6～8，在常温下可贮存 2 年。对病害具有治疗、保护等杀菌作用，并可促进蔬菜生长。

【主要剂型】72％可湿性粉剂、5％漂浮粉剂。

【使用方法】将 72％可湿性粉剂对水稀释后喷雾、浸种、灌根、处理土壤，或拌种，配制药土，或在保护地内喷施漂浮粉剂。

（1）喷雾　在发病前或发病初喷施，每隔 7～10 天喷 1 次，连喷 2～3 次。①用 500～700 倍液，防治番茄晚疫病，黄瓜霜霉病。②用 600 倍液，防治莴笋霜霉病，马铃薯晚疫病，茴香霜霉病。③用 600～700 倍液，防治蔬菜的霜霉病、疫病，茄子绵疫病，十字花科蔬菜白锈病，黄瓜炭疽病，番茄的早疫病、叶霉病、斑枯病，白菜的黑斑病、炭疽病。④用 700 倍液，防治大白菜的霜霉病、黑斑病。⑤用 600～800 倍液，防治青花菜、紫甘蓝、芥蓝、莴苣、菊苣、甜瓜等的霜霉病，黄瓜疫病。⑥用 800 倍液，防治冬瓜和节瓜的细菌性角斑病、绵腐病，西葫芦褐腐病，甜瓜、苦瓜、甜（辣）椒、叶荟菜、菊花等的霜霉病，白菜类的（萝卜链格孢）黑斑病、假黑斑病、霜霉病，薹菜的霜霉病、白锈病，菠菜和马齿苋的白锈病，大葱白色疫病，百合疫病，草莓（疫霉）果腐病，莲藕叶疫病，青花菜霜霉病，甜椒疫病，保护地番茄红粉病等。⑦用 800～900 倍液，防治冬瓜和节瓜的霜霉病，西瓜褐色腐败病，苦荬菜、苣荬菜等的霜霉病。⑧用 800～1 000 倍液，防治黄瓜灰色疫病，冬瓜和节瓜的绵疫病，甜瓜疫病，丝瓜绵腐病，番茄果实牛眼腐病，茄子果实疫病，蚕豆霜霉病，大蒜疫病，落葵苗腐病，西洋参疫病，石刁柏（芦笋）茎腐病，保护地莴苣霜霉病等。⑨用 1 000 倍液，防治菜用大豆疫病。⑩在发病前或发病初，每公顷用可湿性粉剂 1 125 克，防治马铃薯晚疫病，每公顷每次喷药液 750 千克。

（2）混配喷雾　①用 72％霜脲·锰锌可湿性粉剂 1 000 倍液与 72％农用硫酸链霉素可溶粉剂 4 000 倍液混配后，兼防治苦瓜细菌性角斑病和霜霉病。②用 72％霜脲·锰锌可湿性粉剂 1 000 倍液与 20％三唑酮乳油 2 000 倍液混配后，兼防治甜瓜的霜霉病和白粉病。③用 72％霜脲·锰锌可湿性粉剂 1 000 倍液与 50％苯菌灵可湿性粉剂 1 500 倍液混配后，兼防治甜瓜的霜霉病和炭疽病。

（3）喷漂浮粉剂　在每公顷保护地上，用 5％漂浮粉剂 15 千克，防治瓜类的霜霉病、疫病，番茄晚疫病，辣椒疫病，茄子绵疫病，白菜、葡萄等的霜霉病。

（4）灌根　在初发病时灌根。①用 800 倍液，防治草莓（草莓疫霉）根腐病。②用 800～1 000 倍液，每株次灌 300 毫升药液，每隔 10 天灌 1 次，连灌 2～3 次，防治番茄果实牛眼腐病，黄瓜灰色疫病，石刁柏（芦笋）茎腐病。③用 1 000 倍液，每平方米灌 3 升药液，防治姜的（结群腐霉）软腐病和（简囊腐霉）根腐病。④用 500 倍液，每穴每次灌药液 200～250 毫升，防治辣椒疫病。⑤用 600 倍液喷淋根茎部，防治茄子（烟草疫霉）茎腐病。⑥用 800 倍液灌根，防治番茄（疫霉）根腐病。

（5）土壤处理　①用 800～1 000 倍液，每平方米喷淋 2～3 升药液，防治西瓜猝倒病。②用 800 倍液，每平方米喷淋 3 升药液，防治甜瓜猝倒病。

（6）浸种　①用 72％霜脲·锰锌可湿性粉剂 1 000 倍液，浸种姜 1 小时，再盖塑膜闷种 1 小时，晾干播种，防治姜的（结群腐霉）软腐病和（简囊腐霉）根腐病。②用 600 倍液，均匀喷淋种薯，堆放好覆盖塑膜密闭 4～5 小时后，摊开晾干切块播种，防治马铃薯晚疫病。

（7）拌种　用72%霜脲·锰锌可湿性粉剂拌种，用药量为马铃薯种薯（块）质量的0.3%，防治晚疫病。

（8）药土　用72%霜脲·锰锌可湿性粉剂500倍药土，在每株南瓜根周撒110克药土，防治南瓜疫病。

【注意事项】

（1）不能与碱性农药、化肥等混用。

（2）在配制药液时，需先用少量水把药剂拌匀后，再加水稀释到使用浓度。注意安全防护。

（3）应密封后，在阴凉、干燥处贮存。

54. 代森锌

【其他名称】培金。

【药剂特性】本品属有机硫类杀菌剂，有效成分为代森锌，有臭鸡蛋味，吸湿性强，遇光、热、碱及吸湿后易分解。可湿性粉剂外观为灰白色或浅黄色粉末，pH为6～8，对人、畜为低毒，对皮肤、黏膜有刺激作用，对蜜蜂无害。对病害具有保护性杀菌作用，持效期约7天，宜在发病初期施药，但对白粉病防效差。

【主要剂型】65%、80%可湿性粉剂，4%粉剂。

【使用方法】用于喷雾、灌根、拌种及土壤处理等。

（1）用65%可湿性粉剂喷雾　将可湿性粉剂对水稀释后喷施。①用400～600倍液，防治大蒜煤斑病。②用500倍液，防治大蒜叶斑病，扁豆红斑病，水芹斑枯病，百合叶尖干枯病。③用500～700倍液，防治番茄灰霉病，冬瓜绵疫病。④用600倍液，防治莴苣和莴笋的锈病，荸荠茎腐病，草莓（拟盘多毛孢）根腐病，黄秋葵叶斑病。⑤用500～600倍液，防治豇豆煤霉病。⑥每公顷每次用65%可湿粉性剂1 800～2 250克，在石刁柏（芦笋）清园后，并在石刁柏宿根两侧开沟，露根暴晒2天，第1次用代森锌药液均匀喷洒石刁柏宿根，然后覆土合垄，2天后第2次用代森锌药液均匀喷洒石刁柏出土新笋和垄面，4天后第3次用代森锌药液均匀喷洒石刁柏出土新笋和垄面，每公顷每次喷药液675千克，合垄后

10天第4次用代森锌药液均匀喷洒石刁柏出土新笋和垄面，每公顷喷药液900千克，防治石刁柏茎枯病。

（2）用80％可湿性粉剂喷雾　将可湿性粉剂对水稀释后，每隔7～10天喷1次，连喷3次，每公顷每次喷药液450～900千克。①用500倍液，防治白菜、油菜、萝卜、甘蓝等十字花科蔬菜的霜霉病、黑斑病、白斑病、黑胫病、白锈病、炭疽病、软腐病、黑腐病、褐斑病，番茄的炭疽病、早疫病、晚疫病、斑枯病、轮纹病、叶霉病，茄子的绵疫病、褐纹病，辣椒炭疽病，菜豆的霜霉病、炭疽病、锈病，葱紫斑病，芹菜的叶斑病、晚疫病、斑点病，菠菜的霜霉病、白锈病，莴苣霜霉病。②用500～600倍液，防治瓜类蔬菜的霜霉病、炭疽病、蔓枯病、疫病，豆类蔬菜的炭疽病、轮纹病、霜霉病、锈病，马铃薯的晚疫病、早疫病、疮痂病、轮纹病、黑痣病，洋葱紫斑病。③用500～700倍液（有效浓度为1 143～1 600毫克/升），防治葡萄的黑腐病、软腐病、霜霉病、黑痘病、褐斑病、炭疽病，桃的缩叶病、穿孔病、锈病，花卉的黑斑病、炭疽病、叶斑病、锈病。

（3）混配喷雾　用65％代森锌可湿性粉剂500倍液与50％福美双可湿性粉剂500倍液混配后，防治黄瓜褐斑病。

（4）浸种　用80％可湿性粉剂500～600倍液，对马铃薯种薯进行浸种消毒，可防治马铃薯的早疫病、晚疫病、疮痂病、轮纹病、黑痣病。

（5）拌种　用65％代森锌可湿性粉剂拌种，用药量为种子质量的0.3％，防治甘蓝黑根病，白菜霜霉病，蔬菜的立枯病、猝倒病。

（6）灌根　用65％代森锌可湿性粉剂400倍液灌根，防治枸杞根腐病。

（7）土壤处理　①将65％代森锌可湿性粉剂与70％五氯硝基苯粉剂，按1∶1混配后拌匀，制成混剂（五代合剂），按每平方米苗床用五代合剂8～10克，与适量过筛后干细土混匀，制成药土，浇透水后，先把1/3药土铺于苗床上，播种后，再把2/3药土用来盖种，防治蔬菜苗期病害。②每公顷用 65％代森锌可湿性粉剂 7.5～11.25 千克，与 20 倍的细土拌匀后，穴施或沟施，防治甘蓝黑腐病。

【注意事项】

（1）在蔬菜收获前 15 天停用。本剂不能与碱性药剂或含铜药剂混用。在葫芦科蔬菜（瓜类）上慎用，先试后用，以避免药害。

（2）应在避光干燥、通风良好处密封贮存。

55. 丙森锌

【其他名称】安泰生、甲基代森锌等。

【药剂特性】本品属有机硫类杀菌剂，有效成分为丙森锌。制剂（可湿性粉剂）外观为米色粉末，pH 为 5.2，在常温下贮存稳定期 2 年以上。对人、畜低毒，对蜜蜂无毒，对鱼为中等毒性。对病害具有保护性杀菌作用，速效，持效期长，在推荐剂量下对作物安全。

【主要剂型】70％可湿性粉剂。

【使用方法】将 70％可湿性粉剂对水稀释后，在发病前或发病初喷施，每隔 5～10 天喷 1 次，连喷 3 次。①每公顷每次用可湿性粉剂 2 250～3 225 克（有效成分为 1 575～2 257.5 克），或用 500～700 倍液（即每 100 千克水中加入 70％可湿性粉剂 200～142 克），防治黄瓜、大白菜、葡萄等的霜霉病，番茄晚疫病。②每公顷每次用可湿性粉剂 1 875～2 812.5 克，或用 400～600 倍液，防治番茄早疫病。③用 500 倍液，防治芹菜叶斑病。

【注意事项】

（1）本剂不能和铜制剂或碱性农药混用。若先喷了这两类农药，须过 7 天后，才能喷施本剂。在施药过程中，注意个人安全防护。

（2）应在通风干燥、安全处贮存。

56. 代森铵

【其他名称】阿巴姆、铵乃浦等。

【药剂特性】本品属有机硫类杀菌剂，有效成分为代森铵，有硫化氢及氨臭味，易溶于水，水溶液较稳定，呈弱碱性，在空气中不稳定，遇酸或温度高于40℃时，易分解。水剂外观为橙黄色或黄绿色透明液体，pH为9～10。对人、畜为中等毒性，对皮肤有刺激作用，对鱼低毒。对病害具有保护、渗入及治疗等杀菌作用。

【主要剂型】

（1）单有效成分　45％、50％水剂。

（2）双有效成分混配　与多菌灵：20％代铵·多菌灵悬浮剂。

【使用方法】用于喷雾、灌根、浸种、土壤处理等。

（1）用45％水剂喷雾　将水剂对水稀释后喷施。①用400倍液，在甘蓝采种株入窖前，及倒窖前，喷雾处理1～2次，可控制黑腐病蔓延。②用900倍液，防治黄瓜的炭疽病、白粉病、霜霉病、细菌性角斑病，甜瓜白粉病，番茄叶霉病，茄子绵疫病，白菜的白粉病、白斑病、黑斑病、软腐病，菜豆的炭疽病、白粉病，蕹菜白锈病，芹菜晚疫病，菠菜和莴苣的霜霉病，桃褐腐病，甘蓝黑腐病。③用1 000倍液，防治蕹菜轮斑病，豆类白粉病，黄花菜白绢病。

（2）用50％水剂喷雾　将水剂对水稀释后喷施。①用600倍液，防治魔芋软腐病。②用1 000倍液，防治黄瓜细菌性角斑病，茄果类的疮痂病、青枯病、溃疡病。③用1 000倍液，喷洒植株茎基部及附近地面，防治黄花菜（金针菜）白绢病。

（3）灌根　①用50％水剂1 000倍液灌根，每隔7～10天灌1次，连灌2～3次，每株次灌药液0.5升，防治茄果类的青枯病、溃疡病，瓜类枯萎病。②用45％水剂500倍液灌根，防治枸杞根腐病。③用45％水剂500倍液，在植株周围打孔灌根，每株灌250毫升药液，防治姜青枯病。

（4）处理土壤　用45％水剂200～300倍液，喷淋苗床土壤，每平方米用药液2～4升；也可用1 000倍液，在苗期浇灌，可防治茄果类及瓜类蔬菜苗期病害，黄瓜的枯萎病和细菌性萎蔫病，菜豆根腐病。

（5）浸种　①用 45％水剂对水稀释后浸种，然后用清水洗净晾干播种，药液浓度和浸种时间长短，因病而异，用 200 倍液，浸种 15 分钟，防治白菜黑斑病，甘蓝的黑腐病、黑胫病；用 300 倍液，浸种 15～20 分钟，防治白菜类的黑腐病、根肿病，青花菜和紫甘蓝的黑腐病。②用 50％水剂 1 000 倍液，浸泡魔芋种薯 20～30 分钟，取出晾干播种，防治软腐病。

（6）架杆灭菌　将 50％水剂对水稀释后，用药液喷淋或洗刷旧架杆，进行灭菌处理。①用 800 倍液，防治菜豆炭疽病。②用 1 000 倍液，防治蚕豆炭疽病。

【注意事项】

（1）不能与碱性物质及含铜药剂混用。气温高时，对豆类易产生药害，应慎用。

（2）应在避光干燥，通风良好处贮存。

57. 代森环

【药剂特性】本品属有机硫类杀菌剂，有效成分为代森环，对光、热较稳定，遇碱分解失效，可燃烧。对人、畜、鱼类低毒。对病害具有保护性杀菌作用，持效期较长。

【主要剂型】50％可湿性粉剂。

【使用方法】用于喷雾、拌种及配制药土。

（1）喷雾　将 50％可湿性粉剂对水稀释后，在发病前或发病初喷施。①用 400～600 倍液，防治白菜的霜霉病、白斑病、黑斑病、软腐病，甘蓝黑腐病，番茄的早疫病、晚疫病、叶霉病、斑枯病，茄子的绵疫病、褐纹病，辣椒炭疽病，马铃薯的晚疫病、早疫病、疮痂病，豆类的锈病、炭疽病、白粉病，洋葱紫斑病，芹菜斑枯病，葡萄的黑痘病、白腐病，桃的炭疽病、缩叶病、细菌性穿孔病。②用 500 倍液，在入窖前处理种株，倒窖前再处理 1～2 次，防治甘蓝黑腐病。③用 500～600 倍液，防治辣（甜）椒的褐斑病（色链隔孢）叶斑病。

（2）拌种　用 50％可湿性粉剂拌种，用药量为种子质量的

0.3%，防治蔬菜苗期猝倒病、立枯病。

（3）**土壤处理**　每公顷用 50%可湿性粉剂 7.5～11.25 千克，拌 150 千克过筛细土，混匀后穴施或条施，防治甘蓝黑腐病。

【注意事项】本剂不能与碱性农药混用。在阴凉干燥处贮存本剂。

58.　福美双

【其他名称】阿锐生、赛欧散、秋兰姆等。

【药剂特性】本品属有机硫类杀菌剂，有效成分为福美双，遇碱易分解。可湿性粉剂外观为灰白色粉末，pH 为 6～7，在常温下贮存 2 年有效成分变化不大。对人、畜为中等毒性，对皮肤和黏膜有刺激作用。对病害具有保护性杀菌作用。

【主要剂型】

（1）**单有效成分**　50%可湿性粉剂。

（2）**双有效成分混配**　①与福美锌：40%、60%、80%炭疽福美可湿性粉剂，60%福·福锌可湿性粉剂。②与百菌清：70%百·福可湿性粉剂。③与甲基硫菌灵：40%、50%、70%甲硫·福美双可湿性粉剂。④与多菌灵：30%、40%、50%、60%多·福可湿性粉剂，15%多·福种子处理制剂。⑤与三唑酮：40%唑酮·福美双可湿性粉剂。⑥与拌种灵：8%、40%福美·拌种灵可湿性粉剂（拌种双），10%福美·拌种灵种子处理制剂。⑦与甲霜灵：35%甲霜·福美双可湿性粉剂。⑧与腐霉利：25%腐霉·福美双可湿性粉剂。⑨与甲基立枯磷：20%甲枯·福美双种子处理制剂。

（3）**三有效成分混配**　①与福美锌和福美甲胂：50%胂·锌·福美双可湿性粉剂（退菌特）。②与拌种灵和五氯硝基苯：20%、40%五氯·拌·福可湿性粉剂。③与多菌灵和福美锌：80%福·锌·多菌灵可湿性粉剂（绿亨 2 号）

【使用方法】可用于拌种、浸种、喷雾、涂抹及土壤处理等。

（1）**拌种**　用 50%福美双可湿性粉剂拌种，用药量因病而异。①用药量为种子质量的 0.2%（即 1 千克种子用药剂 2 克），防治萝卜黑腐病,大葱和洋葱的黑粉病。②用药量为种子质量的0.25%,防治茄子、瓜类、甘蓝、花椰菜、莴苣、蚕豆等的苗期立枯病、猝倒病。③用药量为种子质量的0.3%,防治冬瓜和节瓜的枯萎病、蔓枯病,瓠瓜和佛手瓜的蔓枯病,西瓜褐腐病,茄子的黄萎病、褐纹病、枯萎病,菜豆和豇豆的细菌性疫病,蚕豆的炭疽病、立枯病,菜用大豆的(镰刀菌)根腐病、荚枯病,胡萝卜的斑点病、黑斑病、黑腐病,甘蓝类黑根病,花椰菜黑腐病,青花菜霜霉病,根芥菜黑粉病。④用药量为种子质量的0.3%~0.4%,防治大白菜的霜霉病、黑斑病、白锈病,甘蓝的黑腐病、黑斑病、霜霉病、根朽病,萝卜的锈病、黑斑病,黄瓜的疫病、黑星病、菜豆的细菌性叶烧病、褐斑病。⑤用药量为种子质量的0.4%,防治大白菜的软腐病、炭疽病、白斑病,白菜霜霉病,菜豆炭疽病,白菜类的黑斑病、黑胫病,甘蓝黑胫病,芥菜类和萝卜的黑斑病。⑥用药量为种子质量的0.8%,防治豌豆的褐斑病、立枯病,黄瓜和大葱的立枯病。

(2)混配拌种　用50%福美双可湿性粉剂1份、50%苯菌灵可湿性粉剂1份、泥粉3份,把三者混匀,制成药泥粉,用种子质量0.1%的药泥粉拌种,防治茄子的褐纹病、赤星病。

(3)浸种　用50%福美双可湿性粉剂对水稀释后浸种,然后用清水洗净后催芽播种或晾干播种,药液浓度和浸种时间长短因病而异。①用500倍液,浸种20分钟,防治黄瓜的蔓枯病、炭疽病。②用1 000倍液,浸泡马铃薯种薯(块)10分钟,防治马铃薯立枯丝核菌病。

(4)混配浸种　用50%福美双可湿性粉剂800倍液与50%多菌灵可湿性粉剂800倍液混配,用混配药液浸泡辣椒种子60分钟,捞出用清水洗净催芽,防治辣椒的炭疽病、白星病、褐斑病。

(5)喷雾　将50%福美双可湿性粉剂对水稀释后喷施。①用300倍液,喷淋保护地内的墙壁、立柱、薄膜、地面(在翻地前),进行表面灭菌处理,可减少莴苣灰霉病和菌核病的发生。②用400

倍液，防治芹菜斑枯病。③用 500 倍液，防治黄瓜褐斑病，茄子黑枯病，慈姑黑粉病，莴苣穿孔病，大白菜黑斑病。④用 500～600 倍液，防治山药斑纹病。⑤用 600～800 倍液，防治蕹菜炭疽病，黄瓜的白粉病、炭疽病、霜霉病，马铃薯和番茄的晚疫病，白菜霜霉病。⑥用 800 倍液，防治大白菜软腐病。

（6）**混配喷雾** ①用 50%福美双可湿性粉剂 800 倍液与 72.2%普力克水剂 800 倍液混配，每平方米苗床上喷淋药液 2～3 升，每隔 7～10 天喷 1 次，酌情连喷 2～3 次，防治茄科蔬菜幼苗、冬瓜、节瓜等的立枯病和猝倒病混发，豌豆苗立枯（茎基腐）病和猝倒病混发。②用 50%福美双可湿性粉剂 800 倍液与 70%代森锰锌可湿性粉剂 800 倍液混配，防治冬瓜和节瓜的褐斑病。③用 50%福美双可湿性粉剂 1 000 倍液与 50%苯菌灵可湿性粉剂 1 000 倍液混配，防治苦苣褐斑病。④用 50%福美双可湿性粉剂 500 倍液与 65%代森锌可湿性粉剂 500 倍液混配后，防治黄瓜褐斑病。

（7）**灌根** 在发病初期，用药液灌根，每隔 7～10 天灌 1 次，病重时可间隔 5 天，连灌 3～4 次，每株次灌药液 0.3～0.4 升，药液浓度因病而异。①用 40%福美双可湿性粉剂 800 倍液与 25%甲霜灵可湿性粉剂 800 倍液混配，防治黄瓜疫病，茄子（致病疫霉）果实疫病。②用 40%福美双可湿性粉剂 300～400 倍液，防治叶甜菜（莙荙菜）根腐病。

（8）**土壤处理** 用 50%福美双可湿性粉剂处理土壤。①每公顷用可湿性粉剂 11.25 千克，对水 150 千克，喷淋到 1 500 千克细土中，拌匀制成药土，先将药土施入播种穴内，再播种或定植，防治萝卜黑腐病，草莓细菌性叶斑病。②每平方米苗床上用可湿性粉剂 8～10 克，与 2 千克（或适量）细土拌匀，制成药土，浇好底水后，先将 1/3 药土撒于畦面，播种后，再把余下的 2/3 药土盖在种子上，防治茄子的褐纹病、赤星病，黄瓜（腐霉）根腐病等。③每公顷用可湿性粉剂 15 千克，与 1 200～1 500 千克细土拌匀后，撒施，防治大葱和洋葱的黑粉病。④每穴施可湿性粉剂 0.2 克，防治花椰菜黑腐病。⑤每立方米苗床土用可湿性粉剂

150 克，拌匀后装入营养钵或穴盘内育苗，防治黄瓜（腐霉）根腐病。

（9）混配处理土壤　①用 50％福美双可湿性粉剂和 40％五氯硝基苯粉剂，按 1∶1 混匀，每平方米苗床上用混配药剂 8～10 克，与 3～4.5 千克或 10～15 千克细土拌匀（种子大用土多），制成药土，浇好底水后，先将 1/3 的药土撒于畦面，播种后，再把余下的 2/3 的药土覆盖在种子上，防治茄科蔬菜幼苗立枯病、蚕豆立枯病，菜用大豆（镰刀菌）根腐病，甘蓝类的黑根病、黑胫病。②用 50％福美双可湿性粉剂与 70％甲基硫菌灵可湿性粉剂，按 1∶1 混配，每千克混剂再与 50 千克细土混匀，制成药土，先将药土施入定植穴内，再栽苗，防治茄果类蔬菜的枯萎病、黄萎病，瓜类蔬菜枯萎病，每公顷用药（甲硫·福美双混剂）37.5 千克。③用 50％福美双可湿性粉剂 1 份与 25％甲霜灵可湿性粉剂 1 份混匀，再拌适量干细土，拌匀制成药土，撒于病苗四周，防治黄瓜、番茄、茄子、辣椒等的立枯病、猝倒病、根腐病。

（10）涂抹　①用甲硫·福美双混剂（见前）50 克，加面粉 500 克，用水调成糊状，涂于发病黄瓜茎基部，防治枯萎病。②用 50％福美双可湿性粉剂 200 倍液与 40％五氯硝基苯粉剂 200 倍液混配，将混配药液涂抹于病株茎基部，防治番茄茎基腐病。

（11）使用混配剂喷雾　①在 6 月初莲叶斑病发生前，用绿亨二号 600 倍液（并加入 0.2％中性洗衣粉），在喷雾过程，喷头抬高，雾滴要细、要匀，一扫而过，叶片正反面均喷到，切不能反复多次喷，否则药液易聚而滑落。②用绿亨二号可湿性粉剂 700 倍液，防治豇豆煤霉病。

【注意事项】

（1）本剂不能与含铜药剂或碱性物质混用，或前后紧接使用，要保持一定的间隔天数。施药过程中，做好个人安全防护。

（2）与溴菌清、硫磺、代森锰锌、烯酰吗啉、啶菌恶唑等有混配剂，可见各条。

59. 福美锌

【其他名称】什来特。

【药剂特性】本品为有机硫类杀菌剂，有效成分为福美锌，遇酸易分解，暴露在空气中也能分解。对人、畜低毒，对皮肤、眼及上呼吸道有刺激作用。可湿性粉剂外观为白色。对病害具有预防和保护性杀菌等作用。

【主要剂型】65％可湿性粉剂。

【使用方法】在发病前，用65％可湿性粉剂300～500倍液，喷雾防治白菜的霜霉病、白斑病、黑斑病，黄瓜的霜霉病、细菌性角斑病，番茄的早疫病、晚疫病、炭疽病、斑枯病，辣椒炭疽病，马铃薯晚疫病，洋葱紫斑病，葡萄的炭疽病、白粉病，桃的炭疽病、褐腐病。

【注意事项】本剂不能用铁质容器贮存。其他可参照代森锌。与福美双、多菌灵、福美甲胂等有混配剂，可见各条。

60. 福·福锌（80％可湿性粉剂）

【其他名称】炭疽福美。

【药剂特性】本品为混配杀菌剂，有效成分为福美双和福美锌。可湿性粉剂外观为灰色粉末。对人、畜低毒，对皮肤、眼及上呼吸道有刺激作用。对病害具有预防和治疗等杀菌作用。

【主要剂型】80％可湿性粉剂。

【使用方法】在发病前，将80％可湿性粉剂对水稀释后喷雾，每隔7～10天喷1次，连喷2～3次。①用500～600倍液，防治黄瓜和西瓜的炭疽病。②用600倍液，防治大白菜、小白菜、菜心等的绵腐病，魔芋炭疽病。③用800倍液，防治冬瓜、节瓜、番茄、甜（辣）椒、菜豆、蚕豆、豌豆、大葱、洋葱、白菜类、菠菜、冬寒菜、苋菜、芋、石刁柏（芦笋）、枸杞、山药、霸王花等的炭疽病，茨的黑斑病、炭疽病，黄瓜红粉病，苦瓜蔓枯病，大白菜褐斑病，莲藕腐败病。

【注意事项】本剂不能与铜制剂混用，可与一般杀菌剂混用。

本剂宜在阴凉干燥处贮存。

61. **福·福锌** （60％可湿性粉剂）

【其他名称】福美双·锌、炭疽停、炭疽灵。

【药剂特性】本品为混配杀菌剂，有效成分为福美双和福美锌。制剂（可湿性粉剂）外观为灰白色疏松粉末。对人、畜、鱼类、贝类、蜜蜂低毒。对病害具有两种农药的杀菌机制，适宜防治炭疽病，兼治枯萎病、疫病等。

【主要剂型】60％可湿性粉剂。

【使用方法】将60％可湿性粉剂对水稀释后喷雾。①用700～900倍液，防治菜豆炭疽病。②用800～1 000倍液，防治黄瓜、西瓜、葡萄等的炭疽病，黄瓜的疫病、枯萎病，西瓜枯萎病。③用1 000～1 200倍液，防治桃炭疽病。

【注意事项】

（1）在蔬菜收获前7天停用。本剂不能与碱性农药混用。

（2）不宜在中午气温高时喷药，施药后遇雨应及时补喷。

（3）应存放在阴凉干燥处，质量保证期2年。

62. **多·福** （增效）

【其他名称】黑星灵、黑星停。

【药剂特性】本品为混配杀菌剂，有效成分为福美双和多菌灵，并加入表面活性剂。对人、畜、鱼类、贝类、蜜蜂低毒。对病害具有预防、保护和治疗等杀菌作用，在作物上有良好的渗透性、附着性和展布性。

【主要剂型】60％可湿性粉剂。

【使用方法】将60％可湿性粉剂对水稀释后，进行喷雾，每隔5～7天喷1次，连喷2～4次。①用500～600倍液，防治西瓜黑星病。②用800～1 000倍液，防治辣椒疫病，番茄晚疫病。

【注意事项】

（1）在作物收获前7天停用。本剂不能与碱性农药混用。不能在中午气温高时使用本剂。施药后遇雨，应及时补喷。

（2）应在阴凉干燥处贮存。质量保证期 2 年。

63. 多·福

【其他名称】多福合剂。

【药剂特性】本品为混配杀菌剂，有效成分为多菌灵和福美双。可湿性粉剂外观为炭褐色粉末。对人、畜低毒。具有两种杀菌剂的杀菌范围，并有增效和延缓抗药性产生的作用。

【主要剂型】60％可湿性粉剂。

【使用方法】可用于喷雾或拌种。

（1）喷雾　将 60％可湿性粉剂对水稀释后喷雾。①用 500～600 倍液，防治葡萄的白腐病、炭疽病。②用 600 倍液，防治白菜类黑胫病，甘蓝的黑胫病、黑根病。

（2）拌种　用 60％可湿性粉剂拌种，用药量为种子质量的 0.2％，防治甘蓝和花椰菜的黑腐病。

【注意事项】不能与含铜农药、含氯农药及碱性农药混用。药液应随配随用。应在通风干燥处贮存本剂。

64. 甲硫·福美双

【其他名称】复方硫菌灵，丰米。

【药剂特性】本品为混配杀菌剂，有效成分为福美双和甲基硫菌灵。对人、畜低毒。对病害具有预防和治疗等杀菌作用。

【主要剂型】50％可湿性粉剂。

【使用方法】可用于喷雾或灌根。

（1）喷雾　将 50％可湿性粉剂对水稀释后喷雾。①用 600～800 倍液，防治葡萄的白腐病、黑痘病、房枯病。②用 800 倍液，防治菜豆的轮纹病，褐斑病，豇豆和四棱豆的斑枯病，豌豆黑斑病。③用 1 000 倍液，防治菜豆斑点病，姜和葛的炭疽病，山药（围小丛壳）炭疽病。

（2）灌根　将 50％可湿性粉剂对水稀释后灌根。①每公顷用本剂3 000克，在黄瓜幼苗有 7～8 片叶时灌根，防治枯萎病。②在西瓜苗期，每公顷用本剂 4 500～6 000 克，灌根；并在西瓜团棵期，用400～600 倍液喷雾，防治枯萎病。

【注意事项】不能与碱性药剂或含铜药剂混用。在施药时，做好个人的安全防护。

65. 福美·拌种灵

【其他名称】拌种双。

【药剂特性】本品为混配杀菌剂，有效成分为福美双和拌种灵。拌种灵对碱较稳定，pH 为 7.0～7.5，遇酸则形成盐，对人、畜低毒。可湿性粉剂外观为米黄色流动性良好的粉末，在常温下贮存 2 年，相对分解率小于 5%。对病害具有内吸杀菌作用，防治效果优于各单剂。

【主要剂型】40% 可湿性粉剂。

【使用方法】主要用于拌种或土壤处理。

（1）拌种　用 40% 可湿性粉剂拌种，用药量因病而异。①用药量为种子质量的 0.2%，防治茄科蔬菜幼苗立枯病，落葵的茎基腐病和茎腐病，白菜类（瓜果腐霉）猝倒病，冬瓜和节瓜的立枯病。②用药量为种子质量的 0.3%，防治蚕豆立枯病，菜用大豆（镰刀菌）根腐病，甜瓜枯萎病，甘蓝根肿病，胡萝卜的黑斑病、黑腐病、斑点病。③用药量为种子质量的 0.83%，防治薏苡黑穗病。

（2）土壤处理　用 40% 可湿性粉剂进行土壤处理，用药量因病而异。①每公顷用本剂 45～60 千克，对细土 600～750 千克，拌匀制成药土，播种前，把药土撒于播种沟内或定植穴内，防治甘蓝根肿病。②每平方米用本剂 9 克，与土混匀后，再把带药表土堆放在病株基部，防治番茄茎基腐病。③用本剂 1 千克，与 25～30 千克细土混匀，制成药土，在定植穴周围 0.11 米^2 内撒药土，与土混匀，过 2～3 天后再播种，也可用粉碎的饼肥代替细土，防治西瓜枯萎病。④每平方米苗床用可湿性粉剂 8 克，与 4～5 千克过筛干细土拌匀，制成药土，先浇好底水，待水渗下后，先取 1/3 的药土撒于苗床畦面，播种后，再把余下的 2/3 的药土覆盖在种子上，防治黄瓜的猝倒病、立枯病，茄科蔬菜幼苗立枯病，冬瓜和节瓜的立枯病、根腐病，豌豆苗（丝囊霉）黑根病，落葵的茎基腐病、茎腐病，蔬菜苗期立枯病。

（3）喷雾　用 40％福美·拌种灵可湿性粉剂 400 倍液喷雾，防治黄瓜霜霉病。

（4）灌根　用 40％福美·拌种灵可湿性粉剂 400 倍液灌根，防治西瓜枯萎病。

【注意事项】应贮存在阴凉干燥处。

66. 福美双·甲霜灵·稻瘟净

【其他名称】立枯净。

【药剂特性】本品为混配杀菌剂，有效成分为福美双、甲霜灵和稻瘟净。稻瘟净属有机磷类杀菌剂，对光或遇酸稳定，遇碱及长时间在高温下易分解，对人、畜为中等毒性，对鱼类、贝类毒性较低，具有内吸渗透杀菌作用。制剂（可湿性粉剂）外观为灰色粉末，对人、畜和动物安全，在常温下贮存稳定期 2 年。适于防治多种土传病害，具有高效、使用安全等特点。

【主要剂型】50％可湿性粉剂。

【使用方法】若在发病前使用，每平方米苗床上用本剂 2～3克，对水 2～3 千克（升）稀释为 1 000 倍液，喷淋幼苗；若发病后使用，每平方米苗床用本剂 2～3 克，对水 1.6～2.4 千克稀释为800 倍液，喷淋幼苗；每隔 7～10 天施药 1 次，连施 2～3 次，防治黄瓜、番茄、辣椒等的立枯病、枯萎病。

【注意事项】

（1）本剂不能与碱性药剂混用。在稀释配药时应充分搅拌。用药液量要足，以便药液能渗入苗床土层中。要注意安全防护。

（2）应在通风干燥、安全处贮存。

67. 福美胂

【其他名称】阿苏妙、三福胂。

【药剂特性】本品属有机胂类杀菌剂，有效成分为福美胂，在空气中稳定，遇浓酸或热酸则分解。可湿性粉剂外观为灰色粉末，在干燥条件下贮存较稳定。对人、畜为中等毒性，是强致敏及皮肤刺激物。对病害具有铲除、治疗和保护等杀菌作用，持效期长。

【主要剂型】40％可湿性粉剂。

【使用方法】将40％可湿性粉剂对水稀释后喷雾。①用300～500倍液，防治黄瓜的白粉病、霜霉病，豆类的锈病、白粉病，辣椒炭疽病，白菜霜霉病。②用400～600倍液，防治茄子霜霉病。③用500～700倍液，防治葡萄的白腐病、霜霉病。

【注意事项】

（1）本剂不能与碱性物质或含铜药剂混用。在施药过程中，要注意安全防护。

（2）应在通风干燥、避光处贮存。

68. 田安

【其他名称】甲胂酸铁铵、胂铁铵、甲基胂酸铁铵。

【药剂特性】本品属有机胂类杀菌剂，有效成分为田安，具有氨臭味，易挥发，可溶于水，在遇酸或遇碱时均会分解，在一般情况下稳定，对光、热稳定。对人、畜低毒，对皮肤、黏膜有刺激作用。水剂外观为深棕色酱油状液体，无沉淀、不结胶，pH为8～9，在常温下贮存稳定。对病害具有保护、内吸及治疗等杀菌作用，持效期10～15天。

【主要剂型】5％水剂。

【使用方法】可用于喷雾或灌根。

（1）喷雾　将5％水剂对水稀释后喷施。①用300～400倍液，防治菱角纹枯病，豆瓣菜丝核菌病。②用400倍液，防治茭白纹枯病。③用500倍液（有效浓度为100毫克/千克），防治葡萄的炭疽病、白腐病、白粉病，桃炭疽病。④用500～600倍液，防治姜纹枯病。

（2）灌根　将5％水剂对水稀释为500～600倍液，灌根防治薄荷、菊花等的白绢病，每株次灌药液400～500毫升。

【注意事项】

（1）在葡萄收获期不能使用本剂。本剂不能与碱性农药及硫酸铜等农药混用。药液应现配现用，不宜久存。

（2）在高温季节的中午，不宜使用本剂。在施药过程中，应做好安全防护工作。

（3）应密封好，在阴凉干燥处贮存。

69. 胂·锌·福美双

【其他名称】退菌特、三福美。

【药剂特性】本品为混配杀菌剂，有效成分为福美双、福美锌、福美甲胂。福美甲胂属有机胂类杀菌剂，难溶于水，能溶于碱性溶液中，遇酸分解，对人、畜为中等毒性。可湿性粉剂外观为灰白色或淡黄色微细粉末，有鱼腥味，pH 为 6～7，在高温、高湿条件下贮存易变质。对人、畜为中等毒性，对皮肤、黏膜有刺激作用。对病害具有保护性杀菌作用，杀菌范围广。

【主要剂型】50％可湿性粉剂。

【使用方法】可用于喷雾或拌种。

（1）喷雾　将 50％可湿性粉剂对水稀释后喷雾，每隔 7～10 天喷 1 次。①用 500 倍液，防治甜椒白星病，大蒜叶枯病，月季黑斑病，杜鹃瘿瘤病。②用 500～1 000 倍液，防治黄瓜的白粉病、霜霉病、细菌性角斑病，白菜的霜霉病、白斑病、黑斑病，莴苣和菠菜的霜霉病，葡萄的炭疽病、黑痘病、白腐病、白粉病。

（2）拌种　用 50％可湿性粉剂拌种，用药量为种子质量的 0.3％，防治西瓜和甜瓜的叶枯病。

【注意事项】

（1）在蔬菜等收获前 30 天停用。本剂不能与含铜药剂混用。在作物上残留有含铜药剂时，也不能再使用本剂。

（2）可与一般有机磷类杀虫剂混用，但应随配随用，不宜久存。在配制药液时，先用少量水把本剂调成糊状，再加水稀释到所用浓度。使用时，在药粉中加入适量消石灰可减轻或避免药害。

（3）应在阴凉干燥处贮存。

70. 克菌丹

【其他名称】开普顿。

【药剂特性】本品属有机硫类杀菌剂，有效成分为克菌丹，在中性及酸性条件下稳定，遇碱、遇高温易分解。工业品外观为黄棕色粉末，有刺激性臭味，具有吸湿性。对人、畜低毒，对皮肤有刺激作用，对鱼类有毒。对病害具有保护和治疗等杀菌作用。

【主要剂型】40％、50％可湿性粉剂。

【使用方法】用于喷雾、拌种及土壤处理。

（1）用40％可湿性粉剂喷雾　将可湿性粉剂对水稀释后喷施。①用300～400倍液，防治胡萝卜的黑斑病、黑腐病。②用400倍液，防治番茄、甜（辣）椒、芥菜类、白菜类、萝卜、莴苣、莴笋等的黑斑病，马铃薯早疫病。③用400～500倍液，防治黄瓜黑斑病。④用500倍液，防治番茄灰叶斑病。

（2）用50％可湿性粉剂喷雾　将可湿性粉剂对水稀释后喷施。①用400倍液，防治甘蓝类黑斑病，茄子的早疫病、拟黑斑病。②用400～600倍液，防治菜豆、蚕豆等的炭疽病、立枯病、根腐病。③用500倍液，防治白菜霜霉病。④用500～800倍液，防治多种蔬菜的霜霉病、白粉病、炭疽病，番茄、马铃薯等的早疫病、晚疫病。⑤用500～800倍液，防治仙人掌（交链孢）金黄色斑点病。

（3）拌种　用50％可湿性粉剂拌种，用药量因病而异。①用药量为种子质量的0.2％，防治茄子的黄萎病、枯萎病、褐纹病。②用药量为种子质量的0.4％，防治番茄的枯萎病、叶霉病。

（4）土壤处理　每公顷苗床用50％可湿性粉剂7.5千克，与225～375千克干细土拌匀，制成药土，并把药土均匀撒于苗床土表面，再掺拌，防治多种蔬菜苗期的立枯病、猝倒病。

【注意事项】不能与碱性农药混用。在施药过程中注意安全防护。应密封后，在阴凉干燥处贮存。

71. 灭菌丹

【其他名称】费尔顿、法尔顿、法丹、苯开普顿。

【药剂特性】本品属有机硫类杀菌剂，有效成分为灭菌丹，在干燥、中性及酸性条件下稳定，在常温下遇水会缓慢分解，遇碱或高温易分解。可湿性粉剂外观为淡黄色粉末。对人、畜毒性很低，对黏膜有刺激作用，对鱼有毒。对病害具有保护性杀菌作用，对作物生长有刺激作用，适用于对铜制剂敏感的作物（如白菜）。

【主要剂型】25％、40％、50％可湿性粉剂。

【使用方法】可用于喷雾或拌种。

（1）用40％可湿性粉剂喷雾　将可湿性粉剂对水稀释后喷施。①用200～300倍液，防治葡萄白粉病。②用400倍液，防治萝卜、冬瓜、节瓜等的黑斑病，白菜类的（萝卜链格孢）黑斑病和假黑斑病，番茄煤污病。③用400～500倍液，防治苦瓜（链格孢）叶斑病。④用500倍液，防治菊花灰霉病。

（2）用50％可湿性粉剂喷雾　将可湿性粉剂对水稀释后喷施。①用500～600倍液，防治番茄、马铃薯等的晚疫病，瓜类、葡萄等的霜霉病、白粉病，大白菜霜霉病。②用600～800倍液，防治豇豆的白粉病、轮纹病，香瓜白粉病。③用500倍液，防治甜（辣）椒白粉病。

（3）拌种　用40％可湿性粉剂拌种，用药量为种子质量的0.4％，防治萝卜黑斑病。

【注意事项】

（1）在蔬菜收获前15天停用。本剂不能与碱性农药，及杀虫剂的乳油、油剂混用。

（2）在番茄上，使用本剂浓度偏高时（稀释倍数低），易出现药害。

72. 五氯硝基苯

【其他名称】 土粒散、掘地坐、把可塞的。

【药剂特性】 本品属取代苯类杀菌剂，有效成分为五氯硝基苯，化学性质稳定，在土壤中也很稳定。粉剂外观为土黄色粉末。对人、畜、鱼低毒，对皮肤有一定的刺激性。对病害具有保护性杀菌作用，持效期长，但在高温、干燥条件下，会降低药效。

【主要剂型】

（1）单有效成分　40％粉剂、40％、50％、75％可湿性粉剂。

（2）双有效成分混配　与多菌灵：20％增效五硝·多菌灵粉剂，35％五硝·多菌灵粉剂，40％五硝·多菌灵可湿性粉剂。

【使用方法】 主要用于土壤处理。

（1）土壤处理　用40％五氯硝基苯粉剂（以下简称为本剂）处理土壤，用药量和使用方法因病而异。①防治黄瓜幼苗、茄科蔬菜幼苗等的猝倒病，每平方米苗床上用本剂9克，再与4～5千克过筛干细土混匀，制成药土；先将苗床底水浇好，把1/3的药土撒于苗床上，播种后，再把余下的2/3药土撒于种子上，药土的厚薄要均匀一致。②每平方米苗床上用本剂9～10克，与1千克过筛干细土混匀，制成药土，将药土均匀撒在畦面上，再耙入土中，然后播种，防治甜（辣）椒菌核病。③防治茄科蔬菜幼苗、蚕豆等的立枯病，菜用大豆（镰刀菌）根腐病，甘蓝类的黑根病、黑胫病，将本剂与50％福美双可湿性粉剂，按1∶1的比例混配成混合药剂，每平方米苗床上用混合药剂8～10克，再与过筛干细土3～5千克或10～15千克（后者为豆类用土量，用土量与种子大小有关），混匀后制成药土，以下步骤同①。④防治多种蔬菜苗期病害，将本剂、50％福美双可湿性粉剂、25％甲霜灵可湿性粉剂等量混匀（各占1/3），制成混合药剂，每平方米苗床上用混合药剂8克，再与适量过筛干细土混匀（据种子大小而定土量），制成药土，以下步骤同①。⑤用本剂1千克，与200千克细砂混匀，制成药砂，撒于病穴附近，并混入病土中，每穴用药砂100～150克，防治苦瓜白绢病。⑥用本剂 1 份，与细土 100～200 份拌匀，制成药土，将药土撒于病株根茎处，防治黄瓜白绢病。⑦用本剂 1 千克加土 200 千克与营养土拌匀后，施入苗床或定植穴中，防治西瓜枯萎病。⑧用本剂 0.4 千克，拌细土 25 千克，混匀制成药土，将药土拌入定植，防治茴香菌核病。⑨每公顷用本剂 6.75 千克，拌细土 300～450 千克，混匀制成药土，在发病初，将药土撒于植株根附近，防治油菜、莴苣等的菌核病、立枯病，豌豆菌核病，大蒜白腐病。⑩每公顷用本剂 10.5 千克，拌细土 225 千克，混匀制成药土，将药土撒于株行间，防治菜豆菌核病。⑪每公顷用本剂 11.25 千克，对水 150 千克，再拌入 1 500 千克细土中，混匀制成药土，将药土撒入播种穴中，再播种，防治萝卜黑腐病。⑫每公顷用本剂 15 千克，与 300 千克细土拌匀，制成药土，在定植前，将药土撒于地面并耙入土中，防治黄瓜、西葫芦等的菌核病。⑬每公顷用本剂 22.5～37.5 千克，进行土壤消毒，防治马铃薯疮痂病。⑭每公顷用本剂 30～45 千克，与 600～750 千克细土混匀，制成药土，将药土施于定植穴内，再栽苗，防治白菜类根肿病。⑮每公顷用本剂 45～60 千克，与细土 600～750 千克拌匀，制成药土，将药土施于播种沟内或定植穴内，防治萝卜根肿病。⑯每公顷用本剂 37.5～75 千克，与细土 600～750 千克拌匀，制成药土，将药土施入播种沟内或定植穴内，防治甘蓝根肿病。⑰每公顷用本剂 82.5 千克，对水后进行土壤消毒，防治茄子猝倒病。⑱每平方米用本剂 8～10 克，与适量细干土拌匀，配成药土，先把 1/3 的药土撒在苗床上，播种后再把 2/3 的药土覆盖在种子上，防治黄瓜（腐霉）根腐病。⑲每立方米苗床土用本剂 150 克，拌匀后装于营养钵或穴盘内育苗，防治黄瓜（腐霉）根腐病。

（2）灌根　①用 40％五氯硝基苯可湿性粉剂 600～800 倍液，喷淋植株根茎部，防治辣椒白绢病。②用 75％五氯硝基苯可湿性粉剂 700～1 000 倍液，灌根防治大白菜根肿病。③用 40％五氯硝基苯 500 倍悬浮液灌淋根部，防治萝卜根肿病。

（3）拌种　用 40％五氯硝基苯粉剂拌种，用药量为种子质量的 0.3%，防治萝卜根肿病。

（4）涂抹 用 50%五氯硝基苯可湿性粉剂，对水稀释为 50 倍液，并往药液中加入 0.02%琼脂，涂抹茎上病斑，防治黄瓜菌核病。

【注意事项】

（1）本剂不能与碱性药剂混用。葫芦科作物、番茄幼苗、洋葱、莴苣等对本剂较敏感，注意避免药害，如用本剂处理土壤后，过 14～21 天，方能种植番茄。施（拌）药要均匀，避免局部过量药剂造成药害。

（2）若土质黏重，在进行土壤处理时，可适当提高药量，并保持一定的苗床湿度。若单用五氯硝基苯，每平方米有效成分用量不超过 3.5 克。

（3）在贮运过程中，应防潮、防晒、防高温，并远离火源。

（4）与溴菌清、福美双、拌种灵等有混配剂，可见各条。

73. 五硝·多菌灵

【其他名称】五氯·多、瓜枯宁。

【药剂特性】本品为混配杀菌剂，有效成分为五氯硝基苯和多菌灵。制剂（可湿性粉剂）外观为土黄色粉末。对人、畜低毒。适宜防治瓜类作物的枯萎病，兼治炭疽病，防效高，安全。

【主要剂型】40%可湿性粉剂。

【使用方法】可用于喷雾或灌根。

（1）喷雾 在瓜类炭疽病初发生时，将 40%可湿性粉剂对水稀释为 600～800 倍液，喷雾防治。

（2）灌根 在黄瓜、西瓜、甜瓜等植株受枯萎病为害，病株底叶初有萎蔫时，在病株基部挖一个碗状坑，将 40%可湿性粉剂对水稀释为 500 倍液，每株次灌药液 500 毫升，并让阳光照射根茎部，待病株恢复后，再封土，对未复原病株，再酌情灌根 1～2 次。

【注意事项】

（1）不宜和碱性农药混用。喷药后遇雨，应及时补喷。灌药液时，病株底部萎蔫叶片不宜超过 2 片，否则防效不好。

（2）应在避光阴凉，通风干燥处贮存。

74. 甲基硫菌灵

【其他名称】甲基托布津。

【药剂特性】本品属取代苯类杀菌剂，有效成分为甲基硫菌灵，对酸、碱及光照稳定。可湿性粉剂外观为无定形灰棕色或灰紫色粉末，悬浮剂外观为淡褐色（黏稠）悬浊液体，pH 为 6～8，在阴凉、干燥、避光条件下贮存，稳定 2 年。对人、畜低毒，对鱼类、蜜蜂安全。对病害具有内吸、治疗和保护等杀菌作用，在作物体内可转化成多菌灵，因此与多菌灵有交互抗药性。

【主要剂型】36％、50％悬浮剂，50％、70％可湿性粉剂。

【使用方法】可用于喷雾，灌根，浸（拌）种，土壤处理，涂抹。

（1）用 36％悬浮剂喷雾　将悬浮剂对水稀释后喷施。①用 400～500 倍液，防治黄瓜的蔓枯病、炭疽病，冬瓜、节瓜、南瓜、佛手瓜等的蔓枯病，瓠瓜的褐斑病、蔓枯病，丝瓜褐斑病，西瓜的枯萎病、褐腐病，苦瓜炭疽病。②用 500 倍液，防治冬瓜和节瓜的（壳二孢）叶斑病、黑星病，西葫芦（镰刀菌）果腐病，丝瓜（黑根霉）果腐病，西瓜的炭疽病、黏菌病，甜瓜（黑根霉）软腐病，茄科蔬菜幼苗立枯病，番茄的枯萎病、斑点病、灰斑病、炭疽病、灰霉病、（镰刀菌）果腐病，茄子的菌核病、灰霉病、圆星病，甜（辣）椒的褐斑病、（色链隔孢）叶斑病，菠菜的叶点病、斑点病，黄花菜的叶斑病、褐斑病，菜豆（根霉）软腐病，蚕豆（核盘菌）茎腐病，豌豆苗基腐病，菜用大豆的锈病、紫斑病，大葱的叶霉病、（大蒜盲种葡萄孢）灰霉病，洋葱颈腐病，芹菜（叶点霉）叶斑病，蕹菜（帝纹尾孢）叶斑病，苋菜炭疽病，茼蒿炭疽病，青花菜叶霉病，落葵的炭疽病、茎基腐病和茎腐病，山药（薯蓣色链隔孢）褐斑病，石刁柏（芦笋）的斑点病、紫纹羽病，霸王花炭疽病，百合的灰霉病、基腐病，土当归褐纹病，枸杞和菊花的白粉病，芡的炭疽病、黑斑病，莲藕（叶点霉）烂叶病。③用500～600倍液，防治茄子白粉病，甜瓜（镰刀菌）果腐病，扁豆斑点病，慈姑的叶斑病、褐斑病、斑纹病。④用600倍液，防治茄子（黑根霉）果腐病，蕹菜（球腔菌）叶斑病，魔芋轮纹斑病，石刁柏（芦笋）的立枯病、冠腐病，蒲公英褐斑病，甜（辣）椒（镰孢）根腐病。⑤用600～700倍液，防治豇豆根腐病。

（2）用50％可湿性粉剂喷雾　将可湿性粉剂对水稀释后喷施。①用400～500倍液，防治大葱和洋葱的小菌核病，四棱豆叶斑病，菜用大豆灰斑病。②用500倍液，防治番茄的炭疽病、煤霉病，茄子黑枯病，甜（辣）椒的叶枯病、菌核病、根腐病，黄瓜的灰霉病、根腐病，西葫芦灰霉病，大葱、洋葱、菠菜、萝卜、山药、豌豆等的炭疽病，冬瓜、节瓜、白菜类、芥菜类等的菌核病，白菜类、萝卜、乌塌菜等的白斑病，大白菜的白斑病、萎蔫病，豇豆枯萎病，扁豆红斑病，四棱豆果腐病，莴笋和莴苣的黑斑病，芹菜叶斑病，豆瓣菜褐斑病，水芹褐斑病，大蒜叶枯病等。③用500～600倍液，防治西葫芦曲霉病。④用600倍液，防治黄瓜（长蠕孢）圆叶枯病，大蒜白腐病，大葱和洋葱的白腐病（从播种后五周开始喷药），芋污斑病。⑤用700～800倍液，防治茄子褐轮纹病，茭白纹枯病。⑥用800倍液，防治冬（节）瓜和佛手瓜的蔓枯病，西瓜褐腐病，菊花斑枯病，荸荠秆枯病。⑦用700倍液，防治茄子炭疽病。

（3）用70％可湿性粉剂喷雾　将可湿性粉剂对水稀释后喷施。①用500倍液，防治芹菜斑枯病，菜豆的根腐病、炭疽病，蚕豆的枯萎病、根腐病、茎基腐病（往根颈部喷药），豌豆的褐斑病、（尖镰刀菌）凋萎病，豇豆白粉病，扁豆淡褐斑病，韭菜和草莓的灰霉病，莴苣穿孔病，叶用莴苣（立枯丝核菌）腐烂病，青花菜角斑病，黄花菜叶斑病，白菜类炭疽病，茼蒿叶枯病。②用500～600倍液，防治大白菜褐斑病，甘蓝菌核病，菜用大豆菌核病，瓜类红粉病等。③用600倍液，防治芹菜、芫荽、香芹菜等的菌核病，石刁柏（芦笋）茎枯病，蕹菜（帝纹尾孢）叶斑病。④用600～700

倍液，防治菜豆斑点病，葛（粉葛）的褐斑病、灰斑病。⑤用700倍液，防治莴苣和莴笋的菌核病、（小核盘菌）软腐病，石刁柏（芦笋）紫纹羽病。⑥用600～800倍液，防治甜（辣）椒炭疽病，莴苣和莴笋的灰霉病。⑦用800倍液，防治西葫芦和苦瓜的蔓枯病，草莓的褐斑病、褐角斑病，番茄（根霉）果腐病，紫菜头（芹菜尾孢）褐斑病，慈姑叶柄基腐病，莲藕（小菌核）叶腐病，菠菜霜霉病等。⑧用800～900倍液，防治薄荷斑枯病。⑨用800～1 000倍液，防治黄瓜蔓枯病，茄子煤斑病，番茄叶霉病。⑩用1 000倍液，防治黄瓜的黑斑病、白粉病，南瓜贮存期青霉病（在采收前喷药），番茄（青霉）果腐病，大蒜的青霉病、红腐病，豇豆煤霉病，甜（辣）椒白粉病，黄花菜（金针菜）锈病、叶枯病、叶斑病，草莓（大斑叶点霉）褐斑病。

（4）用36％悬浮剂灌根　将悬浮剂对水稀释后灌根。①用400倍液，防治苦瓜的枯萎病，（尖镰孢菌苦瓜专化型）枯萎病。②用500倍液，防治石刁柏（芦笋）紫纹羽病。③用600倍液，防治辣椒（镰孢）根腐病，扁豆立枯病，石刁柏（芦笋）的立枯病、冠腐病。④用600～700倍液，防治豇豆根腐病。

（5）用50％可湿性粉剂灌根　将可湿性粉剂对水稀释后灌根。①用400倍液，防治黄瓜枯萎病。②用500倍液，防治黄瓜、冬瓜、节瓜、甜（辣）椒等的根腐病，南瓜和扁豆的枯萎病。③用600倍液，防治枸杞根腐病。

（6）用70％可湿性粉剂灌根　将可湿性粉剂对水稀释后灌根。①用500倍液，防治番茄枯萎病，茄子黄萎病。②用700倍液，防治石刁柏（芦笋）紫纹羽病。③在定植穴内、根瓜座住及根瓜采收后15天，各灌1次800倍液，防治西葫芦蔓枯病。④用1 000倍液，在石刁柏幼芽萌动时，浇灌根部，防治石刁柏茎枯病。⑤用800倍液，防治茄子白绢病、茄子（镰孢）茎腐病、黄瓜（腐霉）根腐病。⑥用800倍液喷淋根茎部，防治耐热菠菜根腐病。

（7）混配喷雾　①用36％甲基硫菌灵悬浮剂500倍液与75％百菌清可湿性粉剂1 000倍液混配后，防治丝瓜轮纹斑病，落葵叶斑病。②用 50％甲基硫菌灵可湿性粉剂 700 倍液与 75％百菌清可湿性粉剂 700 倍液混配后，防治黄瓜和苦瓜的炭疽病。③用 50％甲基硫菌灵可湿性粉剂 800 倍液与 75％百菌清可湿性粉剂 800 倍液混配后，防治莲藕炭疽病。④用 50％甲基硫菌灵可湿性粉剂 1 000 倍液与 50％异菌脲可湿性粉剂 2 000 倍液混配后，防治番茄、芹菜、草莓等的灰霉病。⑤用 50％甲基硫菌灵可湿性粉剂 1 000 倍液与 75％百菌清可湿性粉剂 1 000 倍液混配后，防治冬瓜和节瓜的褐斑病。⑥用 50％甲基硫菌灵可湿性粉剂 1 000 倍液与 70％代森锰锌可湿性粉剂 1 000 倍液混配后，防治茴香菌核病。⑦用 50％甲基硫菌灵可湿性粉剂 1 500 倍液与 75％百菌清可湿性粉剂 1500 倍液混配后，防治苦苣褐斑病。⑧用 70％甲基硫菌灵可湿性粉剂 800 倍液与 75％百菌清可湿性粉剂 800 倍液混配后，防治南瓜、苦瓜等的斑点病，笋瓜叶点病，茄子褐色圆星病，韭菜菌核病，西瓜、冬瓜、节瓜、甜（辣）椒、菜豆等的炭疽病。⑨用 70％甲基硫菌灵可湿性粉剂 1 000 倍液与 50％异菌脲可湿性粉剂 1 000～1 500 倍液混配后，防治荸荠球茎灰霉病。⑩用 70％甲基硫菌灵可湿性粉剂 1 000 倍液与 50％异菌脲可湿性粉剂 1 500 倍液混配后，防治黄瓜、西葫芦、冬瓜、节瓜等的菌核病。⑪用 70％甲基硫菌灵可湿性粉剂 1 000 倍液与 75％百菌清可湿性粉剂 1 000 倍液混配后，防治番茄、大葱、洋葱、菠菜、冬寒菜、苋菜、姜、葛等的炭疽病，番茄（黑刺盘孢）炭疽病，山药（围小丛壳）炭疽病，白菜类炭疽病，菜豆的轮纹病、褐斑病，豇豆的轮纹病、斑枯病、褐斑病，豌豆黑斑病，扁豆轮纹斑病，四棱豆斑枯病，大白菜、莴苣、莴笋、山药等的褐斑病，落葵的紫斑病、（叶点霉）紫斑病、蛇眼病，茴香白粉病，茼蒿（叶点霉）叶斑病，姜斑点病，山药（镰孢）褐腐病，菊花叶斑病，慈姑的褐斑病、斑纹病，黄瓜斑点病。⑫用 70％甲基硫菌灵可湿性粉剂 1 000 倍液与 70％代森锰锌可湿性粉剂 1 000 倍液混配后，防治冬寒菜炭疽病。⑬用 70％甲基硫菌灵可湿性粉剂 1 000 倍液与 30％王铜悬浮剂 600 倍液混配后，防治山药（镰孢）褐腐病，葛炭疽病。

（8）土壤处理 ①用 50%甲基硫菌灵可湿性粉剂 1 千克与 50 千克干细土拌匀，制成药土，将药土撒于瓜秧基部，防治西葫芦曲霉病。②每公顷用 50%甲基硫菌灵可湿性粉剂 52.5 千克，与适量细土拌匀，在定植时施用，防治冬瓜和节瓜的枯萎病。③将 50%甲基硫菌灵可湿性粉剂 500 倍液配成药土，撒于根茎部，防治黄瓜根腐病。④每平方米用 70%甲基硫菌灵可湿性粉剂 2.5 克，与 25 克干细土拌匀，制成药土，将药土穴施于菜豆根茎周围，防治菜豆根腐病。⑤用 70%甲基硫菌灵可湿性粉剂 1 份，与 50 份细土拌匀后，穴施或沟施，防治豇豆根腐病，每公顷用药剂 22.5 千克。⑥在藕田整地前，每公顷施 70%甲基硫菌灵可湿性粉剂 7.5 千克，防治莲藕腐败病。⑦在拔除魔芋白绢病病株后，用 50%甲基硫菌灵可湿性粉剂 400～500 倍液喷淋病穴灭菌。⑧在大棚内，每公顷撒施 70%甲基硫菌灵可湿性粉剂 30 千克，然后翻耕整地；或在翻耕整地后，用 70%甲基硫菌灵可湿性粉剂 800 倍液喷淋地面，防治黄瓜（腐霉）根腐病。⑨在苗床浇透水后，用 50%甲基硫菌灵可湿性粉剂 500 倍液均匀喷洒于苗床上；或每立方米苗床土用 50%甲基硫菌灵可湿性粉剂 150 克，拌匀后装于营养钵或穴盘内育苗，防治黄瓜（腐霉）根腐病。

（9）浸种（果、苗） ①用 70%甲基硫菌灵可湿性粉剂 500 倍液，浸苗 15～20 分钟，晾干后栽种，防治草莓的褐斑病、（大斑叶点霉）褐斑病。②用 50%甲基硫菌灵可湿性粉剂 800 倍液，浸种 18～24 小时，按常规播种球茎；定植时，再浸苗 18 小时，防治荸荠的灰霉病、秆枯病。③用 50%甲基硫菌灵可湿性粉剂 500～1 000 倍液，采后浸果，防治贮期南瓜青霉病。④用 50%甲基硫菌灵可湿性粉剂，用药量为种子质量的 0.2%，用水量为种子质量的 6%，将药剂溶于水中，搅匀后，再用该药液拌种，防治大蒜白腐病。⑤用 50%甲基硫菌灵可湿性粉剂 800 倍液与 75%百菌清可湿性粉剂 800 倍液混配后，喷淋种藕，再盖塑膜密闭 24 小时后，晾干下播，防治莲藕腐败病。⑥用 70%甲基硫菌灵可湿性粉剂 1 000 倍液浸泡种藕 12 小时左右，捞出晾干栽种，防治莲藕腐败病。

（10）拌种　用50％甲基硫菌灵可湿性粉剂拌种，用药量因病而异。①防治菜用大豆灰斑病，四棱豆叶斑病，用药量为种子质量的0.2％。②防治豌豆细菌性叶斑病，用药量为种子质量的0.3％。③防治大蒜白腐病，用药量为蒜种质量的0.5％～1％。④防治薏苡黑穗病，用药量为种子质量的0.4％。⑤防治豌豆的白粉病、（尖镰刀菌）凋萎病，用70％甲基硫菌灵可湿性粉剂拌种，用药量为种子质量的0.3％，再密闭48～72小时后播种。

（11）涂抹　将70％甲基硫菌灵可湿性粉剂对水稀释后涂抹。①防治西葫芦蔓枯病，用50倍液，在病茎上刮掉病层的病斑处涂抹，过5天后再涂1次。②防治石刁柏茎枯病，用30～50倍液，在石刁柏（芦笋）芽出土后，涂芽1次；到嫩秆期，在茎秆基部20～30厘米处，涂药1次；在培土采笋后，再涂1次。③防治黄瓜、西葫芦等的菌核病，用本剂1千克与50％异菌脲可湿性粉剂1.5千克混匀后，对水稀释成50倍液，涂抹茎上发病处。

（12）贮藏窖灭菌处理　防治番茄（青霉）果腐病，用50％甲基硫菌灵可湿性粉剂200～400倍液，喷洒贮藏窖。

【注意事项】

（1）在蔬菜收获前14天停用。本剂不能与碱性药剂及含铜药剂混用，也不能与含铜药剂紧接前后使用，并注意安全防护。

（2）不能长期单一使用本剂，应与其他类型农药混用，但不能与多菌灵轮换使用。

（3）应贮存在阴凉干燥处。与硫磺、福美双、乙霉威、菌核净、代森锰锌等有混配剂，可见各条。

75. 硫菌灵

【其他名称】统扑净、乙基托布津、托布津、土布散等。

【药剂特性】本品属取代苯类杀菌剂，有效成分为硫菌灵，化学性质稳定。对人、畜低毒，对鱼、贝类安全。对病害具有内吸兼有保护和治疗等杀菌作用，持效期7～10天，并有促进作物生长的作用。

【主要剂型】50％、70％可湿性粉剂。

【使用方法】用于喷雾、灌根、处理土壤。

（1）用 50％可湿性粉剂喷雾　将可湿性粉剂对水稀释后喷施。①用 500 倍液，防治芹菜菌核病。②用 500～800 倍液，防治番茄的叶霉病、灰霉病，瓜类、茄子、菜豆等的菌核病，洋葱灰霉病。③用 800～1 000 倍液，防治瓜类的白粉病、灰霉病、炭疽病、褐斑病，甜（辣）椒的白粉病、灰霉病，茄子的绵疫病、灰霉病、白粉病，莴苣的菌核病、灰霉病，菜豆灰霉病，豌豆的白粉病、褐斑病。

（2）用 70％可湿性粉剂喷雾　将可湿性粉剂对水稀释后喷施。①用 500 倍液，防治莲藕褐纹病。②用 700 倍液，防治莴苣菌核病。③用 800 倍液，防治初发病时石刁柏（芦笋）茎枯病。④用 800～1 000 倍液，防治黄花菜叶斑病。⑤用 1 500 倍液，在嫩笋出土时喷施，防治石刁柏茎枯病。

（3）混配喷雾　用 70％硫菌灵可湿性粉剂 1 500 倍液与 50％多菌灵可湿性粉剂 600 倍液混配后，在嫩笋出土时喷施，防治石刁柏茎枯病。

（4）灌根　将 50％可湿性粉剂对水稀释后灌根。①用 500 倍液，防治大白菜根肿病。②用 500～1 000 倍液，防治黄瓜枯萎病。

（5）土壤处理　①每公顷用 50％可湿性粉剂 18～22.5 千克，拌适量细土，在定植时，将药土撒于根际，防治黄瓜枯萎病。②每平方米用 50％可湿性粉剂 8 克，对水 2～3 千克稀释后，与干细土 5～6 千克拌匀，制成药土，均匀撒到地里，防治保护地内土传病害。

【注意事项】不能与含铜药剂混用。应密封后，在阴凉干燥处贮存。

76. 甲霜灵

【其他名称】瑞毒霉、甲霜安、瑞毒霜、灭达乐、韩乐农、阿普隆、雷多米尔。

【药剂特性】本品属取代苯类杀菌剂，有效成分为甲霜灵，微有挥发性，在中性及弱酸性条件下较稳定，遇碱易分解。可湿性粉剂外观为白色至米色粉末，pH 为 5～8，不易燃；种子处理制剂外观为紫色粉末，pH 为 6～9，均在常温下贮存稳定 2 年以上。对人、畜低毒，对皮肤、眼有轻度刺激作用，对鸟类、鱼类、蜜蜂毒性较低。对病害具有保护、治疗及内吸等杀菌作用，耐雨水冲刷，持效期 10～14 天。

【主要剂型】

（1）单有效成分　25％可湿性粉剂，35％种子处理制剂。

（2）双有效成分混配　与噁霉灵：3％甲霜·噁霉灵水剂（秀苗），3.2％甲霜·噁霉灵水剂。

【使用方法】用于喷雾、浸（拌）种、灌根及土壤处理。

（1）喷雾　将 25％可湿性粉剂对水稀释后喷施。①用 600 倍液，防治茴香霜霉病，西洋参疫病。②用 600～700 倍液，防治芋疫病。③用 800 倍液，防治黄瓜霜霉病，番茄和马铃薯的晚疫病，茄子绵疫病，甜（辣）椒疫病，白菜类的白锈病、（瓜果腐霉）猝倒病，小（大）白菜和菜心的绵腐病，葱类和菠菜的霜霉病，莲藕腐败病。④用 800～1 000 倍液，防治冬瓜疫病，油菜的霜霉病、黑斑病，菜心黑斑病，青花菜和紫甘蓝的霜霉病，葡萄的霜霉病、白粉病、炭疽病、果腐病。⑤用 1 000 倍液，防治大白菜、洋葱、大葱等的霜霉病，萝卜白锈病。

（2）混配喷雾　用 25％甲霜灵可湿性粉剂 800 倍液与 50％琥胶肥酸铜可湿性粉剂 500 倍液混配后，兼防治黄瓜的霜霉病和细菌性角斑病。

（3）拌种　①用 35％种子处理制剂拌种，用药量为种子质量的 0.2％，防治萝卜黑腐病。②用 35％种子处理制剂拌种，用药量为种子质量的 0.3％，防治青花菜、菜用大豆、蚕豆、大葱、洋葱等的霜霉病，菠菜白锈病，蕹菜（旋花白锈菌）白锈病。③用 25％可湿性粉剂拌种，用药量为种子质量的 0.2％～0.3％，防治反枝苋白锈病。④用 25％可湿性粉剂拌种，用药量为种子质量的

0.3％，防治白菜类、甘蓝类、芥菜类、萝卜等的霜霉病，薹菜的霜霉病、白锈病。

（4）浸种　用25％可湿性粉剂800倍液。①浸种30分钟后，捞出用清水洗净催芽播种，防治黄瓜疫病；②浸种60分钟，防治辣椒疫病，菠菜霜霉病。

（5）土壤处理　①用25％可湿性粉剂1千克与500千克细土混匀，制成药土，每株用110克药土，撒于根周围，防治南瓜疫病。②每公顷用25％可湿性粉剂6千克，与150千克干煤渣拌匀，制成颗粒剂，在马铃薯第二次培土时（7月上中旬），施入根部，防治晚疫病。③用25％可湿性粉剂50～60倍液，拌适量细砂，制成药砂，在发病重时或因天气不好（如阴雨天）而不能喷药时，可将药砂在苗床内均匀撒一层，防治蔬菜苗期猝倒病。④每平方米苗床上用25％可湿性粉剂8克，与适量细土拌匀，制成药土，将药土均匀撒于苗床上；也可用25％可湿性粉剂750倍液，在定植前喷淋保护地内地面，防治黄瓜、冬瓜、节瓜等的疫病。⑤用25％甲霜灵可湿性粉剂20份，与40％福美·拌种灵可湿性粉剂6份拌匀，制成混合药剂，每平方米苗床上用混合药剂5～6克，拌入床土中，然后播种，防治蔬菜苗期的立枯病和猝倒病。⑥每平方米苗床上用25％甲霜灵可湿性粉剂9克与70％代森锰锌可湿性粉剂1克混匀，再与4～5千克过筛干细土混匀，制成药土，浇好底水后，先将1/3的药土撒于畦面，播种后，再将余下的2/3的药土盖于种子上，防治黄瓜猝倒病，豌豆苗（丝囊霉）黑根病等。⑦按每立方土壤用25％可湿性粉剂50～100克，处理土壤，防治仙人掌基腐病。

（6）灌根　①用25％可湿性粉剂300倍液，喷淋病苗及附近，防治蔬菜苗期猝倒病。②用25％可湿性粉剂800倍液灌根，防治黄瓜疫病。③用25％可湿性粉剂1 000倍液灌根，防治甜（辣）椒、韭菜等的疫病。④用25％甲霜灵可湿性粉剂800倍液与40％福美双可湿性粉剂800倍液混配后，灌根防治黄瓜疫病，茄子果实疫病，每隔7～10天灌1次（病重时5天1次），连灌3～4次。

（7）水培液灭菌　①每隔21天，每升营养液中加入10毫克甲霜灵，连续 3 次，防治水培番茄根部病害。②每隔 14 天，每升营养液中加入 1.6 毫克甲霜灵，防治水培草莓（疫霉菌）红心病。

【注意事项】

（1）应避免长期单一施用本剂，每季蔬菜上使用不宜超过 3 次，应与其他农药混用或轮用，以避免产生抗药性。

（2）应在通风干燥、温度不超过 35C 的条件下贮存。

（3）与代森锰锌、三乙膦酸铝、琥胶肥酸铜、福美双等有混配剂，与异菌脲有混用，可见各条。精甲霜灵是甲霜灵的活性异构体。

77. 甲霜·噁霉灵

【其他名称】枯克星、育苗灵、恶·甲、育苗青、秀苗等。

【药剂特性】本品为混配杀菌剂，有效成分为甲霜灵和噁霉灵。对人、畜低毒，对环境安全。对病害具有内吸、预防和治疗等作用。

【主要剂型】3.2%、3%水剂。

【使用方法】将 3.2%水剂对水稀释后灌根。①每平方米苗床上用水剂 8～10 毫升，喷洒床土消毒；在幼苗有 1 叶 1 心时，每平方米苗床上用水剂 10～12 毫升，喷洒防病；当苗床内初发病时，每平方米苗床上用水剂 12～15 毫升，防治茄子、辣椒、番茄等的立枯病，每次均对水稀释为 300 倍液。②在播种前，每平方米苗床上用水剂 10～12 毫升，对水为 300 倍液，喷洒苗床；初发病时，再用同样药量和浓度喷洒 1 次，防治西瓜、甜瓜等的猝倒病、立枯病。③用 500 倍液，在发病前或发病初灌根，防治西瓜和甜瓜的枯萎病，每株灌药液 150～200 毫升。④用 500～700 倍液，每盆花浇药液 300～500 毫升，若发病重，隔 10 天再浇 1 次，防治花卉的立枯病、枯萎病、根腐病、白绢病。⑤用 3%甲霜·噁霉灵水剂（秀苗）500～700 倍液灌根，每株灌药液 0.5 升，防治黄瓜枯萎病。

【注意事项】

（1）不宜和碱性农药混用。喷药液后，应喷清水洗苗。

（2）应在通风干燥、阴凉处贮存。

78. 百菌清

【其他名称】达科宁、打克尼尔、四氯异苯腈、大克灵、克劳优、霉必清、桑瓦特、顺天星一号等。

【药剂特性】本品属取代苯类杀菌剂，有效成分为百菌清，遇碱、酸及光照都较稳定。可湿性粉剂外观为白色至灰色疏松粉末，pH 为 5.5～8.5，在常温下贮存稳定至少 2 年。对人、畜低毒，对皮肤、黏膜有一定的刺激作用，对蜜蜂、鸟类低毒，对鱼类毒性大。对病害具有保护和预防等杀菌作用，耐雨水冲刷，持效期 7～10 天。

【主要剂型】

（1）单有效成分　75％可湿性粉剂，5％漂浮粉剂，40％悬浮剂，4％粉剂，10％油剂，10％、20％、30％、45％烟剂。

（2）双有效成分混配　①与腐霉利：40％腐霉·百菌清悬浮剂（霜灰宁），5％、15％、20％、25％腐霉·百菌清烟剂。②与霜脲氰：18％霜脲·百菌清悬浮剂（霜克）。③与乙霉威：30％霉威·百菌清可湿性粉剂。

【使用方法】可用于喷雾、浸（拌）种、土壤处理、灌根、涂抹、熏蒸、喷施漂浮粉剂等。

（1）喷雾　将 75％可湿性粉剂对水稀释后，在发病前或发病初喷施，每隔 7～10 天喷 1 次，连喷 2～3 次。①用 400～500 倍液，防治番茄的早疫病、晚疫病、灰霉病、叶霉病、斑枯病、炭疽病，冬瓜疫病。②用 500 倍液，防治黄瓜褐斑病，番茄的灰叶斑病、圆纹病，白菜类、芥菜类、甘蓝类、萝卜等的霜霉病，豌豆（尖镰刀菌）凋萎病，黄花菜叶斑病，薄荷灰斑病，西洋参黑斑病，石刁柏（芦笋）茎枯病。③用 500～600 倍液，防治莲藕褐纹病，西葫芦曲霉病，丝瓜绵疫病，茄子的早疫病、绵疫病、假黑斑病，甜（辣）椒的炭疽病、褐斑病、（色链格孢）叶斑病，白菜类的黑斑病、萝卜（链格孢）黑斑病、假黑斑病，甘蓝类和萝卜的黑斑病，大葱和洋葱的紫斑病，菜豆灰霉病，草莓的灰霉病、叶枯病、叶焦病、白粉病，芹菜早疫病。④用 600 倍液，防治黄瓜的霜霉病、黑斑病、黑星病、蔓枯病、（叶点霉）叶斑病、花腐病，西葫芦的蔓枯病、褐腐病，冬瓜和节瓜的蔓枯病、霜霉病、褐斑病、黑斑病，南瓜的蔓枯病、黑斑病，苦瓜的（链格孢）叶枯病、蔓枯病，佛手瓜的蔓枯病、黑星病，西瓜的叶枯病、黑斑病、褐腐病，甜瓜的叶枯病、大斑病、（镰刀菌）果腐病，瓜类的炭疽病、霜霉病、白粉病、叶斑病，茄科蔬菜苗期立枯病、猝倒病，番茄的茎枯病、黑斑病、灰叶斑病，茄子的褐纹病、赤星病、斑枯病、细轮纹病、褐轮纹病、（交链孢）果腐病，甜（辣）椒的疫病、黑斑病、黑霉病、（匐柄霉）白斑病、（埃利德氏霉）黑霉病，马铃薯的早疫病、晚疫病、灰霉病，菜豆的炭疽病、红斑病、褐斑病，扁豆黑斑病、淡黑斑病、红斑病，豌豆的褐斑病、褐纹病，豇豆红斑病，菜用大豆的锈病、褐斑病、（镰刀菌）根腐病，大葱和洋葱的霜霉病、黑斑病，大蒜的黑头病、叶枯病、灰叶斑病，韭菜茎枯病，大白菜炭疽病，白菜类黑胫病，甘蓝类的黑根病、黑胫病，芥菜类黑斑病，青花菜和紫甘蓝的褐斑病、黑斑病，菠菜的霜霉病、黑斑病、污霉病，莴苣和莴笋的黑斑病、轮斑病，芹菜和水芹的斑枯病，芫荽和香芹菜的叶枯病，蕹菜（茄匐柄霉）叶斑病、（帝纹尾孢）叶斑病，落葵圆斑病，黄花菜的叶枯病、炭疽病，石刁柏（芦笋）的锈病、炭疽病、紫斑病、（匐柄霉）叶枯病，枸杞的炭疽病、灰斑病，胡萝卜的黑斑病、黑腐病、斑点病，百合基腐病，葛锈病，山药（薯蓣色链隔孢）褐斑病，菊花斑枯病，莲藕腐败病，慈姑叶斑病，茭的炭疽病、黑斑病，茄子黑枯病，豇豆煤霉病，大葱灰霉病，水生蔬菜褐斑病，荸荠秆枯病。⑤用 600～700 倍液，防治甜瓜炭腐病，蚕豆立枯病，蕹菜轮斑病，茄子褐斑病，豌豆炭疽病，姜叶枯病，桃穿孔病。⑥用 700 倍液，防治茄子绒菌斑病，黄瓜、茄子、甜（辣）椒等的炭疽病，黄瓜靶斑病，苦瓜炭疽病，豇豆灰斑病，菠菜叶斑病。⑦用 600～800 倍液，防治豇豆灰霉病，保护地莴笋霜霉病，葡萄的霜霉病、白粉病、果腐病、炭疽病、黑痘病、白腐病。⑧用 1 000 倍液，防治甜（辣）椒叶枯病。⑨用

800～1 200倍液，防治桃的褐腐病、疮痂病。⑩用 800 倍液，防治黄瓜灰霉病，黄花菜（金针菜）叶斑病等。

（2）混配喷雾　①用 75％百菌清可湿性粉剂 600 倍液与 25％多菌灵可湿性粉剂 400 倍液混配后，兼防治黄瓜霜霉病和炭疽病。②用 75％百菌清可湿性粉剂 600 倍液与 25％多菌灵可湿性粉剂 600 倍液混配后，防治慈姑黑粉病。③用 75％百菌清可湿性粉剂 600 倍液与 27％高脂膜水乳剂 200 倍液混配后，防治草莓褐斑病。④用75％百菌清可湿性粉剂 800 倍液与 50％多菌灵可湿性粉剂 800 倍液混配后，防治西瓜、冬瓜、节瓜、莲藕等的炭疽病。⑤用 75％百菌清可湿性粉剂 1 000 倍液与 50％多菌灵可湿性粉剂 1 000 倍液混配后，防治番茄斑点病，大葱和洋葱的褐斑病，黄花菜的叶枯病、炭疽病，莲藕（叶点霉）烂叶病。⑥用 75％百菌清可湿性粉剂 1 000 倍液与 70％多菌灵可湿性粉剂 1 000 倍液混配后，防治茼蒿炭疽病。⑦用 75％百菌清可湿性粉剂 1 000 倍液与 50％多菌灵可湿性粉剂 600 倍液混配后，防治菜豆炭疽病。⑧用 75％百菌清可湿性粉剂 1 000 倍液与 50％苯菌灵可湿性粉剂 2 000 倍液混配后，防治番茄（黑刺盘孢）炭疽病，落葵炭疽病。⑨用 75％百菌清可湿性粉剂 1 000 倍液与 50％腐霉利可湿性粉剂 3 000 倍液混配后，防治冬瓜和节瓜的褐斑病。

（3）拌种　用 75％百菌清可湿性粉剂拌种，用药量因病而异。①用药量为种子质量的 0.2％，防治豌豆根腐病，豌豆、蚕豆等的（根串珠霉）根腐病。②用药量为种子质量的 0.2％～0.3％，防治白菜类（甘蓝链格孢）猝倒病。③用药量为种子质量的 0.3％，防治甜瓜叶枯病，大蒜白腐病，胡萝卜的黑斑病、黑腐病、斑点病。④用药量为种子质量的 0.4％，防治白菜类的霜霉病、（萝卜链格孢）黑斑病、假黑斑病。⑤用 75％百菌清可湿性粉剂和 50％多菌灵可湿性粉剂，按 1∶1 制成混剂，混剂用药量为种子质量的 0.3％，拌种后再密闭 48～72 小时后播种，防治豌豆的白粉病、（尖镰刀菌）凋萎病。

（4）浸种　①用 75％可湿性粉剂 1 000 倍液，浸种 2 小时，用清水洗净催芽，防治西瓜叶枯病。②用 75％可湿性粉剂 1 000 倍液，浸种 20～30 分钟，防治苦苣褐斑病。③用 75％百菌清可湿性粉剂 800 倍液与 50％多菌灵可湿性粉剂 800 倍液混配后，喷淋种藕，再盖塑膜密闭 24 小时后，晾干播种，防治莲藕腐败病。

（5）土壤处理　①用 75％可湿性粉剂 1 千克，与干细土 50 千克拌匀，制成药土，撒药土于瓜秧基部，防治西葫芦曲霉病。②用 75％可湿性粉剂 50～60 倍液，与适量细砂拌匀，在发病重时或因天阴而不能喷药时，可在苗床内均匀撒一层药砂，防治蔬菜苗期猝倒病。

（6）灌根　将 75％可湿性粉剂对水稀释为 600 倍液灌根。①在定植穴内，根瓜坐住时，及根瓜采后 15 天时，各灌 1 次药液，每株次 250 毫升，防治西葫芦蔓枯病。②每平方米苗床上浇 3 升药液，防治甜瓜猝倒病。③用药液喷淋病苗及附近植株，防治蔬菜苗期猝倒病。

（7）涂抹　先刮去西葫芦茎蔓上病斑表层，再用 75％可湿性粉剂 50 倍液，涂抹病斑处，过 5 天后再涂抹一次，防治蔓枯病。

（8）熏蒸　①每公顷保护地上每次用 45％烟剂 3 000～3 750克，在发病前或发病初，在傍晚密闭棚膜，熏蒸防治番茄的早疫病、晚疫病、叶霉病、白粉病、灰霉病、菌核病，茄子的灰霉病、菌核病，辣椒灰霉病、疫病、菌核病，黄瓜的霜霉病、黑星病、灰霉病、炭疽病、白粉病、叶斑病，韭菜的灰霉病、菌核病，芹菜的叶斑病、斑枯病。②在大棚内菜苗定植十几天后，每公顷每次用25％腐霉·百菌清烟剂 6 750 克，用砖石或铁丝等做支架，将烟剂支离地面 20～50 厘米，熏蒸防治番茄、黄瓜、胡瓜等的灰霉病。③每次每公顷用 20％腐霉·百菌清烟剂 2 790～3 750 克（有效成分 558～750 克）熏蒸，防治茄子灰霉病。④每次每公顷用 45％百菌清烟剂 3 750 克，防治甜（辣）椒白粉病，⑤每公顷用 45％百菌清烟剂 3 750～4 500 克熏蒸，防治茄子绒菌斑病。

（9）喷漂浮粉剂　①每公顷保护地上每次用 5％漂浮粉剂 15千克，喷施防治莴苣、青花菜、芥蓝等的霜霉病，其他病害可见熏蒸条中的各病害。②每公顷每次用 5％百菌清漂浮粉剂 15 千克，防治甜（辣）椒白粉病。

（10）喷施混配剂　①在塑料大棚春黄瓜霜霉病初发生时，每公顷每次用 40％腐霜·百菌清悬浮剂 2 625 克，对水 1 500 千克，喷雾防治。②在日光温室番茄灰霉病初发生时，用 30％霉威·百菌清可湿性粉剂 460～750 倍液喷雾防治，每公顷每次喷药液 1 125 千克。

【注意事项】

（1）在蔬菜收获前 7 天停用。本剂不能与碱性物质混用。对桃树、玫瑰花易产生药害，应慎用。本剂应在阴凉、通风干燥处贮存。

（2）与硫磺、福美双等有混配剂，并可与甲基硫菌灵、代森锰锌、三乙膦酸铝等混用，可见各条。

79. 敌磺钠

【其他名称】敌克松、地可松、地爽、的可松等。

【药剂特性】本品属取代苯类杀菌剂，有效成分为敌磺钠，可溶于水，水溶液见光易分解，遇碱不稳定。可溶粉剂外观为黄色至黄棕色有光泽固体。对人、畜为中等毒性。对皮肤有刺激作用，对鱼类为中等毒性。对病害具有内吸、保护和治疗等杀菌作用。

【主要剂型】50％、70％可湿性粉剂，75％、95％可溶粉剂，90％原药。

【使用方法】用于喷雾、灌根及土壤处理、拌种。

（1）喷雾　①将 70％可湿性粉剂对水稀释后喷施。用 500～700 倍液，防治番茄、茄子等的炭疽病、绵疫病，黄瓜和白菜的白粉病、霜霉病，白菜软腐病；用 600～700 倍液，防治白菜类幼苗立枯病；用 1 000 倍液，防治豇豆根腐病（喷淋根茎部）。②用 75％敌磺钠可溶粉剂 800～1 000 倍液，防治豆薯幼苗（镰刀菌）根腐病。③用敌磺钠原药 800 倍液，防治魔芋软腐病。

（2）混配喷雾　将70％敌磺钠可湿性粉剂与50％多菌灵可湿性粉剂，按1∶1混匀，制成混剂，再对水稀释为500倍液，防治黄瓜菌核病。

（3）用70％敌磺钠灌根　①用600倍液，防治姜的腐烂病、青枯病。②用700倍液，防治瓜类枯萎病。③用1000倍液，防治豇豆根腐病。

（4）用90％敌磺钠灌根　①用500～650倍液，每株灌300～400毫升药液，防治叶荟菜根腐病。②用500倍液，每株灌400～500毫升药液，防治苦瓜、薄荷、菊花等的白绢病。

（5）拌种　①用50％敌磺钠拌种，用药量为种子质量的0.3％，防治甜（辣）椒的细菌性叶斑病、果实黑斑病。②用70％敌磺钠拌种，用药量为种薯质量的0.3％～0.5％，防治马铃薯环腐病。③用95％敌磺钠拌种，用药量为种子质量的0.3％，防治菜豆、豇豆等的细菌性疫病。

（6）土壤处理　①每平方米上用敌磺钠有效成分4克，与20倍的细土拌匀，制成药土，将药土撒于苗床上，防治苗期的立枯病、猝倒病。②用75％敌磺钠800倍液，喷淋苗床，防治番茄、菜豆、黄瓜等蔬菜幼苗根腐病。③在播种前，对土壤用70％敌磺钠5～6千克，均匀撒入土中，再播种，防治叶荟菜（莙荙菜）根腐病。

【注意事项】

（1）不能与碱性物质或农用抗菌素混用。

（2）在配制药液时，先用少量水将药剂完全溶化后，再加水到使用浓度。宜在阴天或晴天下午5点以后施药，现配现用。

（3）应在通风干燥、避光阴凉处贮存。与三乙膦酸铝、琥胶肥酸铜有混配剂，可见各条。

80. 敌锈钠

【其他名称】对氨基苯磺酸钠。

【药剂特性】本品属取代苯类杀菌剂，有效成分为敌锈钠。工业品为灰白色、或黄褐色、或粉红色、或玫瑰色结晶，易溶于水，水溶液呈中性，化学性质稳定，遇含钙化合物（如石灰、氯化钙等）即沉淀。对人、畜低毒，对鱼类为中等毒性。对病害具有内吸杀菌作用，持效期 10 天左右。

【主要剂型】95%～97%原药。

【使用方法】将原药对水稀释后喷雾。①用 200 倍液，防治大葱锈病。②用 200～250 倍液，防治黄花菜锈病。③用 240 倍液，防治石刁柏（芦笋）锈病。④用 300 倍液，防治韭菜、大蒜等的锈病。⑤用 400 倍液，防治茭白锈病。⑥用 400～500 倍液，防治葛锈病。

【注意事项】

（1）不能与石灰、硫酸铜、硫酸亚铁及含锌药剂混用，也不宜用含钙、镁离子较多的硬水稀释配药液。

（2）在稀释配药时，宜先用少量温水把原药溶化后，再加水到使用浓度。在药液中加入 0.1%～0.2%洗衣粉，可提高防效。

（3）宜在干燥处贮存本剂。

81. 多菌灵

【其他名称】苯骈咪唑 44 号、苯并咪唑 44 号、棉菱灵（丹）、保卫田、贝芬替、枯萎立克。

【药剂特性】本品属苯并咪唑类杀菌剂，有效成分为多菌灵，对热较稳定，遇酸、碱不稳定，可溶于无机酸或有机酸形成相应的盐。可湿性粉剂外观为褐色疏松粉末，pH 为 5～9；悬浮剂外观为淡褐色黏稠可流动液体，pH 为 5～8，在常温下贮存稳定 2 年。对人、畜、鱼类、蜜蜂等低毒。对病害具有内吸、保护及治疗等杀菌作用，若长期使用不当，易诱发病原菌产生抗药性。

【主要剂型】

（1）单有效成分　25%、40%、50%、80%可湿性粉剂，22%增效可湿性粉剂，12.5%增效可溶液剂，37%草酸盐可溶粉剂，50%磺酸盐可湿性粉剂（溶菌灵），60%盐酸盐可湿性粉剂。

（2）双有效成分混配　①与三唑酮：30％、40％、60％多·酮可湿性粉剂。②与异菌脲：52.5％异菌·多菌灵可湿性粉剂。③与络氨铜：37％抗菌优（络氨铜·多菌灵）可湿性粉剂。④与溴菌清：25％溴菌·多菌灵可湿性粉剂（福星）。

【使用方法】可用于喷雾、浸（拌）种、土壤处理、灌根等。

（1）用 25％多菌灵可湿性粉剂喷雾　将可湿性粉剂对水稀释后喷施。①用 250 倍液，防治荸荠秆枯病，花卉白粉病，月季褐斑病，海棠灰斑病，兰花的炭疽病、叶斑病，大丽花叶斑病，君子兰叶斑病。②用 250～400 倍液，防治葡萄的白腐病、黑痘病、炭疽病，桃疮痂病。③用 400 倍液，防治豇豆煤污病。④用 400～500 倍液，防治白菜类、萝卜、乌塌菜等的白斑病。

（2）用 50％多菌灵可湿性粉剂喷雾　将可湿性粉剂对水稀释后喷施。①用 300 倍液，防治大葱、韭菜等的灰霉病。②用 500 倍液，防治黄瓜的蔓枯病、黑星病、菌核病、靶斑病、根腐病（喷淋根茎部），瓜类炭疽病，番茄的枯萎病、幼苗灰霉病（可带药定植），茄子的枯萎病、菌核病，甜（辣）椒的枯萎病、菌核病、白粉病，菜豆的炭疽病、枯萎病，豇豆的根腐病、灰斑病，蚕豆的赤斑病、黄萎病，豌豆的白粉病、（尖镰刀菌）凋萎病，大葱和洋葱的灰霉病，大蒜白腐病，大白菜的炭疽病、白斑病，萝卜炭疽病，芹菜、芫荽、香芹菜等的菌核病，冬寒菜、冬瓜、节瓜等的根腐病，丝瓜（黑根霉）果腐病，黄花菜叶枯病，石刁柏（芦笋）茎枯病，菊花枯萎病，豆薯幼苗（镰刀菌）根腐病。③用 500～600 倍液，防治西葫芦曲霉病，番茄灰斑病，扁豆褐斑病，豌豆炭疽病，白菜类灰霉病。④用 600 倍液，防治甜瓜（黑根霉）软腐病，茄子黑枯病，甜（辣）椒根腐病，瓜类红粉病，菠菜灰霉病，叶用莴苣（立枯丝核菌）腐烂病，仙人掌（交链孢）金黄色斑点病，蚕豆的炭疽病、枯萎病、根腐病、茎基腐病，菜用大豆灰斑病，冬瓜和节瓜的（壳二孢）叶斑病，芹菜（叶点霉）叶斑病，叶荟菜褐斑病，石刁柏（芦笋）的褐斑病、斑点病，莲藕腐败病，菱角纹枯病，茨的黑斑病、炭疽病，草莓灰霉病，霸王花枯萎腐烂病。⑤用 600～

700 倍液，防治马铃薯黄萎病（早死病），莴苣和莴笋的灰霉病，蒲公英、车前草、山莴苣等的白粉病，蕹菜（球腔菌）叶斑病，番茄、茄子、甜（辣）椒等的黄萎病（在苗期或定植前喷施，进入成株期则可用 500 倍液喷施）。⑥用 600～800 倍液，防治十字花科蔬菜、番茄、莴苣、菜豆、芹菜等的菌核病，番茄的叶霉病、灰霉病，黄瓜、菜豆等的灰霉病，甜椒炭疽病，豇豆煤霉病。⑦用 700 倍液，防治菠菜炭疽病，石刁柏的立枯病、根腐病。⑧用 700～800 倍液，防治茭白纹枯病。⑨用 800 倍液，防治黄瓜黑斑病，番茄、白菜等的炭疽病，茄子叶霉病，辣椒（镰孢）根腐病，豇豆的灰霉病、煤霉病，四棱豆果腐病，芹菜叶斑病，十字花科蔬菜白斑病，青花菜叶霉病，黄花菜（金针菜）的锈病、叶枯病、叶斑病，水芹褐斑病，魔芋轮纹斑病，慈姑叶柄基腐病，莲藕（小菌核）叶腐病。⑩用 800～1 000 倍液，防治莴苣菌核病，保护地莴笋菌核病、灰霉病，荸荠茎腐病。⑪用 1 000 倍液，防治油菜褐腐病，葡萄的白粉病、白腐病、黑痘病、炭疽病，桃的褐腐病、炭疽病。

（3）用 80%多菌灵可湿性粉剂喷雾　将可湿性粉剂对水稀释后喷施。①用 600 倍液，防治黄瓜的黑星病、炭疽病，番茄菌核病，韭菜灰霉病。②用 600～700 倍液，防治菜用大豆菌核病。③用800 倍液，防治冬瓜、节瓜、佛手瓜等的黑星病，白菜类、萝卜等的白斑病。④用 800～1 000 倍液，防治蕹菜、苋菜等的炭疽病，莲藕（叶点霉）烂叶病。

（4）用 40%多菌灵悬浮剂喷雾　将悬浮剂对水稀释后喷施。①用 500 倍液，防治芹菜斑枯病。②用 600 倍液，防治番茄煤污病。

（5）混配喷雾　①用 25%多菌灵可湿性粉剂 400 倍液与 40%三乙膦酸铝可湿性粉剂 200 倍液混配后，兼防治黄瓜的霜霉病和炭疽病，白菜类、芥菜类、萝卜等的霜霉病和白斑病，甘蓝类霜霉病。②用 50%多菌灵可湿性粉剂 500 倍液与 70%敌磺钠可湿性粉剂 500 倍液混配后，防治黄瓜菌核病。③用 50%多菌灵可湿性粉剂 1 000 倍液与 50%异菌脲可湿性粉剂 2 000 倍液混配后，防治甜

（辣）椒灰霉病。④用50％多菌灵可湿性粉剂1 000倍液与15％三唑酮可湿性粉剂4 000倍液混配后，防治西瓜枯萎病。

（6）用50％多菌灵可湿性粉剂浸种 将可湿性粉剂对水稀释后浸种，然后捞出用清水洗净催芽或晾干播种，药液浓度和浸种时间因病而异。①用300～500倍液，浸姜种1～2小时后，捞出拌草木灰后下种，防治姜枯萎病。②用500倍液，浸种薯10分钟，防治马铃薯立枯丝核菌病。③用500倍液，浸种20分钟，防治黄瓜、西葫芦、甜瓜等的黑星病。④用500倍液，浸种30分钟，防治冬瓜和节瓜的黑星病、灰斑病，芋枯萎病。⑤用500倍液，浸种1小时，防治冬瓜和节瓜的枯萎病，茄子和番茄的黄萎病，甜（辣）椒炭疽病，马铃薯黄萎病（早死病），茄子的褐纹病、枯萎病。⑥用700倍液，浸种10分钟，防治蚕豆的枯萎病、根腐病、茎基腐病。⑦用800倍液，浸泡慈姑种球1～3小时，防治（实球黑粉菌）黑粉病。⑧用1 000倍液，浸种20～30分钟，防治苦苣褐斑病。⑨用1 000倍液（药液温度为50～60℃），浸种30～40分钟，防治西瓜枯萎病。⑩用500倍液拌种，防治耐热菠菜根腐病。

（7）用其他剂型浸种（果） ①用25％多菌灵可湿性粉剂250倍液，将荸荠种球茎浸泡18～24小时后，按常规播种育苗，定植前，再将荸荠苗浸泡18小时，防治灰霉病和秆枯病。②用25％多菌灵可湿性粉剂300倍液，浸种1～2小时，防治黄瓜黑星病。③用40％多菌灵悬浮剂500～1 000倍液，采后浸果，防治贮期南瓜青霉病。④用50％多菌灵可湿性粉剂800倍液与50％异菌脲可湿性粉剂800倍液混配后，浸种60分钟，防治黄瓜的黑星病、黑斑病、枯萎病、根腐病。⑤用37％络氨铜·多菌灵可湿性粉剂500倍液，喷雾种藕，封闷24小时后，晾干栽种，防治莲藕腐败病。⑥用50％多菌灵可湿性粉剂800倍液与75％百菌清可湿性粉剂800倍液混配后，喷淋种藕并用塑膜密封24小时后，晾干栽种，防治莲藕腐败病。

（8）拌种 用50％多菌灵可湿性粉剂拌种，用药量因病而异。①用药量为种子质量的0.2％，防治蚕豆炭疽病，菜用大豆灰斑病，四棱豆叶斑病。②用药量为种子质量的0.3％，防治黄瓜的黑星病、黑斑病、根腐病、枯萎病，冬瓜、节瓜、西葫芦、甜瓜等的黑星病。③用药量为种子质量的 0.4%，防治大白菜褐斑病，白菜类炭疽病，薏苡黑穗病。④用药量为种子质量的 0.4%～0.5%，防治甜（辣）椒菌核病，菜豆的枯萎病、炭疽病。⑤用药量为蒜种质量的 0.5%～1%，防治大蒜白腐病。

（9）用 50%多菌灵可湿性粉剂灌根　将可湿性粉剂对水稀释后灌根，从发病初开始，每隔 10 天左右灌 1 次，连灌 2～3 次，每株次灌药液 300～500 毫升，药液浓度因病而异。①用 500 倍液，防治黄瓜的枯萎病、根腐病，冬瓜和节瓜的枯萎病、根腐病，番茄和茄子的枯萎病、黄萎病，茄子的茎基腐病、（镰孢）茎腐病，辣椒（腐皮镰孢）根腐病，耐热菠菜根腐病，菜豆、姜、菊花等的枯萎病，蚕豆黄萎病，豇豆根腐病。②用 500～700 倍液，防治山药（镰刀菌）枯萎病。③用 600 倍液，防治西瓜枯萎病，甜（辣）椒根腐病。④用 700 倍液，防治石刁柏（芦笋）的立枯病，根（冠）腐病。⑤用 800 倍液，防治甜（辣）椒（镰孢）根腐病。⑥用 1 000倍液，在笋芽萌动时，浇灌根盘处，防治石刁柏（芦笋）茎枯病。

（10）用其他剂型灌根　①将 12.5%增效多菌灵可溶液剂对水稀释为 200～300 倍液，在初发病时灌根，每株次灌药液 100 毫升，每隔 10 天左右灌 1 次，连灌 2～3 次，防治黄瓜、南瓜、西瓜、甜瓜等的枯萎病，茄子和番茄的枯萎病和黄萎病，番茄褐色根腐病，甜（辣）椒和蚕豆的黄萎病，白菜类和萝卜的黄叶病，马铃薯的黄萎病（早死病）和枯萎病。②用 25%多菌灵可湿性粉剂 400 倍液灌根，防治枸杞根腐病；用 500 倍液，防治扁豆枯萎病。

（11）用 50%多菌灵可湿性粉剂处理土壤　①每平方米苗床，用可湿性粉剂 8 克，与 800～1 600 克干细土混匀，制成药土，在油菜播种后，用药土盖种，防治油菜褐腐病。②每平方米苗床，用可湿性粉剂 8 克，处理畦面，防治黄瓜、南瓜的枯萎病。③每平方米苗床，用可湿性粉剂 8～10 克，与 4～5 千克（或适量）干细土拌匀，制成药土，浇足底水后，先将 1/3 的药土撒于畦面，播种后，再把余下的 2/3 药土覆盖于种子上，防治番茄褐色根腐病，黄瓜（腐霉）根腐病。④每平方米苗床上，用可湿性粉剂 10 克，与 2 千克细土混匀，制成药土，以下步骤同③，防治茄子的褐纹病、赤星病，甜（辣）椒根腐病。⑤每平方米苗床上，用可湿性粉剂 10 克处理畦面，然后播种，防治冬瓜和节瓜的枯萎病。⑥将可湿性粉剂对水稀释为 400 倍液，喷淋苗床，防治黄瓜、番茄、菜豆等蔬菜的根腐病。⑦用 500 倍液，在发病初期，喷淋苗床，过 7 天再喷 1 次，防治番茄苗期白绢病。⑧用可湿性粉剂 1 千克，与 50 千克干细土拌匀，制成药土，将药土撒于植株根部，防治西葫芦曲霉病。⑨每公顷用可湿性粉剂 22.5 千克，与 1 125 千克干细土拌匀，制成药土，将药土撒于植株根部，防治菜豆根腐病，蚕豆的枯萎病、根腐病、茎基腐病；或将药土穴（沟）施，防治豇豆根腐病。⑩每公顷用可湿性粉剂 52.5 千克，与适量细土拌匀，制成药土，将药土穴施后定植，防治冬瓜和节瓜的枯萎病。⑪每公顷用可湿性粉剂 60 千克，以下步骤同⑩，防治黄瓜和南瓜的枯萎病。⑫每公顷用可湿性粉剂 30 千克，在定植前处理土壤，防治番茄、茄子、甜（辣）椒、马铃薯、蚕豆等的黄萎病。⑬每公顷用可湿性粉剂 60～75 千克，与适量细土拌匀，撒于畦面，耙入土中，防治茄子菌核病。⑭用可湿性粉剂 1 千克加 200 千克细土与营养土拌匀后，撒于苗床或定植穴内；或用可湿性粉剂 1 千克，与 25～30 千克细土（或已粉碎的饼肥）拌匀，撒于定植穴周围 0.11 米^2 范围内，与土混匀，过 2～3 天后，再播种，防治西瓜枯萎病。⑮每公顷 50% 多菌灵可湿性粉剂和 75% 百菌清可湿性粉剂各 3 750 克，拌细土 750 千克，拌匀后再堆放 3～4 小时，制成药土，再将药土撒于浅水莲田中，防治莲藕腐败病。⑯播前，每公顷用 50% 可湿性粉剂 22.5～30 千克，与 300 千克细土拌匀，制成药土，撒施后耙地，防治耐热菠菜根腐病。⑰在苗床浇透水后，用 500 倍液均匀喷洒于苗床上，或每立方米苗床土用可湿性粉剂 150 克，拌匀后装于营养钵或穴盘内育苗，防治黄瓜（腐霉）根腐病。⑱在拔除魔芋白绢病病株后，用 400～500 倍液喷淋病穴灭菌。

（12）涂抹　用 50％多菌灵可湿性粉剂 20～100 倍液，涂抹茎蔓上发病处，防治黄瓜蔓枯病；用 100 倍液，涂切口，防治霸王花枯萎腐烂病。

（13）营养液灭菌　每隔 14 天，在 1 升营养液中加入 10 毫克多菌灵，防治水培番茄的黑腐病、褐腐病、维管束病害。

（14）贮藏窖灭菌　将 50％多菌灵可湿性粉剂对水稀释后，在贮前喷洒窖内。①用 200～400 倍液，防治南瓜贮期青霉病。②用 300 倍液，防治番茄贮期（青霉）果腐病。

（15）使用混配剂喷雾　①在发病初期，用 37％络氨铜·多菌灵可湿性粉剂 500 倍液喷雾，防治莲藕腐败病。②用 25％溴菌·多菌灵可湿性粉剂 600 倍液，或用 45％多·福可湿性粉剂 600 倍液，在甜椒盛花期，喷雾防治炭疽病，每公顷每次喷药液 1 200 千克。

（16）用其他剂型处理土壤　在藕田整地前，每公顷施 37％络氨铜·多菌灵可湿性粉剂 7.5 千克，防治莲藕腐败病。

【注意事项】

（1）在蔬菜收获前 5 天停用。本剂不能与强碱性药剂或含铜药剂混用，应与其他药剂轮用。

（2）不要长期单一使用多菌灵，也不能与硫菌灵、苯菌灵、甲基硫菌灵等同类药剂轮用。对多菌灵产生抗（药）性的地区，不能采用增加单位面积用药量的方法继续使用，应坚决停用。

（3）与硫磺、混合氨基酸铜·锌·锰·镁、代森锰锌、代森铵、福美双、福美锌、五氯硝基苯、丙硫多菌灵、菌核净、溴菌清、乙霉威、井冈霉素等有混配剂；与敌磺钠、代森锰锌、百菌清、武夷菌素等能混用，可见各条。

（4）应在阴凉、干燥处贮存。

82. 多菌灵盐酸盐

【其他名称】防霉宝、防霉灵。

【药剂特性】见多菌灵条。

【主要剂型】60％（超微）可湿性粉剂。

【使用方法】将60％（超微）可湿性粉剂对水稀释后，用于喷雾、浸种、涂抹等。

（1）喷雾 将多菌灵盐酸盐对水稀释后喷施。①用600倍液，防治黄瓜、西葫芦、冬瓜、节瓜、韭菜、芫荽、香芹菜等的菌核病，甜（辣）椒、白菜类、芹菜、草莓等的灰霉病，番茄的灰霉病、叶霉病，豌豆（尖镰刀菌）凋萎病，大葱（大蒜盲种葡萄孢）灰霉病，洋葱颈腐病，莴苣和莴笋的白粉病，豆瓣菜褐斑病，黄花菜叶斑病。②用600～700倍液，防治茄子红腐病，苦瓜灰叶斑病，苦苣和苦苣菜的白粉病。③用600～800倍液，防治菜豆（根霉）软腐病。④用800倍液，防治黄瓜的花腐病、（长蠕孢）圆叶枯病，苦瓜的蔓枯病、炭疽病，南瓜灰斑病，冬瓜和节瓜的黑星病、褐斑病、（壳二孢）叶斑病、根腐病，金（搅）瓜灰霉病，甜（辣）椒的（埃利德氏霉）黑霉病、（镰孢）根腐病，茄子煤斑病，乌塌菜菌核病，扁豆斑点病，四棱豆叶斑病，大蒜叶疫病，菠菜污霉病，蕹菜（帝纹尾孢）叶斑病，蒲公英褐斑病，山药（围小丛壳）炭疽病，石刁柏（芦笋）斑点病，慈姑叶斑病，莲藕（假尾孢）褐斑病。⑤用800～1 000倍液，防治甜瓜（镰刀菌）果腐病，蚕豆黄萎病，芹菜（叶点霉）叶斑病。⑥用1 000倍液，防治菜用大豆赤霉病。

（2）浸种 ①用多菌灵盐酸盐500倍液，浸种60分钟，用清水洗净催芽播种，防治冬瓜和节瓜的枯萎病。②用多菌灵盐酸盐600倍液，浸种30分钟，晾干播种，防治菜豆炭疽病。③用多菌灵盐酸盐1 000倍液，加入0.1％平平加，用混配药液浸种60分钟，捞出用清水洗净催芽播种，防治黄瓜和南瓜的枯萎病。④先用55℃温水浸种10分钟，再用60％（超微）可湿性粉剂1 000倍液加平平加1 000倍液浸种60分钟，捞出用清水洗净后催芽播种，防治黄瓜（腐霉）根腐病。

（3）拌种 用多菌灵盐酸盐拌种，用药量因病而异。①用药量为种子质量的0.2％～0.3％，防治白菜类（甘蓝链格孢）猝倒病。②用药量为种子质量的0.4％～0.5％，防治甜（辣）椒菌核病。

（4）**土壤处理**　用多菌灵盐酸盐 1 000 倍液，在初发病时喷淋苗床，过 7 天后再喷 1 次，防治番茄白绢病。

（5）**涂抹**　用多菌灵盐酸盐 50 倍液，涂抹茎蔓上的病斑处，防治黄瓜、西葫芦、冬瓜、节瓜等的菌核病。

【注意事项】参照多菌灵。

83. 丙硫多菌灵

【其他名称】丙硫咪唑、施宝灵。

【药剂特性】本品属苯并咪唑类杀菌剂，有效成分为丙硫多菌灵，不溶于水，遇冷、热及常温贮存稳定。对人、畜低毒，对眼有轻微刺激作用。对病害具有内吸杀菌作用，兼有保护和治疗等杀菌作用。

【主要剂型】

（1）**单有效成分**　10%、20%悬浮剂，20%可湿性粉剂。

（2）**双有效成分混配**　与多菌灵：12%丙灵·多菌灵悬浮剂。

【使用方法】用于喷雾。①用 10%悬浮剂 1 000 倍液，防治菜豆、莴苣、莴笋等的白粉病。②每公顷用 20%悬浮剂 1 125～1 500克，对水 1 500 千克（相当于稀释 1 300～1 000 倍液），防治大白菜霜霉病，每隔 5～7 天喷 1 次，共喷 2 次。

【注意事项】本剂不能与含铜药剂混用，最好与其他保护性杀菌剂轮用。喷药后 24 小时内遇雨，应及时补喷药液。

84. 苯菌灵

【其他名称】苯莱特、苯雷脱、苯乃特、免赖得等。

【药剂特性】本品属苯并咪唑类杀菌剂，有效成分为苯菌灵，在干燥条件下稳定，遇潮会分解减效，在水溶液中或在植物体内会转化成多菌灵。对人、畜、鸟类低毒，对鱼类有毒。对病害具有内吸、保护、铲除和治疗等杀菌作用，并有杀螨卵作用，持效期长。

【主要剂型】50%可湿性粉剂。

【使用方法】用于喷雾、灌根、拌种等。

（1）喷雾　将50％可湿性粉剂对水稀释后喷施。①用800倍液，防治茄子褐纹病。②用800～1 000倍液，防治莴苣菌核病，从坐果初期开始喷药，防治西瓜枯萎病。③用1 000倍液，防治甜（辣）椒白粉病，茄子赤星病，马铃薯黄萎病（早死病），蚕豆黄萎病，姜炭疽病，石刁柏（芦笋）茎枯病。④用1 200倍液，防治茄子菌核病。⑤用1 000～1 500倍液，防治黄瓜蔓枯病，番茄煤霉病，萝卜黄叶病，青花菜角斑病，莴苣和莴笋的白粉病，茼蒿叶枯病。⑥用1 300～1 500倍液，防治姜叶枯病。⑦用1 500倍液，防治瓜类、葡萄、蒲公英、车前草、山莴苣等的白粉病，黄瓜的黑星病、炭疽病、菌核病、靶斑病、（叶点霉）叶斑病、红粉病、花腐病，冬瓜和节瓜的黑星病、（壳二孢）叶斑病、根腐病，南瓜的蔓枯病、灰斑病、贮藏期青霉病（采收前7天喷药），苦瓜的蔓枯病、炭疽病，瓠瓜子叶炭疽病，佛手瓜黑星病，丝瓜的轮纹斑病、（黑根霉）果腐病，西瓜的褐腐病、黏菌病，甜瓜的（镰刀菌）果腐病、（黑根霉）软腐病，番茄的灰霉病、叶霉病、菌核病、灰斑病、煤污病、（黑刺盘孢）炭疽病、（根霉）果腐病、（青霉）果腐病，茄子的褐色圆星病、黑枯病、细轮纹病、煤斑病、红腐病，甜（辣）椒炭疽病、（镰孢）根腐病、（埃利德氏霉）黑霉病，辣椒"虎皮病"，菜豆的褐斑病、（根霉）软腐病，豌豆的炭疽病、（尖镰刀菌）凋萎病、褐斑病、白粉病，扁豆的红斑病、斑点病、淡褐斑病，豇豆灰斑病，蚕豆的炭疽病、（核盘菌）茎腐病，菜用大豆的紫斑病、赤霉病，四棱豆的叶斑病、果腐病，白菜类黄叶病，乌塌菜菌核病，大蒜的红腐病、叶疫病、青霉病（在收获前7天喷药），大葱叶霉病，韭菜茎枯病，菠菜污霉病，芹菜（叶点霉）叶斑病，莴苣穿孔病，蕹菜的（帝纹尾孢）叶斑病、（球腔菌）叶斑病，冬寒菜菌核病，茼蒿炭疽病，落葵的叶斑病、炭疽病，薄荷灰斑病，紫菜头（芹菜尾孢）褐斑病，菊花斑枯病，黄花菜的炭疽病、褐斑病、白绢病，枸杞的白粉病、炭疽病，石刁柏（芦笋）的炭疽病、斑点病、紫纹羽病，山药的（围小丛壳）炭疽病、（镰刀菌）枯萎病，薯蓣（色链格孢）褐斑病，百合的灰霉病、基腐病，草石蚕白粉病，土当归褐纹病，魔芋炭疽病，芋的灰斑病、炭疽病，菊芋斑枯病，葛褐斑病，茨的炭疽病、黑斑病，菱角白绢病，慈姑叶斑病，莲藕（假尾孢）褐斑病。

（2）灌根　将50％可湿性粉剂对水稀释后灌根，从初发病起，每隔10天左右灌1次，连灌2～3次，每株次灌药液300～500毫升，①用500～1 000倍液，防治黄瓜枯萎病。②用1 000倍液，防治西瓜枯萎病，番茄、茄子、甜（辣）椒、蚕豆等的黄萎病。③用1 000～1 500倍液，防治萝卜黄叶病。④用1 500倍液，防治苦瓜、南瓜、甜瓜、姜等的枯萎病，黄瓜嫁接苗（拟茎点霉）根腐病，冬瓜和节瓜的根腐病，西瓜（镰刀菌）根腐病，苦瓜（尖镰孢菌苦瓜专化型）枯萎病，辣椒（镰孢）根腐病，山药（镰刀菌）枯萎病，石刁柏（芦笋）紫纹羽病，白菜类黄叶病。⑤用800倍液，防治茄子（镰孢）茎腐病、辣椒（腐皮镰孢）根腐病。

（3）拌种　先用10％漂白粉溶液浸种10分钟，再用50％苯菌灵可湿性粉剂拌种，用药量为种子质量的0.10％～0.15％，防治西瓜枯萎病。

【注意事项】

（1）在作物收获前21天停用。本剂不能与强碱性农药或含铜农药混用。不能长期单一使用本剂，应轮换用药，但不能与多菌灵等农药（苯并咪唑类）轮用，也不能与甲基硫菌灵等轮用。

（2）与福美双、百菌清等有混用，可见各条。

85. 噻菌灵

【其他名称】特克多、涕灭灵、硫苯唑、腐绝、涕必灵等。

【药剂特性】本品属苯并咪唑类杀菌剂，有效成分为噻菌灵，在高温、低温水中及酸、碱液中，均稳定。悬浮剂外观为奶油色黏稠液体。对人、畜、鸟类低毒，对眼、皮肤有轻度刺激作用，对蜜蜂无毒，对鱼类有毒。对病害具有内吸传导杀菌作用，能从根部传导到顶部，但不能向根基部传导。

【主要剂型】42％、45％悬浮剂，20％烟剂。

【使用方法】用于喷雾、熏蒸、浸果等。

（1）喷雾　将45%噻菌灵悬浮剂对水稀释后喷施。①用1 000倍液，防治番茄灰霉病。②用1 200倍液，防治青花菜、紫甘蓝等的灰霉病。③用3 000倍液，防治荸荠球茎灰霉病，大葱（大蒜盲种葡萄孢）灰霉病，洋葱颈腐病，大蒜（蒜薹）贮藏期灰霉病。④用3 000~4 000倍液，防治芹菜灰霉病，草莓黏菌病。⑤用4 000倍液，防治菜豆、豇豆、豌豆苗等的灰霉病，草莓"V"型褐斑病。⑥每公顷用悬浮剂600~1 335克（有效成分为270~600克），在收获前，防治芹菜的斑枯病、菌核病。⑦每公顷用悬浮剂1 005~1 995克（有效成分为452~898克），在收获前，防治草莓的白粉病、灰霉病。

（2）熏蒸　在保护地内，发病初期熏蒸。①每公顷用20%烟剂3.75千克，在傍晚密闭棚膜熏蒸，防治莴苣、小西葫芦等的灰霉病、菌核病。②每100米³空间，用烟剂50克（为1片）熏蒸，防治番茄、芹菜、大蒜、胡萝卜等的灰霉病。

（3）防治贮存期病害　①用45%悬浮剂3 000~4 000倍液，采收后浸果，防治贮存期南瓜青霉病。②在甘蓝收获后，用有效成分含量为675毫克/升浓度的噻菌灵药液浸沾后贮藏，防治灰霉病。③在葡萄收获前，用45%悬浮剂333~500倍液，或每100千克水中加入45%悬浮剂200~300毫升（有效浓度为900~1 350毫克/千克），喷雾防治葡萄灰霉病。

（4）灌根　用45%悬浮剂1 000倍液，在发病初期灌根，每株次灌药液250毫升，连灌2~3次，防治西瓜枯萎病。

【注意事项】

（1）不能与含铜药剂混用，也不能与苯菌灵（苯并咪唑类杀菌剂）等药剂轮用。注意安全操作。

（2）应原包装密封，在安全处贮存。

86.　三唑酮

【其他名称】粉锈宁、百理通、百菌酮、百里通等。

【药剂特性】本品属有机杂环类杀菌剂，有效成分为三唑酮，遇酸、碱都较稳定。可湿性粉剂外观为白色至浅黄色粉末，乳油外观为黄棕色油状液体，在常温下贮存稳定 2 年。对人、畜低毒，对皮肤有短暂的轻度刺激作用，对蜜蜂、家蚕、天敌无害，对鱼类、鸟类较安全。对病害具有内吸、预防、铲除、治疗、熏蒸等杀菌作用。

【主要剂型】

（1）单有效成分　20%、25%乳油，15%烟剂，15%、25%可湿性粉剂。

（2）双有效成分混配　与乙蒜素：32%唑酮·乙蒜素乳油（克菌）。

【使用方法】用于喷雾、浸（拌）种及配药土。

（1）用 15%可湿性粉剂喷雾　将可湿性粉剂对水稀释后喷施。①用 800～1 000 倍液，防治莴苣和莴笋的白粉病。②用 1 000 倍液，防治胡萝卜、魔芋、韭菜等的白绢病，茭白和菊花的锈病，慈姑黑粉病，大蒜煤斑病。③用 1 000～1 500 倍液，防治黄瓜、西瓜、丝瓜等的白粉病、炭疽病，茄子、苦苣、苦苣菜等的白粉病，菜豆、豇豆、蚕豆、豌豆、扁豆等的锈病。④用 1 500 倍液，防治黄瓜、南瓜、番茄、洋葱、芫荽、草莓等的白粉病，韭菜、大蒜、葛等的锈病，慈姑（实球黑粉菌）黑粉病。⑤用 1 500～2 000 倍液，防治豌豆、茴香等的白粉病，黄花菜、苦苣、苦苣菜等的锈病。⑥用 2 000 倍液，防治水芹锈病。⑦用 2 000～2 500 倍液，防治白菜类白粉病，大葱和洋葱的锈病。⑧用 2 000～3 000 倍液，防治葡萄白粉病。

（2）用 25%可湿性粉剂喷雾　将可湿性粉剂对水稀释后喷施。①用 1 000～1 500 倍液，防治苦苣菜、苣荬菜等的白粉病。②用 1 500 倍液，防治香椿白粉病。③用 1 500～2 000 倍液，防治苦苣菜、苣荬菜等的锈病。④用 2 000 倍液，防治茄子绒菌斑病，菜豆、豌豆等的锈病。⑤用 2 000～3 000 倍液，防治豌豆白粉病。⑥用 3 000 倍液，防治黄瓜菌核病。

（3）用20％乳油喷雾　用20％乳油对水稀释后喷施。①用1 500倍液，防治黄花菜（金针菜）的锈病、叶枯病，草石蚕白粉病，菊花的锈病和白粉病，荬菜白绢病。②用1 500～2 000倍液，防治黄瓜、南瓜、枸杞等的白粉病，香椿、蒲公英等的锈病，马铃薯癌肿病。③用2 000倍液，防治西葫芦、冬瓜、节瓜、瓠瓜、甜（辣）椒、茄子、菜豆、豇豆、豌豆、蒲公英、车前草、山莴苣等的白粉病，韭菜和大蒜的锈病。④用2 000～2 500倍液，防治白菜类白粉病、番茄（蓼白粉菌）白粉病。⑤用1 000倍液，防治莲藕腐败病、水生蔬菜褐斑病、荸荠秆枯病。⑥每公顷用20％乳油375～450毫升，对水600～750千克，防治牛蒡白粉病，每隔15～20天（雨季隔7～10天）喷1次，连喷2～3次。

（4）混配喷雾　①用15％三唑酮可湿性粉剂2 000倍液与40％三乙膦酸铝可湿性粉剂200倍液混配后，兼防治黄瓜霜霉病和白粉病。②用15％三唑酮可湿性粉剂2 000倍液与25％丙环唑乳油4 000倍液混配后，防治番茄、洋葱、芫荽等的白粉病，菜豆、豇豆、扁豆、蚕豆、大葱、洋葱、大蒜、黄花菜、茭白等的锈病。

（5）拌种　①用15％可湿性粉剂拌种，用药量为种蒜质量的0.2％，防治大蒜白腐病。②用15％可湿性粉剂拌种，用药量为种子质量的0.4％，防治薏苡黑穗病。③用20％乳油拌种，用药量为种子质量的0.25％，防治豌豆根腐病，蚕豆（根串珠霉）根腐病。④用15％可湿性粉剂拌种，用药量为种子质量的0.3％，防治胡萝卜斑枯病。

（6）浸种　①用20％乳油1 000倍液，浸泡慈姑种球1～3小时，防治慈姑（实球黑粉菌）黑粉病。②用20％乳油1 000倍液，喷雾种藕，封闷24小时后，晾干栽种，防治莲藕腐败病。

（7）土壤处理　①温室土壤每立方米用15％可湿性粉剂12克拌和，防治蔬菜白粉病。②用15％可湿性粉剂1份，与细土100～200份混匀，制成药土，将药土撒于病株根茎部，防治黄瓜、南瓜、扁豆等的白绢病。

（8）用混配剂喷雾　用32％唑酮·乙蒜素乳油700倍液，在甜椒盛花期，防治炭疽病，每公顷每次喷药液 1 200 千克。

【注意事项】

（1）在蔬菜收获前 20 天停用。本剂不能与强碱性药剂混用。

（2）不宜长期单一使用本剂，应轮换用药，以避免产生抗药性。若用于种子处理，有时会延迟出苗 1～2 天，对生长无影响。

（3）使用浓度不宜随意增大（即增加用药量），以避免药害。

（4）与马拉硫磷、氰戊菊酯、杀虫单、噻嗪酮、丁硫克百威、灭幼脲、硫磺、福美双、多菌灵等有混配剂，与代森锰锌、多菌灵等有混用，可见各条。

87. 萎锈灵

【药剂特性】本品属有机杂环类杀菌剂，有效成分为萎锈灵，微溶于水，pH 为 5～9 时不水解。乳油外观为淡黄色或淡棕色液体，在常温下贮存较稳定。对人、畜、鸟类低毒，对眼、皮肤有轻微刺激作用，对鱼类有毒。对病害具有内吸杀菌作用，持效期 10 天左右。主要用于防治锈病和黑粉病。

【主要剂型】10％、20％、50％乳油，25％、50％可湿性粉剂。

【使用方法】用于喷雾。①用 50％乳油 800 倍液，防治菜豆、豇豆、扁豆、蚕豆、豌豆、大葱、洋葱等的锈病。②用 20％乳油 400 倍液，防治美人蕉锈病。③用 50％可湿性粉剂 600～1 000 倍液，防治玫瑰锈病。

【注意事项】

（1）不能与强碱性或强酸性药剂混用，可与福美双、克菌丹等混用。在施药过程中，要注意安全防护。

（2）应在通风干燥、避光防火处贮存。

（3）与福美双有混配剂，为 40％卫福（萎锈·福美双）悬浮剂，或 70％卫福（萎锈·福美双）可湿性粉剂。

88. 恶霉灵

【其他名称】土菌消、土菌清、克霉灵、立枯灵、杀纹宁、噁霉灵、绿亨一号。

【药剂特性】属有机杂环类杀菌剂，有效成分为恶霉灵，易溶于水，在酸、碱溶液中均稳定，无腐蚀性。水剂外观为浅黄棕色透明液体，可湿性粉剂外观为白色细粉末，带有轻微特殊的刺激气味，贮藏有效期2年。对人、畜、鸟类、鱼类低毒，对皮肤、眼有轻度刺激作用。对病害具有内吸杀菌作用，适宜防治猝倒病，并能促进植株生长。

【主要剂型】15％、30％水剂，30％、70％、95％精制恶霉灵可湿性粉剂（绿亨1号）。

【使用方法】主要用于灌根和土壤处理。

（1）用15％水剂灌根　将水剂对水稀释为450倍液，在发病初期，每平方米苗床面积喷淋药液2～3升，酌情喷淋1～2次。防治黄瓜的猝倒病、（德里腐霉）猝倒病、幼苗（腐霉）根腐病、立枯病，冬瓜和节瓜的立枯病，西瓜和甜瓜的猝倒病，茄科蔬菜幼苗立枯病，豌豆苗的茎基腐病（立枯病）、（丝囊霉）黑根病，落葵的茎基腐病和茎腐病，草莓（丝核菌）根腐病。

（2）用70％可湿性粉剂灌根　将可湿性粉剂对水稀释为300～500倍液，从黄瓜苗定植后，开始灌根，每隔10天灌1次，第一次每株灌100毫升药液，第二次和第三次，每株灌200毫升药液，在第四次和第五次，每株灌300毫升药液，防治黄瓜枯萎病。

（3）用15％水剂土壤处理　将水剂对水稀释为50～60倍液，与适量细砂（土）拌匀，在苗床内发病重时或因阴雨天而不能喷药时，可在苗床内撒一层药砂（土），防治苗期病害，病害种类可见（1）条中。

（4）用30％水剂灌根　将水剂对水稀释为800倍液，在发病初期灌根防治番茄（腐霉）茎基腐病、根腐病等，每株灌药液100～200毫升。

（5）使用95％可湿性粉剂（绿亨1号）　①用95％恶霉灵可湿性粉剂与70％代森锰锌可湿性剂按1∶1混配，或用95％恶霉灵可湿性粉剂与50％多菌灵可湿性粉剂按1∶1混配，用混配药剂

1 000倍液喷洒，防治食用百合茎腐病。②5月中旬，将莲田水排干，用95%恶霉灵可湿性粉剂5 000倍液浇蔸周围的土壤，第2天复水，防治莲腐败病。

（6）使用30%可湿性粉剂　①在苗床浇透水后，用500倍液均匀喷洒于苗床上，防治黄瓜（腐霉）根腐病。②每平方米用可湿性粉剂8～10克，与适量细干土拌匀，配成药土，先把1/3的药土撒在苗床上，播种后再把2/3的药土撒在种子上，防治黄瓜（腐霉）根腐病。③每立方米苗床土用可湿性粉剂150克，拌匀后装于营养钵或穴盘内育苗，防治黄瓜（腐霉）根腐病。④定植时，每穴土用0.1～0.2千克的800倍液灌根，防治黄瓜（腐霉）根腐病。

【注意事项】本剂不能用于闷种，以避免药害。与甲霜灵有混配剂，可见各条。

89. 苯噻氰

【其他名称】倍生、苯噻清。

【药剂特性】属有机杂环类杀菌剂，有效成分为苯噻氰，遇碱分解。乳油外观为红色液体，在常温下贮存稳定期至少1年。对人、畜、鸟类低毒，对眼、皮肤有刺激作用，对鱼类有毒。对病害具有预防和治疗等杀菌作用，可防治经土壤或种子传播的病害。

【主要剂型】30%乳油。

【使用方法】用于喷雾或灌根。

（1）喷雾　将30%乳油对水稀释后喷施。①每公顷用乳油750毫升，防治蔬菜的炭疽病、立枯病。②用2 000倍液，防治苦瓜炭疽病。

（2）灌根　将乳油对水稀释后灌根。①用5 000～8 000倍液，防治瓜类的猝倒病、立枯病、枯萎病。②用200～375毫克/千克浓度的药液，防治扁豆立枯病。

【注意事项】在施药过程中要注意安全防护。

90. 乙烯菌核利

【其他名称】农利灵、烯菌酮、免克宁。

【药剂特性】本品属二甲酰亚胺（有机杂环）类杀菌剂，有效成分为乙烯菌核利，室温下在稀盐酸中稳定，但在碱性溶液中缓慢分解。可湿性粉剂外观为灰白色粉末，在常温下贮存稳定 2 年以上。对人、畜、蜜蜂、鸟类、鱼类等低毒，对皮肤有中等刺激作用。对病害具有触杀作用，适宜防治灰霉病、菌核病等。

【主要剂型】50％可湿性粉剂。

【使用方法】用于喷雾、蘸花、涂抹等。

（1）喷雾　将 50％可湿性粉剂对水稀释后，从发病初期开始喷施，每隔 7～10 天喷 1 次，连喷 3～4 次。①用 600～800 倍液，防治青花菜和紫甘蓝的灰霉病。②用 1 000 倍液，防治黄瓜、西葫芦、冬瓜、节瓜、菜豆、豇豆、白菜类、甘蓝类、茴香等的菌核病，茄子的菌核病、灰霉病，韭菜的菌核病、灰霉病，菠菜灰霉病，蚕豆赤斑病，莴苣和莴笋的灰霉病，豆瓣菜丝核菌病，大葱和洋葱的小菌核病，番茄早疫病。③用 1 000～1 300 倍液，防治黄瓜、番茄、花卉等的灰霉病，大白菜黑斑病，油菜菌核病。④用 1 000～1 500 倍液，防治保护地莴笋的菌核病、灰霉病，芹菜、番茄、芫荽、香芹菜、莴苣等的菌核病，辣椒苗期、菜豆、豇豆、豌豆苗、白菜类、甘蓝类等的灰霉病，草莓"V"字形褐斑病。⑤用 1 500 倍液，防治莴苣和莴笋的（小核盘菌）软腐病。

（2）蘸花　在茄子蘸花时，在配好的植物生长调节剂药液中加入 0.1％的 50％乙烯菌核利可湿性粉剂，防治茄子灰霉病。

（3）涂抹　①用 50％乙烯菌核利可湿性粉剂 50 倍液，涂抹瓜蔓上的发病部位，防治黄瓜、西葫芦等的菌核病。②用 50％乙烯菌核利可湿性粉剂 1.5 千克与 70％甲基硫菌灵可湿性粉剂 1 千克混匀后，再对水稀释为 50 倍液，涂抹瓜蔓上病斑处，防治黄瓜、西葫芦等的菌核病。

（4）灌根　用 50％乙烯菌核利可湿性粉剂 400 倍液灌根，防治黄瓜枯萎病。

【注意事项】

（1）在蔬菜收获前 4 天停用，在黄瓜和番茄上，推荐在采收前 21～35 天停止使用本剂。

（2）宜在幼苗有 4～6 片叶后，或定植缓苗后，喷施本剂。

（3）宜在通风干燥、阴凉处贮存。

91. 菌核净

【其他名称】纹枯利、环丙胺等。

【药剂特性】本品属有机杂环类（亚胺类）杀菌剂，有效成分为菌核净，在常温下及遇酸较稳定，遇光照及遇碱易分解。可湿性粉剂外观为淡棕色粉末。对人、畜、鱼类低毒。对病害具有直接杀菌和内渗治疗杀菌作用，持效期长，对菌核病有较好的防治效果。

【主要剂型】

（1）单有效成分 40％、50％可湿性粉剂。

（2）双有效成分混配 ①与甲基硫菌灵：55％甲硫•菌核净可湿性粉剂。②与多菌灵：40％菌核•多菌灵可湿性粉剂。

【使用方法】用于喷雾。

（1）用 40％菌核净可湿性粉剂喷雾 将可湿性粉剂对水稀释后喷施。①用 500 倍液，防治番茄、甘蓝、茴香、冬寒菜等的菌核病，莴苣和莴笋的菌核病、（小核盘菌）软腐病，仙人掌（交链孢）金黄色斑点病。②用 800 倍液，防治黄瓜褐斑病，菜豆菌核病。③用 800～1 000 倍液，防治豇豆菌核病。④用 800～1 500 倍液，防治番茄、黄瓜等的灰霉病。⑤用 1 000 倍液，防治黄瓜、芹菜等的菌核病。

（2）用 50％菌核净可湿性粉剂喷雾 ①用 700～800 倍液，防治菱角纹枯病。②用 1 000～1 500 倍液，防治茄子菌核病。

【注意事项】

（1）本剂不能与碱性农药混用。在番茄、茄子、辣椒、菜豆、大豆等作物上易产生药害，因此最好先试后用，以防药害。

（2）本剂应密封，贮存在通风干燥、避光阴凉处。

92. 腐霉利

【其他名称】速克灵、扑灭宁、二甲菌核利、杀霉利。

【药剂特性】本品属有机杂环类杀菌剂，有效成分为腐霉利，遇酸稳定，遇碱不稳定。可湿性粉剂外观为浅棕色粉末，在常温下贮存稳定 2 年以上。对人、畜、鸟类低毒，对眼、皮肤有刺激作用，对蜜蜂、鱼类有毒。对病害具有接触型保护和治疗等杀菌作用。

【主要剂型】50％可湿性粉剂，10％、15％烟剂。

【使用方法】主要用于喷雾、熏蒸、涂抹。

（1）喷雾　将 50％可湿性粉剂对水稀释后，在发病初期开始喷施。①用 750～1 000 倍液，防治茄子灰霉病。②用 800～1 000 倍液，防治大蒜叶枯病。③用 1 000 倍液，防治番茄的苗期白绢病（喷淋苗床，7 天后再喷 1 次）、灰叶斑病，甜（辣）椒的菌核病、叶枯病，茄子绒菌斑病，大白菜黑斑病，大蒜叶疫病，落葵叶斑病，魔芋轮纹斑病，莲藕腐败病。④用 1 000～1 500 倍液，防治豇豆煤霉病，大葱灰霉病，保护地莴笋菌核病、灰霉病，芹菜的菌核病、灰霉病，韭菜灰霉病，莴苣、莴笋、芫荽、香芹菜等的菌核病。⑤用 1 500 倍液，防治黄瓜、西葫芦、冬瓜、节瓜等的菌核病，金瓜（搅瓜）灰霉病，甜瓜叶斑病，西瓜的叶枯病、黑斑病，番茄灰霉病（幼苗也可带药定植），扁豆黑斑病，大葱和洋葱的褐斑病，莴苣和莴笋的（小核盘菌）软腐病，落葵圆斑病，姜眼斑病，黄花菜叶斑病，萝卜黑斑病，菠菜灰霉病。⑥用 1 500～2 000 倍液，防治茄子、菜豆、豇豆等的菌核病、灰霉病，番茄的菌核病、早疫病，韭菜、茴香等的菌核病，白菜类、草莓、豌豆苗、大蒜（蒜薹）等的灰霉病，甜瓜大斑病，蚕豆赤斑病，草莓"V"型褐斑病。⑦用 2 000 倍液，防治白菜类、芥菜类、乌塌菜等的菌核病，甘蓝类的菌核病、灰霉病、黑斑病，青花菜和紫甘蓝的灰霉病、褐斑病，草莓的芽枯病、灰霉病，黄瓜、西葫芦、甜（辣）

椒、莴苣、莴笋、荸荠球茎、百合、胡萝卜等的灰霉病，落葵蛇眼病，大葱（大蒜盲种葡萄孢）灰霉病，洋葱颈腐病，落葵紫斑病。

（2）熏蒸　在发病初期，每公顷保护地每次用 10%烟剂 3～4.5 千克，在傍晚密闭棚室进行熏蒸，每隔 7～10 天熏 1 次，酌情连熏 2～3 次。防治黄瓜的灰霉病、菌核病，番茄的早疫病、灰霉病、菌核病、叶霉病，茄子灰霉病，甜（辣）椒的灰霉病、菌核病，韭菜灰霉病，芹菜菌核病。

（3）涂抹　①用 50%可湿性粉剂 50 倍液，在茎蔓上病斑处涂抹药液，防治黄瓜、西葫芦、冬瓜、节瓜等的菌核病。②在配好的植物生长调节剂药液中（如防落素、2，4-D），加入 0.1%的 50%可湿性粉剂，然后处理花朵，可防治番茄、茄子等的灰霉病。

（4）拌种　用 50%可湿性粉剂拌种，用药量因病而异。①用药量为种子质量的 0.2%～0.5%，防治乌塌菜菌核病。②用药量为种子质量的 0.2%～0.3%，防治大白菜黑斑病。

（5）设施灭菌　用 50%可湿性粉剂 600 倍液，喷洒保护地内墙壁、立柱、薄膜、土地表面（在翻地前），能降低莴苣灰霉病和菌核病的发病率。

【注意事项】

（1）在蔬菜收获前 1 天停用。本剂不能和碱性农药或有机磷农药混用。也不宜长期单一使用，应与其他药剂轮换使用。

（2）药液应随配随用，不宜久存。在白菜、萝卜上慎用。在幼苗期、弱苗或高温下，使用浓度不宜过高（即稀释倍数不宜偏低）。

（3）应在通风干燥、阴暗处贮存。与福美双、百菌清等有混配剂，与百菌清有混用，可见各条。

93. 异菌脲

【其他名称】扑海因、桑迪恩、依扑同、异菌咪等。

【药剂特性】本品属有机杂环类杀菌剂，有效成分为异菌脲，遇碱不稳定。可湿性粉剂外观为浅黄色粉末，悬浮剂外观为奶油色浆糊状物，在常温下贮存稳定 2 年以上。对人、畜、鱼类、鸟类低毒，对蜜蜂无毒。对病害具有触杀作用，杀菌范围广，可防治已对苯并咪唑类杀菌剂产生抗（药）性的病害。

【主要剂型】50％可湿性粉剂，25％悬浮剂，3％、5％漂浮粉剂。

【使用方法】用于喷雾、浸（拌）种、涂抹等。

（1）喷雾　将50％可湿性粉剂对水稀释后喷施。①用600倍液，防治茭白的胡麻斑病、瘟病。②用1 000倍液，防治黄瓜的蔓枯病、黑星病、菌核病，西葫芦、冬瓜、节瓜等的菌核病，西瓜的叶枯病、黑斑病，茄子灰霉病，白菜类的（萝卜链格孢）黑斑病、假黑斑病，萝卜黑斑病，油菜褐腐病，豌豆苗灰霉病，大葱和洋葱的褐斑病，大蒜的叶疫病、（蒜薹）灰霉病，落葵圆斑病，胡萝卜白绢病，魔芋白绢病，菱角纹枯病，荸荠秆枯病。③用1 200倍液，防治西瓜蔓枯病。④用1 000～1 500倍液，防治黄瓜、西葫芦、金（搅）瓜等的灰霉病，番茄的早疫病、黑斑病、灰霉病、茎枯病，茄子（交链孢）果腐病，菜豆灰霉病，菜用大豆菌核病，豇豆、甘蓝、韭菜等的灰霉病、菌核病，大葱和洋葱的白腐病（播种后35天开始喷药）、小菌核病，大蒜的灰叶斑病、白腐病（贮期也可喷药），青花菜和紫甘蓝的黑斑病、灰霉病，芹菜、芫荽、香芹菜、茴香、莴苣、莴笋等的菌核病，莴苣和莴笋的（小核盘菌）软腐病，保护地莴笋的菌核病、灰霉病，草莓"V"字形褐斑病。⑤用1 500倍液，防治黄瓜黑斑病，南瓜斑点病，甜瓜的叶斑病、大斑病，苦瓜（链格孢）叶枯病，笋瓜叶点病，番茄、茄子、芥菜类、乌塌菜等的菌核病，甜（辣）椒灰霉病，蚕豆赤斑病，扁豆黑斑病，白菜类的黑斑病、菌核病、灰霉病，甘蓝类黑斑病，青花菜和紫甘蓝褐斑病，大葱和洋葱的紫斑病、黑斑病，大葱的疫病、（大蒜盲种葡萄孢）灰霉病，细香葱疫病，大蒜叶枯病，蒜薹黄斑病，洋葱颈腐病，莴苣和莴笋的褐斑病、黑斑病、灰霉病，莴苣穿孔病，芹菜斑枯病，菠菜黑斑病，茼蒿叶枯病，叶荟菜褐斑病，豆瓣菜丝核菌病，蕹菜（茄匐柄霉）叶斑病，胡萝卜的黑斑病、黑腐病、灰霉病，石刁柏（芦笋）茎枯病，百合灰霉病，菊花叶斑病，西洋参黑斑病。⑥用 1 500～2 000 倍液，防治草莓和葡萄的灰霉病。

（2）混配喷雾　①用 50％异菌脲可湿性粉剂 1 000 倍液与 40％三乙膦酸铝可湿性粉剂 200 倍液混配后，兼治白菜类、甘蓝类、芥菜类、萝卜等的霜霉病和黑斑病。②用 50％异菌脲可湿性粉剂 1 000 倍液与 90％三乙膦酸铝可湿性粉剂 800 倍液混配后，防治菜豆、豇豆等的灰霉病，草莓"V"字形褐斑病。③用 50％异菌脲可湿性粉剂 2 000 倍液与 90％三乙膦酸铝可湿性粉剂 800 倍液混配后，防治草莓灰霉病。④用 50％异菌脲可湿性粉剂 2 000 倍液与 90％三乙膦酸铝可湿性粉剂 1 000 倍液混配后，防治蚕豆赤斑病。⑤用 50％异菌脲可湿性粉剂 2 000 倍液与乙霉威 1 000 倍液混配后，防治洋葱颈腐病，大葱（大蒜盲种葡萄孢）灰霉病。

（3）拌种　用 50％可湿性粉剂拌种，用药量因病而异。①用药量为蒜种质量的 0.2％，用水量为蒜种质量的 0.6％，将药剂溶于水中，再用药液拌种，防治大蒜白腐病。②用药量为种子质量的 0.2％～0.3％，防治白菜类的黑斑病、白斑病。③用药量为种子质量的 0.2％～0.5％，防治乌塌菜菌核病。④用药量为种子质量的 0.3％，防治甜瓜叶枯病，大葱和洋葱的白腐病，胡萝卜的斑点病、黑斑病、黑腐病。⑤用药量为种子质量的 0.4％，防治萝卜黑斑病，白菜类的（萝卜链格孢）黑斑病、假黑斑病。⑥用药量为种子质量的 0.4％～0.5％，防治甜（辣）椒菌核病。

（4）浸种　将 50％可湿性粉剂对水稀释后，用药液浸种，然后捞出用清水洗净催芽播种或晾干播种，药液浓度和浸种时间长短，因病而异。①用 500 倍液，浸种 50 分钟，防治番茄的早疫病、斑枯病、黑斑病。②用 1 000 倍液，浸种 2 小时，防治西瓜叶枯病。③用 50％异菌脲可湿性粉剂 1 000 倍液与 25％甲霜灵可湿性粉剂 1 000 倍液混配后，浸种 50 分钟，防治大葱紫斑病和霜霉病。

（5）涂抹　①用 50％可湿性粉剂 50 倍液，涂抹茎蔓上发病处，防治黄瓜、西葫芦、冬瓜、节瓜等的菌核病，西瓜蔓枯病。②用 50％可湿性粉剂 180～200 倍液，涂抹茎、叶上发病处，防治番茄早疫病。③在配好的植物生长调节剂药液中（如2，4-D、防落素），加入0.1％的50％异菌脲可湿性粉剂，然后处理花朵，防治番茄和茄子的灰霉病。

（6）土壤处理 每平方米苗床面积上用50％可湿性粉剂8克，与0.8～1.6千克过筛干细土混匀，制成药土，油菜籽播种后，将药土覆盖在种子上，防治油菜褐斑病。

（7）灌根 用50％异菌脲可湿性粉剂400倍液灌根，防治黄瓜枯萎病。

（8）喷漂浮粉剂 每公顷保护地每次用漂浮粉剂15千克，在傍晚密闭棚膜喷施。①用3％漂浮粉剂，防治西芹的斑枯病、叶斑病，番茄早疫病。②用5％漂浮粉剂，防治番茄、黄瓜、韭菜、草莓等的灰霉病、叶霉病、炭疽病，番茄的早疫病、晚疫病，黄瓜菌核病。

【注意事项】

（1）在蔬菜收获前7天停用。本剂不能和碱性药剂混用。

（2）配药液时，应先用少量水把药剂搅成糊状，再加水至所需的使用浓度，注意安全防护。

（3）应在干燥通风处贮存。与多菌灵、代森锰锌等有混配剂，与甲基硫菌灵、多菌灵等有混用，可见各条。

94. 氯苯嘧啶醇

【其他名称】乐必耕。

【药剂特性】本品属有机杂环类杀菌剂，有效成分为氯苯嘧啶醇，对光、热、酸、碱等稳定。可湿性粉剂外观为白色粉末，在常温下贮存稳定2年以上。对人、畜低毒，对蜜蜂和鸟类的毒性很低，对鱼类的毒性中等。对病害具有预防和治疗等杀菌作用。

【主要剂型】6％可湿性粉剂。

【使用方法】可用于喷雾、拌种。

（1）喷雾 将6％可湿性粉剂对水稀释后，在发病初期，开始喷施，每隔 7～10 天喷 1 次，酌情喷 2～3 次。①用 1 000～1 500 倍液，防治冬瓜、节瓜、菜豆等的白粉病，番茄（蓼白粉菌）白粉病，扁豆、莴苣、莴笋等的锈病。②用 1 500 倍液，防治西瓜炭疽病。③用 8 000 倍液，防治葡萄白粉病。④每公顷每次用可湿性粉剂 225～450 克，防治葫芦科蔬菜（瓜类）白粉病。

（2）拌种　用 6% 可湿性粉剂拌种，用药量为种子质量的 0.3%，防治西瓜枯萎病。

【注意事项】在蔬菜收获前 21 天停用。在施药过程，注意安全防护。应在阴凉、远离火源、安全处贮存。

95. 敌菌灵

【其他名称】防霉灵、代灵。

【药剂特性】本品属有机杂环类杀菌剂，有效成分为敌菌灵，在中性和弱酸性条件下较稳定，但在碱性条件下加热分解。可湿性粉剂外观为黄褐色粉末，pH 为 6～9，在常温下贮存 2 年，有效成分含量变化不大。对人、畜低毒，长时间接触，对皮肤有刺激作用，对鱼有毒。对病害具有内吸杀菌作用。

【主要剂型】50% 可湿性粉剂。

【使用方法】用于喷雾、涂抹。

（1）喷雾　将 50% 可湿性粉剂对水稀释后喷施。从发病初期开始，每隔 7～10 天喷 1 次，连喷 3～4 次。①用 400 倍液，防治黄瓜灰霉病，蕹菜轮斑病，茼蒿叶斑病。②用 400～500 倍液，防治瓜类的霜霉病、炭疽病、黑星病，南瓜斑点病，笋瓜叶点病，黄瓜黑星病，菜豆、萝卜等的炭疽病。③用 500 倍液，防治西瓜蔓枯病，番茄的早疫病、斑枯病，豌豆褐斑病，扁豆立枯病，白菜霜霉病，落葵（木耳菜）蛇眼病。

（2）涂抹　用 50% 可湿性粉剂 50 倍液。涂抹瓜蔓上病斑处，防治西瓜蔓枯病。

【注意事项】本剂不能与碱性药剂混用。在施药过程，应注意安全防护。应在通风干燥、安全处贮存。

96. 甲基立枯磷

【其他名称】利克菌、利枯磷、立枯磷。

【药剂特性】本品属有机磷类杀菌剂，有效成分为甲基立枯磷，对光、热、潮湿较稳定。对人、畜、鸟类低毒，对鱼类为中等毒性。可湿性粉剂外观为浅棕色粉末，贮存稳定性良好。杀菌范围广，对五氯硝基苯已产生抗（药）性的苗立枯病菌，也有很好的防治效果，其吸附作用强，不易流失，在土壤中有一定的持效期。

【主要剂型】20％乳油，50％可湿性粉剂。

【使用方法】用于喷雾、浸（拌）种、灌根、涂抹、土壤处理。

（1）喷雾　将 20％乳油对水稀释后喷施。①用 800 倍液，防治番茄菌核病。②用 800～900 倍液，防治黄花菜白绢病。③用 900 倍液，防治茄子菌核病，胡萝卜、魔芋等的白绢病。④用 900～1 000 倍液，防治西瓜枯萎病，甘蓝类菌核病。⑤用 1 000 倍液，防治黄瓜的菌核病、白绢病，甜瓜蔓枯病，南瓜、扁豆等的白绢病，西葫芦、冬瓜、节瓜、甜（辣）椒、白菜类、芥菜类、芫荽、香芹菜等的菌核病，莴苣和莴笋的菌核病、（小核盘菌）软腐病，番茄（丝核菌）果腐病，大葱和洋葱的小菌核病，大蒜白腐病。⑥用 1 000～1 200 倍液，防治菱角白绢病。⑦用 1 200 倍液，防治冬瓜和节瓜的立枯病，番茄茎基腐病，菜豆枯萎病，扁豆和蚕豆的立枯病，豌豆苗的（丝囊霉）黑根病、茎基腐病（立枯病），菜用大豆（镰刀菌）根腐病，甘蓝类黑根病，韭菜白绢病，落葵的茎基腐病、茎腐病、姜纹枯病。

（2）灌根　将 20％乳油对水稀释后，从发病初开始，每隔 7～10 天灌 1 次，每株次灌药液 300～500 毫升，连灌 2～3 次，药液浓度因病而异。①用 900 倍液，防治冬瓜和节瓜的枯萎病。②用 900～1 000 倍液，防治苦瓜的枯萎病、（尖镰孢菌苦瓜专化型）枯萎病。③用 1 000 倍液，防治黄瓜、南瓜、甜瓜、茄子等的枯萎病，苦瓜、薄荷、菊花等的白绢病，甘蓝根肿病，枸杞根腐病。

④用1 200倍液，防治草莓（丝核菌）根腐病，姜纹枯病，叶荟菜（莙荙菜）根腐病。⑤用1 500倍液，防治茄子白绢病。

（3）土壤处理 ①用20%乳油1 200倍液，在初发病时，按每平方米苗床喷淋药液2～3升，防治茄科蔬菜幼苗、黄瓜等的立枯病。②用20%乳油1 200倍液，喷淋畦面，待药液渗下后播种覆土，防治菜豆枯萎病。③每公顷用20%乳油7.5千克，与300千克细土拌匀，制成药土，将药土撒入田中，再耙入土中，防治冬瓜和节瓜的枯萎病。④每平方米用50%可湿性粉剂0.5克，在土表撒施，防治胡萝卜、魔芋等的白绢病。⑤每公顷用50%可湿性粉剂45千克，与1 500千克细土拌匀，制成药土，用药土均匀盖种或施入定植穴内，防治西瓜枯萎病。⑥用50%可湿性粉剂1份，与100～200份细土拌匀，制成药土，将药土撒于病株根茎部，防治黄瓜、南瓜、扁豆等的白绢病。

（4）拌种 ①用20%乳油拌种，用药量为种子质量的1%，防治叶荟菜根腐病。②用50%可湿性粉剂拌种，用药量为种子质量的0.3%，防治西瓜枯萎病。

（5）浸种 用20%乳油1 000倍液，浸种10～12小时，用清水洗净晾干催芽，防治甜（辣）椒疫病。

（6）涂抹 用20%乳油50倍液，涂抹茎蔓上的病斑处，防治黄瓜、西葫芦、冬瓜、节瓜等的菌核病。

【注意事项】宜在病害发生前或初发病时，使用本剂。在施药过程，要注意安全防护。宜贮存安全处。与福美双有混配剂，可见各条。

97. 三乙膦酸铝

【其他名称】乙磷铝、三乙磷酸铝、乙膦铝、疫霉灵、疫霜灵、霜疫灵、霜霉灵、克霉灵、霉菌灵、霜疫净、磷酸乙酯铝、藻菌磷、三乙基磷酸铝、霜霉净、疫霉净、克菌灵等。

【药剂特性】本品属有机磷类杀菌剂，有效成分为三乙膦酸铝，挥发性小，遇强酸或强碱易分解。可湿性粉剂外观为淡黄色或黄褐色粉末，pH 为 6～8；而可溶粉剂外观为白色粉末，在常温下贮存较稳定，溶于水，易吸潮结块。对人、畜、鱼类低毒，对蜜蜂较安全。对病害具有内吸、保护、治疗等杀菌作用。

【主要剂型】

（1）单有效成分　40%、80%可湿性粉剂，90%可溶粉剂。

（2）双有效成分混配　①与代森锰锌：50%、70%乙铝·锰锌可湿性粉剂。②与乙酸铜：30%乙铝·乙酸铜可溶粉剂。

【使用方法】用于喷雾、浸种、灌根等。

（1）用 40%可湿性粉剂喷雾　将可湿性粉剂对水稀释后，在发病初期喷施。①用 150～200 倍液，防治韭菜疫病，白菜类、芥菜类、甘蓝类、萝卜等的霜霉病，薹菜的霜霉病、白锈病，草莓（疫霉）果腐病。②用 200 倍液，防治黄瓜霜霉病，丝瓜绵疫病，番茄的晚疫病、绵疫病、早疫病，茄子绵疫病，马铃薯晚疫病，甜椒疫病，扁豆绵疫病，豇豆疫病。③用 200～250 倍液，防治白菜、球茎甘蓝、莴苣、莴笋、茼蒿、叶荼菜、菠菜等的霜霉病。④用 250 倍液，防治冬瓜、大蒜、百合等的疫病。⑤用 250～300 倍液，防治菠菜白锈病，蕹菜的白锈病、褐斑病、（旋花白锈菌）白锈病。⑥用 300 倍液，防治洋葱紫斑病，马齿苋白锈病。⑦用 300～400 倍液，防治葡萄霜霉病。⑧用 400 倍液，防治仙人掌基腐病。⑨用 800 倍液，防治大蒜叶斑病。

（2）用 80%可湿性粉剂喷雾　①用 400～500 倍液，防治苦苣、苦苣菜等的霜霉病。②用 800 倍液，防治大蒜叶枯病。

（3）用 90%可溶粉剂喷雾　①用 400 倍液，防治大葱和洋葱的霜霉病，芋和西洋参的疫病。②用 500 倍液，防治甜（辣）椒、蚕豆、菜用大豆等的霜霉病。

（4）混配喷雾　用 90%三乙膦酸铝可溶粉剂与 75%百菌清可湿性粉剂 400 倍液混配后，防治大白菜霜霉病。

（5）浸种　用 80%可湿性粉剂 400 倍液，浸泡种姜 1 小时，再用塑膜盖住闷种 1 小时，晾干下种，防治姜的（结群腐霉）软腐病和（简囊腐霉）根腐病。

（6）灌根　①用40％可湿性粉剂200倍液，在初发病时，喷淋苗床，防治蔬菜苗期猝倒病。②用80％可湿性粉剂400倍液，每平方米面积浇灌3升药液，防治姜的（结群腐霉）软腐病和（简囊腐霉）根腐病。③在黄瓜缓苗至结瓜期初见发病时，用80％可湿性粉剂500倍液灌根，防治黄瓜（腐霉）根腐病。④用80％可湿性粉剂400倍液灌根，防治温室辣椒疫病。

（7）土壤处理　用40％可湿性粉剂50～60倍液，与适量细砂（土）拌匀，制成药砂（土），在发病重时或因天气不好（如降雨、阴天）而不能喷药时，可往苗床内及病苗周围，撒一层药砂（土），防治蔬菜苗期猝倒病。

【注意事项】

（1）不能与强碱或强酸药剂混用。不能长期单一使用，也不能随意加大单位面积上的用药量，应与其他药剂轮用。

（2）应注意在黄瓜、白菜上用药浓度偏高时，易产生药害。

（3）包装袋口要密封，在干燥处贮存。若药剂吸潮结块，不影响药效。

（4）与琥胶肥酸铜、甲霜灵、硫酸锌、敌磺钠、氟吗啉等有混配剂，与链霉素、代森锰锌、三唑酮、异菌脲、多菌灵、琥胶肥酸铜等有混用，可见各条。

98. 乙铝·锰锌

【其他名称】乙膦·锰锌。

【药剂特性】本品为混配杀菌剂，有效成分为三乙膦酸铝和代森锰锌。可湿性粉剂外观为浅黄色疏松粉末，pH为5～6。对人、畜低毒。两药剂混配后，具有增加防效的作用。

【主要剂型】70％可湿性粉剂。

【使用方法】用于喷雾、灌根。

（1）喷雾　将70％可湿性粉剂对水稀释后喷施。①用400倍液，防治洋葱紫斑病。②用500倍液，防治黄瓜的灰色疫病、霜霉病、疫病，冬瓜和节瓜的霜霉病、绵疫病、疫病，丝瓜的疫病、绵腐病，南瓜（壳针孢）角斑病，西葫芦褐腐病，苦瓜的霜霉病、细菌性角斑病，越瓜霜霉病，西瓜的褐色腐败病、疫病，甜瓜的霜霉病、疫病，番茄的晚疫病、绵疫病、茎枯病，茄子的褐纹病、绵疫病、赤星病、果实疫病、（交链孢）果腐病，甜（辣）椒疫病，扁豆绵疫病，菜用大豆疫病，苦苣菜、苣荬菜、菠菜、茼蒿等的霜霉病，莴苣和莴笋的霜霉病、黑斑病，白菜类的霜霉病、黑斑病、假黑斑病、（萝卜链格孢）黑斑病，落葵苗腐病，石刁柏（芦笋）茎腐病，草莓（疫霉）果腐病，西洋参和芋的疫病，莲藕叶疫病，白菜白斑病。

（2）灌根　用70％可湿性粉剂500倍液，灌根防治黄瓜的疫病、灰色疫病，冬瓜、节瓜、甜（辣）椒等的疫病，石刁柏（芦笋）茎腐病。

【注意事项】不能与含铜农药或碱性药剂混用。应在阴凉、干燥处，密封后贮存。其他可参照代森锰锌和三乙膦酸铝条。

99. 双胍辛胺

【其他名称】双辛胍胺、培福朗、派克定、谷种定等。

【药剂特性】本品属有机氮类杀菌剂，有效成分为双胍辛胺（三乙酸盐），溶于水。对人、畜为中等毒性，对眼、皮肤有刺激作用，对鱼类及水生生物低毒，对蜜蜂和鸟类毒性也较低。水剂外观为红色或淡黄色透明液体，在常温下贮存稳定2年以上。对多种真菌病害有防效，局部渗透性较强。

【主要剂型】25％水剂。

【使用方法】将25％双胍辛胺水剂对水稀释后喷施。①用600倍液，防治草莓蛇眼病。②用800倍液，每隔10～15天喷1次，共喷8次，防治石刁柏（芦笋）茎枯病。③用800倍液，防治西瓜蔓枯病，每隔7～10天喷1次，连喷2～3次；也可将水剂配成50倍液，涂抹茎蔓上病斑处。

【注意事项】在施药过程要注意安全防护。本剂应贮存在安全处。宜在发病初期使用。

100. 霜霉威盐酸盐

【其他名称】普力克、霜霉威、丙酰胺等。

【药剂特性】本品属氨基甲酸酯类杀菌剂，有效成分为霜霉威盐酸盐，易溶于水，遇酸稳定，遇碱、光、水等易分解，对金属有轻度腐蚀性。水剂外观为无色、无味液体。对人、畜、鸟类、鱼类低毒，对眼有轻度刺激作用，对蜜蜂有毒。对病害具有内吸杀菌作用。适宜防治蔬菜等作物的猝倒病、疫病、霜霉病等。

【主要剂型】35％、66.5％、72.2％水剂。

【使用方法】用于喷雾、灌根、土壤处理。

（1）喷雾　将72.2％水剂对水稀释后，在发病初期喷施。①用400倍液，防治冬瓜和节瓜的绵腐病。②用600倍液，防治（出苗后的）茄科蔬菜幼苗猝倒病，生菜和莴笋的霜霉病，青花菜花球黑心病，保护地莴笋霜霉病。③用600～700倍液，防治黄瓜疫病，茄子果实疫病。④用600～800倍液，防治黄瓜灰色疫病，冬瓜和节瓜的绵疫病，丝瓜绵腐病，芋疫病，白菜类、甘蓝类、芥菜类、萝卜等的霜霉病。⑤用700～800倍液，防治黄瓜、青花菜、紫甘蓝、苦苣、苦苣菜、苣荬菜等的霜霉病，丝瓜、甜（辣）椒等的疫病，茄子绵疫病。⑥用800倍液，防治西瓜的疫病、褐色腐败病，甜瓜、青花菜、洋葱、菠菜、茼蒿等的霜霉病，番茄的晚疫病、绵疫病，马铃薯晚疫病，大葱的霜霉病、疫病，扁豆绵疫病，豇豆、大蒜、香葱、韭菜等的疫病，苋菜白锈病，蕹菜的白锈病、褐斑病、（旋花白锈菌）白锈病。

（2）灌根　将72.2％水剂对水稀释后，从发病初期开始灌根。①用400～500倍液，防治草莓（丝核菌）根腐病、（草莓疫霉）根腐病。②用600～700倍液，防治黄瓜疫病。③用600～800倍液，防治黄瓜灰色疫病，甜（辣）椒疫病。④用800倍液，防治西瓜疫病，番茄的（腐霉）茎基腐病、根腐病、黄瓜（腐霉）根腐病。⑤用600倍液，防治洋葱干腐病。

（3）土壤处理　用72.2％水剂400～600倍液。①在发病前或发病初，每平方米苗床喷淋药液 2～3 升，防治黄瓜的猝倒病、立枯病、（德里腐霉）猝倒病、幼苗（腐霉）根腐病、疫病，西瓜和甜瓜的猝倒病，茄科蔬菜幼苗猝倒病，豌豆苗（丝囊霉）黑根病。②幼苗移栽后，每株次浇药液 100～200 毫升，每隔 7～10 天浇 1 次，防治黄瓜的猝倒病、疫病。

（4）浸种　用 72.2％水剂 800 倍液浸种，然后用清水洗净催芽，浸种时间因病而异。①浸种 30 分钟，防治黄瓜疫病。②浸种 60 分钟，防治辣椒疫病。

【注意事项】

（1）在蔬菜收获前 10 天停用。本剂可与大多数常用农药混用，但不能与液体化肥或植物生长调节剂混用。

（2）在配制药液时，要搅拌均匀。喷淋土壤时，药液量要足，喷药后，土壤要保持湿润。

（3）应在原包装内密封好，在干燥、阴凉处贮存。与福美双有混用，可见各条。

101. 乙霉威

【其他名称】万霉灵、抑霉灵、保灭灵、抑菌威。

【药剂特性】本品属氨基甲酸酯类杀菌剂，有效成分为乙霉威，微溶于水，与苯并咪唑类、二羧酸亚胺类杀菌剂有负交互抗（药）性。对人、畜、鸟类低毒，对鱼有毒。对病害具有内吸、渗透、预防和治疗等杀菌作用，持效期长；多与甲基硫菌灵、多菌灵、腐霉利等混配后使用，有增效作用，对灰霉病有特效。

【主要剂型】

（1）单有效成分　45％万霉灵可湿性粉剂，6.5％万霉灵漂浮粉剂。

（2）双有效成分混配　①与甲基硫菌灵：65％甲硫·乙霉威可湿性粉剂。②与多菌灵：50％乙霉·多菌灵可湿性粉剂。

【使用方法】

（1）喷漂浮粉剂　每公顷保护地用万霉灵漂浮粉剂 15 千克，

在傍晚密闭棚膜喷施，防治番茄叶霉病，大棚番茄、黄瓜等的灰霉病。

（2）**喷雾** 用 45% 可湿性粉剂 800 倍液，防治大棚番茄、黄瓜等的灰霉病，每隔 7 天喷 1 次，连喷 3 次。

【注意事项】

（1）本剂不能与碱性药剂或含铜药剂混用。

（2）不宜大量、过度、连续使用本剂，连续两次用药之间相隔 14 天以上。与异菌脲有混用，与啶菌噁唑、百菌清有混配剂，可见各条。

102. 甲硫·乙霉威

【其他名称】抗霉威、甲霉灵、硫菌·霉威、抗霉灵。

【药剂特性】本品为混配杀菌剂，有效成分为甲基硫菌灵和乙霉威。可湿性粉剂外观为白色粉末，pH 为 5～8。对人、畜低毒。对病害具有预防、治疗等杀菌作用，对抗苯并咪唑类杀菌剂（如多菌灵）的病原菌，有很好的防效。

【主要剂型】25%、50%、65% 可湿性粉剂、6.5% 漂浮粉剂。

【使用方法】用于喷雾、灌根、喷漂浮粉剂。

（1）**用 65% 可湿性粉剂喷雾** 将可湿性粉剂对水稀释后，在发病初期喷施。①用 600 倍液，防治茄果类、瓜类等的灰霉病，番茄的白绢病、菌核病，西芹菌核病。②用 600～800 倍液，防治青花菜和紫甘蓝的灰霉病。③用 700 倍液，防治莴苣和莴笋的灰霉病。④用 800 倍液，防治茄科蔬菜白粉病。⑤用 1 000 倍液，防治茄子绒菌斑病，韭菜灰霉病，豇豆菌核病。⑥用 1 000～1 500 倍液，防治蔬菜苗期灰霉病，黄瓜的灰霉病、菌核病、黑星病、霜霉病，西葫芦、金瓜（搅瓜）、辣椒、百合等的灰霉病，番茄的灰霉病和叶霉病，大葱（大蒜盲种葡萄孢）灰霉病，洋葱颈腐病，大蒜叶疫病。⑦用 1 500 倍液，防治豇豆、豌豆、芹菜、大蒜（蒜薹）贮存期等的灰霉病，青花菜叶霉病，草莓的灰霉病与芽枯病。⑧用 1 500～2 000 倍液，防治番茄煤污病。

（2）用 50％可湿性粉剂喷雾　将 50％甲硫·乙霉威对水稀释后喷施。①用 800 倍液，防治茄子灰霉病。②用 1 000～1 500 倍液，防治菜豆灰霉病，莴苣菌核病。

（3）混配喷雾　用 65％甲硫·乙霉威可湿性粉剂 1 份、25％甲霜灵可湿性粉剂 1 份、75％百菌清可湿性粉剂 1 份，混匀后，再对水稀释为 800 倍液，喷雾防治瓜类苗期病害。

（4）灌根　①用 65％可湿性粉剂 600 倍液，灌根防治番茄的白绢病、菌核病。②用 65％可湿性粉剂 1 000 倍液，灌根防治茄子菌核病。

（5）设施灭菌　用 65％可湿性粉剂 400 倍液，喷洒保护地内的墙壁、立柱、地面（在翻地前）、棚膜等处，进行表面灭菌，能降低莴苣灰霉病和菌核病的发病率。

（6）喷施漂浮粉剂　在每公顷保护地上用 6.5％漂浮粉剂 15千克，在傍晚密闭棚膜后喷施。可防治黄瓜、番茄、韭菜、草莓等的叶霉病、灰霉病、炭疽病，黄瓜灰霉病，莴苣、小西葫芦等的灰霉病、菌核病。

【注意事项】本剂应在通风干燥、避光处贮存。其他参照乙霉威。

103. 乙霉·多菌灵

【其他名称】多霉灵、多霉清、多·霉威、多霉威、速霉克。

【药剂特性】本品为混配杀菌剂，有效成分为多菌灵和乙霉威。对人、畜低毒，对环境安全。对病害具有内吸、预防、治疗等杀菌作用，适宜防治蔬菜上的灰霉病。

【主要剂型】50％可湿性粉剂。

【使用方法】将 50％可湿性粉剂对水稀释后喷施。①用 700 倍液，防治莴苣和莴笋的灰霉病。②用 800 倍液，防治茄果类、瓜类、青花菜、紫甘蓝、黄瓜等的灰霉病，西芹菌核病。③用 1 000倍液，防治甜（辣）椒、豌豆、韭菜等的灰霉病，南瓜灰斑病，茄子煤斑病，甜（辣）椒（色链隔孢）叶斑病，菜豆褐斑病，菜用大豆紫斑病，大蒜叶疫病，乌塌菜白斑病，青花菜角斑病，菠菜污霉病，薄荷灰斑病，胡萝卜斑点病，山药（薯蓣色链隔孢）褐斑病，豆薯幼苗（镰刀菌）根腐病，草莓的灰霉病和芽枯病。④用1 000～1 500倍液，防治蔬菜苗期、金（搅）瓜、大蒜（蒜薹）贮藏期、芹菜等的灰霉病，瓠瓜褐斑病，苦瓜灰斑病，豇豆红斑病，蚕豆轮纹病，四棱豆叶斑病，莴苣菌核病，菠菜叶斑病，蕹菜（帝纹尾孢）叶斑病，芫荽和香芹菜的叶斑病，青花菜叶霉病，紫菜头（芹菜尾孢）褐斑病，葛褐斑病。⑤用1 500倍液，防治番茄煤污病，豇豆菌核病，芋灰斑病。

【注意事项】应在阴凉干燥处贮存。其他见乙霉威。

104. 烯唑醇

【其他名称】速保利、特普唑、达克利、灭黑灵、特灭唑、壮麦灵。

【药剂特性】本品属三唑类杀菌剂，有效成分为烯唑醇，对光、热、潮湿稳定，除碱性物质外，可与大多数农药混用。可湿性粉剂外观为浅黄色细粉，不易燃，不易爆，在正常条件下贮存稳定2年。对人、畜为中等毒性，对眼有轻度刺激作用，对鸟安全，对鱼类、蜜蜂有毒。对病害具有保护、治疗、铲除等杀菌作用，并有内吸向上传导作用。

【主要剂型】12.5%可湿性粉剂。

【使用方法】将12.5%可湿性粉剂对水稀释后喷施。①用2 000～2 500倍液，防治菜豆白粉病。②用2 500倍液，防治豌豆锈病，冬瓜和节瓜的白粉病。③用2 000～3 000倍液，防治扁豆、莴苣、莴笋等的锈病。④用3 000～4 000倍液，防治苦苣菜、苣荬菜等的锈病，西葫芦白粉病。⑤用4 000～5 000倍液防治菜豆、苦苣等的锈病。⑥每公顷用可湿性粉剂187.5克（有效成分量），对水750千克，初发病时，喷雾防治芦笋茎枯病。⑦每公顷用可湿性粉剂375～450克，对水600～750千克，防治牛蒡白粉病，每隔15～20天（雨季隔7～10天）喷1次，连喷

2～3 次。

【注意事项】

（1）不能与碱性农药混用。不宜长期单一使用，应与其他类型杀菌剂轮换使用。

（2）要严格掌握使用浓度，当单位面积上用药量偏大时，易对黄瓜、西葫芦生长产生抑制作用。

（3）应在通风干燥、阴凉处贮存。

105. 腈菌唑

【其他名称】迈可尼。

【药剂特性】本品属三唑类杀菌剂，有效成分为腈菌唑，微溶于水，一般条件下稳定。对人、畜低毒，对眼有轻微刺激作用。对病害具有预防、治疗及较强的内吸杀菌作用，持效期长。

【主要剂型】

（1）单有效成分　12.5％、25％乳油，12.5％可湿性粉剂。

（2）双有效成分混配　与代森锰锌：仙生（锰锌·腈菌唑）62.25％可湿性粉剂。

【使用方法】将 12.5％乳油对水稀释后喷雾。①用 2 000 倍液，防治瓜类红粉病。②用 2 500 倍液，防治茄子绒菌斑病。③用 3 000～5 000 倍液，防治黄瓜、西葫芦等的白粉病。④每公顷用乳油 300～375 毫升，对水 600～750 千克，防治牛蒡白粉病，每隔 15～20 天（雨季隔 7～10 天）喷 1 次，连喷 2～3 次。

【注意事项】本品易燃，应在通风干燥、阴凉、远离火源处贮存。施药时注意安全防护。

106. 锰锌·腈菌唑

【其他名称】仙生。

【药剂特性】本品为混配杀菌剂，有效成分为腈菌唑和代森锰锌。可湿性粉剂外观为浅黄色粉末，pH 为 6.5～7.2，稳定性好，易吸潮。对人、畜低毒。对病害具有预防和治疗杀菌等作用，黏着性强，耐雨水冲刷。

【主要剂型】62.25%可湿性粉剂。

【使用方法】将可湿性粉剂对水稀释为 600 倍液，在黄瓜白粉病初发生时，进行喷雾，每隔 7～10 天喷 1 次，连喷 1～3 次。

【注意事项】

（1）在黄瓜采收前 18 天停用。在使用本剂前，务请仔细阅读使用说明书，并按使用说明书使用。

（2）若黄瓜的白粉病和黑星病同时发生，可先用锰锌·腈菌唑 1～2 次，然后换用代森锰锌。在施药过程，注意安全防护。

（3）本剂应在原包装内密封好，在通风干燥、避光阴凉处贮存。

107. 丙环唑

【其他名称】敌力脱、必扑尔。

【药剂特性】本品属三唑类杀菌剂，有效成分为丙环唑，对光、酸、碱等较稳定，水解不明显，不腐蚀金属。乳油外观为浅黄色液体，贮存稳定期为 3 年。对人、畜低毒，对眼、皮肤有轻度刺激作用。对病害有保护、治疗、内吸等杀菌作用，适宜防治蔬菜的白粉病等病害，持效期 30 天左右。

【主要剂型】25%乳油。

【使用方法】用于喷雾、土壤处理。

（1）喷雾　将 25%乳油对水稀释后，在发病前或发病初期喷施。①用 800 倍液，防治芹菜叶斑病，每隔 10 天喷 1 次。②用 1 000倍液，防治茄科蔬菜白粉病，苦瓜炭疽病。③用2 000～3 000倍液，防治番茄早疫病。④用 3 000 倍液，防治番茄、甜（辣）椒、洋葱、芫荽、茴香等的白粉病，菜豆、豇豆、蚕豆、豌豆、扁豆、韭菜、大葱、洋葱、大蒜、黄花菜、苦苣、苦苣菜、苣荬菜、菊花、茭白等的锈病。⑤用 4 000 倍液，防治香椿锈病，番茄（蓼白粉菌）白粉病，菜豆、草石蚕、菊花、豌豆等的白粉病。⑥每公顷用乳油 600 毫升，防治辣椒的褐斑病、叶枯病，间隔15～20 天，施药 2 次。⑦每公顷用乳油 450 毫升，防治瓜类白粉病，间隔 20 天，施药 2 次。⑧在发病前或发病初喷施，每 100 千克水中加乳油 10 毫升；在发病中期喷施，每 100 千克水中加入乳油 14 毫升，间隔期可达 30 天，防治葡萄的白粉病、炭疽病。

（2）土壤处理　①用 25％丙环唑乳油 1 份，与 1 000 份土拌匀，制成药土，用手捏紧药土，塞到莲藕处，从发病初期开始，每隔 7 天塞 1 次，连塞 3 次，防治莲藕（假尾孢）褐斑病。②用 25％丙环唑乳油 2 500 倍液灌根，每株次灌 250 毫升药液，连灌 2～3 次，防治西瓜枯萎病，茄子茎基腐病。

【注意事项】

（1）在施药过程，注意安全防护。本剂应在通风干燥、阴凉安全处贮存。贮存温度不超过 35℃。

（2）与三唑酮有混用，可见各条。

108. 苯醚甲环唑

【其他名称】世高、噁醚唑、敌萎丹。

【药剂特性】本品属唑类杀菌剂，有效成分为苯醚甲环唑。对人、畜低毒，对眼、皮肤有刺激作用，对蜜蜂无毒。制剂为米色或棕色颗粒，贮存稳定期 3 年以上。对病害具有内吸杀菌作用，在土壤中移动性小，缓慢降解。

【主要剂型】10％水分散粒剂。

【使用方法】将 10％水分散粒剂对水稀释后，在发病初期喷施。①用 800～1 200 倍液，或每公顷用水分散颗粒剂 600～900 克，防治番茄的早疫病、灰叶斑病，辣椒炭疽病。②在 6 月初莲叶斑病发生前，用 1 000 倍液（并加入 0.2％中性洗衣粉），每隔 7～10 天喷 1 次，连喷 3 次，在喷雾过程，喷头抬高，雾滴要细、要匀，一扫而过，叶片正反面均喷到，切不能反复多次喷，否则药液易聚而滑落。③用 1 000 倍液，防治球茎茴香白粉病，水生蔬菜褐斑病、荸荠秆枯病，保护地番茄红粉病，芹菜斑枯病等。④用1 000～1 500倍液，防治西葫芦等的白粉病。⑤用1 500倍液，防治黄瓜、茄子、甜（辣）椒等的炭疽病。⑥用1 500～2 000倍液，防治葡萄的炭疽病、黑痘病。⑦用2 000～2 500倍液，防治番茄叶霉病。⑧每公顷用水分散粒剂750～1 200克，防治西瓜蔓枯病。⑨每公顷用水分散粒剂300～600克，防治草莓白粉病。⑩用3 000倍液，防治茄科蔬菜白粉病。

【注意事项】

（1）不能与含铜药剂混用。施药时，注意安全防护。

（2）在西瓜、草莓、辣椒上，每公顷上喷药液750千克。

109. 氟硅唑

【其他名称】 福星、农星、杜邦新星、克菌星、护矽得。

【药剂特性】 本品属唑类杀菌剂，有效成分为氟硅唑，对日光稳定。对人、畜低毒，对皮肤、眼有轻微刺激作用。对病害具有内吸杀菌作用，但对卵菌（引发的病害）无效。

【主要剂型】 40%乳油。

【使用方法】 将40%乳油对水稀释后，在发病初期喷雾。①用6 000～10 000倍液，或每公顷用乳油112.5～187.5克，对水1 125千克，防治黄瓜黑星病，每隔7～10天喷1次，连喷2～3次。②用8 000倍液，防治小西葫芦白粉病，食用百合茎腐病。③用8 000～10 000倍液，防治茄科蔬菜白粉病，冬瓜和节瓜的白粉病、黑星病，番茄的叶霉病、（蓼白粉菌）白粉病，瓠瓜、枸杞、葡萄等的白粉病。④用9 000倍液，防治南瓜、瓠瓜、苦瓜等的蔓枯病，茄子叶霉病，扁豆、莴苣、莴笋等的锈病，菊花的白粉病、锈病，菜豆、洋葱、芫荽、蒲公英、车前草、山莴苣、莴苣、莴笋、草石蚕、草莓、香椿等的白粉病。⑤用9 000～10 000倍液，防治豌豆锈病。⑥每公顷用乳油67.5～82.5毫升，对水600～750千克，防治牛蒡白粉病。⑦每公顷用乳油有效成分量60克，对水750千克，在露地黄瓜株高1.5米时，防治炭疽病（8月27日），兼治白粉病。

【注意事项】

（1）在作物收获前 18 天停用。避免长期单一使用，应与其他保护性杀菌剂轮换使用。

（2）在病原菌（如白粉病）对三唑酮、烯唑醇、多菌灵等杀菌剂已产生抗药性的地区，可换用本剂。在施药过程，要注意安全防护。与咪鲜胺有混配剂，可见各条。

（3）应在通风干燥、阴凉、远离火源处安全贮存。

110. 噻枯唑

【其他名称】叶枯宁、叶枯唑、叶青双、川化-018、敌枯宁。

【药剂特性】本品属噻二唑类杀菌剂，有效成分为噻枯唑，溶于乙醇（酒精），化学性质稳定。对人、畜、鱼类低毒。可湿性粉剂外观为微黄色疏松粉末，pH 为 5～6。对病害具有内吸、预防、治疗等杀菌作用。主要用于防治细菌病害，持效期 10～15 天，药效稳定，对作物无药害。但不能用于配制药土。

【主要剂型】20%、25%可湿性粉剂。

【使用方法】将可湿性粉剂对水稀释后喷雾。①用 25%可湿性粉剂 500 倍液，防治豆薯（沙葛）细菌性叶斑病。②用 25%可湿性粉剂 500～1 000 倍液，防治莴苣和莴笋的腐败病。③用 20%可湿性粉剂 1 300 倍液，防治姜瘟病（青枯病），每公顷喷 1 125～1 500 千克药液。

【注意事项】

（1）不能与碱性农药混用。施药后 4 小时遇雨，对药效无影响。在施药过程，要注意安全防护。

（2）应在阴凉干燥处贮存，避免受潮。

111. 叶枯灵

【其他名称】渝-7802。

【药剂特性】本品属噻二唑类杀菌剂，有效成分为叶枯灵。可湿性粉剂外观为灰白色粉末，pH 为 5～11。对人、畜为中等毒性，对鱼类安全。对病害具有内吸杀菌作用。

【主要剂型】25％可湿性粉剂。

【使用方法】将 25％可湿性粉剂对水稀释后喷雾。①用 250～300 倍液，防治番茄的早疫病、晚疫病，马铃薯晚疫病。②用 250～500 倍液，防治黄瓜的疫病、炭疽病。

【注意事项】本剂不能与碱性农药混用。应在阴凉、干燥处贮存。

112. 咪鲜胺

【其他名称】施保克、扑霉灵、丙灭菌、咪鲜安、扑克拉。

【药剂特性】本品属咪唑类杀菌剂，有效成分为咪鲜胺，在水中溶解度小，对浓酸、浓碱、光照不稳定。对人、畜、鸟类低毒，对鱼类中等毒性。对病害具有治疗、铲除等杀菌作用。

【主要剂型】

（1）单有效成分　25％、41.5％乳油，45％水剂。

（2）双有效成分混配　①与氟硅唑：20％硅唑·咪鲜胺水乳剂。②与氯化锰：50％施保功（咪鲜·氯化锰）可湿性粉剂。

【使用方法】

（1）喷雾　将 25％乳油对水稀释后喷雾。①用 750 倍液，防治黄瓜褐斑病。②用 800～1 000 倍液，防治莴苣菌核病，保护地莴笋的菌核病、灰霉病。③用 1 000 倍液，防治大蒜叶枯病。④用 1 000～1 500 倍液，防治水生蔬菜褐斑病、荸荠秆枯病，每隔 10 天喷 1 次。⑤用 1 500 倍液，防治茄子黑枯病。⑥用 3 000～4 000 倍液，防治黄瓜、番茄、茄子、辣椒等的炭疽病。

（2）用混配剂喷雾　每公顷用 20％硅唑·咪鲜胺水乳剂有效成分量 160～200 克，对水 750 千克，在露地黄瓜株高 1.5 米时，防治炭疽病，兼治白粉病。

【注意事项】在施药过程，要注意安全防护。应在通风干燥、阴凉处贮存。其他可参照咪鲜·氯化锰条。

113. 咪鲜·氯化锰

【其他名称】施保功、咪鲜胺·氯化锰。

【药剂特性】本品为混配杀菌剂，有效成分为咪鲜胺和氯化锰。可湿性粉剂外观为灰白色粉末，pH 为 7.5，在常温下贮存稳定期可达 3 年。对人、畜、蜜蜂、鸟类低毒，对鱼类中等毒性，对眼睛有短暂的轻度刺激作用。对子囊菌引起的多种作物病害有特效，尽管其不具有内吸作用，但它有一定的传导性能。

【主要剂型】50％可湿性粉剂。

【使用方法】用于喷雾、拌种。

（1）防治蘑菇病害　用咪鲜·氯化锰防治蘑菇的褐腐病和褐斑病。施药方法有以下 2 种。①第一次施药在菇床覆土前，每平方米覆盖土用 50％可湿性粉剂 0.8～1.2 克，对水 1 千克，均匀拌土，再将土覆盖到已接菇种的菇床上；第二次施药在第二期（潮）菇转批后，每平方米菇床用 50％可湿性粉剂 0.8～1.2 克，对水 1 千克，喷于菇床上。②在菇床覆土后 5～9 天和第二期（潮）菇转批后，每平方米菇床用 50％可湿性粉剂 0.8～1.2 克，对水 1 千克，分别各喷 1 次，药液要均匀地喷施于菇床上。

（2）防治蔬菜病害　①每公顷用 50％可湿性粉剂 564～1 125克，对水 1 125 千克（升），搅拌均匀后，喷雾防治黄瓜炭疽病，苗小时用药量酌减。②用 50％可湿性粉剂 1 200 倍液，喷雾防治西瓜炭疽病。③用 50％可湿性粉剂 1 500 倍液，喷雾防治大蒜叶枯病。④用咪鲜·氯化锰拌种，用药量为种子质量的 0.3％，防治西瓜枯萎病。⑤用 50％可湿性粉剂 1 000～1 500 倍液，喷雾防治保护地番茄红粉病。

【注意事项】在蘑菇收获前 10 天停用。其他参照咪鲜胺条。

114. 氟菌唑

【其他名称】特富灵、三氟咪唑。

【药剂特性】本品属咪唑类杀菌剂，有效成分为氟菌唑。可湿性粉剂外观为无味灰白色粉末，在阴暗、干燥条件下，在原包装内贮存 2 年保持稳定。对人、畜低毒，对鱼类有毒，对眼、皮肤有一定的刺激作用。对病害具有内吸、治疗、铲除等杀菌作用，适宜防治蔬菜的白粉病、锈病。

【主要剂型】30％可湿性粉剂。

【使用方法】将 30％可湿性粉剂对水稀释后，在发病初期开始喷雾，每隔 10 天左右喷 1 次，连喷 2～3 次，每公顷每次喷药液 600～750 千克（升）。①用 1 500 倍液，防治洋葱白粉病。②用 1 500～2 000 倍液，防治茄科蔬菜、黄瓜、南瓜、番茄、草莓、芫荽等的白粉病。③用 2 000 倍液，防治豇豆锈病。④用 5 000 倍液，防治荷兰豆（豌豆）白粉病。

【注意事项】

（1）在蔬菜收获前 2 天停用。宜在早晚气温较低（不超过 28℃）、风速不超过 4 米/秒时施药。在施药过程中注意安全防护。

（2）应密封后，在阴凉干燥处贮存。

115. 嘧霉胺

【其他名称】施佳乐。

【药剂特性】本品属一种新型的苯胺基嘧啶类杀菌剂，有效成分为嘧霉胺。外观为白色结晶粉，无特殊气味，无腐蚀性，微溶于水，不易分解，在常温下贮存期可达 3 年。对人、畜低毒。对病害具有内吸传导及熏蒸等杀菌作用，对灰霉病有特效，对非苯胺基嘧啶类杀菌剂已产生抗药性的灰霉病菌仍有效，药效对温度不敏感，在相对较低温度下使用，其保护和治疗效果同样好，在推荐药剂量下，对作物安全。

【主要剂型】30％、40％悬浮剂，40％可湿性粉剂。

【使用方法】将悬浮剂（可湿性粉剂）对水稀释后喷雾。①在发病初期，每公顷用 40％悬浮剂 375～1 425 毫升，对水 450～1 125 千克（升），防治黄瓜、番茄等的灰霉病，每隔 7～10 天喷药

1次，连喷2～3次。②用40%悬浮剂500倍液，防治黄瓜褐斑病。③用40%可湿性粉剂800～1 200倍液，防治茄子灰霉病，每公顷用药剂900～1 400克（有效成分360～560克），对水1 125千克。④用30%悬浮剂1 000～1 500倍液，防治莴苣菌核病。

【注意事项】

（1）在蔬菜收获前3天停用。在一个作物生长季节内，使用本剂的次数不宜超过3次，若需用药超过3次，应轮换用药。

（2）在植株矮小时，用低药量和低水量；当植株高大时，用高药量和高水量。

（3）在保护地内施药后，应通风，而且药量不能过高，否则，部分作物叶片上会出现褐色斑块。当气温高于28℃时，停止施药。

116. 喹菌酮

【药剂特性】 本品属喹啉酮类杀菌剂，有效成分为喹菌酮，对光、热和湿气稳定。可湿性粉剂外观为白色粉末，pH为5～8。对人、畜、鱼、蜜蜂低毒。对细菌病害具有保护和治疗等杀菌作用。

【主要剂型】 20%可湿性粉剂。

【使用方法】 在病害发生前，用20%可湿性粉剂1 000～1 500倍液，喷雾防治大白菜软腐病。

【注意事项】 药液应随配随用，不宜久存。本剂应在密闭凉爽、避光干燥处贮存。

117. 氟吗啉

【药剂特性】 本品属吗啉类杀菌剂，有效成分为氟吗啉。在常温下，对光、热稳定。对人、畜低毒，对眼、皮肤无刺激性，对家蚕低毒，对环境安全，无"三致"作用。对病害具有内吸、治疗等杀菌作用，适宜防治霜霉属和疫霉属的病害。

【主要剂型】

（1）单有效成分 10%油剂，20%、30%可湿性粉剂，30%水分散片剂。

（2）**双有效成分混配**　①与代森锰锌：50％、60％锰锌·氟吗啉可湿性粉剂（灭克）。②与三乙膦酸铝：50％氟吗·乙铝可湿性粉剂。

【使用方法】将各剂型对水稀释后喷雾。

（1）**使用单剂喷雾**　①每公顷用 20％可湿性粉剂有效成分量 100 克，防治黄瓜霜霉病。②用 30％可湿性粉剂 800 倍液，防治保护地莴笋霜霉病。③每公顷用 30％水分散片剂有效成分量 100～200 克，防治黄瓜霜霉病。④用 20％可湿性粉剂 1 000 倍液，防治大白菜霜霉病，每公顷喷药液 750 千克。

（2）**使用混配剂喷雾**　①每公顷用 50％锰锌·氟吗啉可湿性粉剂有效成分量 600～800 克，防治日光温室辣椒疫病。②用 60％锰锌·氟吗啉可湿性粉剂 800 倍液，防治黄瓜霜霉病。③每千克水用 50％氟吗·乙铝可湿性粉剂 833 毫克，防治温室黄瓜霜霉病。④用 60％锰锌·氟吗啉 1 000 倍液，防治辣椒疫病、番茄晚疫病、白菜霜霉病等。

【注意事项】

（1）应轮换使用药剂，不可长期单一使用本剂。

（2）推荐用药间隔时间为 10～13 天。

118. 烯酰吗啉

【其他名称】安克。

【药剂特性】本品属吗啉类杀菌剂，有效成分为烯酰吗啉（安克）。对人、畜、鸟类、蜜蜂低毒，对天敌无影响，对眼有轻微的刺激作用，对鱼类为中等毒性，无"三致"作用，对环境安全。该药的内吸性较强，根部施药，可通过根部进入植株的各个部位，叶面喷洒，药亦可进入叶片内部。对蔬菜作物的霜霉类和疫霉类病害具有特效，与苯酰胺类杀菌剂例如甲霜灵、恶唑烷酮等无交互抗药性。

【主要剂型】

（1）**单有效成分**　50％可湿性粉剂、50％水分散粒剂。

（2）双有效成分混配　与福美双：55％烯酰·福美双可湿性粉剂（霜尽、盖克等）。

【使用方法】将各剂型对水稀释后喷雾。

（1）使用单剂喷雾　①用50％水分散粒剂800倍液，防治保护地莴笋霜霉病。②每公顷用50％可湿性粉剂有效成分量100克，防治黄瓜霜霉病。

（2）使用混配剂喷雾　①在初发病时，用55％烯酰·福美双可湿性粉剂600倍液，防治温室黄瓜霜霉病，每公顷喷药液1 125千克。②关于69％安克·锰锌可湿性粉剂的使用方法，可见有关条文介绍。

【注意事项】单一使用单剂有比较高的抗性风险，不宜长期使用，注意与其他类型农药轮换使用，以延缓抗性的产生。与代森锰锌有混配剂，可见相关内容。

119. 溴菌腈

【其他名称】休菌清、炭特灵、溴菌清。

【药剂特性】本品为广谱性杀菌剂，有效成分为溴菌腈，对光、热、水等条件稳定。对人、畜低毒，对眼、皮肤、黏膜等有轻度刺激作用。对病害具有保护、治疗等杀菌作用。

【主要剂型】

（1）单有效成分　25％乳油，25％可湿性粉剂。

（2）三有效成分混配　与多菌灵和福美双：40％多·福·溴菌腈可湿性粉剂（多丰农）。

【使用方法】用25％乳油500～600倍液，喷雾防治黄瓜炭疽病。

【注意事项】在施药过程，注意安全防护。其他参照多丰农。

120. 多·福·溴菌腈

【其他名称】多丰农、多·溴·福。

【药剂特性】本品为混配杀菌剂，有效成分为溴菌腈、多菌灵、福美双。可湿性粉剂外观为灰白色疏松粉末，pH 为 6～9。对人、畜低毒。对病害具有内吸、保护、治疗等杀菌作用。

【主要剂型】40%可湿性粉剂。

【使用方法】将 40%可湿性粉剂对水稀释后，在发病初期喷雾。①每公顷用可湿性粉剂 1 500～2 250 克，对水 1 125 千克稀释后喷施。防治黄瓜炭疽病，并可兼防治黄瓜的霜霉病、疫病、蔓枯病、细菌性角斑病，黄瓜、茄子、甜（辣）椒等的炭疽病。②用 500 倍液，防治苦瓜炭疽病，瓠瓜子叶炭疽病，番茄（黑刺盘孢）炭疽病，辣椒"虎皮病"。

【注意事项】

（1）在稀释配制药液时，应先用少量水把药剂调均匀，然后再加水稀释到使用浓度。

（2）应在通风干燥、阴凉处贮存。

121. 双胍辛烷苯基磺酸盐

【其他名称】百可得。

【药剂特性】本品为杀菌剂，有效成分为双胍辛烷苯基磺酸盐。纯品为白色粉末，原药为浅褐色蜡质固体。可湿性粉剂外观为白色粉末，在常温下贮存稳定期 4 年。对人、畜、鸟类、鱼类、蜜蜂均为低毒，对蚕有毒，对眼、皮肤有轻微刺激作用。对病害具有触杀、预防等作用。适宜防治真菌病害。

【主要剂型】40%可湿性粉剂。

【使用方法】将 40%可湿性粉剂对水稀释后喷雾。①在秋季石刁柏（芦笋）采收后，用 800～1 000 倍液，每公顷喷 4 000 千克药液，从嫩茎有 5～10 厘米高时喷药，每隔 2～3 天喷 1 次，连喷 3～5 次。防治石刁柏（芦笋）茎枯病。②用 1 000 倍液，防治西瓜的蔓枯病、白粉病、炭疽病、菌核病，草莓的炭疽病、白粉病，生菜（莴苣）的灰霉病、菌核病，洋葱灰霉病。③用 1 000～1 500 倍液，防治葡萄炭疽病，桃的黑星病、灰星病。④用 1 500～2 500 倍液，防治葡萄灰霉病，黄瓜的白粉病、灰霉病。⑤每公顷用可湿性粉剂

450～750 克，防治番茄灰霉病。

【注意事项】

（1）不能与强碱或强酸性农药混用。在蔬菜上，一般每公顷每次喷药液 450～750 千克（升）。

（2）本品可能造成石刁柏嫩茎轻微弯曲，但不会影响母茎生长。

（3）应在阴暗处贮存。

122. 二氯异氰脲酸钠

【其他名称】优氯特、优氯克霉灵。

【药剂特性】本品属含氯消毒杀菌剂，有效成分为二氯异氰尿酸钠，易溶于水，性能稳定。对皮肤、黏膜无刺激性，对人、畜低毒。消毒杀菌能力强，具有高效、快速、安全等特点。

【主要剂型】20%、40%可溶粉剂。

【使用方法】每公顷用 20%可溶粉剂 2 812～3 750 克，对水 1 125 千克（相当于稀释 300～400 倍液），从发病初期开始喷药，每隔 7 天喷 1 次，连喷 3 次，防治黄瓜霜霉病。

【注意事项】

（1）宜单独使用，不能与其他农药混用。药液应现配现用，应在傍晚进行喷雾。

（2）在稀释配制药液时，应先用少量水把药剂调成糊状，然后再加水到所需的使用倍数。

（3）应密封，在干燥、阴凉处贮存。

123. 多果定

【其他名称】十二烷胍。

【药剂特性】本品属有机类杀菌剂，有效成分为多果定。不吸潮、不易燃、不爆炸。可湿性粉剂外观为白色粉末，在常温下贮存较稳定。对人、畜、蜜蜂低毒。对病害具有保护性杀菌作用。

【主要剂型】65%可湿性粉剂。

【使用方法】 用于喷雾、配制药土。

（1）**喷雾** 将 65％可湿性粉剂对水稀释后，在发病前喷雾。①用 1 000 倍液，防治番茄早疫病，木耳菜（落葵）蛇眼病。②用 1 500 倍液，防治姜叶枯病。③用 600 毫克/千克的药液，防治十字花科蔬菜黑斑病，马铃薯早疫病，番茄的斑枯病、叶霉病，黄瓜枯萎病。④用 400 毫克/千克的药液，在桃树开花后，喷雾防治桃树的穿孔病、褐斑病。

（2）**配制药土** 每公顷用 65％可湿性粉剂 45 千克，与 1 500 千克细土拌匀，制成药土，将药土均匀盖种或施入定植穴内，防治西瓜枯萎病。

【注意事项】 在施药过程，注意安全防护。在干燥不结冰处，本剂可存放数年以上。

124. 啶菌恶唑

【其他名称】 菌思奇。

【药剂特性】 本品属于甾醇合成抑制剂杀菌剂，有效成分为啶菌恶唑，在常温下对酸、碱稳定，在水中、日照或光下稳定，在高温下分解。对人、畜低毒，对眼睛有中度刺激作用，对皮肤无刺激，皮肤致敏性为轻度，对鱼、鸟、蜜蜂、蚕等均为低毒。对病害具有保护和治疗作用，并有良好的内吸杀菌作用，具有广谱杀菌活性，与目前广泛使用的杀菌剂作用机制不同，也不存在交互抗性。

【主要剂型】

（1）**单有效成分** 25％乳油（菌思奇）。

（2）**双有效成分混配** ①与乙霉威：30％啶菌·乙霉威悬浮剂。②与福美双：40％啶菌·福美双悬浮乳剂。

【使用方法】 将乳油或悬浮乳剂对水后喷雾。

（1）**使用单剂喷雾** ①每公顷用 25％乳油有效成分量 200～400 克，防治日光温室番茄灰霉病。②每公顷用 25％乳油有效成分量 200～400 克，对水 1 000 千克，防治保护地番茄叶霉病。③用

25％乳油 1 000～1 500 倍液，防治莴苣菌核病。

（2）使用混配剂喷雾 ①每公顷用 30％啶菌·乙霉威悬浮剂有效成分量200～400 克，防治日光温室黄瓜灰霉病；②每公顷用 40％啶菌·福美双悬浮剂有效成分量200～400 克，防治日光温室番茄灰霉病。

【注意事项】
（1）在发病前或发病初期开始施药。
（2）在施药时，做好安全防护工作。
（3）避免在高温条件下贮存药剂。

125. 噁唑菌酮

【其他名称】易宝、易保、抑块净，恶唑菌酮。

【药剂特性】本品属新型线粒体电子传递抑制剂杀菌剂，有效成分为噁唑菌酮。原药为无色结晶体，在水中稳定性（25℃、pH为 7 时）3.1 天，低毒，对眼睛和皮肤无刺激作用，无"三致"作用，具有强亲脂性，对病害具有保护杀菌作用，与苯基酰胺类杀菌剂无交互抗性。制剂均属低毒，无"三致"作用，易保制剂外观为茶色颗粒，对眼睛无刺激作用，仅对皮肤稍有刺激作用，对病害具有杀菌谱广，延缓抗性产生等优点；抑块净制剂外观为棕细小色颗粒，对眼睛和皮肤无刺激作用，对病害具有保护和治疗杀菌作用，持效期延长。

【主要剂型】双有效成分混配 ①与代森锰锌：68.75％噁酮·锰锌（易保）水分散粒剂。②与霜脲氰：52.5％噁酮·霜脲氰（抑块净）水分散粒剂。

【使用方法】将水分散粒剂对水稀释后喷雾。

（1）使用易保喷雾 在病害初发生时，每隔 7～10 天喷 1 次，连喷 2～3 次。①用 800～1 000 倍液，防治保护地花叶生菜灰霉病，每公顷每次喷药液 900 千克。②用 1 000 倍液，防治青花菜霜霉病。

（2）使用抑块净喷雾 在病害初发生时，每隔 7 天喷 1 次，连喷 3 次。①用 2 000～2 500 倍液，防治黄瓜霜霉病。②每千克水用水分散粒剂 393.8 毫克防治温室黄瓜霜霉病。③用 800～1 000 倍液，防治保护地莴笋霜霉病。

【注意事项】

（1）在使用前必须详细阅读产品上的标签说明。施药过程或贮存时，须做好安全防护工作。

（2）不可与强碱性农药混用。施药后几小时遇雨，不需重新喷药。

（3）采收安全间隔期一般为 7～14 天。

（4）据报道噁唑菌酮同甲氧基丙烯酸酯类杀菌剂有交互抗性。

126. 烯肟菌酯

【其他名称】佳思奇。

【药剂特性】本品属甲氧基丙烯酸酯类杀菌剂，有效成分为烯肟菌酯，对光、热比较稳定。对人、畜低毒，对眼睛有中度刺激作用，对皮肤致敏性为轻度，对鸟、蜜蜂、蚕等均为低毒，对鱼为高毒。对病害具有预防和治疗作用，具有广谱杀菌活性。

【主要剂型】25％乳油（佳思奇）。

【使用方法】将乳油对水稀释后喷雾。①每公顷用 25％乳油有效成分量 100～200 克，防治马铃薯晚疫病，白菜霜霉病。②每公顷用 25％乳油有效成分量 100～225 克，防治黄瓜霜霉病。

【注意事项】

（1）在一个生长季节内，连续使用该药不要超过 4 次。

（2）在发病前或发病初期开始施药。

（3）施药时应远离鱼塘、湖泊、河流等处。

127. 嘧菌酯

【其他名称】阿米西达、安灭达。

【药剂特性】本品属甲氧基丙烯酸酯类杀菌剂，有效成分为嘧菌酯，在水溶液中光解半衰期为 14 天，对水解稳定。对人、畜及其他非靶标生物安全、无害，对皮肤无刺激性，对眼有轻微的刺激作用，无"三致"作用，为低毒药剂；在土壤、水和空气中，通过光和微生物能迅速降解，最终形成二氧化碳，无残留，对地下水、环境无污染。对病害具有保护、治疗、铲除、渗透、内吸等杀菌作用，对卵菌纲、子囊菌纲、担子菌纲和半知菌类的等数十种病害均有很好的杀菌活性，并与现有杀菌剂的作用方式不同，因此对甾醇抑制剂、苯基酰胺类、二羧酰胺类、苯并咪唑类等杀菌剂产生抗性的菌株有效，病原菌目前对嘧菌酯尚无抗药性，持效期15天。还可促使作物早发快长，增强植株长势，提高抗逆能力，延缓衰老，增加总产量等作用。

【主要剂型】25％悬浮剂（阿米西达）、25％乳油。

【使用方法】将25％悬浮剂或25％乳油对水稀释后喷雾。

（1）使用25％乳油　①每公顷用有效成分量100克，防治马铃薯晚疫病、白菜霜霉病。②用1 500倍液，防治水生蔬菜褐斑病、荸荠秆枯病。

（2）使用25％悬浮剂　①用2 500倍液，防治芹菜斑枯病。②在一季作物的生长期内可使用3～4次，分别在苗期、花期、果实膨大期，连续结果的作物，如黄瓜的第四次用药则在第三次用药后30天。用1 500倍液（喷雾器内装15千克水，再加10ml包装的药剂1袋），防治番茄（最多使用3次）的早疫病、晚疫病、灰霉病、叶霉病、基腐病等，辣椒（最多使用3次）的炭疽病、灰霉病、疫病、白粉病等，茄子（最多使用3次）的疫病、白粉病、炭疽病、褐斑病、黄萎病等，黄瓜（最多使用3～4次）的霜霉病、疫病、白粉病、炭疽病、灰霉病、黑星病等，西（甜）瓜（最多使用3次）的炭疽病、疫病、猝倒病、叶斑病、枯萎病等，葡萄（最多使用3～4次）的霜霉病、黑痘病、穗褐枯病、轴褐枯病、白腐病、炭疽病等。

【注意事项】

（1）本药剂不可使用次数过多，不可连续用药，为防止病菌产生抗药性，严禁一个生长季节使用次数超过4次，而且要根据病害种类与其他药剂交替使用（如：百菌清、苯醚甲环唑、金雷多米尔、嘧霉胺、氢氧化铜等）。如气候特别有利于病害发生时，使用过嘧菌酯的蔬菜也会轻度发病，可选用其他杀菌剂进行针对性的预防和治疗。

（2）可在作物病害发生前用药，也可在作物生长关键期（如：展叶期、开花期、果实生长期）用药。保证有足够的药液量喷施，药液要充分混合均匀再喷雾。

（3）避免与乳油类农药混用。在苹果、梨上严禁使用本剂。

（4）在番茄上用药时，在阴天禁止用药，应在晴天上午用药。

（5）注意安全间隔期，番茄、辣椒、茄子等为 3 天，黄瓜为 2～6 天，西（甜）瓜为 3～7 天，葡萄为 7 天。

（五）杀线虫剂

128. 溴甲烷

【其他名称】溴代甲烷、一溴甲烷、甲基溴、溴灭泰。

【药剂特性】本品属卤代烃类杀线虫、杀虫剂，有效成分为溴甲烷，稳定、不易燃烧，在碱性溶液中易被分解，在常温下为无色气体，略有香甜气味。工业品经液化装入钢瓶中，为无色或带有淡黄色液体，沸点 $3.6℃$，在常温下贮存 2 年以上有效成分含量无变化。对人、畜为高毒，在空气中最高允许浓度为 1 毫克/立方米，对皮肤有过敏性。可用于熏蒸防治土壤中的线虫、真菌、害虫、杂草等。

【主要剂型】98％压缩气体（500 克/罐）。

【使用方法】①每平方米的用药量为 77～102 克，根据熏蒸土地面积大小计算好用药量（每个包装罐内装液化气体 500 克）。先将土壤疏松后，再整平，用塑膜（膜上不能有破损处）覆盖地面，并将塑膜四周用土压紧防止漏气，然后将药罐用钉子钉一洞，迅速把药罐放到塑膜下，再把塑膜边用土压紧，药剂蒸气会从罐中迅速蔓延扩散入土壤中（因溴甲烷比空气重），进行熏蒸。过 24 小时后，撤去塑膜，散气 2 天，然后播种，可防治黄瓜、番茄等的土壤线虫病。②在定植前 7 天，覆盖地膜，每平方米用溴甲烷 2～4 毫升熏蒸，防治食用百合茎腐病。

【注意事项】

（1）本剂高毒，又无警戒性，故在用药过程，要提高警惕，避免中毒。施药前，要检查施药装置是否漏气，可用测溴灯检测。覆盖塑膜要严密。熏蒸结束后，须等溴甲烷气体散尽后，才能进行地面操作。

（2）施药人员需先经过培训。在熏蒸操作前，每人可先服用100 克糖预防中毒。

（3）装有本剂的钢瓶或气罐，应在通风、阴凉、干燥处贮存。在搬运过程，要轻拿轻放，避免激烈振荡和日晒。

129. 二氯异丙醚

【其他名称】双醚。

【药剂特性】本品属卤代烃类杀线虫剂，有效成分为二氯异丙醚，具有特殊的刺激性臭味。乳油外观为淡褐色透明液体。对人、畜、鱼类低毒，对眼睛有中等刺激作用，对皮肤有轻微的刺激作用。对多种线虫具有熏蒸杀死作用。在作物的整个生长期内均可使用，持效期 10 天左右。土温低于 10℃时，不宜使用。

【主要剂型】80%乳油，30%颗粒剂。

【使用方法】每公顷（有效成分）用药量为 60～90 千克。可在播种前 7～20 天时处理土壤。施药后即翻地，也可施药于播种沟内后覆土，也可在播种后或作物生长期内使用，在播种沟或在植株两侧（距根部约 15 厘米处）开沟，沟深 10～15 厘米，施药后覆土，可防治蔬菜的多种线虫病。

【注意事项】

（1）在施药过程，要注意安全防护，避免吸入或沾染药剂。

（2）在施药前要注意地温，施药后要及时将覆土踏实。

（3）应密封，在避光、低温、远离火源处贮存。

130. 滴滴混剂

【其他名称】滴滴剂、滴滴混合剂、D－D 混剂。

【药剂特性】本品属卤代烃类杀线虫、杀虫剂，有效成分为多种卤代烃的混合物。工业品为黄褐色或带绿色的油状液体，易燃，有大蒜臭味，在稀酸或稀碱溶液中均稳定，但与无机酸、浓酸和某些金属（如：铝）易起反应。对人、畜为中等毒性，对皮肤有刺激作用。主要用于熏蒸防治土壤中的线虫，兼治金针虫、蛴螬等，持效期 20～30 天，但对作物有较强的毒害作用。

【主要剂型】原药。

【使用方法】主要用于土壤处理。①当地温在 15～27℃、土壤湿度 5％～25％时，在垄上开沟深 16～20 厘米，每公顷用滴滴混剂 300 千克，施药入沟内后覆土，过 7～14 天后，再栽西瓜苗或直播西瓜籽，可防治西瓜根结线虫病。②每公顷用滴滴混剂 600 千克，在定植前 15 天，将药剂施入沟内，覆土压实，定植前 2～3 天，开沟放气，然后定植，可防治丝瓜、豇豆、萝卜、菠菜、苋菜等的根结线虫病。③每公顷用滴滴混剂 300～450 千克，处理土壤方法同②，可防治落葵根结线虫病。

【注意事项】

（1）在使用本剂时，最适宜地温为 21～27℃、土壤湿度为 5％～27％，在播种前 14 天施药处理土壤。若地温低于 15℃，或土壤湿度大，间隔期可再延长 7 天（即播种期推迟 7 天）。

（2）不能在作物生长期内使用，也不宜在盐分含量较高的土壤中使用。要做好施药的安全防护工作。

（3）蚕豆对本剂敏感，应慎用，以防药害。对马铃薯根腐线虫无效。在黏土地上可适当减少药量，以避免药害。

（4）施药器械用毕，可用煤油洗净，避免器械被腐蚀。

131. 二溴氯丙烷

【其他名称】溴氯丙烷。

【药剂特性】本品属卤代烃类杀线虫剂，有效成分为二溴氯丙烷，有刺鼻气味，在酸性及中性条件下稳定，在稀碱溶液中能水解，对铝、镁及其合金有腐蚀作用，铜与其长期接触也会被腐蚀。对人、畜为中等毒性，对鱼类低毒，对眼、皮肤、黏膜有刺激作用。对多种线虫具有熏蒸杀灭作用，对作物安全。

【主要剂型】40％、80％乳油，10％、20％颗粒剂。

【使用方法】①在菜地内开沟深20厘米左右，沟与沟之间距离为33厘米，每公顷用80％乳油15～30千克，对水1 125千克稀释后，将药液均匀地喷施于沟内，然后往沟内覆土，并踏实，过15天后，在原施药沟位置播种，防治黄瓜、菠菜等的根结线虫病。②每平方米用20％颗粒剂15～20克，处理土壤，过10～15天后，再播种或移栽，防治花卉根瘤线虫病。

【注意事项】

（1）对洋葱、大葱、大蒜等有药害，不能使用。在盐分含量较高的土壤上也不宜使用。

（2）施药时，若土温低于20℃或长期降雨，施药后到播种的间隔天数应适当延长。

（3）在施药过程，要避免药液污染皮肤；若沾上药液，可用稀碱水和清水洗净皮肤上药液。

132. 硫线磷

【其他名称】克线丹、丁线磷。

【药剂特性】本品属有机磷类杀线虫、杀虫剂，有效成分为硫线磷，在酸性水溶液中稳定，而在强碱性水溶液中易分解，对人、畜、鱼类高毒。制剂外观为颗粒状，在常温下贮存稳定期为1年，对人、畜为中等毒性，对鱼高毒，在植物体内很快分解。对线虫及害虫（如金针虫）具有触杀作用。在砂壤土和黏壤土中，半衰期为40～60天，可在播种时或作物生长期内使用。

【主要剂型】10％颗粒剂。

【使用方法】每公顷用10％硫线磷颗粒剂45千克。先开沟，再施药剂入沟，然后播种覆土，要注意使种子与药剂分开，防治胡萝卜肾形肾状线虫病。

【注意事项】在施药或贮存过程，要注意安全防护，避免中毒和污染环境。在低温时使用，易发生药害。

133. 棉隆

【其他名称】迈隆、必速灭、垄鑫、二甲噻嗪、二甲硫嗪。

【药剂特性】本品属硫氰酯类杀线虫、杀菌剂，有效成分为棉隆，遇湿易分解。微粒剂外观为白色或近于灰色微粒，有轻微的特殊气味，不易燃烧。在常温条件下，在未开启的原包装中贮存稳定期至少 2 年。对人、畜低毒，对皮肤、眼有刺激作用，对蜜蜂无毒，对鱼类为中等毒性，易污染地下水源，不会在植物体内残留，但对植物有杀伤作用。对线虫具有熏蒸杀灭作用，并可兼治病原菌、地下害虫及杂草等，能与肥料混用。

【主要剂型】40％、50％、75％可湿性粉剂，95％粉剂，98％～100％微粒剂。

【使用方法】用于土壤处理。①每平方米用 40％可湿性粉剂10～15 克，与 15 千克过筛干细土混均匀，制成药土。将药土均匀撒于畦面，并耙入土中，深约 15 厘米，然后浇水、覆盖地膜，过 10 天后，再播种，或分苗，或定植，防治茄子、番茄、甜（辣）椒等的黄萎病。②在作物播种或移栽前 15～20 天，在播种地开深 15～20 厘米的沟，沟与沟之间的距离为 25～30 厘米，每公顷用 50％可湿性粉剂 36千克，对水 1 200 千克稀释后，将药液均匀喷洒于沟内，或配制成药土，将药土均匀撒施入沟内，然后覆土压实，可防治蔬菜根结线虫病，并兼治立枯病、金针虫、蛴螬等。③每公顷用 75％可湿性粉剂52.5 千克，沟施（后覆土）或撒施（后翻地），防治十字花科蔬菜的腐霉病、绵疫病、番茄和莴苣的菌核病，茄子的立枯病、菌核病，豌豆枯萎病。④每公顷用 75％可湿性粉剂 112.5 千克，沟施（后覆土）或撒施（后翻地），防治马铃薯根线虫病。⑤每公顷用 95％粉剂45～75 千克，防治丝瓜、豇豆、萝卜、菠菜、苋菜等的根结线虫病。

⑥每公顷用95％粉剂150千克，与2 250千克半干细土充分混匀，分两次撒于地表，每次用犁翻深13～18厘米，共翻3次，使药土混匀，然后覆盖地膜12天（掌握在7厘米深处土壤湿度为23％，30厘米深土层日均地温为23～27℃），施药后1个月，播种或定植，防治南瓜枯萎病。⑦每平方米用98％微粒剂30～40克，混入20厘米深的土壤中，施药后立即覆土并盖塑膜，熏蒸10天，保持5厘米深处地温为24.5℃，10厘米深处地温为24℃，过10天后揭去塑膜，放气7天，然后再种植花卉。⑧每公顷用98％～100％微粒剂，在砂壤土上用75～90千克、在黏壤土上用90～105千克，均拌750千克细土，混匀制成药土，撒施或沟施，深度为20厘米，施药后即盖土，有条件时可洒水封闭或覆盖地膜，使土温为12～18℃，土壤含水量达40％以上；当10厘米深处土壤温度为15℃或20℃时，分别封闭15天或10天后，松土通气15天以上，然后播种或栽苗，防治黄瓜线虫病、大白菜根肿病。⑨每立方米土用98％微粒剂150克，拌均匀后覆盖塑膜密封7天，再揭膜翻土1～2次，过7天后使用，防治保护地蔬菜根结线虫病。

【注意事项】

（1）在有作物生长的地块上不能使用本剂。在温室内也不宜使用本剂。在南方地区慎用本剂，避免污染地下水源。

（2）应先施入基肥后，再用本剂进行土壤灭菌处理，并用未被病原菌污染的水来浇地。

（3）在施药过程，应注意安全防护，如戴橡胶手套和穿胶鞋等，避免皮肤直接接触药剂。

（4）当药剂施入土壤后，土温应保持在10℃以上，土壤含水量保持在40％，过24天后，药气散尽后，方能播种或移苗。土温高低与间隔期长短的关系可见附表7。

（5）应密封于原包装内，在阴凉、干燥处贮存。

134. 威百亩

【其他名称】威巴姆、维巴姆、保丰收、线克、硫威钠。

【药剂特性】本品属二硫代氨基甲酸酯类杀线虫剂，有效成分为威百亩。工业品为白色结晶或无定形粉末或红棕色液体，能溶于水，其水溶液呈碱性，有臭味，在稀溶液中不稳定，遇酸和重金属盐易分解，对黄铜、铜、锌有腐蚀作用。对人、畜低毒，对皮肤、眼、黏膜有刺激作用。对线虫具有熏蒸杀灭作用，兼治病、虫、杂草等，持效期 15 天左右。

【主要剂型】33％、35％、48％可溶液剂。

【使用方法】①在菜地里开深 15～20 厘米的沟，沟与沟之间相距 25～30 厘米，每公顷用 35％可溶液剂 45～60 千克，对水 4 500～6 000 千克稀释后，均匀浇施于沟内，随即覆土踏实，过 15 天后，翻耕放气，再播种或定植，可防治线虫病，番茄和瓜类的枯萎病，白菜软腐病。②每公顷用 33％可溶液剂 45～60 千克，对水 750～1 125 千克稀释后，开沟浇施，然后覆土踏实，过 15 天后翻地，再播种或定植，防治落葵根结线虫病。

【注意事项】

（1）不能与波尔多液、石硫合剂及其他含钙农药混用，也不能用金属容器配药。药液应现配现用，不宜久存。

（2）在施药过程，做好施药者的安全防护。

（3）若土壤干旱，可先浇水后施药，也可适当加大对水量。

五、除 草 剂

（一）酰胺类除草剂及混配剂

1. 甲草胺

【其他名称】灭草胺、拉索、拉草、杂草锁、草不绿、澳特拉索。

【药剂特性】本品属酰胺类除草剂，有效成分为甲草胺，遇强酸、强碱易分解，不易挥发或光解，在土壤中可降解，3 个月后基本上无残留。乳油外观为紫红色液体，易燃烧。对人、畜低毒，对眼、皮肤有刺激作用，对鱼类为中等毒性。对杂草具有选择性芽前除草作用，适宜防除一年生禾本科杂草，如狗尾草、牛筋草、马唐、画眉草、臂形草、秋稷等，对双子叶杂草，如野苋、马齿苋、灰灰草、荠菜、龙葵、苋等，也有较好的防效。

【主要剂型】43％、48％乳油。

【使用方法】将乳油对水稀释后喷雾。

（1）用43％乳油喷雾　每公顷用药量，因蔬菜种类而异。①用乳油3 000毫升，对水600～750千克，均匀喷雾处理畦面，用耙浅混土后，即可播种或移栽番茄、辣椒、洋葱、萝卜等；若施药后铺地膜，用药量可减少1/3～1/2。②在菜豆播种后出苗前，用乳油3 975～5 025克，处理畦面；若施药后天旱无雨，杂草又已出土，可把药剂与土壤混合，除去已出杂草。③在胡萝卜播种前或播后苗前，用乳油9 000～13 500克，均匀处理畦面；若施药后15天内天旱无雨，杂草又已出土，应中耕除草，把药剂与土混合。

（2）用48％乳油喷雾　每公顷用药量，因蔬菜种类而异。①在丝瓜、苦瓜、节瓜等苗高50厘米时，用乳油2 250毫升，定向均匀处理畦面。②在马铃薯播后苗前，用乳油2 250～3 000毫升，均匀处理畦面。③用乳油2 250～3 000毫升，均匀处理畦面，施药后，即可播种大白菜、小白菜、芥菜、花椰菜、青（白）萝卜。④在黄瓜、南瓜、冬瓜等幼苗定植缓苗后，用乳油3 000毫升，定向均匀处理畦面。⑤在大蒜播后苗前，用乳油3 000～3 750毫升，均匀处理畦面。⑥先把畦面浇湿，再用乳油4 500毫升，对水825千克稀释后，均匀处理畦面，然后覆盖地膜，即可移栽番茄苗。

【注意事项】

（1）在施药时，应注意安全防护。本剂对塑料制品有腐蚀作用，在使用时应注意。

（2）黄瓜、韭菜、菠菜等对本剂敏感，应慎用或不宜使用，以防药害。在黏性大的土壤上，可适当增加药量；在沙性大的土壤上，可适当减少药量。药土混合时，其深度不超过5厘米。

（3）在贮运过程，应远离火源。在10℃以下贮存时，可能产生结晶和沉淀，可升温振荡，待沉淀（结晶）溶解后再用。

2. 异丙甲草胺

【其他名称】都尔、杜尔、杜耳、金都尔、甲氧毒草胺、屠莠胺、莫多草、稻乐思。

【药剂特性】本品属酰胺类除草剂，有效成分为异丙甲草胺。对人、畜、鸟类低毒，在试验室条件下对鱼有毒，对蜜蜂有胃毒，而无接触毒性。乳油外观为棕黄色液体，在常温下贮存稳定期2年以上。对杂草具有选择性芽前除草作用，可防除稗草、马唐、狗尾草、牛筋草等一年生禾本科杂草和马齿苋、苋、藜、反枝苋等阔叶杂草，及碎米莎草、油莎草等，但对铁苋菜防效差。持效期30～50天。

【主要剂型】72％乳油，96％乳油（金都尔）。

【使用方法】将乳油对水稀释后喷雾。

（1）用72％乳油喷雾　每公顷用药量因蔬菜作物种类而异。①西瓜地在（直）播后苗前，或幼苗移栽前或移栽后，用乳油1 500～3 000毫升，均匀处理畦面；若铺地膜，可减少20％的用药量。②在黄瓜定植前，或菜豆、洋葱等播后苗前，用乳油1 500～3 000毫升，对水600千克，均匀处理畦面。③在番茄地，若是播后苗前，用乳油1 950～2 850毫升，均匀处理畦面；若是移栽前处理，用乳油2 250毫升，对水450千克，均匀处理畦面后，随即移栽番茄苗；若是铺地膜，用乳油1 500毫升，均匀处理畦面后，铺地膜栽苗。④在辣椒田，若直播前施药，用乳油1 500～2 250毫升，均匀处理畦面，施药后浅混土；若是移栽前或铺地膜前施用药剂，用乳油1 500毫升，均匀处理畦面后，栽苗或铺地膜栽苗。⑤在茄子田，在移栽前或铺地膜前，用乳油1 500毫升，均匀处理畦面后，栽苗或铺地膜栽苗。⑥在马铃薯田，在播后苗前，用乳油2 100～4 125毫升，均匀处理畦面。⑦在直播甜椒、甘蓝、油菜、大（小）白菜、大（小）萝卜及育苗花椰菜等播后苗前，用乳油

1 500毫升，均匀处理畦面。⑧在甜（辣）椒、花椰菜、甘蓝等定植缓苗后，用乳油1 500毫升，定向均匀处理畦面。⑨在甘蓝移栽前，用乳油1 950毫升，均匀处理畦面。⑩在花椰菜移栽前，用乳油1 125毫升，均匀处理畦面。⑪在韭菜地，若播后即施药，用乳油1 500～1 875毫升，均匀处理畦面；若老茬韭菜割后2天施药，用乳油1 125～1 500毫升。⑫在大蒜地，露地或地膜地均在播后3天内施药，露地用乳油1 500～2 250毫升，铺地膜地用乳油1 125～1 500毫升，均匀处理畦面。⑬在芹菜播后即施药，用乳油1 500～1 875毫升，均匀处理畦面。⑭在姜播种后3天内，用乳油1 125～1 500毫升，均匀处理畦面。

（2）混配喷雾 为增加对马铃薯田内阔叶杂草的防除效果，每公顷用72%异丙甲草胺乳油1 500～2 505毫升与70%嗪草酮可湿性粉剂300～600克混配后，在播后苗前，用混配药液均匀处理畦面。

（3）用96%乳油喷雾 ①番茄移栽前，每公顷用乳油1 950毫升，对水450千克均匀喷洒畦面，然后采用水泥秧法栽番茄苗。②在瓜类、豆类蔬菜、韭菜、白菜等播后苗前，每公顷用乳油1 500毫升，对水750千克均匀喷洒畦面。

【注意事项】

（1）在瓜类及茄果类蔬菜上使用浓度偏高时，易产生药害；西芹、芫荽等对本剂敏感，均应慎用（或先试后用）。

（2）整地要平整，无大土块。在砂质土壤、有机质含量低的土壤上，或气温偏高时，用药量宜用低限；而在黏质土壤、有机质含量高的土壤上，或气温偏低时，用药量宜选高限。

（3）露地蔬菜在干旱条件下施药后，应迅速进行浅混土（深4～5厘米）或覆盖地膜。若铺地膜，实际上仅在苗带施药，要根据实际喷洒药液的面积来计算用药量，而且宜选用低药量。

（4）应在阴凉、干燥处贮存。若在零下10℃处贮存，本剂会有结晶析出。在使用前，可将药剂容器放入40℃水中加热，可使结晶溶解，不影响药效。

（5）96%金都尔乳油是异丙甲草胺中得到的精制活性异构体，

其杀草谱和使用范围都和 72% 都尔乳油相同。

3. 乙草胺

【其他名称】禾耐斯、消草安、刈草安、乙基乙草安。

【药剂特性】本品属酰胺类除草剂，有效成分为乙草胺，性质稳定，不易挥发和光解，在土壤中可分解。对人、畜低毒，对眼、皮肤有刺激作用。对杂草具有选择性输导型芽前除草作用，可防除稗草、马唐、牛筋草、狗尾草、看麦娘、千金子、马齿苋、反枝苋、繁缕、雀舌草、辣蓼、碎米荠、猪殃殃等。

【主要剂型】

（1）单有效成分　50%、88%、90% 乳油，20% 可湿性粉剂。

（2）双有效成分混配　①与禾草丹：30% 禾丹·乙草胺乳油。②与噁草酮：36% 噁酮·乙草胺乳油。

【使用方法】将乙草胺乳油对水稀释后喷雾，每公顷用药量因蔬菜种类而异。①在油菜定植前或定植缓苗后，用 50% 乳油 1 125～1 500 毫升，对水 450 千克（升），均匀处理畦面。②在茄科、十字花科、豆科等蔬菜定植前或豆科蔬菜播后苗前，用 50% 乳油 1 500 毫升，对水 750 千克（升），均匀处理畦面。③在豌豆播后苗前，用 90% 乳油 750 克，对水 750 千克，均匀处理畦面。

【注意事项】

（1）不能与碱性物质混用。在瓜类、韭菜、菠菜等作物上易产生药害，应慎用。在高温、高湿下使用，或施药后遇降雨，种子接触药剂后，叶片上易出现皱缩发黄现象。

（2）对已出土杂草防效差。土壤干旱，影响除草效果。

（3）在使用或贮运过程，应远离火源。与精喹禾灵有混配剂，与噁草酮有混用，可见各条。

4. 丁草胺

【其他名称】去草胺、丁草锁、灭草特、马歇特、新马歇特、丁基拉草。

【药剂特性】本品属酰胺类除草剂，有效成分为丁草胺，有微芳香味，在常温、中性及弱碱性条件下稳定，抗光解性能好，遇强酸、或在土壤中易分解。对人、畜低毒，对皮肤、眼有刺激作用，对鱼类高毒。乳油外观为棕黄色或紫色透明液体，pH 为 6～7，有易燃性，在常温下贮存稳定 2 年以上；颗粒剂外观为灰色粒状物。对杂草具有选择性内吸传导型芽前除草作用，可防除稗草、马唐、狗尾草、牛毛草、蟋蟀草、鸭舌草、马齿苋、反枝苋、野苋、节节草、异型莎草等。持效期 30～60 天。

【主要剂型】

（1）单有效成分　50％、60％乳油、25％高渗乳油，10％微粒剂，5％颗粒剂。

（2）双有效成分混配　①与扑草净：20％、40％丁·扑乳油，1.2％丁·扑粉剂，1.15％丁·扑颗粒剂。②与噁草酮：40％噁草·丁草胺乳油。

【使用方法】将乳油对水稀释后喷雾。

（1）用 50％乳油喷雾　每公顷用药量因蔬菜种类而异。①在豌豆播种覆土后，用乳油 1 500 毫升，对水 750 千克，均匀处理畦面。②在小白菜等速生叶菜播种盖土、并淋泼发芽水后，用乳油 1 500～2 250毫升，对水 750 千克，均匀处理畦面。

（2）用 60％乳油喷雾　每公顷用药量因蔬菜种类而异。①用乳油 750 克，对水 750～900 千克，均匀处理畦面后覆盖地膜，过 3 天后，再开穴移栽番茄、茄子、辣椒。②在大（小）白菜、青菜、芥菜、萝卜等播后苗前，用乳油 750～900 克，对水 750～900 千克，均匀处理畦面；若夏秋季干旱时，用水量可加大到 900～1 125千克。③在胡萝卜播后苗前，用乳油 750～1 125 克，对水 750～900 千克（高温干旱时，需适量增加水量），均匀处理畦面。④用乳油 1 500 毫升，均匀处理畦面后，然后直播菜豆、豇豆、小白菜、菠菜、茴香及育苗甘蓝等。⑤在西瓜播后苗前，结合浇出苗水或降雨，用乳油 1 500～1 875 毫升，对水 600～750 千克，均匀处理畦面。⑥用乳油 2 250 毫升，对水 750 千克，均匀处理畦面后，可定植番茄、甜（辣）椒、茄子、甘蓝、花椰菜等。⑦在大白菜、青菜等播种当天，用乳油 2 250 毫升，对水 750 千克，均匀处理畦面。⑧先浇湿畦面，用乳油 3 000 毫升，对水 825 千克，均匀处理畦面后，覆盖地膜，即可移栽番茄苗。

【注意事项】

（1）对出土后杂草防效差，对大部分阔叶杂草防效差，对阔叶杂草多的地块，可改用其他除草剂。土壤湿润时，（本剂）除草效果好；若土地干旱时，可先浇水或喷水后，再施药。

（2）在瓜类和茄果类蔬菜播种期，使用本剂有一定药害，慎用。

（3）在贮运过程，应远离火源。

5. 克草胺

【药剂特性】本品属酰胺类除草剂，有效成分为克草胺，在强酸或强碱条件下加热、均可水解。对人、畜低毒，对眼、皮肤、黏膜有刺激作用，对鱼类有毒。乳油外观为红棕色油状液体，易燃，pH 为 5～8。对杂草具有选择性芽前除草作用，可防除稗草、牛毛草、鸭舌草、异形莎草等杂草。持效期约 40 天。

【主要剂型】25％乳油。

【使用方法】在十字花科、茄科、豆科、菊科、伞形花科等蔬菜田，每公顷用 25％乳油 4 500～8 250 毫升，对水 450～750 千克（升），均匀处理畦面后，覆盖地膜，然后栽种菜苗。

【注意事项】

（1）黄瓜、菠菜等对本剂敏感，易产生药害，应慎用。

（2）应密封贮存在阴凉干燥、远离火源和高温处。

6. 敌草胺

【其他名称】大惠利、萘氧丙草胺、草萘胺、萘丙酰草胺。

【药剂特性】本品属酰胺类除草剂，有效成分为敌草胺。对人、畜、鸟类低毒，对鱼类毒性较低。可湿性粉剂外观为棕褐色粉末，

pH 为 7～9，在常温下贮存稳定。对杂草具有选择性芽前除草作用，可防除稗草、马唐、狗尾草、野燕麦、千金子、看麦娘、早熟禾、雀稗、黍草、藜、猪殃殃、萹蓄、繁缕、马齿苋、野苋、锦葵、苣荬菜等，持效期长，但对多年生单子叶杂草无效及已出土的杂草无效。

【主要剂型】20%乳油，50%可湿性粉剂。

【使用方法】将可湿性粉剂或乳油对水稀释后喷雾。

（1）用 20%乳油喷雾　在大（小）白菜播种后当天，每公顷用乳油 3 000 毫升，对水 750 千克稀释后，将药液均匀喷洒畦面。

（2）用 50%可湿性粉剂喷雾　每公顷用药量因蔬菜种类而异。①在油菜、白菜、芥菜、花椰菜、萝卜等十字花科蔬菜播后苗前或定植后，在土壤湿润条件下，用可湿性粉剂 1 500～1 800 克，对水 600～900 千克稀释后喷洒，也可与潮湿细土 1 800 千克拌匀后撒施，均匀处理畦面。②在石蒜科或葫芦科作物定植后，用可湿性粉剂 1 500～2 250 克，对水 600～900 千克，均匀处理畦面。③在豆类作物播后苗前，用可湿性粉剂 1 800～2 250 克，对水 600～900 千克，均匀处理畦面。④在番茄、茄子、辣椒等播后苗前或定植后，在土壤潮湿的情况下（结合浇水或降雨），用可湿性粉剂 1 500～4 000 克，对水 600～900 千克，均匀处理畦面；若铺地膜，可适当降低用药量。⑤先将畦面浇湿，用可湿性粉剂 3 000 克，对水 825 千克，均匀处理畦面后，即可覆盖地膜，然后移栽番茄苗。

【注意事项】

（1）对芹菜、茴香等有药害，不宜使用。对已出土的杂草应先铲除。应早施用本剂。

（2）土壤湿度大，灭草效果高；在干旱地区使用本剂后，应及时混土。一般而言，土壤黏重时，用药量高；春、夏季的用药量应高于秋、冬季。

（3）应在通风干燥、阴凉处贮存。

（二）苯胺类除草剂

7. 杀草胺

【药剂特性】本品属苯胺类除草剂，有效成分为杀草胺，对稀酸稳定，对碱不稳定。对人、畜为中等毒性，对皮肤有刺激作用，接触高浓度药液时有灼痛感觉，对鱼有毒害。乳油外观为棕黑色或棕色单相液体，pH 为 2～3。对杂草具有选择性萌前除草作用，可防除一年生单子叶和部分双子叶杂草，如稗草、马唐、鸭舌草、三棱草、牛毛草、狗尾草、灰菜、水马齿苋等。

【主要剂型】60％乳油。

【使用方法】将 60％乳油对水稀释后喷雾，每公顷用药量因蔬菜种类而异。①一般在蔬菜播种后、杂草出土前，用乳油 3 750～6 000 毫升，均匀处理畦面；若铺地膜，应在施药后铺地膜。②在菜豆、韭菜等播后苗前，用乳油 4 500～6000 毫升，均匀处理畦面。

【注意事项】应在杂草出土前施药。施药时注意安全防护。

8. 双丁乐灵

【其他名称】地乐胺、丁乐灵、止芽素、比达宁、硝苯胺灵。

【药剂特性】本品属苯胺类除草剂，有效成分为双丁乐灵，易挥发，在阳光下易分解。乳油外观为橙色或红棕色油状液体。对人、畜低毒，对鱼类毒性也较低。对杂草具有选择性萌前触杀除草作用。可防除稗草、牛筋草、马唐、狗尾草、苋、藜、碎米莎草等杂草，施药后，需及时将药混土 3～5 厘米深。

【主要剂型】36％、48％乳油。

【使用方法】将 48％乳油对水稀释后喷雾，每公顷用药量因处理方式不同和蔬菜种类而异。

（1）在播种前处理土壤　在菜豆、蚕豆、豌豆、大豆、茴香、胡萝卜及育苗韭菜播种前，用乳油 3 000～4 500 毫升，均匀处理畦面后，播种。

（2）在播后苗前处理土壤　①在西瓜、甜瓜等播后苗前，用乳油2 250毫升，均匀处理畦面。②在芹菜播后出苗前，用乳油2 250～3 000毫升，对水750千克喷洒，或用1 500千克细土拌匀后撒施，均匀处理畦面。③直播黄瓜、西葫芦在播后苗前，用乳油3 000毫升，均匀处理畦面。④在菜豆、大豆、萝卜、胡萝卜、大白菜、茴香、韭菜等播后苗前，用乳油3 000～3 750毫升，均匀处理畦面。

（3）在定植前处理土壤　用乳油2 250～4 500毫升，对水525千克，均匀处理畦面后，及时混土，过1～14天，定植番茄、茄子、辣椒等幼苗。

（4）在苗后杂草出土前处理土壤　在菜豆、豇豆、根茬小葱、韭菜、黄瓜等菜地，在苗后杂草出土前，用3 000～3 750毫升乳油，均匀处理畦面。

（5）在定植缓苗后处理土壤　①在黄瓜、冬瓜、南瓜等幼苗定植缓苗后，用乳油3 000～3 750毫升，定向喷雾，均匀处理畦面。②在番茄、茄子、甜椒、甘蓝、花椰菜、洋葱、移栽芹菜等幼苗定植缓苗后，用乳油3 750毫升，对水750千克，（喷头向下）定向喷雾，均匀处理畦面。

【注意事项】

（1）在荠菜等越冬杂草占优势的菜地内，不宜使用本剂。

（2）在冷凉季节、或作物遮阴好，或土壤墒情好，或施药后浇水等情况下，施药后可不混土。在定植缓苗后施药，喷头应向下定向喷雾。

（3）小葱、菠菜等蔬菜的苗期，对本剂敏感，故在育苗期不宜使用。

（4）应在阴凉干燥、远离火源处贮存。

9. 氟乐灵

【其他名称】茄科宁、特氟力、氟利克、特福力、氟特力。

【药剂特性】本品属苯胺类除草剂，有效成分为氟乐灵，见光易分解，有芳香族化合物气味。乳油外观为橙红色液体，贮存稳定期不低于 3 年。对人、畜低毒，对禽类、鸟类、蜜蜂无害，对鱼类剧毒。对杂草具有选择性触杀作用，但对已出土的杂草无效；施药后，即用铁耙耧地，把药液与 5 厘米深的表土混在一起，可防除稗草、牛筋草、马唐、画眉草、狗尾草、雀麦草、野苋、藜、马齿苋、猪毛菜、蓼、蒺藜、看麦娘、婆婆纳等。

【主要剂型】48％乳油。

【使用方法】将 48％乳油对水稀释后喷雾，每公顷用药量因处理方式不同和蔬菜种类而异。

（1）在播种前处理土壤　①在茄子播种前，用乳油 900～1 200毫升，对水 750 千克，均匀处理苗床表土。②在大（小）白菜、芥菜、花椰菜、青（白）萝卜等直播前 10 天，用乳油 1 500～2 250毫升，均匀处理畦面后混土。③在菜豆、豇豆、豌豆、蚕豆等播种前，用乳油 1 500～2 250 毫升，均匀处理畦面后混土，菜豆需播前1～14 天用药处理畦面。④在胡萝卜、芹菜、茴香、芫荽等播种前，用乳油 1 500～2 250 毫升，均匀处理畦面后混土深 2～3 厘米，然后播种。⑤在甘蓝播种前，用乳油 2 250 毫升，均匀处理畦面后混土深 3～5 厘米。

（2）在播后苗前处理土壤　①在大蒜栽后出苗前，或在西葫芦播后苗前，用乳油 1 500～2 250 毫升，均匀处理畦面。②在菜豆播后出苗前，用乳油 1 950 毫升，均匀处理畦面后混土。③在胡萝卜播后出苗前，用乳油 1 500～3 000 毫升，均匀处理畦面后混土。④在马铃薯播种后，即用乳油 3 000 毫升，对水 750 千克，均匀处理畦面后，即覆盖地膜。

（3）在出苗后处理土壤　①在韭菜出苗后，用乳油 1 500～2 250毫升，定向均匀处理畦面后并混土；或在老根韭菜长出新叶后，先浇 1 次水，用乳油 1 500～2 250 毫升，定向均匀处理畦面后，结合中耕进行混土。②在马铃薯出苗后，用乳油 1 500～2 250毫升，定向均匀处理畦面后混土。

（4）在定植前处理土壤　用乳油1 500～2 250毫升，对水525千克，均匀处理畦面后混土深3～5厘米，过1～14天，可定植番茄、茄子、辣椒、甘蓝、花椰菜等。

（5）在定植缓苗后处理土壤　①在番茄幼苗定植（移栽）缓苗后，用乳油1 125～1 500毫升，定向均匀处理畦面后混土。②在移栽洋葱幼苗成活后，用乳油1 875毫升，对水750～900千克，定向均匀处理畦面后混土。③在黄瓜、冬瓜、南瓜等幼苗定植缓苗后，用乳油1 500～2 250毫升，定向均匀处理畦面，即结合中耕混土。

【注意事项】

（1）本剂应在杂草出土前使用，施药后需及时混土。施药地块要整平整细（无大土块）。宜在晴天傍晚无风时施药。要避免重复用药。

（2）在黄瓜、番茄、甜（辣）椒、茄子、小葱、洋葱、菠菜、韭菜等直播时，或播种育苗时，不能使用本剂。在使用过本剂的田地，下茬不能种植高粱、谷子等作物，以避免药害。

（3）应在避光、远离火源处贮存。

10. 双苯酰草胺

【其他名称】草乃敌、益乃得、双苯胺。

【药剂特性】本品属苯胺类除草剂，有效成分为双苯酰草胺。可湿性粉剂外观为白色或浅黄色粉末，在常温下贮存稳定期可达3年。对人、畜低毒，对鸟类、鱼类、蜜蜂毒性较低。对杂草具有选择性芽前除草作用，可防除多种一年生禾本科、莎草科和阔叶杂草，但对成苗杂草防效差，土壤湿度好，有利于发挥药效。

【主要剂型】90%可湿性粉剂。

【使用方法】将90%可湿性粉剂对水稀释后喷雾，每公顷用药量如下。①在番茄、辣椒、马铃薯等蔬菜播（种）后（出）苗前，用可湿性粉剂4 500～7 500克，对水450～900千克，均匀处理畦面，若是覆膜苗床，可适当减少用药量。②在草莓种植后14～42天时，用可湿性粉剂 4 500～7 500 克，均匀处理畦面，再结合中耕浅混土。

【注意事项】应在杂草出土前使用。若施药时土壤干旱，可先浇水后再施药，或施药后浅混土。在施药过程，注意安全防护。应在干燥、阴暗处存放。

11. 二甲戊灵

【其他名称】施田补、除草通、杀草通、除芽通、胺硝草、二甲戊乐灵。

【药剂特性】本品属苯胺类除草剂，有效成分为二甲戊灵，对酸、碱稳定。乳油外观为橙黄色透明液体，易燃，在常温下贮存稳定在 2 年以上。对人、畜低毒，对鸟、蜜蜂毒性较低，对鱼类毒性较高。对杂草具有选择性除草作用，可防除一年生的单子叶和双子叶杂草，如虎尾草、马唐、稗草、牛筋草、早熟禾、狗尾草、苋、蓇蓄、看麦娘、猪殃殃、茅、蓼、鸭舌草、婆婆纳、藜、马齿苋、反枝苋、雀舌草、繁缕、辣蓼、碎米莎草等，持效期达 42～63 天，但不影响杂草发芽，对欧洲千里光、铁苋菜、苦苣菜等防除效果不好；易被土壤吸附，土壤长期干旱，除草效果下降。

【主要剂型】33％乳油，3％、5％颗粒剂。

【使用方法】将 33％乳油对水稀释后喷雾，每公顷用药量因处理方式不同和蔬菜种类而异。

（1）在播种前处理土壤　①在胡萝卜播种前，用乳油825～1 500毫升，均匀处理畦面。②在菜豆播种前，用乳油 975～2 025毫升，均匀处理畦面。

（2）在播后苗前处理土壤　①在茴香、胡萝卜等播后苗前，用乳油 825～1 500 毫升，均匀处理畦面。②在菜豆播后苗前，用乳油 975～2 025 毫升，均匀处理畦面。③在豌豆播后苗前，用乳油 1 500毫升，均匀处理畦面。④在芹菜播后苗前，露地用乳油 1 500～2 250 毫升、温室内用乳油 1 125～1 500 毫升，也可用 1 500千克细土与药剂拌匀后，均匀（喷洒或撒施）处理畦面。

⑤在西葫芦、小白菜（油菜）、茴香、芫荽、花椰菜、甘蓝、萝卜、胡萝卜、菜豆等播后苗前，用乳油 1 500～2 250 毫升，均匀处理畦面后，适时浇水；对生长期长的蔬菜，可过 40 天后，再以同样药量施药 1 次。⑥在大葱、洋葱、韭菜、大蒜等播后苗前（育苗或直播韭菜），用乳油 2 250 毫升，对水 900 千克，均匀处理畦面。⑦在马铃薯播后苗前，用乳油 3 000 毫升，对水 750 千克，均匀处理畦面后覆盖地膜。⑧在黄瓜播后苗前，用乳油 3 750～4 500 毫升，均匀处理畦面。

（3）在出苗后处理土壤　在韭菜、大蒜、洋葱等出苗后早期，用乳油 1 500～3 000 毫升，对水 750 千克（升），均匀处理畦面。

（4）在定植前处理土壤　①在黄瓜、芹菜等定植前 1～3 天，用乳油 1 500～2 300 毫升，对水 750 千克，均匀处理畦面。②在番茄、茄子、甜椒、甘蓝、花椰菜、莴苣等幼苗定植前 1～3 天（或定植缓苗后），用乳油 1 500～3 000 毫升，均匀处理畦面。③在韭菜定植前 1～3 天，或待收割韭菜后的伤口愈合后，用乳油 1 500～3 000 毫升，对水 750 千克（升），均匀处理畦面。

（5）混配喷雾处理土壤　在马铃薯播种后，即用 33%二甲戊灵乳油 1 650～4 950 毫升与 70%嗪草酮可湿性粉剂 405～810 克混配后，对水 375～600 千克，均匀处理畦面；有机质含量低的地块，宜用低限量。

【注意事项】

（1）在双子叶杂草多的地块，可改用其他除草剂或与其他除草剂混用。在砂土地上或有机质含量低的土壤上，不宜用本剂作为芽前处理。

（2）当单位面积上用药量偏大时，对大葱有轻微药害，因此，在大葱上，每公顷用本剂药量不宜超过 3 000 毫升。

（3）在土壤处理时，可先施药，后浇水，以减轻药害。在施药过程，尽量避免种子与药剂接触，并做好安全防护工作。

（4）应密封于原容器内。在贮运过程，应远离火源。与利谷隆有混用。与乙氧氟草醚有混配剂，可见各条。

（三）取代脲类除草剂

12. 异丙隆

【药剂特性】本品属取代脲类除草剂，有效成分为异丙隆，对酸、碱、光等稳定。对人、畜、鱼低毒，对蜜蜂无害。对杂草具有选择性内吸传导型芽前、芽后除草作用，可防除看麦娘、马唐、旱熟禾、野燕麦、藜等杂草。

【主要剂型】20％、50％、75％可湿性粉剂。

【使用方法】将20％可湿性粉剂对水稀释后喷雾，每公顷用药量如下。①在番茄、甜（辣）椒等定植缓苗后，用可湿性粉剂3 000克，定向均匀处理畦面。②在马铃薯播后出苗前，用可湿性粉剂3 375克，均匀处理畦面。③在春季幼葱返青后（上一年播种），或育苗韭菜、直播洋葱、采籽洋葱等在播后苗前，用可湿性粉剂3 750克，均匀处理土表。

【注意事项】土壤湿度高，有利于发挥药效，提高灭草效果。最好先小面积试用本剂，无不良影响后，再大面积应用（先试后用）。

13. 利谷隆

【药剂特性】本品属取代脲类除草剂，有效成分为利谷隆，在水中稳定，遇酸、碱缓慢分解，在高温下迅速分解，无腐蚀作用。对人、畜低毒，对皮肤有轻微刺激作用，对鱼类安全。对杂草具有内吸传导型芽前触杀作用，可防除马唐、狗尾草、稗草、牛筋草、苋、铁苋菜、藜、蓼、马齿苋、苘麻、鬼针草、眼子菜等。

【主要剂型】25％、50％可湿性粉剂。

【使用方法】将50％可湿性粉剂对水稀释后喷雾，每公顷用药量因处理方式和蔬菜种类而异。

（1）在播后苗前处理土壤　①在马铃薯、芜菁播后苗前，用可湿性粉剂1 125～1 500克，对水750千克均匀处理畦面。②在胡萝卜播后苗前，用可湿性粉剂1 125克（砂土地），或1 650克（壤土地），或 2 250 克（黏土地），均匀处理畦面。③在大蒜出苗前（后），杂草大量出土时，用可湿性粉剂 1 500 克，均匀处理畦面（有时蒜叶会发黄，但不影响生长）。④在菜豆播后，快出苗前，用可湿性粉剂 3 000 克，均匀处理畦面。

（2）**在苗期处理土壤** ①在芹菜、胡萝卜等幼苗的第一片真叶展开时或芹菜定植缓苗后，用可湿性粉剂 1 125 克（砂土地）、1 650克（壤土地）、2 250 克（黏土地或有机质含量大于 3%的土壤），均匀处理畦面。②在番茄株高 20～30 厘米时，用可湿性粉剂 1 875～2 250 克，均匀处理畦面。

（3）**混配喷雾处理土壤** 在马铃薯播种后，即用 50%利谷隆可湿性粉剂1 650～4 200 克与 33%二甲戊灵乳油 1 650～4 950 毫升混配后，对水 375～600 千克（升），均匀处理畦面，有机质含量低的地，宜用低药量。

【注意事项】

（1）在有机质含量偏高或偏低的土壤或砂质壤土上不宜使用本剂。土壤干旱时，不利于发挥药效。施药后不宜翻动畦面。

（2）甘蓝、水萝卜、黄瓜、南瓜等蔬菜对本剂敏感，易产生药害，不能使用。在高温季节，不宜进行苗期土壤处理。

（3）施药后的器具应及时冲洗干净，以防再使用时对其他作物造成药害。

14. 莎草隆

【其他名称】 K‑223。

【药剂特性】 本品属取代脲类除草剂，有效成分为莎草隆，pH 为 2～10 范围内稳定，但在强碱中易分解失效。对人、畜、鱼低毒。对杂草具有较强的选择性抑制出芽作用，可防除莎草科杂草，如牛毛草、香附子、异型莎草、萤蔺、日照飘拂草等；但对已出土的莎草科杂草无效，只能用于播种前或定植前进行混土处理，而用于土壤处理和茎叶喷雾处理无效。

【主要剂型】 50%可湿性粉剂。

【使用方法】在萝卜、胡萝卜、番茄、洋葱等播种前或定植前，每公顷用 50％可湿性粉剂 4 500～7 500 克，对水稀释后，均匀喷洒处理畦面后混土，混土深度 3～6 厘米，其用药量可根据杂草的种子或地下茎在土层中的分布深度而定。根系深，混土深，用药量高；根系浅，混土浅，用药量低；若在旱地除草，每公顷用药量可增加到 8 250 克。

【注意事项】在土壤中持效期可达 4 个月。

（四）苯氧羧酸类除草剂

15. 吡氟禾草灵

【其他名称】稳杀得、氟草除、氟吡醚、氟草灵、伏寄普。

【药剂特性】本品属苯氧羧酸类除草剂，有效成分为吡氟禾草灵，在常温下化学性质较稳定。对人、畜低毒，对鸟、鱼、蜜蜂安全。乳油外观为褐色液体，易燃，在贮存条件适宜时品质最少 2 年不变，在零下 40℃时，无结晶析出。对杂草具有内吸传导型茎叶处理作用，能防除禾本科杂草，如马唐、稗草、野燕麦、狗尾草、牛筋草、看麦娘、雀麦、臂形草等。药后 10 天，杂草开始死亡，持效期 40～50 天，但对阔叶杂草防效差。

【主要剂型】15％、35％乳油。

【使用方法】将 15％乳油或 35％乳油对水稀释后，在禾本科杂草 3～5 片叶、株高 5～15 厘米时，对杂草进行茎叶喷雾处理。每公顷用药量因蔬菜种类而异。

（1）用 15％乳油喷雾　①在黄瓜、冬瓜、瓠瓜生长期，用乳油 750～1 050 毫升，对水 750 千克，均匀处理杂草茎叶。②在番茄、甜（辣）椒、菜豆、豇豆田内，用乳油 1 125～1 500 毫升，对水 750～900 千克，均匀处理杂草茎叶。

（2）用 35％乳油喷雾　①在茄子播种后 25 天，禾本科杂草 10 片叶时，用乳油 300～450 毫升，对水 750 千克，均匀处理杂草茎叶。②在马铃薯田内，用乳油 1 125～1 500 毫升，均匀处理杂草茎叶。

③在大（小）白菜、芥菜、花椰菜、青（白）萝卜等田内，用乳油1 125～1 500毫升，对水525千克（升），均匀处理杂草茎叶。④在胡萝卜、芹菜等出苗后，用乳油1 125～1 875毫升，均匀处理杂草茎叶。

【注意事项】

（1）在相对湿度较高时，使用本剂，除草效果较好。在阔叶杂草为主的地块，宜换用其他除草剂。如喷药后2～3小时内遇雨，应补喷。

（2）应在阴凉、远离火源处贮存。

16. 精吡氟禾草灵

【其他名称】精稳杀得、吡氟丁禾灵。

【药剂特性】本品属苯氧羧酸类除草剂，有效成分为精吡氟禾草灵。对人、畜、鸟类低毒，对鱼为中等毒性，对蜜蜂有毒。乳油外观为褐色液体，在常温下贮存有效期2年以上。作用特点和防除对象可参照吡氟禾草灵。

【主要剂型】15%乳油。

【使用方法】将15%乳油对水稀释后，在禾本科杂草3～5片叶时，进行喷雾处理杂草茎叶，每公顷用药量因蔬菜种类而异。①在西瓜田内，用乳油750～1 005毫升。②在菜豆、豇豆、豌豆、蚕豆等出苗后，用乳油900～1 200毫升。③在番茄田内，用乳油1 125～1 500毫升，对水750千克，对番茄安全，但对阔叶杂草无效。

【注意事项】将吡氟禾草灵的非活性部分除去，得到的精制品就是精吡氟禾草灵。因此，用15%精吡氟禾草灵乳油和35%吡氟禾草灵乳油相同的商品药量时，其除草效果是一致的。本剂的注意事项和在其他蔬菜上的使用方法，可参照吡氟禾草灵。

（五）三氮苯类除草剂

17. 扑草净

【其他名称】扑灭通、扑蔓尽、割草佳。

【药剂特性】本品属三氮苯类除草剂，有效成分为扑草净，有臭鸡蛋味，在弱碱、弱酸及中性条件下稳定，在强酸、强碱及高温条件下易分解。对人、畜、鱼、蜜蜂低毒。可湿性粉剂外观为浅黄色或棕红色疏松粉末，pH 为 6～8。对杂草具有选择性内吸传导除草作用，可防除马唐、灰菜、荠菜、马齿苋、野苋、稗草、狗尾草、千金子、看麦娘、蓼、藜、车前草、繁缕等；施药后，可在 0～5 厘米的表土中形成药层，持效期 20～70 天。

【主要剂型】25%、50%可湿性粉剂。

【使用方法】将 50%可湿性粉剂对水稀释后，均匀喷雾处理畦面，每公顷用药量因处理方式不同和蔬菜种类而异。

（1）在播后苗前处理土壤　①在胡萝卜、韭菜、茴香等播种时，或播后苗前，用可湿性粉剂 1 500 克，对水 750 千克。②在洋葱播后苗前，用可湿性粉剂 1 500 克。③在芹菜播后苗前，用可湿性粉剂 1 500～2 250 克。④在菜豆播后苗前，用可湿性粉剂 1 500～1 875 克，对水 750～900 千克。⑤在大蒜出苗前，用可湿性粉剂 2 250 克。⑥在马铃薯出苗前，用可湿性粉剂 3 375 克。⑦在豇豆播后苗前，用可湿性粉剂 3 750 克，对水 600 千克。

（2）在苗期处理土壤　①在胡萝卜、韭菜、茴香等幼苗 1～2 叶期，用可湿性粉剂 1 500 克。②在芹菜幼苗 2 片真叶后，用可湿性粉剂 1 500～2 250 克。③在韭菜收割后，清除田间大草后，在长出新叶后，用可湿性粉剂 2 250 克。④在（上年播种）幼葱返青后，用可湿性粉剂 3 750 克。

（3）在移栽（定植）前处理土壤　①用 10%扑草净可湿性粉剂 7 500 克，对水 750 千克，在花椰菜定植前，均匀处理畦面。②用 50%可湿性粉剂 1 500～1 875 克，对水 750～900 千克，均匀处理畦面后，覆盖地膜移栽菜豆苗。

（4）在移栽（定植）后处理土壤　①在栽藕后 7～10 天，用可湿性粉剂 600～750 克，对水 450～750 千克喷雾，或与 300 千克细土拌匀后撒施。施药时，田间水深 3～5 厘米，在保水 5～7 天后，转入正常管理。②用可湿性粉剂 1 500 克，定向处理番茄基部及畦边。③在黄瓜、冬瓜、瓠瓜等移栽后，用可湿性粉剂 2 250 克，定向处理畦面后再铺地膜。④在洋葱移栽返青后，用可湿性粉剂 2 250克，均匀处理畦面。

【注意事项】

（1）在有机质含量低的沙质土上不宜使用本剂。施药田内要保持适当的土壤湿度。

（2）称量药剂要准确。在配制药土时，可先用少量细土与药剂混匀后，再与所需细土混用后，均匀撒施。

（3）在定植后施药，要避免药液飘移到植株上。与丁草胺有混配剂，可见各条。

18. 扑灭津

【药剂特性】本品属三氮苯类除草剂，有效成分为扑灭津，遇无机酸或遇碱分解，温度越高分解越快。对人、畜、禽、鱼低毒。对杂草具有选择性内吸除草作用，可防除早熟禾、稗草、看麦娘、狗尾草、马唐、荠菜、繁缕、藜、蓼、马齿苋等。

【主要剂型】50％可湿性粉剂，40％悬浮剂。

【使用方法】将 50％可湿性粉剂对水稀释后，均匀喷雾处理畦面，每公顷用药量如下。①在芹菜、芫荽等播后苗前，用可湿性粉剂 3000～3 750 克。②在胡萝卜出苗前到 1～2 叶期，用可湿性粉剂 1 500～2 100 克。

【注意事项】在沙土地上，用药量可适当减少。在喷洒药液时，应避免药液飞溅到其他作物上，以避免药害。

19. 嗪草酮

【其他名称】赛克、立克除、赛克津、赛克嗪、特丁嗪、甲草嗪、草除净、灭必净。

【药剂特性】本品属三氮苯类除草剂，有效成分为嗪草酮。可湿性粉剂外观为浅黄色粉末，在正常贮存条件下稳定 3 年以上；水分散粒剂外观为褐色小颗粒，在 45℃ 条件下贮存 21 天未见分解。对人、畜、鸟类、鱼类低毒，对蜜蜂和天敌无害。对杂草具有选择性内吸传导除草作用，可防除蓼、藜、苋、马齿苋、苦苣菜、田芥菜、繁缕、荞麦蔓、小野芝麻、稗草、狗尾草、黄花蒿、萹蓄等，可被土壤有机质吸附，对多年生杂草防效差。

【主要剂型】50％、70％可湿性粉剂，75％水分散粒剂。

【使用方法】将 70％可湿性粉剂对水稀释后，均匀喷雾处理畦面，每公顷用药量因处理方式和蔬菜种类而异。

(1) 马铃薯田　①在播后苗前施药，在土壤有机质含量为 1％～2％的沙质土上，用可湿性粉剂 375～525 克；在土壤有机质含量为 1.5％～4％的壤质土上，用可湿性粉剂 525～750 克；在土壤有机质含量为 3％～5％黏质土上，可湿性粉剂用量为 750～1 125克。②从出苗到苗高 10 厘米期间施药，用可湿性粉剂 600～1 005克。

(2) 番茄田　①直播田在苗后 4～6 叶期，用可湿性粉剂450～525 克。②在移栽前，土壤处理用药量可参照马铃薯田。③在移栽缓苗后（移栽后 14 天），用可湿性粉剂 525～705 克。每公顷苗前喷药液量为 450～750 千克，苗后喷药液量为 300～450 千克。

【注意事项】

(1) 在砂土地上（有机质含量小于 1％）不宜使用本剂。在碱性土壤上，或降雨多、气温高地区，要适当减少用药量。若土壤含有大量黏质土及腐殖质，用药量要酌情提高，反之则应减少。

(2) 当土壤墒情好，除草效果好，在施药和贮存过程，要注意安全防护。与乙草胺、二甲戊灵、异丙甲草胺等有混配剂或混用，可见各条。

(六) 有机磷类除草剂

20. 草甘膦

【其他名称】农达、镇草宁、草克灵、奔达、春多多、甘氨磷、嘉磷塞、可灵达、农民乐、时拔克。

【药剂特性】本品属有机磷类除草剂，有效成分为草甘膦，易与碱形成盐，其铵盐、异丙胺盐等，易溶于水，不可燃、不爆炸。对人、畜低毒，对鱼类、鸟类、蜜蜂安全。水剂外观为琥珀色透明液体或浅棕色液体，pH 为 6～8，在常温下贮存稳定期 2 年以上。对杂草具有内吸型广谱灭生性除草作用，用于茎叶处理，并可杀死多年生深根杂草的地下部分，但遇到土壤则很快失效，对未出土的杂草无效。

【主要剂型】12％、16％、41％水剂，7％、10％铵盐水剂，7.5％高渗铵盐水剂，74.7％可溶粒剂，10％、41％异丙铵盐水剂，50％、58％可溶粉剂。

【使用方法】将水剂对水稀释后，均匀喷雾处理杂草茎叶，每公顷用药量因处理方式不同和蔬菜种类而异。

(1) 韭菜地灭草　在收割韭菜后的当天（不能拖到第二天用药），用 41％农达水剂，以一年生杂草为主的地块，用水剂 3 升；以多年生杂草为主的地块，用水剂 4.5 升，对水 450 千克，全田喷洒药液。

(2) 黄花菜地灭草　在黄花菜花期，用 10％水剂 15～30 千克，对水 750 千克，全田喷雾，能灭除白茅、狼尾草、双穗雀稗、狗牙根、黄（紫）香附等杂草，但对黄花菜安全（黄花菜耐药性强）。

(3) 菜地灭草　在菜地内无蔬菜时，才能使用本剂。①灭除马唐、早熟禾、刺苋、野豌豆等杂草，用 10％水剂 7.5～15 千克；②灭除香附子、车前草、小飞蓬、一年蓬等杂草，用 10％水剂 15～22.5 千克；③灭除白茅、芦苇、犁头草、半边蓬、狗牙根、半夏等杂草，用 10％水剂 30～37.5 千克。均对水 900～1 125 千克，全田喷雾。

(4) 灭除瓜列当　用 10％水剂。①在瓜列当幼芽尚未出苗时，用 200～400 倍液，在工农 16 型喷雾器上装可插入土壤中的喷头，向瓜根周围的土壤中施药，重草田块，每周（7 天）施药 1 次，连施 2

次。②在瓜列当出土后，用20～80倍液，涂抹于列当上，出一茬涂一茬，药液浓度越高（即稀释倍数越小），列当死亡速度越快。

【注意事项】

（1）只适于在休闲地、路边、沟旁等处使用。施药时，应防止药液雾滴飘移到其他作物上造成药害。当风速超过 2.2 米/秒时，不能喷洒药液。配好的药液应当天用完。

（2）应用硬度较低的清水配制药液，加入 0.1％中性洗衣粉，可提高灭草效果。使用过的喷雾器要反复清洗，避免以后使用时造成其他作物药害。

（3）施药后 8 小时内遇雨，应补喷药液。施药后 3 天内，不能割草、放牧、翻地等。

（4）在贮存和使用过程，不宜用金属容器。低温贮存时，药剂中会有结晶析出，在使用前，应充分摇动容器，使结晶溶解。

21. 胺草膦

【药剂特性】本品属有机磷类除草剂，有效成分为胺草膦，有微臭，化学性质稳定，但在光照下会逐渐分解。对人、畜低毒。对杂草具有选择性内吸芽前除草作用，可防除稗草、马唐、狗尾草、蟋蟀草、三棱草、马齿苋、野苋菜等。在土壤中移动性差，对出土杂草防效差。

【主要剂型】25％乳油。

【使用方法】将 25％乳油对水稀释后，均匀喷雾处理畦面，每公顷用药量因蔬菜种类和处理方式不同而异。

（1）**在播后苗前处理土壤** ①在伏葱、秋播小葱、莴笋等播后苗前，用乳油 1 950～2 250 毫升。②在胡萝卜播后苗前，用乳油 2 250～3 750 毫升。③在黄瓜、西葫芦、直播甘蓝、大（小）白菜、萝卜、油菜、育苗花椰菜等播后苗前，用乳油 3 000 毫升。④在芹菜播后苗前，露地用乳油 3 000～3 750 毫升，温室内用乳油 4 500 毫升，对水 750 千克，或与 1 500 千克细土拌匀（制成药土），均匀喷雾（或撒药土）处理畦面。

（2）在移栽前处理土壤　①先用乳油3 000毫升，均匀处理畦面后覆盖地膜，再播种黄瓜。②用乳油3 000～3 750毫升，对水750～900千克，均匀处理畦面后，再移栽番茄、茄子、洋葱等幼苗。

（3）在定植后处理土壤　①在莴笋定植缓苗后，用乳油1 950～2 250毫升。②在黄瓜定植缓苗后，用乳油3 000毫升。③在番茄、茄子、洋葱等定植后，用乳油3 000～3 750毫升，对水750～900千克。

【注意事项】在旱地内施药后，保持一定的土壤湿度，有助于提高灭草效果。在莴笋上使用本剂药量偏高时，易产生药害。

（七）氨基甲酸酯类除草剂

22. 杀草丹

【其他名称】禾草丹、灭草丹、草达灭、除田莠、杀丹、稻草完。

【药剂特性】本品属氨基甲酸酯类除草剂，有效成分为杀草丹，对酸、碱、热稳定，对光较稳定。对人、畜低毒。乳油外观为浅黄色至黄褐色透明液体，pH为4.0～7.5，在常温下贮存稳定2年。对杂草具有选择性内吸传导除草作用，可防除稗草、牛毛草、三棱草、马唐、狗尾草、牛筋草、看麦娘、蓼、藜、马齿苋、繁缕、狼把草、小花千层草等杂草。

【主要剂型】50％乳油，7％可湿性粉剂，10％、90％颗粒剂。

【使用方法】

（1）用10％颗粒剂处理土壤　每公顷用药量如下。①在大蒜播后萌前，用颗粒剂11.25～15千克，拌细土225～300千克，拌匀后，均匀撒于畦面，再浇足水1次。②在大（小）白菜、青菜、萝卜、芥菜等播后苗前，用颗粒剂15千克，与225～300千克细土拌匀，均匀撒于畦面，然后喷水，保持畦面湿润。

（2）用7％可湿性粉剂处理土壤　将可湿性粉剂对水稀释后，

均匀喷雾处理畦面，每公顷用药量如下。①在豆科蔬菜播后苗前，用可湿性粉剂 15 千克。②在韭菜、大蒜等播后苗前，用可湿性粉剂 22.5 千克。③在番茄、甜（辣）椒、茄子等定植缓苗后，用可湿性粉剂 30 千克。

（3）用 50％乳油处理土壤　将乳油对水稀释后，均匀喷雾处理畦面，每公顷用药量因处理方式不同和蔬菜种类而异。①在大（小）白菜、青菜、芥菜、萝卜等播后苗前，用乳油 1 500～1 875 毫升（克），对水 750～900 千克。②在菠菜播后苗前，用乳油 2 250毫升。③在大（小）白菜播种后当天，用乳油4 500 毫升，对水 750 千克。④在西瓜播后苗前，用乳油2 250～3 000 毫升。⑤用乳油1 500克，对水 750～900 千克，均匀喷雾处理畦面后覆盖地膜，过 3 天后，开穴移栽番茄、茄子、辣椒等。⑥用乳油1 500～3 000克，对水 900～1 125 千克，均匀喷雾处理畦面后覆盖地膜，过 2 天后，开穴移栽黄瓜、冬瓜、瓠瓜、西瓜等。⑦在花椰菜定植前，用乳油 6 000 毫升，对水 750 千克。

【注意事项】

（1）在沙质田，或大量使用了未腐熟有机肥的菜田，不宜使用本剂。

（2）应在避光、干燥、低温处贮存。与乙草胺有混配剂，可见各条。

23. 灭草灵

【药剂特性】本品属氨基甲酸酯类除草剂，有效成分为灭草灵，对酸、热稳定，遇碱或在土壤中易分解。对人、畜低毒，对鱼类毒性较高。对杂草具有选择性内吸触杀作用，可防除稗草、马唐、看麦娘、狗尾草、藜、三棱草、车前草等，但对杂草药效缓慢，施药后 5～8 天，杂草开始变黄腐烂。

【主要剂型】25％可湿性粉剂。

【使用方法】将 25％可湿性粉剂对水稀释后，均匀喷雾处理畦面，每公顷用药量如下。①在小葱长出后、杂草萌芽初期，或春季幼葱返青后，用可湿性粉剂 9 千克。②在大蒜播后、杂草大量萌发时，用可湿性粉剂 10.5 千克。③在定植洋葱缓苗后，用可湿性粉剂 12～15 千克。

【注意事项】当气温低于 20℃时，不宜使用本剂，以免降低药效或出现药害。在旱田内持效期 28 天左右。宜在阴凉、干燥处贮存。

（八）有机杂环类除草剂及混配剂

24. 吡氟氯禾灵

【其他名称】吡氟乙草灵、盖草能、精盖草能、高效盖草能、盖草能（酸）、高效吡氟氯禾灵（甲酯）、吡氟氯禾灵（酸）、高效微生物吡氟乙草灵（甲酯）。

【药剂特性】本品属有机杂环类除草剂，有效成分为吡氟氯禾灵。对人、畜低毒，对眼睛有刺激作用，对蜜蜂和鸟类毒性较低，对鱼类有毒。乳油外观为橘黄色液体，易燃，在常温下贮存稳定期 2 年以上。对杂草具有苗后选择性内吸传导型除草作用，对出苗后到抽穗初期的一年生禾本科杂草（如看麦娘、牛筋草、马唐、稗草、狗尾草、千金子等）和多年生禾本科杂草（如狗牙根、白茅、芦苇、荻草等）有较好的防除效果，持效期长，但对阔叶杂草和莎草无效，对阔叶作物安全。

【主要剂型】12.5%乳油，3%、10.8%高效乳油。

【使用方法】将盖草能 12.5%乳油对水稀释后喷雾，在禾本科杂草有 2～5 片叶时，处理杂草茎叶，每公顷用药量因蔬菜种类而异。①在大白菜有 3～4 片叶时，用乳油 450 毫升，对水 750 千克。②在十字花科蔬菜田，用乳油 450～750 毫升，对水 450 千克。③在胡萝卜、芹菜等幼苗出土后，用乳油 750～1 125 毫升。④在菜豆幼苗有 2～4 片复叶时，若田间以一年生禾本科杂草为主，在土壤湿润时，用乳油 600～900 毫升，在土壤干旱时，用乳油 900～1 200 毫升，对水 450～750 千克；若田间以多年生禾本科杂草为主，可用乳油 1 500～2 400 毫升，对水 750 千克。

【注意事项】

（1）在施药后 1～2 小时内遇雨，不影响除草效果。在单、双子叶杂草混生的地块，本剂可与能防除阔叶杂草和莎草的除草剂混用。

（2）高效盖草能（10.8％高效乳油）是除去了非活性部分的精制品，在同等剂量下它比盖草能活性高，药效稳定，受低温、雨水等不利环境条件影响小。

（3）在贮运过程，应远离火源和高温。

25. 喹禾灵

【其他名称】禾草克、盖草灵、快伏草。

【药剂特性】本品属有机杂环类除草剂，有效成分为喹禾灵。对人、畜低毒，对鸟类安全，对鱼类毒性中等偏低。乳油外观为黄褐色液体，pH 为 6.8（5.5～7.5），贮存稳定期 2 年以上。对杂草具有选择性内吸传导型除草作用，可防除稗草、牛筋草、马唐、狗尾草、看麦娘、画眉草等一年生单子叶杂草，当提高用药量时，对狗牙根、白茅、芦苇等多年生杂草也有效，受药植株在 10 天内枯死，但对马齿苋等防效差。

【主要剂型】5％精乳油，10％乳油。

【使用方法】用 10％乳油对水稀释后，在禾本科杂草有 2～5 片叶时，均匀喷雾处理杂草茎叶，每公顷面积上的用药量因蔬菜种类而异。①在茄子播种后 25 天、禾本科杂草约有 10 片叶时，用乳油 450～750 毫升，对水 750 千克。②在大白菜有 3～4 片叶时，用乳油 750～1 125 毫升，对水 750 千克。③在菜豆、豇豆、豌豆、蚕豆、胡萝卜、芹菜等出苗后，用乳油 750～1 125 毫升。④在番茄、甘蓝、油菜等田内，用乳油 750～1 200 毫升，对水 600～750 千克。⑤在马铃薯田内，用乳油 750～1 500 毫升。⑥在大（小）白菜、芥菜、青（白）萝卜、花椰菜等田内，用乳油 750～1 500 毫升，对水 525 千克。

【注意事项】在施药后 1～2 小时遇雨，对灭草效果影响很小，不需重喷药剂。在土壤干旱杂草生长缓慢条件下，可适当提高用药量。在施药过程，要注意安全防护工作。

26. 精喹禾灵

【其他名称】精禾草克。

【药剂特性】本品属有机杂环类除草剂，有效成分为精喹禾灵，是将喹禾灵原药中无活性部分去掉后精制而成的，药效提高并稳定。对人、畜低毒。乳油外观为棕色油状液体，pH 为 5.5 ± 1.5（4～7），在常温下贮存 3 年，有效成分无变化。对杂草具有选择性内吸除草作用，可防除一年生和多年生的禾本科杂草，施药后 14 天，杂草枯死。

【主要剂型】

（1）单有效成分　5％乳油。

（2）双有效成分混配　与乙草胺：35％精喹·乙草胺乳油（双草克）。

【使用方法】在番茄、甘蓝、油菜等菜田内，禾本科杂草有3～6 片叶时，每公顷用 5％乳油 750～1 200 毫升，对水 450 千克，均匀喷雾处理杂草茎叶。

【注意事项】应密封后，在阴暗处贮存。

27. 噁草酮

【其他名称】农思它、恶草酮、恶草灵。

【药剂特性】本品属有机杂环类除草剂，有效成分为噁草酮，遇碱易分解。对人、畜、鸟类、蜜蜂低毒，对鱼类为中等毒性。乳油外观为褐色澄清液体，在常温下贮存稳定期 2 年。对杂草具有选择性芽前、芽后触杀式吸收除草作用，可防除苋、藜、马齿苋、马唐、狗尾草、鸭舌草、节节草、稗、牛筋草、千金子、看麦娘、铁苋菜、苍耳、田旋花等。对成株杂草防除效果差。

【主要剂型】12％、13％、25％乳油。

【使用方法】将乳油对水稀释后，均匀喷雾处理畦面，每公顷用药量因处理方式不同和蔬菜种类而异。

（1）**用 12％乳油处理土壤** ①用乳油 3 000 毫升，对水 825 千克，先用水浇湿畦面，然后喷洒药液，覆盖地膜后，即移栽番茄苗。②在芹菜、韭菜、大葱、洋葱、石刁柏、马铃薯田内使用，在播种前，用乳油 2 250～3 000 毫升，对水 750～900 千克；在定植前，用乳油 4 500～6 000 毫升，对水 900～1 050 千克，施药后即进行混土处理（将药液与表土混匀）。

（2）**用 25％乳油处理土壤** ①在大蒜播后苗前，用乳油 1 050～1 200 毫升，对水 675～900 千克（升）。②在葡萄园内的杂草芽前，用乳油 1 500～3 000 毫升。③在马铃薯播后苗前，用乳油 1 800～2 250 毫升，对水 900～1 125 千克（升）。④在唐菖蒲球茎栽植前 5～6 天，用乳油 3 750 毫升，对水 900 千克（升）；但唐菖蒲原种球茎对本剂敏感，不宜使用。⑤在石刁柏（芦笋）壅土之后，即用乳油 4 500 毫升，对水 900 千克（升）。⑥在香石竹移栽后 3～4 天，或第一次锄地之后，用乳油 4 500～6 000 毫升，对水 900 千克（升）。

（3）**混配喷雾处理土壤** 在大蒜播后苗前，用 25％噁草酮乳油 600～750 毫升与 50％乙草胺乳油 1 500～1 800 毫升混配，对水 675～900 千克（升）。

【注意事项】

（1）在肥沃的土壤上，用药量要稍大些；在瘠薄的土壤上，用药量应减少些。施药时，土壤湿润，可提高灭草效果。

（2）与丁草胺、乙草胺等有混配剂，可见各条。

28. 百草枯

【其他名称】克芜踪、对草快、百朵。

【药剂特性】本品属有机杂环类除草剂，有效成分为百草枯，易溶于水，在酸性及中性溶液中稳定，在碱性溶液中水解。水剂外观为黑灰色水溶性液体。在 20℃时，pH 为 7.0±0.5，不腐蚀金属药械，25℃时，贮存稳定期 2 年以上。对人、畜为中等毒性，对鱼类、鸟类低毒。对杂草具有灭生性触杀作用，杀草速度快，叶片着药后2～3小时即可变色枯死，对1～2年生杂草防效好，但不能杀死多年生杂草的地下深根部分。

【主要剂型】20％水剂。

【使用方法】将20％水剂对水稀释后，喷雾处理杂草茎叶，每公顷用药量如下。

(1) 田间灭草 在播种或移栽前3天，或播后苗前，杂草苗高15厘米左右，用水剂1 500～3 000毫升，对水600～900千克。

(2) 在作物行间灭草 在覆膜西瓜、南瓜、香瓜等出苗后，但未破膜前，用水剂1 500～3 000毫升，对水375～750千克（升），喷雾处理行间已出土的杂草；对瓜苗已破膜的地块，应采取喷头上带防护罩，采用低压力、大雾滴等措施，对株行间杂草，采取定向喷雾，处理杂草茎叶。

【注意事项】

(1) 喷药应在无风天进行。要用清水配制药液，水量要足，喷雾要均匀周到，喷药后30分钟遇雨，基本上能保证药效。

(2) 在作物行间定向喷雾时，喷头上要加防护罩，以防药液溅落（或飘移）到绿色植物上。

(3) 在施药过程要注意安全防护。药后24小时，禁止家畜进入施药区。

(4) 药瓶盖要拧紧，贮存在安全处。

29. 敌草快

【其他名称】利农。

【药剂特性】本品属有机杂环类除草剂，有效成分为敌草快，在酸性和中性溶液中稳定，但在碱性条件下不稳定。对人、畜为中等毒性，对鱼类、鸟类毒性较低，对蜜蜂低毒。对杂草具有非选择性触杀作用，稍具传导性，可被绿色植物迅速吸收，受药部位枯黄；也可作为成熟作物的催枯剂，使植株上的残绿部分和杂草迅速枯死，可提前收割；在土壤中迅速失活，不会污染地下水，适用于在作物萌发前除杂草。

【主要剂型】20％水剂。

【使用方法】将 20％水剂对水稀释后喷雾。

（1）马铃薯地　在马铃薯收获时，每公顷用水剂 3 000～3 750 毫升，对水 300～375 千克，喷雾处理植株茎叶。

（2）油菜地　油菜成熟不均匀，在 70％荚已变黄时，每公顷用水剂 2 250～3 000 毫升，对水 375 千克，喷雾处理植株茎叶。

【注意事项】

（1）在喷洒药液过程，除杂草和需催枯作物外，避免使药液接触其他作物绿色部分，以防药害。

（2）不能与碱性磺酸盐湿润剂、激素型除草剂（如 2，4 -滴丁酯）、碱金属盐类等混用。

（3）在施药和贮存过程，要注意安全防护。

（九）其他类型化学合成除草剂及混配剂

30. **稗草烯**

【其他名称】稗草稀、百草烯、百草稀。

【药剂特性】本品属取代苯类除草剂，有效成分为稗草烯，遇碱在较高温度下能被分解。乳油外观为亮棕色油状液体，在常温下贮存稳定 2 年。对人、畜低毒，对眼、皮肤有刺激作用。对杂草具有选择性内吸传导除草作用，可防除稗草、马唐、狗尾草、早熟禾、看麦娘等一年生禾本科杂草，受药杂草在 7～14 天后，逐渐腐烂死亡，在土壤中持效期 28～48 天，对双子叶杂草防除效果差。

【主要剂型】50％乳油。

【使用方法】将 50％乳油对水稀释后喷雾，每公顷用药量因蔬菜种类而异。①在大葱、洋葱、菜豆、萝卜、大白菜等菜田内的一年生禾本科杂草幼苗 2 片叶时，用乳油 6～12 升，对水 750～900 千克，均匀处理杂草茎叶。②在茄子、甜（辣）椒等定植缓苗后或开沟培土后，用乳油 7.5 升，定向均匀处理畦面。③在番茄定植缓苗后或开沟培土后，用乳油 7.5～15 升，对水 750～900 千克定向均匀处理畦面。④在黄瓜播后苗前，用乳油 15 升，均匀处理畦面。⑤在老根韭菜收割后，待伤口愈合又长出新叶、浇 1 次水后，用乳油 22.5 升，均匀处理畦面。

【注意事项】

（1）在双子叶杂草多的菜田，宜换用其他除草剂。温度在20～30℃时，易发挥药效。

（2）药剂称量要准确，喷雾要均匀，以避免药害。应在通风干燥、避光、远离火源处贮存。

31. 稀禾啶

【其他名称】拿捕净、乙草丁、稀禾定、硫乙草灭。

【药剂特性】本品属肟类除草剂，有效成分为稀禾啶。对人、畜、鱼类、蜜蜂低毒。乳油外观为浅棕色或红棕色液体，机油乳剂外观为浅棕色或浅黄色液体，在室温、阴凉、干燥条件下贮存，稳定期至少 2 年。对杂草具有选择性内吸传导除草作用，适宜防除禾本科杂草，受药杂草在 14～21 天内全株枯死，对阔叶杂草无防除效果，对阔叶作物安全。

【主要剂型】12.5%机油乳剂，20%乳油。

【使用方法】将 20%乳油对水稀释后，在禾本科杂草幼苗 2～5 片叶时，均匀喷雾处理杂草茎叶。每公顷用药量因蔬菜种类而异。①在茄子播种后 25 天，禾本科杂草 10 片叶时，用乳油 300～375 毫升，对水 750 千克。②在菜豆、豌豆、豇豆、蚕豆等出苗后，用乳油 1 500～1 800 毫升。③在大（小）白菜、花椰菜、芥菜、芹菜、青（白）萝卜、胡萝卜等田内，用乳油 1 500～1 875 毫升，对水 525 千克（升）。④在马铃薯田内，若是防除一年生禾本科杂草，用乳油975～1 500 毫升；若是防除多年生禾本科杂草（如：狗牙根、芦苇、白茅等），用乳油 3 000～6 000 毫升，均各对水 375～600 千克。⑤在西瓜田内，若稗草幼苗 2～4 片叶，用乳油 1 000～1 500 毫升；若稗草 6～7 片叶，则用乳油 2 000 毫升，对水 450～

600 千克。

【注意事项】

（1）不能与碱性农药混用。喷药时，应避免药滴随气流飘移到附近的禾本科作物上。

（2）应在晴天上午或下午施药，避免在中午气温高时喷药。在施药过程中要做好安全防护工作。

（3）当天气干旱或禾本科杂草叶片数较多时，可用高限药量或适当增加用药量。在双、单子叶杂草混生地，在使用本剂后，要注意采取措施防除双子叶杂草，避免该类杂草过量生长。

32. 乙氧氟草醚

【其他名称】果尔、乙氧醚、割地草、割草醚、氟硝草醚。

【药剂特性】本品属二苯醚类除草剂，有效成分为乙氧氟草醚，容易光解。对人、畜、鸟类低毒，对皮肤、眼睛有刺激作用，对蜜蜂毒性较低，对鱼类高毒。乳油外观为黑色不透明液体，易燃，在50℃下贮存1年，其有效成分不发生分解。对杂草具有触杀作用，在有光的条件下发挥杀草作用，在芽前和芽后早期使用效果最好，能防除阔叶杂草、莎草及稗草等。

【主要剂型】

（1）单有效成分　20%、24%乳油。

（2）双有效成分混配　与二甲戊灵：34%氧氟·甲戊灵乳油。

【使用方法】

（1）用24%乳油喷雾　将24%乳油对水稀释后，均匀喷雾处理畦面，每公顷用药量因处理方式不同和蔬菜种类而异。①在大蒜和洋葱幼苗2～3片叶时，用乳油150～300毫升，对水600千克，压低喷头，将药液定向喷于杂草上，避免药液喷及作物。②在整好畦面后，用乳油300～900毫升，对水525千克后处理畦面，然后移栽番茄、茄子、辣椒等幼苗。③在露地大蒜播后10～17天，用乳油660～1 000克，对水900千克；而地膜大蒜，用乳油542～658克，对水150千克。均在晴天下午5时以后或阴天时喷雾，而后者在喷药液后覆盖地膜，并洇水。也可与氟乐灵、二甲戊灵、敌草胺等混用，各为原用药量的 1/3～1/2。④先将畦面浇湿，用乳油 750 毫升，对水 825 千克，均匀处理畦面后，即覆盖地膜，然后移栽番茄苗。

（2）使用混配剂喷雾　在大蒜播后苗前，每公顷用 34%氧氟·甲戊灵乳油 750 毫升，对水 750 千克，均匀喷洒畦面，然后在畦面上覆盖稻草、麦秸等物保湿。

【注意事项】喷洒药液要均匀周到，施药剂量要准确。初次使用时，应先小面积试验，找出适合当地的最佳施药方法和施药剂量后，再大面积推广使用。

（十）生物源除草剂

33. 鲁保 1 号

【药剂特性】本品属微生物类真菌除草剂，有效成分为真菌活孢子，在一年内不失效。对人、畜、作物安全无害。适宜防治寄生植物菟丝子，真菌活孢子萌发后形成菌丝侵入菟丝子。

【主要剂型】粉剂（含活孢子 30 亿～60 亿个/克）。

【使用方法】

（1）查活孢子数　粉剂在贮存过程，可能有些孢子会死亡而失去发芽力，所以在防治前要先测定孢子的发芽率，然后计算出每克粉剂中的活孢子数（每克粉剂中的活孢子数=每克粉剂的孢子数×孢子的发芽率）。

（2）配制菌液　一般要求每毫升菌液中含有真菌活孢子 2 000 万～3 000 万个，在菟丝子幼小阶段或田间湿度大时，每毫升菌液中含有的活孢子数可降到 1 500 万～2 000 万个。根据每克粉剂中的活孢子数和每毫升菌液中所需的活孢子数，求出加水倍数。①将粉剂装入布袋内包扎好，在少量水中浸泡 15～30 分钟，用手轻轻揉搓，把活孢子洗到水中，再换少量水继续揉搓，如此反复 3～4 次，直到布袋中出清水为止。②也可将粉剂放入少量水中浸泡后，用手或棍棒搅拌，并用2～3层纱布过滤，把滤渣再用少量清水浸泡并搅拌过滤，如此反复4～5次。最后将菌液合并后，再加足所需水量，搅匀后，即可喷雾。

（3）喷雾 在黄瓜、辣椒、洋葱、茴香等上初见菟丝子时，选在阴天或晴天早晚施药，先用树枝抽打菟丝子，造成伤口，把本剂稀释成100～200倍液，对准菟丝子喷雾。用洁净水配药。

【注意事项】

（1）本剂不宜和其他药剂混用。在使用前，要查看粉剂的有效期，过期粉剂不能使用。对喷雾器应先用清水洗干净后，再装菌液喷洒。

（2）宜在阴凉处配制菌液，随配随用。在菌液中可加入适量中性洗衣粉，可提高防效。

（3）应在阴凉干燥处贮存。应当年用完。

六、植物生长调节剂及混配剂

1. 萘乙酸

【其他名称】α-萘乙酸、NAA。

【药剂特性】本品有效成分为萘乙酸，易溶于热水，遇碱能形成盐，盐类能溶于水。对人、畜低毒，对皮肤、黏膜有刺激作用。对蔬菜具有促进细胞分裂与扩大，改变雌雄花比例，增加坐果，抑制发芽，增强抗逆性、诱发不定根等作用。

【主要剂型】70%钠盐原药，2%钠盐水剂。

【使用方法】萘乙酸可用于喷雾、浸种、涂抹。

（1）防止落花落果 ①用15毫克/千克的药液喷洒菜豆花序。②在南瓜开花时，用10～20毫克/千克的药液涂抹子房。③在番茄开花期，用15～20毫克/千克的药液喷花。④在西瓜开花期，用10～30毫克/千克的药液喷花1次。⑤用50毫克/千克的药液喷辣椒花朵。

（2）**促生雌花** 在黄瓜定植前，用10毫克/升的药液，喷幼苗1～2次。

（3）**增强抗逆性** ①在番茄病毒病初发生时，用20毫克/千克的药液，喷洒植株。②从番茄初花期开始，用0.5％氯化钙溶液与50毫克/千克的萘乙酸药液混配后，喷洒植株，每隔15天喷1次，连喷2～3次，防治脐腐病。③从大白菜莲座期起，用0.7％氯化钙溶液与50毫克/千克的萘乙酸药液混配后，喷洒植株，每隔6～7天喷1次，连喷5次，防治干烧心病。

（4）**促进生长** ①在茄子定植时，用40毫克/千克的药液，喷洒苗坨。②用20毫克/千克的药液浸泡番茄种子，晾干播种。③用20～40毫克/千克的药液，浸泡白菜、萝卜等种子10～12小时后，捞出洗净，晾干播种。④用20～50毫克/千克的药液浸泡马铃薯种薯2～24小时，晾干播种。

（5）**抑制贮存期发芽** 在胡萝卜收获前4天，用1 000～5 000毫克/千克的药液，全田喷雾；收获后，宜在较低温度下贮存。

【注意事项】

（1）要严格掌握用药量和使用浓度，以避免药害。应选择无风晴天、气温高时，喷雾。

（2）难溶于冷水，可先用少量酒精溶解后，再加水稀释到所需浓度，注意安全防护。

（3）在番茄和瓜类蔬菜上使用时，应避免重复用药，并防止药液溅落到植株的叶片和嫩芽处，以避免产生药害。

（4）有资料表明，在大白菜的苗期、莲座期、包心期，各喷1次0.7％硫酸锰水溶液，可防治大白菜干烧心病。

2. 2，4-滴

【其他名称】 2，4-D、2，4-二氯苯氧乙酸。

【药剂特性】 本品有效成分为2，4-滴，在常温下稳定，本身为强酸，对金属有腐蚀性，溶于乙醇（酒精），难溶于水，可与各类碱作用，形成相应的盐类后，则易溶于水。对人、畜、鱼类低毒，对蜜蜂敏感。2，4-滴钠盐工业品外观为白色或淡黄色粉末，有酚味，溶于热水，难溶于冷水；2，4-滴丁酯外观呈棕黄色，有酚味，难溶于水，有较强的渗透性和内吸性。（2，4-滴）在低浓度下，对蔬菜作物具有防止落花落果、提早成熟、增加产量、增强耐贮性等作用；当浓度过大时，会造成药害，甚至死亡，也可用于制成激素型除草剂，防治禾谷类作物田中的阔叶杂草。

【主要剂型】80％钠盐可溶粉剂，0.5％三乙醇胺水剂（有效成分为2，4-滴丁酯）。

【使用方法】2，4-滴可用于喷雾、涂抹、浸蘸。

（1）防止落花落果 ①在黄瓜雌花（有小瓜的花）开放时，用毛笔蘸10～15毫克/千克的2，4-滴药液涂花。②在晴天上午（中午气温高时，不宜进行），用毛笔蘸上10～20毫克/千克的2，4-滴药液，涂抹半开放至未完全开放的番茄花朵的花柄离层处或柱头上。也可将0.5％三乙醇胺水剂200～500倍液装在小碗内，在春番茄第一花序或第二花序开花前后1～2天内，把花朵一朵一朵地在药液中浸蘸一下，开一朵浸一朵。③在冬瓜或西瓜的花朵半开放时，用15～25毫克/千克的2，4-滴药液，喷花。④在茄子花朵开放当日上午，用毛笔蘸上20～30毫克/千克的2，4-滴药液，涂抹花萼和花柄处。也可用0.5％三乙醇胺水剂100～250倍液浸蘸花朵，方法同②。⑤在上午9时前后，用毛笔蘸上20～30毫克/千克的药液，将整个西葫芦开放雌花和果柄均匀涂一遍。也可用同样浓度的药液蘸花。⑥在辣椒花期，用20～50毫克/千克的药液浸蘸花朵，或用毛笔蘸上同样浓度的药液涂花。

（2）增强耐贮性 ①在甜椒采收后，用110～200毫克/千克的2，4-滴药液浸渍果柄。②在花椰菜收获后，用50毫克/千克的2，4-滴药液浸蘸花球根部。③在大白菜收获前3～7天，用25～30毫克/千克的2，4-滴药液，喷洒植株外叶，每株喷药液30～50毫升。也可用0.5％三乙醇胺水剂125倍液喷雾，防贮期外叶脱落。④在甘蓝收获前3～5天，用100～250毫克/千克的2，4-滴药液喷洒植株。⑤在花椰菜收获前3～7天，用100～500毫克/千克的2，4-滴药液喷洒叶片，但不能将药液喷到花球上，防贮期外叶脱落。

【注意事项】

（1）要严格掌握用药量、使用浓度、使用时期。在留种田，或植株生长衰弱时，不宜使用。豆类、瓜类、油菜、马铃薯等对本剂敏感，应慎用，或避免污染，以防药害。

（2）在处理花朵时，不能重复使用，可在配好的药液中，加入少量红墨水，作为标记色。并要避免药液滴落在叶片上或嫩芽上，造成药害。

（3）不能用金属容器配制药液。配好的药液，要防止水分蒸发，避免造成因使用浓度加大而引起的药害。

3. **防落素**

【其他名称】 番茄灵、促生灵、4-氯苯氧乙酸、对氯苯氧乙酸。

【药剂特性】 本品有效成分为防落素。商品外观为白色粉末，能溶于乙醇（酒精）、热水，水溶液较稳定。对人、畜、蜜蜂低毒安全。对蔬菜作物具有防止落花、落果等作用，可形成无籽果实。

【主要剂型】 95%粉剂，1%乳油。

【使用方法】 准确称取防落素钠盐 1 克，放入烧杯（或小玻杯）中，加入少量热水或 95%酒精，并用玻璃棒不断搅拌直至完全溶解，然后再加水至 500 毫升，即成为 2 000 毫克/千克的防落素药液。使用时，可取一定量的药液，再加水稀释到所需浓度，用于喷雾、浸蘸等。

（1）防止落花落果　①在上午 9 时前后，用 30～40 毫克/千克的药液浸蘸开放的西葫芦雌花。②将 30～50 毫克/千克的药液盛在一个小碗内，在茄子开花当日上午，浸蘸花朵（将花朵在药液中蘸一下，然后把花瓣在碗边碰一下，让多余的药滴流入碗中）。③用 1～5 毫克/千克的药液，喷洒菜豆已开花的花序，每隔 10 天喷 1 次，连喷 2 次。④在秋豇豆开花期，用 4～5 毫克/千克的药液，喷花，每隔 4～5 天喷 1 次。⑤在番茄的每一个花序上有 2/3 的花朵开放时，用 20～30 毫克/千克的药液喷花。⑥在葡萄花期，用 25～30 毫克/千克的药液喷洒。⑦在黄瓜雌花开放时，用 25～40 毫克/千克的药液喷花。⑧在甜（辣）椒开花后 3 天，用 30～50 毫克/千克的药液喷花。⑨在冬瓜雌花开花期，用 60～80 毫克/千克的药液喷花。

（2）**增强耐贮性**　在大白菜收获前 3～10 天，选晴天下午，用 40～100 毫克/千克的药液，从大白菜基部自下向上喷洒，以叶片湿润而药液不下滴为宜，可减少大白菜贮存期脱叶。

【注意事项】

（1）在蔬菜收获前 3 天停用。使用本剂比使用 2，4 -滴安全。宜采用小型喷雾器喷花（如医用喉头喷雾器），并避免向嫩枝和新芽上喷药。严格掌握用药量、使用浓度及用药期，以防药害。

（2）避免在高温烈日天及阴雨天施药，以防药害。在留种蔬菜上不能使用本剂。在蔬菜上使用量过高或全株喷雾时，对叶片有影响。

4. 增产灵

【其他名称】 4 -碘苯氧乙酸。

【药剂特性】 本品有效成分为增产灵。工业品外观为橙黄色粉末状固体，略带刺激性臭味，微溶于水，溶于热水或乙醇（酒精），遇碱性物质则形成盐，性质稳定，可长期保存。对人、畜、鱼类均安全。具有促进蔬菜等作物开花结实、增加产量等作用。

【主要剂型】 95%粉剂，0.1%乳油。

【使用方法】 先用适量热水或酒精将增产灵完全溶解后，再加水稀释到所需浓度，喷雾或涂抹。

（1）**促进开花结实**　①用 5～10 毫克/千克的药液，点涂黄瓜幼瓜条。②在豌豆、蚕豆等盛花期，用 10 毫克/千克（升）的药液，喷 1～2 次。③用 20 毫克/千克（升）的药液，在葡萄的初花期、末花期及果实膨大期，各喷 1 次。④用 20～30 毫克/千克（升）的药液，在番茄蕾花期，喷 2 次。

（2）促增产　在大白菜包心期，用 20～30 毫克/千克（升）的药液，喷 2 次。

【注意事项】

（1）当药液稀释后，如有沉淀物，可加入少量纯碱（碳酸钠），使沉淀物溶解后，再用。本剂水溶液稳定，可与其他化肥、农药混用。

（2）喷药后 6 小时内遇雨，应补喷。花期宜在下午喷药。

5. 赤霉素

【其他名称】赤霉酸、奇宝、九二〇、GA_3。

【药剂特性】本品有效成分为赤霉素，遇碱、遇热易分解，在酸性溶液中（pH 为 3～4）稳定，其钾、钠盐易溶于水，水溶液在 60℃ 以上时，易分解失效。对人、畜低毒。原药外观为白色或微带黄色粉末，乳油外观为棕褐色液体。对蔬菜具有促进生长和开花结实、形成无籽果实、促进萌芽、改变雌雄花比例、延缓衰老及保鲜等作用，是多效唑、矮壮素等抑制剂的颉颃剂。

【主要剂型】20％可湿性粉剂，40％可溶粒（片）剂，85％原药（850 单位/毫克），4％乳油（4 万单位/毫升），可溶片剂（10 毫克/片）。

【使用方法】对片剂或乳油，可直接用水稀释配制；在使用原药时，可先用少量 95％酒精或高度白酒将其溶解后，再加水稀释到所需的使用浓度。一般采用喷雾、浸泡等方法使用赤霉素。

（1）促进植株生长　①在秋冬芹菜生长期，用 10～20 毫克/千克的药液，喷洒植株。在芹菜采收前 15 天和前 7 天时，用 40～100 毫克/千克的药液，喷洒全株各 1 次。②在韭菜幼苗 3 厘米高时，用 10～15 毫克/千克的药液，喷洒全株 1～2 次。③在菠菜收获前 20 天，用 10～20 毫克/千克的药液，喷洒叶面 1～2 次（隔 3～5 天）。④在莴笋 10～15 片叶时，用 10～40 毫克/千克的药液，喷洒植株。⑤在菠菜、芫荽、茼蒿等绿叶菜的生长前期，用 10～50 毫克/千克的药液，喷洒植株。⑥当番茄幼苗从苗床定植到露地时，用10～50毫克/千克的药液，喷洒幼苗，能缩短缓苗时间。⑦当雪里蕻6～8片叶时，用10～100毫克/千克的药液，喷洒植株。⑧当苋菜5～6片叶时，用20毫克/千克的药液，喷洒叶片1～2次（隔3～5天）。⑨当花叶生菜14～15片叶时，用20毫克/千克的药液，喷洒叶片1～2次（隔3～5天）。⑩在芫荽收获前10～14天，用20～50毫克/千克的药液，全株喷洒。⑪当不结球白菜4片真叶时，用20～75毫克/千克的药液，喷洒植株2次。⑫在油菜幼苗5～6片叶时，用30～40毫克/千克的药液，喷洒叶片1～2次。⑬在茴香收获前15天，用50毫克/千克的药液，喷洒全株。⑭在葡萄苗期，用50～100毫克/千克的药液，喷洒植株1～2次（间隔10天）。⑮在黄瓜苗期出现"花打顶"现象时，可用15～20毫克/千克的药液，喷洒幼苗1～2次；在黄瓜成株期出现"花打顶"现象时，可用500～1 000毫克/千克的药液，喷洒植株。⑯用100～200毫克/千克的药液，只在胡萝卜幼苗期喷洒或只在胡萝卜叶生长期喷洒，每隔10天喷1次，可提高产量，但也有促进胡萝卜抽薹作用。

（2）促进发芽 ①为打破种薯的休眠期，用0.5～1毫克/千克的药液，浸泡马铃薯种薯10～15分钟，捞出沥干，播于湿砂土中催芽，当芽长1～2毫米时，再播种于大田。②在马铃薯收获前28天、前14天或前7天，用10毫克/千克、50毫克/千克、100毫克/千克和500毫克/千克的药液，喷洒植株。③在扁豆播种前，用10毫克/千克的药液，一次均匀拌种呈湿状。④用40毫克/千克的药液，浸泡苦瓜种子6小时。⑤用50毫克/千克的药液，浸泡已存放2年的西葫芦种子12小时。⑥用50毫克/千克的药液，浸泡豌豆种子24小时，晾干播种。⑦用50～200毫克/千克的药液，浸泡凤仙花种子6小时。⑧用50～300毫克/千克的药液，浸泡鸡冠花种子6小时。⑨在夏季高温季节，用100～200毫克/千克的药液，浸泡芹菜种子24小时后，晾干播种。⑩对荷兰豆、豇豆、四季豆等，用2.5毫克/千克的药液浸种24小时。⑪莴笋种子用200毫克/千克的药液，在30～40℃下浸种24小时后发芽，可打破休眠。

（3）促进坐果　①在矮生菜豆出苗后，若用 10～20 毫克/千克的药液，喷洒植株 4～5 次，能提高早期产量；若用 50 毫克/千克的药液，喷洒植株，可延迟开花，但总产量增加。②在茄子开花时，用 10～50 毫克/千克的药液，喷洒叶片。③在番茄开花期，用 10～50 毫克/千克的药液，喷花 1 次。④在籽葡萄开花后 7 天，用 20～50 毫克/千克的药液，喷幼果。⑤在菜豆生长后期，用 100 毫克/千克的药液，点滴生长点。⑥在黄瓜雌花开花后 1～2 天，用 100～500 毫克/千克的药液，喷嫩瓜。⑦在玫瑰香葡萄盛花期末 7～10 天时，用 200～500 毫克/千克的药液，喷果穗 1 次。用本剂处理后，则形成无籽果实，不能留种。⑧在辣椒花期，用 20～40 毫克/千克的药液，喷花 1 次。⑨在苦苣（广东地区 10 月 15 日）播种后 78 天起，用 300 毫克/升的药液，连喷 5 天，可提高采种量。

（4）调节开花　①在保护地栽培草莓定植时，气温过高，用 5～10 毫克/千克的药液，喷洒植株，每株次用药液 5 毫升，过 7～10 天，再喷 1 次；在开花前 14 天和开花前 7 天时，用 10～20 毫克/千克的药液，各喷 1 次，以喷湿为宜。②露地栽培草莓，从 3 月中旬起，用 10 毫克/千克的药液，喷洒植株，每隔 7 天喷 1 次，连喷 3 次。③用 5～25 毫克/千克的药液，喷洒菜豆茎尖，促进开花。④在黄瓜幼苗期，用 50 毫克/千克的药液，喷洒叶面，促生雄花。⑤在莴苣幼苗期，用 100～1 000 毫克/千克的药液，喷叶 1 次，诱导开花。⑥在菠菜幼苗期，用 100～1 000 毫克/千克的药液，喷叶 1～2 次，诱导开花。⑦在仙客来开花前，用 1～5 毫克/千克的药液，喷花蕾 1 次，促进开花。⑧在菊花的春化阶段，用 1 000 毫克/千克的药液，喷叶 1～2 次，促进开花。⑨在花椰菜幼苗茎粗 0.5～1 厘米、6～8 片叶时，用 100 毫克/千克的药液，喷洒植株，促进花球早形成。⑩在塑料大棚中，从苦瓜幼苗 4 片真叶展开起，用 25～50 毫克/升的药液，喷洒幼苗，每隔 5 天喷 1 次，共喷 3 次，每次喷液量以叶片湿润并刚有液体下滴为止，能促生雌花。

（5）延缓衰老及保鲜　①在黄瓜、西瓜等采收前，用 10～50 毫克/千克的药液，喷瓜，可延长贮藏期。②用 50 毫克/千克的药液，浸泡蒜薹基部 10～30 分钟，促进保鲜。

（6）解除其他植物生长调节剂造成的蔬菜药害　①用 2.5～5 毫克/千克的药液处理，可解除多效唑和矮壮素药害。②用 2 毫克/千克的药液处理，可解除乙烯利药害。③用 20 毫克/千克的药液处理，可解除防落素对番茄的药害。

【注意事项】

（1）在蔬菜收获前 3 天停用。不能与碱性农药混用。药液应现配现用。严格掌握用药量、使用浓度和使用时期。

（2）在使用本剂后，水肥及管理要跟上。留种田不能使用本剂。本剂应在低温干燥处贮存。

6. 6-苄基腺嘌呤

【其他名称】6-苄（基）腺嘌呤、6-苄基氨基嘌呤、6-苄氨基嘌呤、6-（苄胺基）嘌呤、N-苄基腺素、绿丹、6-BA、BAP。

【药剂特性】本品有效成分为 6-苄基腺嘌呤，是由人工合成的嘌呤衍生物，可溶于碱性或酸性溶液。对人、畜、鸟类、鱼类低毒。对某些蔬菜具有延迟植株衰老、延长贮藏期和保鲜、提高发芽率、促生雌花、促坐瓜等作用。

【主要剂型】

（1）单有效成分　化学试剂。

（2）双有效成分混配　与赤霉酸（A₄、A₇）混配：保美灵（苄氨·赤霉酸）3.6% 可溶液剂。

【使用方法】准确称取 6-苄基腺嘌呤 0.02 克，放入烧杯中，加入 1% 稀盐酸，搅拌至完全溶解，然后加水至 100 毫升，即为 200 毫克/千克浓度的药液，使用时，可根据所需使用浓度加水稀释，可用于喷雾、浸种等。

（1）延缓衰老及保鲜　①在芹菜收获前，用 5～10 毫克/千克的药液，全株喷洒。②在花椰菜收获后，用 5～20 毫克/千克的药液，蘸花球根部。③在青花菜采收前，或在收获莴苣时，用 10～20 毫克/千克的药液，全田喷洒。④在甘蓝收获前，用 30 毫克/千克的药液，全田喷洒。也可在甘蓝收获后，用同样浓度的药液喷洒或浸蘸，在 5℃条件下贮存。

（2）促生雌花　在秋黄瓜幼苗 2 叶期，用 15 毫克/千克的药液，叶面喷雾。

（3）提高发芽率　在夏秋高温季节，用 100 毫克/千克的药液，浸泡莴笋种子 3 分钟。

（4）促进瓜条生长　在黄瓜雌花开后 2～3 天，用 500～1 000 毫克/千克的药液喷洒小瓜。

【注意事项】当用药量小时，最好用精确度高的天平称取。

7. 5406 细胞分裂素

【其他名称】5406 激抗剂。

【药剂特性】本品属微生物制剂，来自 5406 菌肥（放线菌）。分两种类型，一种为含有活孢子的粉剂，呈粉白色颗粒状，散发出冰片香味；另一种为 5406 细胞分裂素，呈白色粉末状，不含活孢子，主要成分为细胞分裂素。对人、畜基本无毒。具有刺激蔬菜作物生长、提高抗病力和抗寒性、防止早衰、保花保果等作用。

【主要剂型】5406 粉剂（每克粉剂含活孢子数为 100 亿～500 亿个），5406 细胞分裂素（2 号制剂）。

【使用方法】5406 粉剂可用于拌种、闷种或浸种，也可混入饼肥中或土杂肥中做追肥或种肥，也能加入 40 倍水，浸泡 12～24 小时后，过滤后，取清液喷洒幼苗、花穗等；5406 细胞分裂素只能用于浸种或喷雾。本剂的用药量和使用时期因蔬菜种类不同而异。

（1）黄瓜　在定植时，每公顷用粉剂 22.5 千克，与 225 千克饼肥粉拌匀，施入定植穴（沟）内，再栽黄瓜苗；当幼苗有 3～4 片叶时，用粉剂 40 倍液，喷洒幼苗，可连喷 3 次。

（2）番茄　按每公顷用粉剂 22.5 千克、与 225 千克新鲜豆饼粉拌匀，再混入育苗土内，然后播种；从幼苗 4 叶期起，用粉剂 40～50 倍液、或细胞分裂素 400～500 倍液，每隔 10 天喷洒 1 次，连喷 3 次。

（3）茄子或甜椒　①从茄子幼苗 2 叶 1 心起、或甜椒幼苗 3 叶 1 心起，用粉剂 40 倍液喷第一次，过 8 天后和 18 天后，再喷第二次和第三次。②在定植前，每公顷用粉剂 22.5～37.5 千克、与粗粪 37.5～45 吨拌匀后沟施，然后做小高畦栽苗，并浇水。③缓苗后，用细胞分裂素 600 倍液，每隔 7～10 天喷 1 次，连喷 3 次。

（4）马铃薯、丝瓜、莴苣等　在生长期内，用细胞分裂素 400～600 倍液喷雾，每隔 7～10 天喷 1 次，连喷 2～3 次。

（5）大白菜　①在播种前，每公顷用粉剂 75 千克，与 60～75 吨土杂肥和猪牛粪、及 7.5 吨人粪尿混匀，做基肥。②用细胞分裂素 600 倍液浸种 8～12 小时，捞出晾至半干后播种。也可用与种子质量相等的粉剂，拌种后播种。③间苗后，用细胞分裂素 400～500 倍液，每隔 10 天喷 1 次，连喷 3 次。

（6）芹菜　从定植后 30 天起，用细胞分裂素 400 倍液喷洒植株，每隔 5 天喷 1 次，连喷 4 次。

（7）花椰菜、菜豆、大葱等　每公顷用粉剂 22.5 千克，拌入有机肥中，做基肥。

（8）黄花菜　用细胞分裂素 200～400 倍液，从黄花菜抽薹前 15 天起，第一次喷洒植株，然后每隔 20 天，分别喷第二次和第三次。

【注意事项】

（1）用粉剂稀释配制药液时，宜先用少量水将粉剂化开，然后再加足水量。在露地，宜在晴天早晚或阴天喷药，保护地内可全天喷药。

（2）宜选用新鲜的饼肥，磨的越细越好，但不能用沤制过的饼肥拌粉剂。

8. 异戊烯腺嘌呤

【其他名称】植物细胞分裂素。

【药剂特性】本品有效成分为玉米素和异戊烯腺嘌呤，是通过微生物发酵而制成的。对人、畜低毒。可湿性粉剂外观为米黄色粉末，pH6～8，在常温下贮存稳定 2 年以上。对蔬菜具有刺激细胞分裂、促进叶绿素形成、增强抗逆性等作用。

【主要剂型】0.000 1％可湿性粉剂，0.004％可溶粉剂。

【使用方法】将 0.000 1％可湿性粉剂对水稀释后喷雾或浸种。

（1）番茄　从 4 叶期起，用 400～500 倍液喷洒植株，每隔 7～10 天喷 1 次，连喷 3 次。

（2）茄子　在定植后 1 个月起，用 600 倍液喷洒植株，每隔 7～10 天喷 1 次，连喷 2～3 次。

（3）马铃薯　用 100 倍液浸泡种薯块 12 小时后，晾干播种；在生长期间，用 600 倍液喷洒植株，每隔 7～10 天喷 1 次，连喷 2～3 次。

（4）大白菜　用 50 倍液浸泡种子 8～12 小时后，晾干播种；定苗后，用 400～500 倍液喷洒，每隔 7～10 天喷 1 次，连喷 2～3 次。

【注意事项】应在通风干燥、阴凉处贮存，避免受潮。

9. 羟烯腺嘌呤

【其他名称】富滋。

【药剂特性】本品有效成分为羟烯腺嘌呤、氨基酸、蛋白质、糖类等，是天然海藻中的提取物，能溶于水。对人、畜低毒。水剂外观为暗棕色到黑色液体，pH 为 5.0～5.5，在室温下稳定性保持 4 年。对蔬菜具有刺激细胞分裂、促进叶绿素形成、提高抗逆性、促进早熟丰产等作用。

【主要剂型】0.01％水剂。

【使用方法】每公顷用水剂 1 200～1 500 毫升，对水 600 千克（升）稀释后，分别在番茄定植前 7 天，定植后每隔 14 天，叶面喷雾，共 3 次。

【注意事项】

（1）在使用前，应先充分摇匀。药液应随配随用。用量过高时，增产效果不明显，甚至会造成减产。不能在降雨前 24 小时使用。

（2）应在阴凉、避光处贮存。

10. 氯吡脲

【其他名称】吡效隆、施特优、调吡脲、吡效隆醇、4PU‐30、CPPU。

【药剂特性】本品属苯脲类衍生物，是一种新的植物生长调节剂，有效成分为氯吡脲，对光、热稳定。对人、畜、鸟类低毒，对皮肤、眼有轻度刺激作用，对鱼类为中等毒性。可溶液剂外观为无色透明液体，易燃，pH 为 5.5～7，在常温条件下贮存稳定期 2 年以上。对蔬菜等作物具有促进细胞分裂、合成蛋白质、提高光合能力、增强抗逆性、防止落花落果、促丰产等作用。

【主要剂型】0.1% 可溶液剂，2% 粉剂。

【使用方法】将 0.1% 可溶液剂对水稀释后喷雾或涂抹等。

（1）黄瓜　在黄瓜花期遇低温阴雨光照不足时，用 50 毫升液剂，对水 1 千克（即为 50 毫克/千克的药液）后，在黄瓜雌花开花当天或前 1 天，用药液涂抹瓜柄，可避免化瓜。

（2）西瓜　在西瓜开花当天或前 1 天，用 30～50 毫克/千克的药液，涂抹瓜柄，或用同样浓度的药液，喷雾于授粉后雌花子房上。

（3）葡萄　在葡萄谢花后 10～15 天，用 5～15 毫克/千克的药液，浸渍幼果穗。

（4）苦瓜　用 50 毫克/千克的药液，在苦瓜开花前 3 天处理，可形成无籽果实；在苦瓜开花当天处理，能提高坐果率。

【注意事项】

（1）药液应随配随用，不宜久存。在施药后 6 小时内遇雨，应及时补施药。应严格按照使用方法施药，若使用浓度偏高，则易引起果实畸形、品质下降等不良后果。

（2）应密封后，在阴凉、干燥处贮存。

11. 乙烯利

【其他名称】乙烯灵、乙烯磷、一试灵、益收生长素、玉米健壮素、2-氯乙基膦酸、CEPA、艾斯勒尔等。

【药剂特性】本品有效成分为乙烯利，在 pH 小于 3.5 时，稳定，遇碱会分解放出乙烯。对人、畜低毒，对皮肤、黏膜、眼有刺激性，对鱼类、蜜蜂低毒。水剂外观为淡黄色至褐色透明液体，pH 小于或等于 3.0。对蔬菜等作物具有促进果实成熟、改变雌、雄花比例、促进种子发芽、提高产量等作用，易被植物迅速吸收。

【主要剂型】

（1）单有效成分　40％水剂。

（2）双有效成分混配　与芸苔素内酯：30％芸苔·乙烯利水剂。

【使用方法】取 40％水剂 1.5 毫升，溶于 4 千克水中，即为 150 毫克/千克的乙烯利药液，其他浓度药液可以此法类推配制。可用于喷雾、涂抹、浸种等。

（1）促生雌花　①在南瓜幼苗 1～2 片真叶时，用 100 毫克/千克的药液，喷洒叶面。②在瓠瓜苗期和定植后，用 100～150 毫克/千克的药液，各喷叶面 1 次。③在夏秋黄瓜育苗时，在幼苗第一片真叶展开时，用 100 毫克/千克的药液，在幼苗第三片真叶展开时，用 200 毫克/千克的药液，喷洒叶面。④当西葫芦幼苗 3～4 片真叶时，用 150 毫克/千克的药液，喷洒植株，每隔 10～15 天喷 1 次，连喷 3 次。

（2）促果实成熟　①当西瓜基本长足后，用小型喷雾器向瓜面喷洒 50～500 毫克/千克的药液，每个西瓜用 1～2 毫升药液。②当辣椒植株上有 1/3 的果实由绿变红时，用 200～1 000 毫克/千克的药液，喷洒全株，4～6 天后，果实全变红。③当甜瓜基本长足后，用 500～1 000 毫克/千克的药液，喷洒瓜面。④当番茄果实进入绿熟期后，戴上橡皮手套或线手套，在 800～1 000 毫克/千克的药液中蘸一下（手套上药液量不可过多），再用手套均匀涂抹植株上果实，但要避免药液滴落到青果或叶片上。⑤将摘下的番茄果实（绿熟期后），放在 2 000 毫克/千克的药液中浸泡 1～2 分钟，捞出堆放在 20～25C 处催熟。⑥在番茄拉秧前 7～8 天时或 1 次性采收的番茄，用 2 000～4 000 毫克/千克的药液，全株喷洒药液。

（3）促早熟丰产　①在黄瓜植株 14～15 片叶时，用 50～100 毫克/千克的药液，喷洒全株。②在葡萄果实膨大期，用 300～450 毫克/千克的药液，每隔 10 天喷 1 次，连喷 2 次。③用 300 毫克/千克的药液，每平方米苗床上喷的药液量，在番茄幼苗 3 叶 1 心时，用 80 毫升；在幼苗 5 片真叶时，用 120 毫升，喷洒叶面，可抑制徒长，提高产量。④在洋葱生长早期，用 500～1 000 毫克/千克的药液，喷 1～2 次，促鳞茎形成。

（4）提高发芽率　用 200 毫克/千克的药液，浸泡存放 2 年的西葫芦种子 24 小时。

【注意事项】

（1）在蔬菜收获前 3 天停用。本剂不能与碱性药剂混用。药液应随配随用，不宜久存。在药液中可加入 0.2％中性洗衣粉，可提高药效。若喷药后 6 小时内遇降雨，则应及时补喷。

（2）应按照使用要求配制药液，适期使用，否则达不到预期效果。宜在 20～30℃温度范围内使用。注意安全防护。

（3）在留种作物上不宜使用。若天旱、土壤肥力不足，植株生长矮小等，应降低使用浓度，反之可适当加大使用浓度。

（4）与异戊烯腺嘌呤有混配剂，可见各条。

12. 抑芽丹

【其他名称】青鲜素、马来酰肼、顺丁烯二酸酰肼、木息、MH‐30、MH 等。

【药剂特性】本品有效成分为抑芽丹，难溶于水，其钠、钾、铵盐易溶于水，在酸性、中性及碱性水溶液中，均较稳定，遇强氧化剂则分解放出氮气。对人、畜、鸟类、鱼类低毒。对蔬菜具有抑制芽和茎的伸长、促进成熟、提高抗寒能力等作用。

【主要剂型】90％原药，25％、30.2％水剂。

【使用方法】取本剂纯品 2.5 克，放入小烧杯中，加入少量三乙醇胺，用酒精灯小火加热并不断搅拌到完全溶解，再加水稀释至 1 000 毫升，即为 2 500 毫克/千克的青鲜素药液，其他浓度药液可以此法类推配制。可用于喷雾。

（1）抑制贮期发芽　①在萝卜收获前 15～20 天，用 1 000～1 500毫克/千克的药液，喷洒植株。②在收获前 15 天，当洋葱鳞茎直径为 5～7 厘米，大蒜头直径为 3～5 厘米，有 2～3 片外叶已枯萎，而中间叶片尚为青绿色时，用 2 500 毫克/千克的药液，在晴天喷洒植株，每公顷喷药液 900～1 050 千克（可加入 0.2％～0.3％洗衣粉）。③在马铃薯收获前 14～21 天，用 2 000～3 000 毫克/千克的药液，喷洒植株。④在大白菜收获前 4 天，用 3 125～2 500毫克/千克的药液（25％水剂 80～100 倍液），喷洒植株。⑤在胡萝卜、芜菁、甘蓝等收获前 4～14 天，用 2 500～5 000 毫克/千克的药液，喷洒植株。

（2）避免生长期抽薹　①在莴笋嫩茎开始肥大、生长较旺时，或在芹菜生长后期，用 500～1 000 毫克/千克的药液，喷洒叶面1～2次。②在春白菜（包括结球和不结球）花芽分化期，用 1 250～2 500毫克/千克的药液，喷洒全株，每株约喷 30 毫升药液。

（3）促进肉质根肥大　在萝卜封垄时（肉质根直径 3.3 厘米左右），用 1 000～1 250 毫克/千克的药液（25％水剂 250～200 倍液），喷洒植株。

【注意事项】

（1）在蔬菜收获前 10 天停用。在留种蔬菜上不宜使用本剂。喷药后 12 小时内遇雨，应及时补喷。

（2）应适期喷药，过早或太迟，均达不到预期效果。使用过本剂的蔬菜（如洋葱），在贮存期应加强检查，及早捡出变质蔬菜。

13. 丁酰肼

【其他名称】比久、调节剂九九五、二甲基琥珀酰肼、B₉、

B-995。

【药剂特性】本品有效成分为丁酰肼，溶于水。对人、畜、鸟类、鱼类低毒。工业品为白色或淡黄色粉末。对蔬菜等作物具有抑制生长、防止落花、诱发不定根、刺激根系生长等作用。

【主要剂型】85%可溶粉剂，96%～98%原药。

【使用方法】称取2克（有效成分含量），先在小烧杯中加入少量热水，再放入称好的丁酰肼，搅拌至溶解，在此期间可略加热或再加热水，然后加水稀释至500毫升，即为4 000毫克/千克的药液，其他浓度药液依此配制。可喷雾、浸泡。

（1）抑制营养生长促壮苗　①在草莓采收期，若茎叶生长过旺，用1 000～2 000毫克/千克的药液，喷洒植株。②当番茄、黄瓜等幼苗徒长时，用1 000～4 000毫克/千克的药液，喷洒植株。③在番茄幼苗1片真叶时和4片真叶时，用2 500毫克/千克的药液，喷洒幼苗，促壮苗。④在菊花移栽后7～14天时，用3 000毫克/千克的药液，喷洒全株2～3次，促株矮花大。⑤将菊花、一品红、石竹、茶树等插条基部，在5 000～10 000毫克/千克的药液中，浸泡15～20秒，促生根，提高扦插率。

（2）增强抗逆性　①用2 000～3 000毫克/千克的药液，喷洒全株，可减少番茄的日灼果和裂果。②在秋末、冬初，用1 000～2 000毫克/千克的药液，喷洒草莓植株，提高植株的耐寒性。

（3）促进地下根（茎）膨大　①在胡萝卜间苗后，用2 500～3 000毫克/千克的药液，喷洒叶片。②在马铃薯现蕾期至始花期，用2 000～4 000毫克/千克的药液，喷洒全株。

（4）防止生长期抽薹　①用4 000～5 000毫克/千克的药液，喷洒莴苣1～2次。②当莴笋嫩茎开始肥大，而生长较旺时，用4 000～8 000毫克/千克的药液，喷洒全株2～3次，隔3～5天喷1次。

（5）促进坐果　①在草莓移栽缓苗后，用1 000毫克/千克的药液，喷洒全株2～3次。②用1 000～2 000毫克/千克的药液，在葡萄初花期和采收前15～30天，各喷洒植株1次。③在南瓜开花前，用 1 000～5 000 毫克/千克的药液，喷洒植株。

（6）**延长保鲜期**　①将新采收的蘑菇，在 10～1 000 毫克/千克的药液中浸泡 10 分钟，然后捞出沥干，过 2 小时后用塑料食品袋包装，保鲜 4～8 天。②将采摘的葡萄，在 1 000～2 000 毫克/千克的药液中，浸泡 3～5 分钟。

【注意事项】

（1）不能与酸性、碱性及含铜药剂混用，也不能用铜容器配制药液。药液应随配随用，若药液已变成红褐色，则不能用。

（2）喷药后 12 小时内遇降雨，会影响药效。在水肥条件好的地块上使用，效果明显；反之，则会减产。注意安全防护。

14. 矮壮素

【其他名称】三西、西西西、CCC、稻麦立、氯化氯代胆碱。

【药剂特性】本品有效成分为矮壮素，有鱼腥气味，吸湿性强，易溶于水，在中性和微酸性条件下稳定，遇碱分解，对金属有腐蚀作用。对人、畜、鱼类、鸟类低毒。水剂外观为浅黄色至黄棕色均相透明液体，pH 为 4～7，在常温下贮存 2 年，有效成分含量基本不变。对蔬菜等作物具有抑制生长、促进根系发育、加厚叶片、增强植株的抗逆性等作用。

【主要剂型】5％、50％水剂。

【使用方法】将 50％水剂 10 毫升，溶于 10 千克（升）水中，即为 500 毫克/千克的矮壮素药液，其他药液浓度依此配制，用于喷雾、浸种、处理土壤。

（1）**抑制幼苗徒长**　①当黄瓜苗或番茄苗趋向徒长时，用 250～500 毫克/千克的药液，喷淋苗床，每平方米苗床喷 1 千克药液。②用 2％～3％浓度的药液，浸泡黄瓜种子（西农 8 号）8 小时，防幼苗期徒长，苗龄短用低浓度，苗龄长用高浓度。

（2）**促早熟增产**　①在黄瓜植株 14～15 片叶时，用 50～100 毫克/千克的药液，喷洒全株。②在番茄的始花期和坐果期，用 300 毫克/千克的药液，各喷洒全株 1 次。③在莴苣或莴笋植株叶

片充分长成后，用 350 毫克/千克的药液，每隔 5～7 天喷洒植株 1
次，共喷 2～3 次。④在郁金香开花后 10 天，用 500～1 000 毫克/
千克的药液，喷洒叶片，促鳞茎增大。⑤在马铃薯开花前，用
1 667～2 500 毫克/千克的药液，喷洒叶片。⑥在茄子、甜（辣）
椒开花期，用 4 000～5 000 毫克/千克的药液喷洒叶片。

（3）矮化植株促开花　①在菊花开花前 15 天时，用 500～
1 500毫克/千克的药液，喷洒叶片。②在杜鹃生长初期，用
2 000～10 000 毫克/千克的药液，喷淋土表。

【注意事项】

（1）不能与碱性农药混用。严格掌握用药浓度和施药时期。在
施药后 3～4 小时内遇雨，应及时补喷。

（2）在植株长势弱的地块上不宜使用本剂。施药后应加强水肥
管理。与甲哌鎓有混配剂，可见各条。

15. 甲哌鎓

【其他名称】缩节胺、甲哌啶、助壮素、调节啶、健壮素、缩
节灵、壮棉素、棉壮素。

【药剂特性】本品有效成分为甲哌鎓，易溶于水，性质稳定。
对人、畜、鸟类、鱼类、蜜蜂无毒害。原药外观为白色（黄色）或
灰白色（浅黄色）晶体，在常温下贮存稳定 2 年以上。对蔬菜等作
物具有抑制徒长、促叶片增厚、增强抗逆性、提高坐果率等作用。

【主要剂型】

（1）单有效成分　97%、99% 原药，5%、25% 水剂，50%
水剂。

（2）双有效成分混配　与矮壮素：45% 矮壮·甲哌鎓水剂。

【使用方法】将甲哌鎓对水稀释成一定浓度的药液后，喷洒植
株。①在甜椒定植后的 40 天及 70 天时，用 100 毫克/千克的药液，
各喷 1 次。②在番茄定植前及初花期，用 100 毫克/千克的药液，
各喷 1 次。③在黄瓜、西瓜、葡萄等的花期，用 100～120 毫克/千
克的药液喷洒，均可促早坐果，提高早期产量。④在花椰菜花球直

径为 6 厘米时，喷洒 105 毫克/千克的甲哌锑（用 96％含量的甲哌锑）药液，可提高花椰菜采收一致性和产量。

【注意事项】

（1）在施用本剂后，要加强水肥管理，方能达到预期效果。应严格掌握使用浓度、用药量及使用时期，避免产生不良影响。若作物被抑制过度，可喷洒 30～500 毫克/千克的赤霉素药液。

（2）在低温下，水溶液中易析出结晶体，当温度升高时，结晶又会溶解，不影响使用效果。

（3）应在干燥、安全处贮存。潮解后，可在 100℃左右的温度下烘干。

16. 多效唑

【其他名称】氯丁唑、PP333。

【药剂特性】本品有效成分为多效唑，稀溶液在酸性或碱性条件下均稳定，对光也较稳定。对人、畜、鱼类、鸟类、蜜蜂低毒，对皮肤、眼有轻微刺激作用。可与一般农药混用，在常温（20℃）下贮存稳定期 2 年以上。对蔬菜等作物具有抑制植株生长、促进分枝、增强光合作用、提高产量等作用；在高浓度下，还有除草作用。

【主要剂型】15％可湿性粉剂，5％悬浮剂，25％乳油。

【使用方法】将多效唑对水稀释成一定浓度的药液，用于喷雾、浸根、灌根、处理土壤。

（1）防徒长促壮苗　①在菜豆生长前期，用 50～75 毫克/千克的药液，喷洒植株。②在辣椒定植时（苗龄 45 天），用 50～100 毫克/千克的药液浸根。③在辣椒幼苗 4 叶 1 心时，用 200 毫克/千克的药液，喷洒叶面。④在番茄幼苗 3 叶 1 心时，用 200～400 毫克/千克的药液，喷洒叶面。⑤在黄瓜幼苗 3 叶 1 心时，用 400 毫克/千克的药液喷洒叶面。

（2）矮化植株促增产　①在芋收获前 30 天，用 5～20 毫克/千克（升）的药液灌根，每株灌药液 100 毫升。②在萝卜肉质根形成初期，用 100～150 毫克/千克（升）的药液，喷洒植株。③在菜用大豆（毛豆）的初花期到盛花期，用 100～200 毫克/千克（升）的药液喷洒植株。④在马铃薯初花期，用 250～500 毫克/千克的药液，喷洒植株。⑤在温室内甜椒进入始花期后，用 1 000 毫克/千克的药液，喷雾处理植株，每隔 12 天喷 1 次，连喷 3 次。

（3）增加采种量　①在采种大白菜幼苗 6～7 片真叶时，用 75～85 毫克/千克的药液，在中午喷洒植株。②在采种小白菜幼苗 3～4 叶期，用 50～100 毫克/千克的药液喷洒植株。

（4）抑制抽薹　在大白菜生长后期，用 50～100 毫克/千克的药液，喷洒心叶处。

（5）灭除杂草　在菜田内的稗草、三棱草、节节草、鸭舌草等杂草萌发前后，用 400～500 毫克/千克（升）的药液，喷洒处理土壤或处理杂草茎叶（不要喷到蔬菜幼苗上）；若杂草多，可提高药液浓度，但不能超过 1 500 毫克/千克。

【注意事项】

（1）在温度高时，使用浓度稍高，用量稍多；当温度低时，使用浓度也低，用量减少。

（2）在使用过本剂的蔬菜收获后，应翻地，以防对下茬蔬菜产生不良影响。若因本剂出现药害（植株生长停滞），可喷洒 25～250 毫克/千克（升）的赤霉素药液缓解药害，药害轻宜用低浓度赤霉素药液，药害重宜用高浓度药液，并配合追施速效氮肥，效果更明显。

（3）在未使用过本剂的地区，应先试后用。

17. 吡啶醇

【其他名称】丰定醇、增产醇、7841。

【药剂特性】本品有效成分为吡啶醇。商品外观为浅黄色至红棕色液体，有特殊臭味，pH 为 9～11，不能与酸性药剂混用，在常温下可贮存 2 年以上。对人、畜为中等毒性，对鱼类毒性大。对蔬菜具有抑制植物营养生长、促进生殖生长、提高产量等作用。

【主要剂型】80％、90％乳油。

【使用方法】将乳油对水稀释后，用于浸种、喷雾。

（1）用 100 毫克/千克的药液浸种 浸种时间长短，因蔬菜种类而异。①对甘蓝、花椰菜、白菜、萝卜、油菜、芥菜、芹菜、茼蒿、莴苣、莴笋等蔬菜种子，可浸种 1 小时。②对瓜类蔬菜种子，可浸种 6～7 小时。③对番茄、茴香、韭菜、大葱、芫荽等蔬菜种子，可浸种 8～10 小时。

（2）用 200 毫克/千克的药液浸种 浸种时间长短，因蔬菜种类而异。①对豆类蔬菜种子，可浸种 2 小时。②对冬瓜、西瓜、辣椒、菠菜等蔬菜种子，可浸种 14～16 小时。③对茄子种子，可浸种 24 小时。

（3）喷雾 用 90％乳油 9 000 倍液，对番茄、黄瓜等进行叶面喷洒。

（4）混配喷雾 在 100 毫克/千克（升）的吡啶醇药液中，根据蔬菜种类、加入适量磷酸二氢钾和稀土微肥，有助于发挥出药效。①加入 0.3％磷酸二氢钾混配后，适宜在各类蔬菜幼苗定植前喷施。②加入 0.5％磷酸二氢钾和 0.04％稀土微肥混配后，适宜在保护地内种植的各类蔬菜上喷施。③加入 0.8％磷酸二氢钾和 0.04％稀土微肥混配后，适宜在各类叶菜上喷施。④加入 1％磷酸二氢钾和 0.04％稀土微肥混配后，再按每公顷加入 30 克钼酸铵，适宜在瓜果类及豆类蔬菜上喷施。

【注意事项】

（1）对不同蔬菜品种，应先试后用，以确定适宜本地的用药时期与使用浓度。配药要准确，浓度偏高时，易抑制作物正常生长。

（2）施用本剂的地块要加强水肥管理。对生长期长的蔬菜，可喷洒 2～3 次；对生长期短的蔬菜，只喷洒 1 次。在浸种时，不要用力搅拌种子，以药液浸没种子为宜。

（3）应在干燥、避光、阴凉、远离火源处贮存。

18. ABT 增产灵

【药剂特性】本品是一种混合型植物生长调节剂，在常温下可保存一年以上，无污染、无残毒。对蔬菜具有促进吸收营养、增强生理活动、提高抗旱性、促增产等作用。

【主要剂型】粉剂（4号粉剂，5号粉剂）。

【使用方法】取粉剂1克，用95％酒精0.5千克溶解后，再加0.5千克水稀释后，即为1 000毫克/千克的ABT增产灵药液。使用时，可根据使用浓度对水稀释，用于喷雾、浸种、浸根。

（1）用4号粉剂浸种（根）　①用5毫克/千克的药液，浸泡茄子种子30分钟。②用6.25毫克/千克的药液，浸泡花椰菜幼苗或甘蓝幼苗的根部20分钟后定植。③在甜（辣）椒定植前，用10毫克/千克的药液，浸根30分钟后栽苗。④用10毫克/千克的药液，浸泡番茄种子30分钟，或在番茄幼苗定植时浸根30分钟，后者效果优于前者。⑤用100毫克/千克的药液，浸泡黄瓜种子30分钟。

（2）用4号粉剂喷雾　①在西瓜幼苗定植前2天和坐果期，用10毫克/千克的药液，宜选阴天各喷洒秧苗1次。②从白菜幼苗"拉十字"起，用10～20毫克/千克的药液喷洒植株，每隔10天喷1次，连喷2次，宜在晴天下午喷药。

（3）用5号粉剂浸种（根）　①在种姜播种前，用5毫克/千克（升）的药液，浸种30分后，晾干播种。②在莴笋定植前，用6.25毫克/千克的药液，浸根20分钟。③在萝卜播种前，用5～10毫克/千克的药液，浸种4小时后，晾干播种。④用5～15毫克/千克的药液，浸泡马铃薯种薯30～60分钟，捞出晾干后播种，若需将种薯切块播种，须待切口处阴干后再浸种。也可用5～10毫克/千克的药液把种薯块充分喷湿后，用湿麻袋覆盖至次日播种。⑤在甘蓝定植前，用10毫克/千克的药液，浸根20分钟。

（4）用5号粉剂喷雾　在马铃薯生长盛期，用5～10毫克/千克的药液，宜在晴天下午或阴天时喷洒植株。

【注意事项】应先试后用。

19. 石油助长剂

【其他名称】环烷酸钠（铵）、生物助长剂。

【药剂特性】本品有效成分为环烷酸钠（铵）。工业品为黄褐色透明液体，带有柴油味，性质稳定，不易燃烧，易溶于水，呈乳白色，为弱碱性，与水中的钙、镁离子可形成不溶于水的物质。对人、畜低毒。对蔬菜具有促进根系发育、提高产量等作用，施药后15天可见效。

【主要剂型】40％水剂。

【使用方法】将40％水剂对水稀释后喷雾或涂抹等。

（1）喷雾　①在马铃薯的幼薯期，用0.01％～0.02％的药液，喷洒茎叶。②在山药收获前50～30天，用0.03％的药液，喷洒植株1～2次。③在叶菜类蔬菜施肥时或收获前20天，用0.05％的药液，喷洒叶面。

（2）涂抹　用0.05％的药液，涂抹或点滴幼果。

【注意事项】

（1）不能用硬水配制药液。产品中如出现少量沉淀，可先摇匀后，再对水使用。配制药液浓度要准确，喷洒要均匀，以防产生药害。

（2）不能在晴天中午前后喷药。喷药后8小时内遇雨，应补喷。

20. 三十烷醇

【其他名称】TRLA、TAL、正三十烷醇等。

【药剂特性】本品有效成分为三十烷醇，为天然产物。纯品为白色鳞片状固体，在86.5～87℃时，开始溶化，不溶于水，性质稳定，不易被光、空气、碱、热等分解。对人、畜无毒。对蔬菜具有促进生根、提高结果率、促早熟增产等作用。

【主要剂型】原药，0.1％微乳剂，0.1％和0.05％的水乳剂或悬浮剂。

【使用方法】将三十烷醇的制剂对水稀释成一定浓度的药液后，用于喷雾、浸种。

（1）促早熟增产　①用0.1～1毫克/千克的药液，浸泡马铃薯种薯。②在黄瓜花期，或在西瓜幼果直径 10 厘米时，或在菜豆的盛花期和始荚期，用 0.5 毫克/千克的药液，喷洒植株。③在茄子、辣椒、瓠瓜、豇豆等的花期，用 1 毫克/千克的药液，喷洒叶片。④在菜用大豆（毛豆）盛花期，用 0.1～0.5 毫克/千克的药液，喷洒植株。⑤先在夏黄瓜幼苗 4 片真叶和 5～6 片真叶时，用 150 毫克/千克的乙烯利药液，各喷幼苗 1 次；待到定植后，从初花期起，用 0.3 毫克/千克的三十烷醇药液，每隔 10 天喷洒植株 1 次，连喷 3 次，促坐果增产。

（2）促进植株生长 ①在甘蓝生长期，用 0.1 毫克/千克的药液喷洒植株。②在大白菜、芹菜、大蒜等的生长期内，用 0.5 毫克/千克的药液，喷洒植株。③在韭菜苗高 6～7 厘米时，用 0.5 毫克/千克的药液，喷洒植株。④在青菜定植后，用 0.5 毫克/千克的药液，连喷 3 次。⑤在苋菜 3 片真叶时，用 1 毫克/千克的药液，喷洒植株。⑥在蘑菇的菌丝体生长期、菌丝更新期、子实体形成初期，用 1 毫克/千克的药液，喷洒菌体。

（3）增强植株抗病力 ①在黄芽白的苗期、莲座期、结球期，用 0.5 毫克/千克的药液，各喷洒植株 1 次，可增强抗霜霉病能力。②在番茄花期，用 0.5～1 毫克/千克的药液，喷洒植株 2 次，可使枯萎病发病率下降。

（4）提高发芽率 用 0.1～0.5 毫克/千克的药液，浸泡菜用大豆（毛豆）的种子。

【注意事项】

（1）在蔬菜收获前 3 天停用。要严格掌握使用浓度。在气温 15℃以上时，喷雾。喷药后 4 小时内遇雨，则需重喷。

（2）一般来说，在作物生长前期喷洒，可促进幼苗生长；在作物生长中、后期喷洒，可促进结果增产。

（3）与硫酸铜有混配剂，可见各条。

21. 芸薹素内酯

【其他名称】油菜素内酯、油菜素甾醇内酯、BR、epi-BR、表油菜素内酯、喷长精、益丰素、天丰素、农乐利。

【药剂特性】本品有效成分为芸薹素内酯，为一种新的植物生长调节剂，贮于阴冷、干燥处，保质期 2 年。对人、畜低毒，对鱼类有毒。对蔬菜具有促进生长和结实、增强抗逆性、缓解药害等作用。

【主要剂型】0.01％乳油，0.04％水剂，0.15％天然芸薹素，0.2％可溶粉剂。

【使用方法】将芸薹素内酯的制剂对水稀释成一定浓度的药液后，进行喷雾。①在番茄花期，用 0.1 毫克/千克的药液，喷洒植株。②在西瓜开花时，用 1 毫克/千克的药液，喷洒植株。③在西瓜、大豆等受到草甘膦药害时，可用 0.15％天然芸薹素 5 000～10 000倍液喷洒。④在塑料大棚中，从苦瓜幼苗 4 片真叶展开起，用 0.01～0.05 毫克/千克药液，喷洒幼苗，每隔 5 天喷 1 次，共喷 3 次，每次喷液量以叶片湿润并刚有液体下滴为止，能促生雌花。⑤在青花菜花芽分化前 15 天和花芽分化后第 10 天，各喷 1 次 0.01 毫克/千克的药液，可提高花球单重。

【注意事项】

（1）可按药液量加入 0.01％的表面活性剂，能提高药效。宜在上午 10 时前或下午 3 时以后喷药。喷药后 6 小时内遇雨，应补喷药液。

（2）与乙烯利有混配剂，可见各条。

（3）从多种植物中分离出的油菜素内酯，其简称为 BR；由人工合成的高活性油菜素内酯类似物称为表油菜素内酯，其简称为 epi - BR。

22. 氯苯胺灵

【其他名称】戴科、土豆抑芽粉。

【药剂特性】本品有效成分为氯苯胺灵，可直接升华成气态，在酸性或碱性条件下缓慢水解。对人、畜、鱼类低毒，对眼有微刺激作用。对马铃薯具有抑制其发芽的作用。

【主要剂型】0.7％、2.5％粉剂，49.65％气雾剂。

【使用方法】在马铃薯收获后至少需等 14 天（待收获时薯块上的损伤处自然愈和后）至薯块出芽前的任何时间，施药于成熟健康、表面干燥、无灰土的干净薯块上或经过冬贮度过休眠期的薯块上。①每 1 000 千克马铃薯用 0.7％粉剂 1.4 千克，或 2.5％粉剂 0.4～0.8 千克。将马铃薯盛装在筐、箱、袋内或堆放在窖室地上，可直接按薯块量，均匀撒施药粉在薯块上；若马铃薯多于 50 千克，可均匀按药量分若干层撒施在薯块上，或用喷粉器把称量好的药粉慢慢吹入薯堆层中，使其均匀分布，然后用大塑料布捂盖 2～4 天即可。②在大型仓库内贮存，按每 1 000 千克马铃薯，用 49.65％气雾剂 60～80 毫升，通入马铃薯层内，均可有效地抑制马铃薯发芽。

【注意事项】不能在大田内使用，也不能在贮存的种薯上使用。若贮存期长，可在用药后的 60 天，重新施药，保持室温 6～15℃ 避光贮存。

23. 亚硫酸氢钠

【药剂特性】本品有效成分为亚硫酸氢钠。纯品为白色结晶状粉末，溶于水，有异味，在空气中易被氧化成硫酸盐。对人、畜无毒。对蔬菜具有抑制其光呼吸、促增产等作用。

【主要剂型】原药。

【使用方法】将原药对水稀释后喷雾。

（1）用 80～160 毫克/千克的药液　在辣椒的门椒期和对椒蕾期，选晴天傍晚，各喷洒 1 次药液于植株上。

（2）用 200 毫克/千克的药液　宜在晴天下午 3 时以后，用药液喷洒蔬菜植株。根据每种蔬菜的喷药时期，选择每公顷适宜的喷洒药液量。①在甜椒或茄子上，门椒（茄）时，喷 375 千克药液，对椒（茄）时，喷 750 千克药液，四面斗时，喷 1 125 千克药液。②在番茄上，第一花序坐果时，喷 375 千克药液，第二花序坐果时，喷 750 千克药液，第三花序坐果时，喷 1 125 千克药液。③在菜豆或豇豆上，从始花期起，每隔 7 天喷 1 次，连喷 3 次，喷药液量依次为 375 千克、750 千克、1 125 千克。④在韭菜上，株高 8～10 厘米时，喷 375 千克药液，第 1 次割后株高 8～10 厘米时，喷 750 千克药液，第 2 次割后株高 8～10 厘米时，喷 1 125 千克药液。⑤在大白菜采种株或萝卜采种株上，在始花期，喷 375 千克药液，在盛花期，喷 750 千克药液，在盛花期后 7 天，喷 1 125 千克药液。⑥在芹菜株高 8～10 厘米时，喷 375 千克药液，过 7 天后，喷 750 千克药液。⑦在大白菜上，莲座期，喷 375 千克药液，结球前期，喷 750 千克药液。⑧在萝卜肉质根的硬肚期，喷 375 千克药液，过 7 天后，喷 750 千克药液。

【注意事项】应密封贮存。药液应随配随用。

24. 复硝酚钠

【其他名称】复硝钠。

【药剂特性】本品有效成分为邻-硝基苯酚钠、对-硝基苯酚钠、5-硝基愈创木酚钠等。商品外观为茶色液体，易溶于水而澄清，水溶液呈中性。对人、畜低毒。作用特点同复硝酚钾。

【主要剂型】0.7%、1.4%水剂。

【使用方法】将水剂对水稀释后，用 130～170 毫克/千克（升）的药液，喷洒黄瓜、番茄、茄子等蔬菜，并能提高抗病性。

【注意事项】参照复硝酚钾。

25. 复硝酚钾

【其他名称】复硝钾、802。

【药剂特性】本品有效成分为对-硝基苯酚钾、邻-硝基苯酚钾、2，4-二硝基苯酚钾等。商品外观为茶褐色液体，易溶于水而澄清，水溶液呈中性。对人、畜低毒，但能使皮肤和衣物染色。对蔬菜具有增强生理活动，促进生长，保花保果，改善品质，提高产量等作用，能迅速渗入植株体内，持效期 10～15 天。

【主要剂型】2％水剂。

【使用方法】将水剂对水稀释后喷雾。

（1）在瓜、豆类蔬菜上 从幼苗上架到收获期，用 200～500 毫克/千克（升）的药液，喷洒植株，共喷 3～4 次。

（2）在叶菜类蔬菜上 从幼苗子叶期到收获期，用 330～500 毫克/千克（升）的药液，喷洒植株，共喷 2～3 次。

【注意事项】

（1）在甘蓝结球的前 30 天，不宜喷施本剂，以免影响结球。在药液中可添加适量湿润剂，能提高药效。宜在下午 3 点以后，均匀喷雾。喷药后 6 小时内遇雨，应重喷药液。

（2）若添加适量尿素混用，效果更好。可与杀虫剂、杀菌剂混用。

26. 复硝酚铵

【其他名称】多效丰产灵。

【药剂特性】本品有效成分为对-硝基苯酚铵、邻-硝基苯酚铵、2，4-二硝基苯酚铵等。商品外观为茶褐色液体，pH 为 7.5～8.5，在常温下存放稳定在 2 年以上。对人、畜低毒。对蔬菜具有增强生理活动、促进生长、保花保果、增强抗逆性、提高产量等作用，并能迅速渗入植株体内。

【主要剂型】1.2％水剂。

【使用方法】将 1.2％水剂对水稀释后喷雾。

（1）番茄 用 4 000～5 000 倍液，从定植后 15 天起，喷第一次，每隔 15 天喷 1 次；或从第一穗果初花期起，喷第一次，每隔 10 天喷 1 次，共喷 4 次。

（2）黄瓜 用 5 000～6 000 倍液，在初花期喷第 1 次，结果初期喷第二次，以后每隔 7 天喷 1 次，共喷 5～7 次，每公顷每次喷药液 750 千克。

【注意事项】喷药后要认真清洗器械，妥善处理残液，不要乱倒。应在通风、阴凉处贮存。

27. 爱多收

【药剂特性】本品有效成分为邻-硝基苯酚钠、对-硝基苯酚钠、5-硝基邻甲氧基苯酚钠等。商品外观为淡褐色液体，易溶于水，在常规条件下贮存稳定期超过 2 年。对人、畜、鱼类低毒。对蔬菜具有促进生长，防止落花落果、增强抗逆性等作用。

【主要剂型】1.8%水剂。

【使用方法】将 1.8%水剂对水稀释后喷雾或灌根、浸种。

（1）浸种 用 6 000 倍液。①大多数蔬菜种子，可在药液中浸泡 8～24 小时，捞出晾干（在暗处）后播种。②先将马铃薯种薯浸泡 5～12 小时，然后捞出切开，消毒后即下种，可促发芽。

（2）灌根 在温室蔬菜定植后期，用 6 000 倍液灌根，促生新根。

（3）喷雾 ①在果树发芽后、花前 20 天至开花前夕、结果后，桃树用 1 500～2 000 倍液、葡萄用 5 000～6 000 倍液，喷 1～2 次。②在番茄、瓜类等的生长期和花蕾期，用 6 000 倍液，喷 1～2 次，促生长、增强抗病力。③在花卉开花前，用 6 000 倍液，喷洒花蕾，可提前开花。④在经济价值高的作物发生药害时，用 6 000～12 000 倍液喷数次，促缓解。

【注意事项】

（1）在蔬菜收获前 7 天停用。对结球叶菜，需在结球前 30 天停用。本剂可与一般农药、尿素、液肥混用。也可在药液中加入展着剂后，再喷施，可以提高药效（特别对药液不易黏附的作物）。

（2）应密封贮存在阴暗、冷凉处。

28. 核苷酸

【其他名称】绿风 95、核苷酸剂。

【药剂特性】本品有效成分为核苷酸和多种微量元素，由养殖的蚯蚓及其副产物经发酵碱解，再配与铜、锌等微量元素而制成。

水剂外观为棕黄色液体。对人、畜低毒，无残留。对蔬菜等作物具有防病、促增产等作用。

【主要剂型】0.05％水剂。

【使用方法】将 0.05％ 水剂对水稀释后喷雾、或用于灭菌。①用500倍液，在蔬菜、瓜类、花卉等作物的幼苗期、生长期、开花期，喷洒 2～3 次。②用 800～2 000 倍液，拌入食用菌的培养基中。

【注意事项】如有沉淀，应先摇匀，再稀释使用，不影响质量。本剂应在阴凉、通风处保存，保质期为 2 年。

29. 惠满丰

【其他名称】高美施。

【药剂特性】本品有效成分为腐殖酸，由天然有机质制成的高浓缩多元素有机腐殖酸复合肥，其外观为棕褐色液体。对人、畜安全，对眼睛有一定的刺激作用，对环境无污染。对蔬菜等作物具有改良土壤、提高产量、改善品质等作用。

【主要剂型】腐殖酸有效含量≥8％。

【使用方法】将本剂对水稀释后使用，每公顷每次的施肥量，因施肥方式不同和蔬菜种类不同而异。

（1）做基肥　①用本剂 3.00～3.75 千克，稀释 150～250 倍，与农家肥混匀后，施入田内。②用本剂 2.25～3.75 千克，稀释 200～300 倍，在播种前或定植前，喷于地表或种植带。

（2）做追肥　①用本剂 1.05～1.5 千克，稀释 500 倍，在叶菜类三叶期后，每隔 10 天喷 1 次，连喷 3～4 次。②用本剂 1.05～2.25 千克，稀释 500 倍，从白菜、甘蓝、根菜类、薯芋类等的苗期起，在整个生长期内喷 3～4 次。③用本剂 1.05～2.25 千克，稀释 500 倍，在瓜类蔬菜的 1 叶期、定植前、定植缓苗后、开花初期各喷 1 次；结瓜后，喷 3～4 次。④用本剂 1.05～2.25 千克，稀释 400～800 倍，在茄果类蔬菜的第 1 片叶展开、定植前、定植缓苗后、开花前，各喷 1 次；结果后，喷

2~3 次。⑤用本剂 1.5~3.0 千克，稀释 2 000~3 000 倍，通过滴灌或喷灌设备来追肥。

【注意事项】

（1）在使用前，应注意出厂日期（有效期为 3 年），并将液肥充分摇匀，随配随用。本剂不能与其他农药混用，与使用农药的间隔期在 2 天以上。根据生产需求，适时调整本剂用量。

（2）宜在早、晚施用本剂。可在施用本剂后的第二天浇水（喷水）；若土壤干旱，可适当加大稀释倍数（对水量）。在使用本剂后，可经试验后，酌情减少化肥的用量。若因使用本剂浓度过高而抑制作物生长时，可用本剂 1 000 倍液喷施缓解。

（3）应先将喷雾器洗净后，再喷施本剂。在盛花期不能用本剂。

30. 增产菌

【药剂特性】本品有效成分为芽孢杆菌，是来自土壤的有益微生物。对人、畜无不良影响，对作物安全。对蔬菜作物具有促进发育、增强抗病性、改善品质、提高产量等作用。

【主要剂型】粉剂（每克含菌体 10 亿个），液体菌剂。

【使用方法】

（1）拌种　本剂用量为种子质量的 10%~20%。①先将种子浸湿，再用粉剂拌种。②先温汤浸种，再用粉剂拌种后播种。③也可将液体菌剂适量加水稀释后，边喷边翻动种子，要拌匀，稍晾干后，即可播种。

（2）浸种　对于需先催芽后播种的种子，可将催芽后的种子装入袋内，浸入稀释 10~20 倍的菌液中，待种子表面蘸满菌液后，取出，稍晾干后，播种。

（3）蘸根　将幼苗根系在稀释 20~40 倍的菌液中浸泡 5~7 分钟，使根部蘸满菌液后，稍晾干后，即可定植或扦插。

（4）浇灌　先将本剂稀释成 500~1 000 倍的菌液，浇于定植穴内，每穴用 150~200 毫升菌液，再栽苗。

（5）**喷雾**　在蔬菜的幼苗期、初花期、盛（花）期，用 300～800 倍的菌液，喷洒植株，每隔 10 天喷 1 次，连喷 2～3 次。

【注意事项】

（1）在肥沃疏松、湿润的土壤上使用本剂，效果才好。喷雾时，应着重喷洒植株的下部和基部。本剂可与多种杀菌剂、杀虫剂及低浓度除草剂混用，但不能与杀细菌药剂混用。

（2）贮存期不宜超过半年，最好随用随买。

七、新农药剂型

（一）烟剂

1. 杀菌烟剂　①百菌清烟剂。②腐霉利烟剂。均见各条。

2. 杀虫烟剂　①敌敌畏烟剂，可见各条。②杀瓜蚜烟剂和 10% 灭蚜烟剂，可防治保护地内的白粉虱、蚜虫等害虫，每公顷每次用烟剂 6～7.5 千克，在初发生害虫时，闭棚熏蒸。

（二）漂浮粉剂

1. 杀菌漂浮粉剂　每公顷保护地每次用漂浮粉剂 15 千克。①百菌清、甲硫·乙霉威、异菌脲、春雷·王铜等漂浮粉剂，见有关各条。②5% 霜克漂浮粉剂，可防治黄瓜、番茄、白菜、葡萄等作物的霜霉病、晚疫病、灰霉病、叶霉病、炭疽病等。③7% 防霉灵漂浮粉剂，防治黄瓜霜霉病，韭菜菌核病，番茄晚疫病，并兼治番茄早疫病、炭疽病。④10% 多百漂浮粉剂，防治黄瓜的霜霉病、黑星病、炭疽病、白粉病，番茄白粉病，韭菜菌核病。⑤脂铜漂浮粉剂，防治黄瓜的霜霉病、细菌性角斑病、疫病，番茄的早疫病、晚疫病等。⑥8% 克炭疽漂浮粉剂，防治黄瓜、甜椒等的炭疽病。⑦12% 乙滴漂浮粉剂，宜在黄瓜的霜霉病和细菌性角斑病同时发生时使用。⑧10% 灭霉威漂浮粉剂，防治番茄的灰霉病、叶霉病、早疫病，黄瓜黑星病。⑨5% 抑蔓漂浮粉剂，防治黄瓜蔓枯病，兼治炭疽病。

⑩10％杀霉灵漂浮粉剂，防治黄瓜、韭菜等的灰霉病。⑪10％灭克漂浮粉剂，防治黄瓜、番茄、茄子、韭菜、芹菜等的灰霉病。⑫5％灭克漂浮粉剂，防治小西葫芦、草莓等的灰霉病。⑬5％防细菌漂浮粉剂，防治黄瓜细菌性角斑病。

2. 杀虫漂浮粉剂　灭蚜漂浮粉剂，防治保护地内的蚜虫、白粉虱等。每公顷面积上每次用漂浮粉剂 15 千克。

（三）种子处理制剂

1. 种子处理制剂的类型　①24％种衣剂 5 号，防治蔬菜的枯萎病、黄萎病、猝倒病，西瓜的枯萎病、炭疽病。每 1 千克种衣剂，可拌黄瓜或西瓜种子 48～80 千克。②30％种衣剂 6 号，防治蔬菜的立枯病、猝倒病、疫病、炭疽病。每 1 千克种衣剂，可拌甜椒、番茄、白菜等的种子 60～100 千克。③25％种衣剂 7 号，防治蔬菜、西瓜等的枯萎病、炭疽病、疫病、黄萎病、病毒病等。每 1 千克种衣剂，可拌甜椒、番茄等的种子 50～83 千克。④25％种衣剂 8 号，防治蔬菜的枯萎病、根腐病、炭疽病、缺素症等。每 1 千克种衣剂，可拌白菜、萝卜、莴苣、花椰菜等的种子 41～83 千克。⑤20％种衣剂 9 号，防治蔬菜、西瓜等的立枯病、猝倒病、枯萎病、炭疽病、缺素症等。每 1 千克种衣剂，可拌西瓜种子 40～67 千克，或黄瓜种子 33～40 千克，或甘蓝种子 33～40 千克。⑥22％种衣剂 10 号，防治蔬菜、西瓜等的枯萎病、黄萎病、炭疽病、角斑病、地下害虫、蚜虫及食叶害虫等。每 1 千克种衣剂，可拌西瓜种子 43～71 千克，或茄果类蔬菜种子 37～43 千克。

2. 包衣方法　可用包衣机对种子进行包衣。若无包衣机，可选用圆底的大锅或大盆（金属或木质的均可），需将容器内清洗干净，晾干。根据种药比例，分别称量好种子和种衣剂，再把种子放入容器内，然后将种衣剂往种子上倒，边倒边用木棒搅拌，拌匀后，可将包衣种子装入聚丙烯编织袋内，用于播种或入仓保存。

3. 注意事项 ①被包衣的种子应符合国家规定的种子质量标准。②对种子包衣，宜早不宜迟，最迟也应在播种前 14 天进行。③应根据被包衣种子的特性及当地病虫害发生种类、为害程度，选择适宜的种衣剂及拌种时的用药量。④种衣剂不能用于喷雾。⑤注意安全防护工作。⑥本条中介绍的种衣剂名称，仍按原资料未变。

八、农药增效剂

1. 增效磷

【其他名称】SV_1。

【药剂特性】本品属有机磷类化合物，有效成分为增效磷，微溶于水，略带腥味，在碱性条件下分解。对人、畜低毒。乳油外观为棕黄色油状液体。本身无杀虫作用，但能抑制害虫体内对农药的解毒功能，从而显示出增效作用，并能减少农药用量。

【主要剂型】40％乳油。

【使用方法】作为农药商品制剂的增效剂，将本剂按比例加入农药制剂中，一般加入量为 5％～15％，即单位面积上用药量减少5％～15％，与有机磷类杀虫剂及拟除虫菊酯类杀虫剂混用，对抗药性害虫有很高的增效（杀虫）活性。

【注意事项】在使用前务请详细阅读本剂的使用说明书。本剂不能单独使用，也不能与碱性药剂混用。应按被混用药剂的使用要求安全操作。应先试验，找出最佳配比后，再应用。

2. 害立平

【药剂特性】本品为消抗液的换代产品，化学性质稳定性好，与任何农药混用均不起化学反应。对温血动物基本无毒，对农作物安全，不污染环境。制剂外观为黑褐色黏稠液体，渗透性和黏附性强，展着性好，耐雨水冲刷。与农药混用后，可以使药液渗入害虫、病原菌、杂草等体内的速度加快，提高药效。

【主要剂型】原药。

【使用方法】本剂作为农药增效剂加入药液中，剂量为 0.1%。对农作物易产生药害的农药，与本剂混加时，推荐本剂的用量为 0.05%。可与常用的杀虫剂、杀菌剂、除草剂等混用。

【注意事项】

（1）在使用前，务请仔细阅读本剂的使用说明。本剂与各种农药应现配现用，不宜久存。在高温季节，若使用含铜药剂、杀虫剂，不宜加入本剂，以防产生药害。在雨季，可使用本剂。

（2）在低温时，会变成白色黏稠状，并出现分层，稍加温摇匀即可使用。

3. YZ-901

【药剂特性】本品是农药助剂，耐雨水冲刷，有增效、减少农药用量、延缓抗药性产生、确保防治效果稳定等作用。

【主要剂型】水剂。

【使用方法】　①与杀虫剂或杀菌剂混用，每公顷用本剂 225 毫升，可减少 30%～40% 的农药用量；也可在药液中加入 0.03% 的本剂，但农药用量不减少。②若与用于茎叶处理的除草剂混用，应适量减少除草剂用量，以避免药害。

【注意事项】在使用本剂前，务请详细阅读使用说明，按照使用说明推荐的方法，正确使用。本剂不能与碱性物质混用。本剂应在干燥阴凉处贮存，但冬季要防冻。

第二章

菜园农药使用基础知识

一、农药的分类和剂型

（一）农药分类

1. 杀虫剂 这是一类专门用来防治害虫的药剂。根据杀虫剂中有效成分（指具有杀虫作用的物质）的特性，有拟除虫菊酯类、有机磷类、氨基甲酸酯类、沙蚕毒素类、抗生素类、生物碱类、微生物类等类型。可通过以下方式来杀死害虫。

（1）胃毒作用 药剂通过害虫的口器及消化系统（如胃、肠道）进入虫体，造成害虫中毒死亡，这种作用称为胃毒作用。

（2）触杀作用 药剂通过接触害虫的体壁（表皮）渗入虫体，造成害虫中毒死亡，这种作用称为触杀作用。

（3）内吸作用 药剂通过植株的叶片、茎、根或种子，被吸入植株体内或萌发的幼苗内，并能在植物体内输导、存留或经植物的代谢而产生更毒的代谢物，当害虫取食这种带毒植株时，造成害虫中毒死亡，这种作用称为内吸作用。

（4）熏蒸作用 药剂在常温常压下能气化（或分解）成毒气，通过害虫的呼吸系统进入虫体，使害虫中毒死亡，这种作用称为熏蒸作用。

（5）拒食作用 药剂被害虫取食后，害虫的消化功能被破坏，不能继续取食，以致被饿死，这种作用称为拒食作用。

（6）引诱作用 药剂能将害虫诱于一处，便于集中消灭，这种作用称为引诱作用。

（7）驱避作用　药剂本身无杀虫作用，但可以驱散和使害虫不敢接近施药处，使害虫不能为害，这种作用称为驱避作用。

2. 杀螨剂　这是一类专门用来防治植食性螨类的药剂。杀螨剂只对螨类有效，而对害虫无效，有些杀虫剂兼有杀螨作用，一般不用于做专用杀螨剂。根据杀螨剂中有效成分（指具有杀螨作用的物质）的特性，分为有机硫类、有机锡类、有机氮类等类型。可通过触杀、胃毒等方式来杀死害螨（可见杀虫剂条）。

3. 杀软体动物剂　这是一类专门用来防治软体动物（如蜗牛、蛞蝓）的药剂。

4. 杀鼠剂　这是一类专门用来防治鼠害的药剂。根据杀鼠剂对害鼠的毒杀速度，可分为速效性（急性）和缓效性（慢性）两大类。速效性杀鼠剂杀鼠作用快，一次投饵即可收效，但其毒性较大，对人、畜不安全，并有引起二次中毒的危险；缓效性杀鼠剂杀鼠作用慢，需多次投饵方可收效，对人、畜相对安全，不易发生二次中毒危险，又可分为第 1 代抗凝血杀鼠剂和第 2 代抗凝血杀鼠剂。

5. 杀菌剂　这是一类专门用来防治植物病害的药剂，对引发病害的病原微生物（如真菌、细菌、病毒）能起到毒杀作用和抑制作用。根据杀菌剂中有效成分的特性，分为无机物类（如铜）、抗生素类、有机硫（磷、砷、氮）类、取代苯类、有机杂环类等类型。可以通过以下方式来杀死或抑制病原微生物。

（1）保护作用　用药剂处理植物表面或植物所处的环境，以保护植物免受病原微生物的侵染为害，这种作用称为保护作用。

（2）铲除作用　指在植物感病后施药，药剂在植物表面或渗入植物组织内，直接杀死病原微生物，这种作用称为铲除作用。

（3）治疗作用　指在植物感病后施药，药剂从植物表皮渗入植物组织内部，但不在植物体内输导、扩散，以杀死萌发的病原孢子或抑制病原孢子萌发，从而消除病原微生物或中和病原微生物产生的有毒物质，治疗已发病害，这种作用称为治疗作用。

（4）**内吸作用** 药剂被植物的叶片、茎、根等部位吸收，并在植物体内输导、扩散、存留或产生代谢物，以保护植物免受病原微生物的侵染，或治疗植物病害，这种作用称为内吸作用。

（5）**免疫作用** 给植物施药后，可诱发植物体内产生抗病物质，使植物本身不易遭受病原微生物的侵染和为害，这种作用称为免疫作用。

6. 杀线虫剂 这是一类专门用来防治植物线虫病害的药剂。其中有些品种还兼有杀虫、防治病原微生物的作用。可通过熏蒸、触杀、内吸等方式来杀灭线虫。

7. 除草剂 这是一类专门用来防除杂草及有害植物的药剂。根据除草剂中有效成分（指具有防除杂草作用的物质）的特性，分为苯氧羧酸类、二苯醚类、苯胺类、酰胺类、氨基甲酸酯类、取代脲类、三氮苯类、有机磷类、有机杂环类等类型。可通过以下几种方式来灭除杂草。

（1）**非选择性** 施用除草剂后，对各种杂草及作物都有杀灭作用。

（2）**选择性** 施用除草剂后，能有选择地杀灭某些种类的植物，而对另一些植物无害。但这种选择性，只有在适宜的使用浓度、用药液量及用药期等条件配合下，才能显示出来，否则这种选择性就有可能变为非选择性。

（3）**触杀** 除草剂直接接触杂草，而杀死杂草。一般只能杀死杂草的地上部分，而对杂草的地下部分作用不大。

（4）**内吸** 除草剂被杂草的叶片、根、茎等部位吸收，并在植物体内输送、扩散，而杀死杂草。

8. 植物生长调节剂 这是一类专门用来促进或抑制植物生长发育的药剂。

9. 农药增效剂 这一类药剂，本身无杀虫、灭菌、除草等作用，但将其适量加入杀虫剂、杀菌剂、除草剂等农药中，能有效地提高防治效果，并可适量减少农药的使用量。

（二）农药剂型

1. 粉剂（DP） 粉剂是一种很细的粉状混合物，其 95％的粉粒能通过 200 目标准筛，粉粒直径在 74 微米以下。低浓度的粉剂可用喷粉器直接喷施，适宜在水源困难的地区使用，使用方便工效高，在作物上的黏附力小，不易产生药害；高浓度的粉剂可用于拌种、土壤处理、配制毒（药）土、毒饵等。粉剂不能用于对水喷雾。

2. 漂浮粉剂（GP） 曾被称为粉尘剂，现称为漂浮粉剂，是一种极细的粉状混合物，其 98％以上的粉粒能通过 325 目标准筛，粉粒直径在 10 微米以下。只能在保护地内喷施，不能对水喷施，也不能撒施或按一般粉剂使用。

3. 颗粒剂（GR） 曾被称为沙粒剂、干粒剂、粒剂等，现称为颗粒剂，是有效成分均匀吸附或分散在颗粒中，及吸附在颗粒表面，具有一定粒径范围，可直接使用的自由流动的粒状制剂。分为遇水解体或遇水不解体两种类型。粒径范围在 2 000～6 000 微米之间的颗粒剂，称为大粒剂（GG）；粒径范围在 300～2 500 微米之间的颗粒剂，称为细粒剂（FG）；粒径范围在 100～600 微米之间的颗粒剂，称为微粒剂（MG）。持效期长，用药量少，使用安全。用于土壤处理，不能用水将颗粒剂中的有效成分溶出后喷雾。

4. 可湿性粉剂（WP） 可湿性粉剂是一种很细的粉状混合物，不能直接喷施，要按照使用要求对水稀释配制成一定浓度稳定的悬浮液后，用喷雾器喷施。药液在植物上的黏附性好，药效也比同种原药的粉剂好。还可用于拌种、土壤处理、灌根、涂抹、配制毒（药）土、毒饵等。

5. 乳油（EC） 在习惯上又称为乳剂。乳油是一种透明均一的油状液体制剂，不能直接喷施，要按照使用要求对水稀释成一定浓度的乳状液后，其油滴粒径在 0.1～10 微米，用喷雾器喷施。其他使用方法同可湿性粉剂相似。同一种原药，使用乳油的防治效果优于使用可湿性粉剂。

6. 悬浮剂（SC）　曾被称为胶悬剂、水悬浮剂、水悬剂等，现称为悬浮剂，是非水溶性的固体有效成分与相关助剂，在水中形成高分散度的黏稠悬浮液制剂。悬浮剂是一种黏稠状可流动性液体，它兼有乳油和可湿性粉剂的一些优点，但还有自己的特点，有效成分的粒径为1～5微米（而可湿性粉剂的平均粒径为25微米），耐雨水冲刷、不易燃、不易出现药害等；能与水以任何比例混合，用于喷雾、灌根等任何喷洒方式。在使用前宜先摇匀，并采用两步稀释法配药。

7. 熏蒸剂（VP）　含有一种或两种以上易挥发的有效成分，以气态（蒸气）释放到空气中，挥发速度可通过选择适宜的助剂或施药器械加以控制。可在较密闭的环境中使用，或用于土壤处理（需覆膜）。

8. 烟剂（FU）　烟剂呈细粉状或锭状物，以点燃的方式使用，无火焰（明火），农药中的有效成分，受热挥发到空气中，再遇冷形成一种极小的固体微粒，再沉降到植物表面。要求在环境密闭的条件下使用，如保护地内。若为片状烟剂，则称为烟片（FT）；若为棒状烟剂，则称为烟棒（FR）；若为圆筒状（或像弹筒状）烟剂，则称为烟弹（FP）；若为罐状烟剂，则称为烟罐（FD）。

9. 可溶粉剂（SP）　曾被称为水溶剂，可溶性粉剂等，现称为可溶粉剂。它是由水溶性原药（其有效成分能溶于水中形成真溶液）和水溶性助剂（可含有一定量的非水溶性惰性物质）的粉状制剂，加水稀释后使用。

10. 超低容量液剂（UL）　曾被称为油剂、超低容量制剂、超低容量喷雾剂等，现称为超低容量液剂，是一种油状均相液体制剂，使用时不用对水，在超低容量器械上直接弥雾。

11. 水分散粒剂（WG）　曾被称为干悬浮剂、水分散性粒剂、可分散性粒剂等，现称为水分散粒剂，是加水后能迅速崩解并分散成悬浮液的粒状制剂。它具备可湿性粉剂与悬浮剂的优点，又克服了它们的缺点，有很好的应用前景。

12. 水剂（AS）　曾被称为水溶液、液剂、水溶液剂等，现称为水剂，是有效成分和助剂的水溶液制剂。使用时，按要求直接对水稀释即可，宜用于喷雾、泼浇等。使用方便，但不耐贮存，展附性差。

13. 可分散片剂（WT）　曾被称为可分散性片剂、水分散片剂等，现称为可分散片剂，是加水后能迅速崩解并分散成悬浮液的片状制剂。

14. 可分散液剂（DC）　曾被称为可分散性液剂、水分散液剂等，现称为可分散液剂，是有效成分溶于水溶性的溶剂中，形成胶体液的制剂。

15. 泡腾粒剂（EA）　曾被称为泡腾粒、泡腾颗粒剂等，现称为泡腾粒剂，是投入水中能迅速产生气泡并崩解分散的粒状制剂，可直接使用或用常规喷雾器械喷施。

16. 泡腾片剂（EB）　投入水中能迅速产生气泡并崩解分散的片状制剂，可直接使用或用常规喷雾器械喷施。

17. 水乳剂（EW）　曾被称为浓乳剂、水基乳油、乳液、乳剂等，现称为水乳剂，是有效成分溶于有机溶剂中，并以微小的液珠分散在连续相水中，成非均相乳状液制剂，其有效成分的粒径为 $0.1\sim50$ 微米。

18. 微乳剂（ME）　透明或半透明的均一液体，用水稀释后成微乳状液体的制剂，其有效成分的粒径为 $0.01\sim0.1$ 微米。

19. 可溶液剂（SL）　曾被称为可溶性液剂、液剂、可溶性浓剂、浓可溶剂、醇溶液、水可溶剂等，现称为可溶液剂，是用水稀释后有效成分形成真溶液的均相液体制剂。

20. 悬乳剂（SE）　至少含有两种不溶于水的有效成分，以固体微粒和微细液珠形式稳定地分散在以水为连续流动相的非均相液体制剂。

21. 桶混剂（TM）　曾被称为桶装剂、盒装剂等，现称为桶混剂，是装在同一个外包装材料里的不同制剂，使用时现混现用。

若由液体和固体组成的桶混剂，则称为液固桶混剂（KK）；若由液体和液体组成的桶混剂，则称为液液桶混剂（KL）；若由固体和固体组成的桶混剂，则称为固固桶混剂（KP）。

22. 饵剂（RB）　为引诱靶标害物（害虫和老鼠）取食或行为控制的制剂。若为粉状饵剂，则称为饵粉（BP）；若为粒状饵剂，则称为饵粒（GB）；若为块状饵剂，则称为饵块（BB）；若为棒状饵剂，则称为饵棒（SB）；若为片状饵剂，则称为饵片（PB）。

23. 种子处理制剂　种子处理制剂是多种专门用于农作物种子包衣（膜）处理的农药剂型的总称，有种子处理干粉剂（DS）、种子处理可分散粉剂（WS）、种子处理可溶粉剂（SS）、种子处理液剂（LS）、种子处理乳剂（ES）、种子处理悬浮剂（FS）、悬浮种衣剂（FSC）、种子处理微囊悬浮剂（CF）等。

二、农药的毒性、毒力、药效

（一）毒性

如果对农药使用不当会造成人、畜中毒或污染环境等事故发生。毒性是指农药对人、畜等产生毒害的性能。农药对高等动物的毒性可以分为急性毒性和慢性毒性两类。

1. 急性毒性　急性毒性是指一次接触或服用大量药剂后，很快表现出中毒症状的毒性。由于药剂进入体内的途径不同，又可分为皮肤接触毒性、呼吸毒性、口服毒性等3种。施药人员主要易受前两种毒性的中毒。农药可同时由多种途径进入体内造成中毒。每种农药进入体内的途径不同，其毒性大小也不同。为了事先掌握每种药剂毒性大小，常用动物（如大白鼠、鲤鱼等）做中毒试验，用其结果来表示每种药剂急性毒性的大小。

（1）致死中量　指在一定条件下，一次给药，可使受试动物中有一半（50%）数量中毒死亡的药量（剂量），用 LD_{50} 来表示，单位为毫克/千克体重。因受试动物大小不同，为了统一标准，故折算成每千克体重的动物所需药剂的毫克数。

（2）致死中浓度　指在一定时间内，一次给药，有受试动物死亡 50％的药剂浓度，用 LC_{50} 来表示，其单位为毫克/米^3。

（3）耐药中量　表示农药对鱼的毒性。一般用 48 小时内引起鱼半数死亡的药剂浓度，单位为毫克/升，用 TLm_{48} 来表示。

这些数值越大，表示急性毒性越小；数值越小，表示急性毒性越大。因为供试动物与人体区别较大，不能简单地把这些数据换算成对人的致死中量（致死中浓度），但能反映出对动物（包括人）毒性的可能大小，也可用来比较各种农药毒性的大小。

根据我国《农药标签和说明书管理办法》，毒性分为剧毒、高毒、中等毒、低毒、微毒五个级别，并有毒性级别标识（应当为黑色）和描述文字（应当为红色），可参见附表 8，在农药标签上要标注该农药的毒性级别标识和描述文字。在蔬菜、果树上禁止使用高毒农药（参见附表 2），要选择已在蔬菜上登记的正规厂家或公司的农药产品。

2. 慢性毒性　慢性毒性是指供试动物在长期反复多次小剂量口服或接触一种农药后，经过一段时间积累到一定量所表现出中毒症状的毒性。慢性中毒的症状主要表现为"三致"作用。

（1）三致作用　即致畸（引起动物畸形）、致癌（引起动物产生肿瘤），致突变（引起动物遗传物质发生突然变化，并可遗传给后代，它与致癌、致畸密切相关）。凡有三致作用的药物，不能做农药使用。

（2）农药的半衰期　指农药在某种条件下分解或消失一半药效所需的时间。

（3）农药量最大容许残留量　供人类食用的农副产品中允许的农药最高限度的残留浓度。可见附表 1 中的有关规定。

（4）每日允许摄取量（ADI）　每天按人的体重（千克）计算所能摄取的农药重量，在人的一生中不会造成对人体有害，单位为毫克/（千克体重·天）。

3. 农药对有益生物的毒害　若选择农药或使用农药不当，还可对害虫天敌、传粉昆虫（如蜜蜂）、蚕类、鱼类及贝类、鸟禽类、植物及动物（狗、猫）等造成毒害，应提高警惕避免。

（二）毒力

毒力是指药剂本身对有害生物（如害虫、病原微生物、杂草、老鼠等）的毒害程度，多在室内人为控制条件下精密测定。一种药剂对不同生物的毒力也不完全相同。毒力和毒性也不相同。因此，在选择使用农药时（特别是杀虫剂或杀鼠剂），应选择高效（对有害生物防治效果高）、低毒（对人、畜毒性低）的农药品种。

（三）药效

药效是指药剂对有害生物的作用效果，多在室外自然条件下测定。药效和毒力，在一般情况下是一致的，毒力大、药效高，但药效还要受到农药加工品质、自然条件（温度、湿度等）、植株生长状况、施药时间与方法等因素的影响。

1. 抗性 又称为抗药性。指某些生物（如害虫、病原微生物、杂草、老鼠等）对农药毒性的抵抗能力。如某些昆虫（如蚜虫）群体经常接触某种农药，存活下来的个体的抗性会遗传给下一代，而产生对农药有强抗性的群体。

2. 药害 指因农药施用不当而对农作物产生的有害作用。如种子不发芽或不出土，叶片变色、焦枯、卷曲、脱落等。

3. 残效期 又可称为持效期。指农药施在动植物或其他物体表面，经过相当时期后，继续保持其对害虫或病原菌（或杂草）毒杀效力的时间。

4. 安全间隔期 指农药安全使用标准所规定的某种农药在作物上，最后一次施药日期距作物收获日期之间的天数。

5. 农药安全使用规程 由政府规定的、不致引起毒理学危害的、正确的农药使用方法。规定出对不同作物、不同栽培方法所适用的农药品种、剂型范围、施药方法、施药量、施药次数、施药前的间隔期等，以防中毒，保证所施农药不超过残留允许量标准，见附表1。

三、农药使用技术

（一）喷雾法

喷雾法是用喷雾器械（见附表11）将药液喷出，直接黏附在植物上或有害生物体上的一种施药方法。可使用乳油、可湿性粉剂、悬浮剂、可溶粉剂、水分散粒剂、水剂等剂型，按照使用要求对水稀释成一定浓度的药液后，用喷雾器把药液呈雾状喷出。适合防除植株地上部分发生的病虫害及田间杂草，对于暴发性病虫害及隐蔽性病虫害防效差。此法用药量少，药液黏附性强，持效期长，防治效果优于喷粉法，但受水源限制、工效较低。

根据每公顷喷洒药液量的多少，可分为五个级别（见附表9）。目前，普遍使用常规喷雾法，又可称为常量喷雾法、大容量（高容量）喷雾法。每公顷喷药液量，苗期为450～750千克，成株期为750～1 500千克，果树幼小时为2.25～6吨，果树高大时为7.5吨。喷雾时，喷头距植株50～60厘米为宜，药液雾滴要均匀覆盖植株。防治一般病虫害，以药液不从叶片上流下为宜；防治在叶片背面的病虫害，应把药液喷到叶片背面；防治半钻蛀性害虫或卷叶害虫，以喷湿透为好。露地宜在早、晚植株上无露水时，进行喷雾，不可在大风天、下雨天及晴天中午气温高时喷雾，在雨季施药，宜选用内吸（渗）性好或黏附性强的药剂，并注意天气预报，避免施药后24小时内遇降雨。保护地内应在晴天上午无露水时喷雾。以退行喷雾为好。

（二）喷粉法

喷粉法是用喷粉器械（见附表12）或其他工具把低浓度粉剂喷洒到植物上或有害生物体上的一种施药方法。该种施药法简单，不需水源，工效比喷雾法高 10 倍多。适宜防治暴发性害虫（如蝗虫、黏虫），适合在干旱缺水地区及大面积地块上使用。但用药量大，持效期短，易污染环境。喷粉时间一般在早晚有露水时，顺风进行（风速在 1～2 级内，见附表 10）。要求喷的均匀周到，以植物体表面均匀地覆盖一层极薄的药粉为宜。若用手指在叶片上按一下，有药粉沾在手指上为宜；若植株表面发白，则用药量过大。根据防治对象，选择喷粉量。一般每公顷用粉剂 22.5～30 千克。喷粉后一天内遇雨，最好再重喷 1 次。不能在大风天或逆风喷粉。

（三）喷漂浮粉剂法

在保护地内使用漂浮粉剂能有效地防治蔬菜等作物上的病虫害，不增加保护地内湿度，在阴、雨天时也可施药，棚膜上有些破损处，也不影响防治效果。在喷漂浮粉剂前，先密闭棚室，并去掉手摇喷粉器上喷粉管的扇形喷头，再开始喷漂浮粉剂。若在大棚内喷施漂浮粉剂，施药者应从大棚一端的中间走道开始退行喷粉；若在（日光）温室内喷施漂浮粉剂，施药者应面朝南，背对北墙，从北墙下走道的一端，侧行喷粉。喷粉时，应把喷粉管对准蔬菜作物上空，左右匀速摆动喷粉管，使漂浮粉剂均匀地喷施到棚室空间。若使用丰收 5 型喷粉器，手摇转速每分钟不得少于 35 转；若使用丰收 10 型喷粉器，手摇转速每分钟不得少于 50 转。一般每分钟退（侧）行 10～12 米，喷漂浮粉剂 200 克左右。喷 1 公顷需用 75～150 分钟。不能把喷粉管对准植株喷粉，也不需进入蔬菜行间喷粉。喷完漂浮粉剂，施药者正好退（侧）行到门口，走出棚室，关好棚门。若有剩余漂浮粉剂，可在棚室外不同部位揭开棚膜，把喷粉管伸入棚室内喷完剩余漂浮粉剂。若拱棚小，施药者不便进入，可将喷粉管伸入棚内喷粉。一般每公顷保护地每次用漂浮粉剂 15 千克，每隔 7 天喷粉 1 次，视病虫害发生情况，连喷 2～3 次。若在早晨喷粉，喷粉结束后 2 小时，才能揭膜放风；若在傍晚喷粉，可密闭棚膜 1 夜，第二天早上放风。不能在中午气流强烈上升时喷粉。喷漂浮粉剂后的 3 天内，不能再进行喷雾，以防雾滴冲掉漂浮粉剂微粒。但在喷雾后，能再进行喷粉。第一次使用的喷粉器，需装 1.5 千克漂浮粉剂，以后则装 1 千克。喷粉器内应干燥无水，摇柄转轴应灵活，定期加黄油保养。施药者应穿工作服、戴手套、口罩及风镜等防护用品。喷粉结束，应用清水、肥皂把皮肤裸露处冲洗干净，并漱口。防护用品也需冲洗干净，以备下次使用。

（四）烟熏法

根据防治目的不同，可以分为两大类。须先把棚膜上破损处补好后，再熏蒸。在阴、雨天时，也可进行熏蒸。使用烟剂的环境条件：温度 28～32℃、相对湿度为 55%～75% 为宜。

1. 保护地内消毒灭菌　可提前 15 天左右扣棚膜，在定植前或播种前 7～10 天，进行熏蒸。一般每 100 米³ 棚室空间用硫磺粉 250 克、干锯末 500 克，或每平方米棚室用硫磺粉 0.75 克、干锯末 1.5 克，将两者拌匀后，均匀分成几堆，再分别装入小塑料袋、金属器皿或花盆内，均匀摆放在保护地内。在傍晚时分，可密闭天窗及棚膜，可把架杆、花盆等物放入棚室内，点烟者应先从远离棚门的一端开始点燃硫磺锯末混合物，边点边向门口走去，烟剂点完后，迅速退到门外，关好棚门。熏蒸 1 夜，第二天早上放风，排出有害气体。应特别注意，硫磺燃烧时形成的二氧化硫气体，有刺激性臭味，对人体有毒害作用，要小心防护。同时，熏蒸时，棚室内也不能有绿色植物，以防受害。若保护地是钢拱架，也不宜用硫磺熏蒸，改用百菌清烟剂和杀瓜蚜烟剂等。

2. 保护地内病虫害防治　根据防治对象，选好烟剂，在傍晚时分，密闭棚膜。在大棚温室内，每公顷棚室面积内将烟剂均分成 60～90 堆，在小拱棚内，则把烟剂均分成 105～150 堆。烟剂摆放点距离蔬菜约 30 厘米，用暗火（香或香烟）点燃烟剂，边点边退。点完烟剂，点烟者退到棚室外，进行熏蒸。若使用杀菌烟剂，在发病前或发病初使用，每隔 10 天左右熏 1 次；在发病较重时，可 7 天左右熏 1 次，每次熏蒸时间不少于 6 小时，连熏 2～3 次，若使用杀虫烟剂，在害虫初发生时使用，每隔5～7天熏1次，连熏2～3次，每次熏蒸时间不少于3小时，然后放风。

（五）熏蒸法

在密闭的环境条件下，使用熏蒸剂（如溴甲烷）或易挥发的药剂（如敌敌畏）来防治病虫害的方法称为熏蒸法。适宜用此法防治仓库内害虫，保护地内的病虫害，以及土壤消毒等，可以有效地防治隐蔽的病虫害，一般效果高，速度快。在熏蒸前，先根据防治对象、面积或空间大小，选好药剂品种及用药量，并根据气温高低，病虫发生轻重等条件确定熏蒸时间长短。要搞好熏蒸环境的密闭条件，以提高防治效果。熏蒸时操作人员要及时离开密闭环境，并注意避免人、畜中毒及防火。熏蒸结束，要通风换气。

（六）土壤处理法

也可称为土壤消毒法，是将药剂施在地面并耕翻入土中，用来防治地下害虫、土传病害、土壤线虫及杂草的方法。可使用颗粒剂、高浓度粉剂、可湿性粉剂或乳油等剂型。颗粒剂直接用于穴施、条施、撒施等；粉剂可直接喷施于地面或与适量细土拌匀后撒施于地面，再翻入土中；可湿性粉剂或乳油，应按使用要求对水配成一定浓度的药液后，用喷洒的方式施于地表，再翻入土中。

（七）拌种法

将药粉或药液与种子混合拌匀的方法称为拌种法。可防治种传病害、地下害虫及部分苗期病虫害。可使用高浓度粉剂、可湿性粉剂、乳油、种子处理制剂等。粉剂和可湿性粉剂，可直接和种子干拌，也可在搅拌器内搅拌。用药量一般为种子质量的 0.3%～0.4%。种子大，用药量少些；种子小，用药量大些。也可将可湿性粉剂或乳油按照使用要求，对水稀释成一定浓度的药液后，边喷边拌种子，要拌均匀，然后再堆闷一定时间后待种皮干后，再播种。用种子处理制剂拌种（或包衣）方法可见种子处理制剂条。拌药种子多用于直播。

（八）浸蘸法

①防治病虫害。可使用可湿性粉剂、乳油或水溶性的药剂，按照使用要求将药剂对水稀释成一定浓度的药液后，将幼苗根部、种子或块茎种薯等，放入药液中浸泡一定时间。适宜防治种、苗所带的病原微生物或防治苗期病虫害。浸种时，药液温度 $10\sim20℃$ 为宜。药液量是种子质量的 2 倍。浸种时间长短因种子及所带病虫害的种类不同而异。如果用对幼芽易产生药害的药剂浸种后，应用清水冲洗种子 $2\sim3$ 次，洗净种子表面的残留药剂后晾干水汽，方能催芽或播种。该方法农药用量少，对天敌影响小，用工少，并能有效地防治病原菌长距离传播。②防止落花落果。将植物生长调节剂配成一定浓度的药液后，将茄果类或瓜类的（雌）花朵在药液中浸蘸一下。

（九）灌根法

灌根法是将一定浓度的药液灌入植株根区的一种施药方法。可使用可湿性粉剂、乳油、悬浮剂等，按照使用要求将药剂对水配成一定浓度的药液，装入喷雾器内（去掉喷头）或水壶内，再往植株根部浇（喷）灌。适宜防治地下害虫、根部病害（包括线虫）、植物维管束及导管类病害。一般每株灌药液 $0.25\sim0.5$ 千克。为了提高防治效果，在药液灌根前，最好先适量浇 1 次水，避免因土壤太干而吸收药液；也可把植株根周围的表土扒开，再灌药液，待药液渗下后，再盖土。一般在发病初或初见地下害虫时开始灌根。

（十）涂抹法

涂抹法是将药液涂抹在蔬菜等作物的某一部位的施药方法。①防治病虫害。可使用可湿性粉剂、乳油、悬浮剂等剂型。按照使用要求对水配成浓度较高的药液，在植株茎上涂抹，用于防治蚜虫等害虫（选用内吸性杀虫剂）；或用药液涂抹植株上初发生的病斑，还可在药液中添加些面粉等物，以增加药液的黏附性。②防止落花落果。按照使用要求将植物生长调节剂对水稀释成一定浓度的药液后，涂抹在茄果类或瓜类（雌）花朵、柱头、花柄上离层处，可在药液中加入少量红墨水做标记，防重复涂抹。

（十一）毒（药）土法

可使用高浓度粉剂、可湿性粉剂或乳油等剂型。按照使用要求与一定比例的过筛细土或细砂搅拌均匀（乳油除外），或将可湿性粉剂或乳油对水稀释后，把药液喷洒到细土（细砂）上拌匀，制成毒土（用杀虫剂）或药土（用杀菌剂），撒施于播种畦、播种沟、播种穴、定植穴或植株上，或堆放在植株茎基部，或因阴雨天不能往苗床内喷药而撒施药土（砂），也可与种子混均匀后播种。适合防治地下害虫、土传病害、苗期病害，根茎部病害及杂草等。撒施时，可用半干细土，而与种子混合播种则用干细土。每公顷的用药量因农药种类和防治对象而异。

（十二）毒谷（饵）法

毒谷（饵）法是将药剂拌入害虫或鼠类喜食的饵料中，然后撒于地面或播种沟（穴）内的施药方法。①可选用高浓度粉剂、可湿性粉剂或乳油等。需选用有胃毒作用的杀虫剂。按一定比例与煮半熟的谷子（毒谷），或炒香的麸糠、饼肥，或新鲜碎草等饵料（毒饵）拌均匀即成。拌药前，饵料应加一定量的水，保持湿润即可。毒谷与种子同时播种，每公顷用毒谷 15～22.5 千克；毒饵多在傍晚时分撒于田间，每公顷用干毒饵 22.5 千克、鲜草毒饵用 120～150 千克。适合防治地下害虫及一些有趋性的害虫（如蟋蟀等）。②将杀鼠剂与鼠类喜食的饵料拌匀制成毒饵，或使用毒鼠饵剂，将毒饵（饵剂）投放在鼠道边、鼠洞口（距洞口 15～30 厘米）以及鼠类隐藏活动场所，要避免毒饵（饵剂）受潮变质，又要防止非鼠类动物盗食，可采用毒饵盒等投放毒饵（饵剂）。未用完毒谷（饵）应妥善保管，避免人、畜、禽误食。

（十三）诱捕法

使用药剂将害虫诱集在一处，便于集中防治，如用性诱剂、糖醋毒液等诱杀蛾子、蝇类。

（十四）注射法

用注射器将药液直接注入植物体内的施药方法。主要用于防治钻蛀性害虫，如瓜藤天牛、玉米螟；或某些植物病害，如防治魔芋软腐病，注射链霉素药液。

（十五）泼浇法

按照使用要求，将药剂对水稀释成一定浓度的药液，均匀地泼施于田间的施药方法。该方法多用于防治苗床内病虫害，工效高。

（十六）撒施法

撒施法是将农药与细土或肥料等混合均匀，由人工直接撒施的施药方法。可用粉剂、可湿性粉剂、乳油、水剂、颗粒剂（此剂型也可直接撒施）等剂型。适合防治农田病虫害、软体动物、水田草害等。该法优点是对天敌影响小，不易飘移，持效期长。但药剂分布不够均匀，施药后要求不断提供水分。

（十七）滴灌法

滴灌法就是将药剂装在一个可以外渗的容器内（如布袋），或配制成浓度较高的药液，在浇地入水口处，将布袋放入水中或将药液均衡滴入水中，使药剂随水流至各处，可防治地下害虫（如韭蛆）、土传病害。此法施药均匀，节省劳力。可根据病虫害种类，选择药剂与用药量。

（十八）其他施药法

根据防治对象的习性和使用药剂特性，还有如下施药方法。①芽前施药法。一般在蔬菜播种前或播种后出苗前，正当某种杂草种子发芽或发芽前，将芽前除草剂做土壤处理，抑制杂草种子发芽，或使已发出的芽枯萎、畸形、死亡，或出土后不能正常生长发育，从而达到除草效果。②植前施药法。在定植幼苗前，正当土壤表层某种杂草种子发芽盛期时，进行施药，以提高防除杂草效果，而避免药害。③定向施药法。严格按照防治对象的特定面积、植株、部位、器官，准确地按方向、层次、上下的施药方法。

四、农药的稀释计算

（一）农药浓度表示法

1. 百分浓度 指 100 份药剂中，含有有效成分的份数，符号是"％"。应注意，凡未注明质量单位及符号（W）或容量单位及符号（V）时，均为质量百分浓度。

（1）质量百分浓度（W/W，W/V） 以药剂的质量为单位，以克、千克等质量单位表示。常用于固体物质之间稀释配药时使用，如用粉剂配制毒（药）土；也可在固体和液体（如水）之间稀释配药时使用，如用可湿性粉剂和水配制药液。如：千克/升（读作千克每升），克/升（读作克每升），毫克/升（读作毫克每升），微克/升（读作微克每升）。

（2）容量百分浓度（V/V） 以药剂的体积为单位，用毫升、升等容量单位表示。常用于液体物质之间配药时使用，如用乳油和水配制药液。

2. 每公顷施药量 指一公顷面积上施用的农药量。若用固体农药，如粉剂，单位是千克（克）/公顷；若用液体农药，如乳油，单位是升（毫升）/公顷。面积也可用平方米来表示。

3. 每公顷施有效药量 指一公顷面积上施用的农药有效成分量。单位分别是千克（克）/公顷、升（毫升）/公顷。面积也可用平方米来表示。

公式：每公顷施有效药量＝每公顷施药量×农药的有效成分百分浓度。

4. 倍数法 指药剂被稀释多少倍的表示法。换句话说，就是1千克药剂加上稀释剂后的质量是原来1千克药剂的多少倍。常用的稀释剂有水、土、种子等。倍数法一般都按质量计算，不能直接反映出被稀释后混合物中的农药有效成分含量，如配制50%辛硫磷乳油1 000倍液，可以理解成1千克50%辛硫磷乳油需加水1 000千克稀释（其他依此类推，并参考农药稀释计算一节内容）。

5. 直接法 指在一定量的稀释剂中加入一定量的药剂的表示法。如每100升水中加入50%腐霉利可湿性粉剂50~100克，或每100升水中加1.8%阿维菌素乳油33~50毫升。

6. 百万分浓度 指100万份药剂（液）中含有效成分的份数（注：以前用ppm表示，现已停用），现用毫克/千克、或毫克/升来表示，常在植物生长调节剂、抗生素及小浓度的农药配制中应用。

（二）浓度换算

1. 百分浓度与百万分浓度之间的换算

公式：原药剂的毫克/千克（升）＝原药剂的百分浓度÷［1毫克/千克（升）］

例：5%氯氰菊酯乳油是多少毫克/千克（升）？

解：已知：5%＝0.05，1毫克/千克（升）＝1/1 000 000；代入公式，原药剂的毫克/千克（升）＝0.05÷（1/1 000 000）＝0.05×1 000 000＝50 000毫克/千克（升）。

答：5%氯氰菊酯乳油是50 000毫克/千克（升）。

2. 百分浓度与倍数法之间的换算

公式：百分浓度（%）$= \dfrac{\text{原药剂浓度（带\%）}}{\text{稀释倍数}} \times 100\%$

例：将 50% 辛硫磷乳油对水稀释为 1 000 倍液，配好的药液百分浓度是多少？

解：根据公式，百分浓度（%）＝（0.5/1 000）× 100% ＝ 0.05（%）。

答：配好的药液百分浓度是 0.05%。

应注意，利用公式计算时，原药剂是指未加稀释剂前的药剂，原药剂浓度（带%）的意思是指%参加计算，求出原药剂中的有效成分占多少。如：50% 辛硫磷乳油中的 50% 应换算成 0.5；而百分浓度（%）则是指原药剂加上稀释剂后形成的混合体中有效成分的浓度。百分浓度（%）中的%不参加计算，计算结束后，结果数字加上%，即为答案。

3. 百万分浓度与倍数法之间的换算

公式：百分数除以毫克/千克（升），小数点后移四位。

例：将 2.5% 天王星乳油配成 20 毫克/升的药液，问乳油被稀释了多少倍？

解：已知：百分数＝2.5，毫克/升＝20；则：2.5÷20＝0.125。小数点往后移四位，为 1 250 倍。

答：被稀释了 1 250 倍。

（三）稀释计算的准备工作

1. 确定每公顷喷药液量 用同一浓度的药液，每公顷喷 750 千克药液与每公顷喷 1 500 千克药液相比，前者每公顷的施药量仅为后者的 1/2。因此，应根据农作物的种类、长势、土地面积、采用的喷雾技术种类、病虫草害的种类等因素，确定适当的喷药液量。一般采用常量喷雾。

2. 正确掌握每公顷施有效药量 每公顷施有效药量是从实践中得出来的，可根据施药类型正确掌握。

（1）施用单一药剂 一般来说，每公顷施有效药量：杀虫剂为

750 克、杀菌剂为 1 500 克、除草剂为 3 000 克。近几年来，出现一些高效杀虫剂，如拟除虫菊酯类、阿维菌素等，每公顷施有效药量仅用 12～75 克。

（2）混配施药　将多种药剂混配在一起使用时，每公顷总施有效药量原则上不宜超过上述标准。

公式：每公顷施药量＝每公顷喷药液量/农药的稀释倍数。

公式：每公顷总施有效药量＝甲农药每公顷施有效药量＋乙农药每公顷施有效药量＋丙农药每公顷施有效药量。

（3）准确称量农药　对固体农药，宜用秤或天平称取（1 吨＝1 000 千克，1 千克＝1 000 克，1 克＝1 000 毫克）；对液体农药，宜用带有刻度的量杯或量筒量取（1 升＝1 000 毫升）。不宜用药瓶盖等物量取农药，更不能随意将药剂加入稀释剂中使用。

3. 明确喷施农药地块的面积　要明确实际需喷施农药的面积。如在使用除草剂时，应将不喷除草剂的面积扣除后，则为实际用药面积。1 公顷＝10 000 米^2。1 亩＝667 米^2。1 公顷≈15 亩。"亩"现在已废除不用。

4. 浓度表示方法要一致　在农药稀释计算中，常会遇到两种不同的浓度表示法混合使用，要换算成一致的浓度表示法后，再进行计算。一般来说，1 毫升水重 1 克。

（四）农药稀释计算公式

1. 按有效成分计算　根据公式：

$$稀释剂用量＝\frac{原药剂用量×原药剂浓度}{所配药剂浓度}$$

知道任何三项，都可求出另一项。应注意，稀释 100 倍以下（包括 100 倍在内），在求出稀释剂的用量后，要减去原药剂的质量，为稀释剂的实际用量。

例：用 40％乐果乳油 0.1 千克，需加多少水，才能配成 0.8％乐果药液。

解：根据上述公式，加水量（即稀释剂用量）＝（0.1×

0.4）/0.008＝5（千克）。

答：因稀释倍数是 50 倍，小于 100 倍，故需在加水量中减去原药剂质量（0.1 千克 40％乐果乳油），实际加水量是 4.9 千克。

2. 根据稀释倍数计算　此计算方法不考虑药剂的有效成分含量。同样应注意，稀释倍数在 100 倍内（含 100 倍），求出的稀释剂用量中应减去原药剂质量后，为稀释剂的实际用量。

公式：稀释剂用量＝原药剂用量×稀释倍数

例 1：用 50％辛硫磷乳油 1 000 倍液喷雾防治棉铃虫，问配制 7.5 千克药液，需用多少克乳油？

解：已知稀释倍数＝1 000，药液量（也可称为稀释剂用量）＝7.5 千克＝7 500 克。

根据上述公式：原药剂用量＝7 500/1 000＝7.5 克

答：需用 50％辛硫磷乳油 7.5 克。

例 2：用 40％乐果乳油 50 倍液涂茎防治蚜虫，用 0.1 千克乐果乳油需加多少水？

解：已知原药剂用量＝0.1 千克，稀释倍数＝50，加水量（也可称为稀释剂用量）＝0.1×50＝5（千克），5（千克）－0.1 千克＝4.9 千克。

答：因为稀释倍数小于 100 倍，要在加水量中减去原药剂质量，则实际加水量为 4.9 千克。

3. 稀释倍数的计算方法　在遇到需计算稀释倍数时，可用公式：

$$稀释倍数＝\frac{原药剂浓度}{所配药剂（液）浓度}＝\frac{所配药剂（液）用量}{原药剂用量}$$

例：用 40％乐果乳油 0.1 千克，稀释多少倍才能配成 0.8％的乐果药液 5 千克？

解：根据公式，稀释倍数＝40％/0.8％＝50（倍），或稀释倍数＝5 千克/0.1 千克＝50（倍）。

答：稀释 50 倍。

4. 农药混用的稀释计算　近年来，由于病虫害抗药性的出现，农药混用日益普遍，下面介绍两种计算方法。

例1：用50％乐果乳油800倍液和20％氰戊菊酯乳油5 000倍液混配后喷雾，每公顷喷药液975千克，怎样配制？

解：已知每公顷喷药液量＝975（千克）＝975 000毫升；农药的稀释倍数，乐果是800倍，氰戊菊酯是5 000倍；农药有效成分百分浓度，乐果是50％或0.5，氰戊菊酯是20％或0.2。根据前公式，乐果的每公顷施药量＝975 000/800＝1 218.75（毫升），氰戊菊酯的每公顷施药量＝975 000/5 000＝195（毫升）。

根据前公式：乐果的每公顷施有效药量＝1 218.75×0.5≈609.4毫升（克），氰戊菊酯的每公顷施有效药量＝195×0.2＝39毫升（克）。

每公顷总施有效药量＝609.4＋39＝648.4克。

答：计算结果表明，混用后的农药每公顷总施有效药量为648.4克，符合杀虫剂每公顷施有效药量的标准，可分别量取50％乐果乳油1 218.75毫升和20％氰戊菊酯乳油195毫升，采用两步稀释法，对水975千克，混配后喷雾。

例2：用40％三乙膦酸铝可湿性粉剂300倍液，45％代森铵水剂500倍液，硫酸铜晶体1 000倍液，混配后喷雾，每公顷喷混配药液1 125千克，怎样配制？

解：已知每公顷喷药液量＝1 125千克；农药的稀释倍数，三乙膦酸铝是300倍，代森铵是500倍，硫酸铜是1 000倍；农药的有效成分百分浓度，三乙膦酸铝是40％或0.4，代森铵是45％或0.45，硫酸铜是100％或1.0。

根据前公式：每公顷施药量＝每公顷喷药液量/农药的稀释倍数，各药剂的每公顷施药量分别为：三乙膦酸铝＝1 125/300＝3.75（千克），代森铵＝1 125/500＝2.25（千克），硫酸铜＝1 125/1 000＝1.125（千克）。

根据前公式：每公顷施有效药量＝每公顷施药量×农药的有效成分百分浓度，各药剂的每公顷施有效药量分别为：三乙膦酸铝＝3.75×0.4＝1.5千克，代森铵＝2.25×0.45＝1.012 5（千克），硫酸铜＝1.125×1.0＝1.125（千克）。

每公顷总施有效药量＝1.5＋1.013＋1.125＝3.638（千克）

可以看出，经计算后，得知每公顷总施有效药量为 3.638 千克，已超出杀菌剂每公顷施有效药量的标准，实际上是 2.4 公顷的施有效药量，故按比例减少每种杀菌剂的每公顷施药量。如下：3.75（三乙膦酸铝）/2.4≈1.56 千克，2.25（代森铵）/2.4≈0.937 5 千克，1.125（硫酸铜）/2.4≈0.468 8 千克。

答：称取 40％三乙膦酸铝可湿性粉剂 1.56 千克，称取硫酸铜晶体 0.468 8 千克，量取 45％代森铵水剂 0.937 5 升（千克），对水 1 125 千克，采用两步稀释法，配制成混配液后，进行喷雾。

（五）按照农药使用说明配制药液

每公顷喷药液量和农药使用量是在农药稀释配制过程中的两个方面。来源不同的农药使用说明，对这两方面的表述略有差异。因此，需对农药的使用说明进行分析，确定每公顷的喷药液量和农药使用量后，再进行农药的稀释配制。

1. 每公顷喷药液量　在农药使用说明中，每公顷喷药液量的表示方式又可分为 3 种类型。

（1）具体说明了每公顷的喷药液量　如对水××千克，或每公顷喷××千克药液，就可按照农药使用说明中提供的每公顷喷药液量进行稀释配制。

（2）说明了每公顷喷药液量的范围　如对水××～××千克，或每公顷喷药液××～××千克等。对这种表示方式，就需根据农作物种类、生长期及长势，还有病、虫、杂草的种类及发生轻重等因素，在每公顷喷药液量的范围内，选择一个明确的每公顷喷药液量。一般来说，农作物长势高大或在成株期，或病、虫、草害发生重，可取上限值（每公顷喷药液量大些）；反之，农作物长势矮小或在幼苗期，或病、虫、草害发生轻，可取下限值（每公顷喷药液量小些）。

（3）未说明每公顷喷药液量　对这种表示方式，可按照常量喷雾来对待（参照喷雾法），药液量选择原则可参照（2）。

2. 农药用量　表示的方式较多，大致上可分为 4 种类型。

（1）说明了农药的稀释倍数，或稀释倍数范围　如用 50％辛硫磷乳油 1 000 倍液，或用 50％异菌脲可湿性粉剂 1 000～1 500 倍液，并以（五）1. 中的任何一种方式表明每公顷喷药液量。①如果说明的是稀释倍数。第一步：确定每公顷喷药液量。第二步：根据公式：每公顷施药量＝每公顷喷药液量/农药的稀释倍数，求出每公顷施药量。第三步：根据每公顷面积上喷药液量和施药量，采用两步稀释法，稀释配制药液。②如果说明的是稀释倍数范围。第一步：根据农作物及病、虫、草害发生情况来确定稀释倍数。一般来说，农作物高大或在成株期、或病、虫、草害发生重，稀释倍数要小些（浓度高）；反之，农作物低矮或在幼苗期，或病、虫、草害发生轻，稀释倍数要大些（浓度低）。第二步：确定每公顷喷药液量。第三步：根据公式：每公顷施药量＝每公顷喷药液量/农药的稀释倍数，确定每公顷施药量。第四步：根据每公顷喷药液量和施药量，采用两步稀释法，稀释配制药液。

（2）说明了农药的每公顷施药量，或者是每公顷施药量范围　如每公顷用 40％乐果乳油 750 毫升，或者是每公顷用 2.5％溴氰菊酯乳油 150～300 毫升，并以（五）1. 中的任何一种方式表明每公顷喷药液量。①如果说明的是每公顷施药量。第一步：确定每公顷喷药液量。第二步：根据每公顷的喷药液量和施药量，采用两步稀释法，稀释配制药液。②如果说明的是每公顷施药量范围。第一步：根据病、虫、草害发生情况及农作物的长势，从每公顷施药量范围内，选择一个明确的每公顷施药量。一般在农作物生长高大或在成株期，或病、虫、草害发生重，每公顷施药量可大些；反之，农作物低矮或在幼苗期，或病、虫、草害发生轻，每公顷施药量可少些。第二步：确定每公顷喷药液量。第三步：根据每公顷的喷药液量和施药量，采用两步稀释法，稀释配制药液。

（3）说明了农药的每公顷施有效药量，或者是每公顷施有效药量范围；或者是说明了每公顷施有效药量或施有效药量范围，但未说明剂型的有效成分百分浓度　如每公顷用 40％乐果乳油有效成分 300 克，或者是每公顷用 5％氯氰菊酯乳油有效成分 22.5～45 克，或者是每公顷用乐果乳油有效成分 300 克，或每公顷用氯氰菊酯乳油有效成分 22.5～45 克，并以（五）1. 中的任何一种方式表明每公顷喷药液量。第一步：根据公式：每公顷施有效药量＝每公顷施药量×农药的有效成分百分浓度，将每公顷施有效药量换算成每公顷施药量，如果未说明剂型的有效成分百分浓度，可根据自己选用的（同种）农药剂型的百分浓度进行换算，如每公顷用 40％乐果乳油 750 毫升（克），或者是每公顷用 5％氯氰菊酯乳油 450～900 毫升（克），或者是每公顷用 50％乐果乳油 600 毫升，或用 10％氯氰菊酯乳油 225～450 毫升。第二步，根据（五）2.（2），继续进行药液配制。

（4）用百万分浓度表示施药量，或者是施药量范围　可先将百万分浓度换算成稀释倍数，再根据（五）2.（1），继续进行药液配制。

（六）两步稀释法

在配制药液时，不能将称量好的药剂直接加入到喷雾器内，应先将称量好的药剂加少量水调制成浓稠的母液，然后再用水把浓母液稀释到所需的浓度。这样配药，称量准确，药剂分散均匀，还可减少接触高浓度农药的次数。但应注意，按两步稀释配药时的各次用水量相加，应等于所需的总用水量。

例：已知在 1/15 公顷面积上，用 50％乐果乳油 81.3 毫升，20％氰戊菊酯乳油 13 毫升，喷药液 65 千克（升），用两步稀释配制法配制药液。

解：喷雾器内能装 13 千克（升）药液，喷 1/15 公顷需用 5 桶药液。若每次量取 2.6 毫升氰戊菊酯乳油，不容易量准确，误差较大；量取乐果乳油也存在同样问题。采用两步稀释法配制药液，就比较准确、方便。步骤如下：第一步，先量取 50％乐果乳油 81.3

毫升，加水 418.7 毫升，搅拌均匀，即为 500 毫升的乐果浓母液，再量取 20%氰戊菊酯乳油 13 毫升，对水 487 毫升，搅拌均匀，即为 500 毫升氰戊菊酯浓母液。第二步，每次往喷雾器内加水 12.8 升，100 毫升乐果浓母液和 100 毫升氰戊菊酯浓母液，搅匀后喷雾。可湿性粉剂、悬浮剂等，也需先加少量水调制成浓母液，再稀释到使用浓度。

五、安全使用农药

（一）农药选购

1. 农药名称

（1）通用名称　这是标准化机构规定的农药有效成分名称，每一种农药有效成分，只能有一个通用名称。我国国家质量技术监督局于 1998 年 7 月颁布了 1 000 种农药有效成分的通用名称。

2007 年 12 月 12 日，农业部、国家发展和改革委员会联合发布《农药名称管理规定》第 945 号公告，对农药混配制剂的简化通用名称和农药有效成分通用名称词头或关键词做了详细的规定。

（2）化学名称和代号　化学名称是根据农药有效成分的化学结构，按照化学命名原则而规定的名称。代号则是在农药研究开发期间，为了方便或保密而不愿公开其化学结构，而用代号表示某一化合物，如：PP321（功夫）。

（3）商品名称　商品名称是由农药登记审批部门批准的，用来识别或称呼某一农药产品的名称，是农药生产厂家为其生产的商品农药所用的名称。国内很多农药生产厂家就借用通用名称或化学名称，或代号等，成为其商品名称；对于不同厂家生产的同一种农药，可通过商标和厂名来区别。对国外进口农药，必须有中文商品名称；同一种农药，在不同公司之间，甚至在不同剂型之间，商品名称均不相同，在选购农药时应注意。

（4）**农药名称** ①农药名称通常由三部分组成，即有效成分含量（常用百分浓度表示）、通用名称和剂型，并依此顺序排列，如80％敌敌畏乳油，80％是有效成分含量，敌敌畏是通用名称，乳油是农药剂型。②对于有 2～3 种有效成分的混配农药，在代表各有效成分名称的简称之间，用一个小黑圆点隔开，如 40％乐·氰乳油。③对于允许进入我国的外国农药名称，其有效成分含量和剂型放在中文译名之后，如功夫 2.5％乳油，功夫为商品名称。

2. 农药类别 ①常用的化学农药，根据其用途可以分为杀虫剂、杀线虫剂、杀螨剂、杀菌剂、杀软体动物剂、杀鼠剂、除草剂、植物生长调节剂等类型。②目前我国规定不同类别的农药采用在标签底部加一条与底边平行的、不褪色的特征颜色标志带表示。除草剂用"除草剂"字样和绿色带表示；杀虫（螨、软体动物）剂用"杀虫剂"或"杀螨剂"、"杀软体动物剂"字样和红色带表示；杀菌（线虫）剂用"杀菌剂"或"杀线虫剂"字样和黑色带表示；植物生长调节剂用"植物生长调节剂"字样和深黄色带表示；杀鼠剂用"杀鼠剂"字样和蓝色带表示；杀虫/杀菌剂用"杀虫/杀菌剂"字样、红色和黑色带表示。农药种类的描述文字应当镶嵌在标志带上，颜色与其形成明显反差。③每一类农药都有特定的防治对象和应用范围。一般来说，各类农药之间是不能互相代替的。可根据生产需要，选用适宜农药，不可盲目购药。

3. 注册商标 凡是正规农药厂生产的农药，都有注册商标。注册商标包括两部分内容，一是商标图案，二是"注册商标"四个字，在进口农药的标签上，"注册商标"用符号"R"代替，两者不可缺一。

4. 农药使用说明 ①农药使用说明包括按批准登记作物及防治对象、简要介绍该农药的特性、使用范围、用药时期、用药量、使用方法和注意事项等。②在农药标签上还印有农药毒性分级标志，供识别（见附录八）。在蔬菜、果树上，不能使用剧（高）毒农药。③在标签上还可有形象图帮助安全使用农药（见附录十三）。要注意农药使用说明、毒性标志是否符合自己的使用要求，不能盲目购药或使用农药。

5. 两证一号　在农药标签上必须有该种农药品种的产品标准号、农药登记证号、农药生产许可证号。农药登记证号和农药生产许可证号是有时间期限的，若过期未办理延长手续，该农药则不能继续生产销售。购买农药时需注意有无两证一号。进口农药产品直接销售的，可以不标注农药生产许可证号或者农药生产批准文件号、产品标准号。

6. 生产时间、批号和有效期　凡正规农药厂生产的农药，一般都注明农药的生产时间及批号，并注明农药的质量保证期限（一般为 2 年有效期）。在贮、买农药时，需注意农药的保质期，过期农药的药效会降低或失效，不要购买，并要索要购药的发票。

7. 生产厂家名称　在正规农药厂生产的农药产品标签上都标明生产厂家的准确名称、地址、邮政编码、电话号码、电报挂号（或网址）等。进口农药产品应当用中文注明原产国（或地区）名称、生产者名称及在我国办事机构或代理机构的名称、地址、邮政编码、联系电话等。

8. 农药外观　从农药外观上可初步判断农药质量。

（1）乳油　乳油外观应为透明油状液体，不分层。若乳油已分层，经过振荡摇匀，静止 1 小时后不分层，表示仍可继续使用；静止后仍分层，说明已失效，不能使用。若乳油加水乳化后，其乳状液不均匀，或有浮油或沉淀物，说明有质量问题。

（2）粉剂　粉剂如有色泽不匀或较多的颗粒感，说明存在质量问题。若粉剂已结成块状，说明已受潮失效，不能使用。

（3）可湿性粉剂　可湿性粉剂如有色泽不匀或较多的颗粒感，说明存在质量问题。取少许可湿性粉剂，加入到一杯清水中，充分搅拌，静置半小时，若药液仍保持混浊状，则可使用；若水变清，农药沉在杯底，说明该农药已经失效，不能使用。

（4）悬浮剂　经摇动后仍有结块现象，说明存在质量问题。

（5）水剂　若有沉淀出现，说明存在质量问题。

（6）片剂　熏蒸用的片剂，如呈粉末状，说明已失效。

（二）农药使用

1. 对症用药　只有根据病、虫、草害发生的种类、特点、抗性等因素，选用相应的农药品种，才能达到防治其为害的效果。

（1）留心检查　在蔬菜等作物播种后或枝条萌芽后，就应定期查看植株生长情况，一旦发现异常症状，要做好标记（如拴个塑料绳），并要查看其他植株上是否有类似症状。

（2）注意环境条件　当发现植株出现异常症状后，要了解最近一段时间的环境条件是否适宜作物生长，或适宜哪类病、虫害发生，所采取的管理措施，如浇水、追肥等方面是否有问题。

（3）初步诊断　①可采集一些出现异常症状的叶片、果实、茎蔓、根部等，洗去泥土，然后将其放入一个干净的塑料袋内，放在与环境温度相近处，密闭保湿 1~3 天，观察异常症状变化趋势。②将异常症状（包括田间和室内）与蔬菜或其他作物病虫害的彩色症状图进行对照鉴别。但应注意，这些彩色症状图大多为中、后期症状表现。并观察田间植株症状是否有加重趋势（可在标记处观察）。③速请农业技术人员鉴定。

（4）采取对策　①对非侵染性病害，可根据诱发因素，采取相应的管理措施。②对侵染性病害或虫害，可选药防治。③过 3~5 天后，可根据田间症状变化，采取的防治措施等，全面分析，然后采取下一步的防治措施。

（5）做好记录　最好采用记日记的方式把异常症状的形态、出现部位、变化趋势、环境条件、采取的措施、防治效果等记下来，以积累经验，为以后的异常症状诊断，及科学用药，打下良好的基础。

2. 适时用药

（1）虫害　一般来说，最佳施药期在害虫的低龄期（3 龄以前）；对钻蛀性害虫，则在卵孵化高峰期；对于可迁飞的害虫（如蚜虫），则在初发现时，用药防治。

（2）病害　宜在发病前或发病初期，开始用药。也可根据病害传播特点，采取针对性的药剂防治，如种子处理、防治传毒媒介昆虫等。对于非侵染性病害，则不能使用杀菌剂。

（3）草害　宜在杂草幼苗期，进行防除。

（4）环境条件　可在气温为 20～30℃ 的晴天早晚，或阴天、无风或轻风时施药，不能在晴天中午气温高、刮大风、降雨天施药。进入雨季，应选用内吸性药剂或选耐雨水冲刷的药剂。在保护地内，宜在晴天上午喷药；并要注意天气变化，在降雨、刮大风等天气来临前，不宜采用喷雾法。烟剂和漂浮粉剂宜在傍晚使用。

（5）注意安全间隔期　在蔬菜收获前一段时间，要停止使用化学农药，特别是需多次采收的茄果类、瓜类及豆类等蔬菜。

3. 适量用药　要严格控制单位面积上的用药量。药量偏少，易造成防治效果差；药量偏大，又易污染环境，造成农产品中农药残留量超标。不盲目施用"保险药"，也不宜片面追求过高的防治效果。应根据病、虫、草害发生特点及发生程度、药剂特性，适当控制用药次数。一般间隔 7 天左右施药 1 次，若病虫害发生较重，可间隔 5 天施药 1 次，若病虫害发生较轻，可间隔 10 天施药 1 次；同时还要注意所施农药的持效期，施用了持效期长的农药，其间隔天数可与持效期接近；可连续施药 2～5 次（视病虫害发生趋势而定），并注意轮换用药。

4. 采用正确方法施药　在称量农药时要准确，不宜用硬度较高的水稀释配制药液，宜用河水、湖水、雨水等来配制药液；用稀释剂（如水、土等）稀释药剂时，要搅拌均匀。宜选用性能良好的施药器械，对有故障的药械，应先维修好，再使用。施药要均匀周到，避免漏施或重复施药（可在田间做标记）。可根据病、虫、草害的特点及药剂特性，选择适宜的施药方法，多种施药方法可酌情配合使用。

5. 综合考虑药费投入　宜从农产品收益、防治效果、农药成本等方面，做全面分析，力求获得最佳的投入产出比，不宜盲目增加农药用量或选用价格较高的农药。

（三）安全操作

1. 严防农药中毒 在使用农药前，应充分了解农药特性，并检修施药器械，不能带毛病使用。应选择身体健康，有一定生产经验和农药知识的青壮年施药。老人、儿童、体质差的人，曾经有农药中毒史的人，在经期、孕期、哺乳期的妇女等，不能参加施药工作。施药人员应穿戴工作衣、口罩、长裤等防护用品；对施用中等毒性农药或有刺激性（如对眼、皮肤等）的农药，要做好防范措施。应在远离住宅、畜禽圈、水源等处，配制农药。在配药过程，防止药剂散落，飞扬或流洒等事故出现。在施药期间不能抽烟、吃东西、喝水，互相打闹，不能带药检修施药器械，应将药液倒入容器内，洗净后检修，不允许非施药人员进入施药现场；每天施药时间不宜超过 5 小时，连续施药不能超过 5 天。在保护地内施用带有熏蒸作用的药剂，应提高警惕。在施药结束后，施药人员应将药械清洗干净，先用清水冲洗手、皮肤、脸等裸露处，再用肥皂，并漱口，洗净工作衣、裤等物。剩余药液、洗药械或工作衣的残液、用完的农药包装物，应在远离水源处挖坑深埋。在施药地块上应插明显标志，在一定时间内禁止人、畜入内。若在施药过程，出现头晕、头痛、恶心等症状，应停止施药，脱去工作衣、裤，用清水洗净皮肤裸露处，并漱口，然后在有关人员陪同下去医院就诊，最好能告诉医生所用药剂种类，便于对症治疗。

2. 防止产生药害 对于新药或自己未使用过的药剂，或从技术资料上（包括本手册）查到的农药使用方法，都应先进行小范围内的药剂试验，取得经验后，再大面积使用。在施药过程，应严格按照农药标签上的使用要求，正确进行施药，或在有经验的农技人员指导下施药。若不慎发生药害，可喷清水冲洗植株表面，保护地内还需注意放风排出药气，及时追施速效性肥料，中耕松土，促进植株恢复生长；并可根据引起药害的药剂特性，对症喷洒解症药剂，以缓解药害。

3. 避免污染环境 在施药过程，要避免杀伤有益生物。

（1）天敌　在天敌活动期（也就是害虫发生初中期），应选用对天敌杀伤力小的化学药剂，或在一些地块适当减少用药次数和用药量，保护天敌繁殖，也可选用生物性药剂来防治害虫。

（2）蜜蜂　蜜蜂是重要传粉昆虫。因此，在作物开花期间，尽量不要施药，若需在花期施药，宜选用一些对蜜蜂毒性较低的药剂，并尽量避免往花部喷药，或在施药时，把巢门关闭一定时间，避免蜜蜂接触药剂。若发现蜜蜂农药中毒，立即配稀薄蜜水（1 千克水中加 250 克蜜），在中毒蜂群的上部框梁上喷洒少量稀薄蜜水，并在巢门口放置瓶式饲养器饲喂稀薄蜜水。

（3）蚕类　应避免在养蚕区附近及桑叶上使用对蚕类有杀伤力的药剂，对怀疑被农药污染的桑叶，也不宜喂蚕。

（4）鱼类及水生生物　农药对鱼类急性毒性可分为高毒、中毒、低毒等三级。对于高毒类药剂，不能使其污染池塘、水库、河流等水源；对于中毒类药剂，在通常使用方法下对鱼类影响不大，但应避免在一段时间内大量使用；对低毒类药剂，在普通使用方法下对鱼无毒害。对其他水生生物有毒害作用的药剂，也应避免使其对水源造成污染。

（四）避免病虫草害产生抗药性

1. 避免产生抗药性的措施　农药使用者应记录所使用农药和农药有效成分的名称，为科学轮换用药提供查询依据。尽量购买小包装农药，以减少同一种农药的连续使用次数。若无小包装农药，可几户农户联合购买大包装农药，这样分摊到每个农户的农药量就减少了。同一品种或同一类型（指有效成分的化学结构相似）农药，尤其是某些防治效果好的农药，在一个生产季节内的使用次数不宜超过 2 次，最好与不同品种或不同类型的农药轮换使用。如果使用常见农药能获得很好的防治效果，或改进施药技术后就能获得较好的防治效果，就不宜盲目换用其他新型高防效农药。在发生同一种病、虫、草害的连片地块，在施药时，各农户之间最好能做到统一喷药时间，统一用药品种，统一施药技术，统一调查防治效果，这些有助于提高防治效果。同时，不要片面依赖化学农药防治病虫草害，要重视农业防治措施，创造出有利于蔬菜作物生长发育，而不利于病虫草害发生的环境条件。

2. 抗药性病虫草害的防治对策　对防治效果不好的农药要停用，待查明原因后，再决定是否继续使用，但不能盲目采用加大药量的方法继续使用。当确定病虫草害对某种农药产生了抗药性，应坚决停用，换用与停用农药不属同一品种或同一类型的农药。也可使用混配农药，对混配农药也应轮换使用。可在农药中适当添加增效剂，以提高防治效果。可换用植物性或微生物类农药。也可将两种农药混配在一起使用，但药液应现配现用，一般不宜将3种以上（含3种）农药混配在一起使用。对不了解性质的农药，可先取少量农药进行混配实验，若出现乳状液分层、悬浮液沉淀、结絮等现象，则不宜混配。另外，混配后出现药害、药效降低等现象，也不能混用。混配药剂（含有2种或3种有效成分）不宜再与其他药剂混配在一起施用。

（五）简单药效计算法

1. 试验方法　可采用药效对比试验。

（1）对杀虫剂或杀菌剂　可选择病虫害发生较多、较均匀的地块，取一定面积（或一定株数）划分成三个区，中间一个区不施药（或喷清水）作为对照区，一边做标准区（喷常用药剂），另一边作为测试区（喷供试药剂），最好设2～3个重复（每一个重复内包括标准区、对照区和测试区等3个处理），若不设重复，则试验地面积应在70平方米以上。施药前，各区内（留出2～3边行作为保护行）分别定点或定株调查，记载害虫的虫口数量（或被害株数）及发病株数，然后分别喷洒药液（或清水）。在施药后1、2、3、5、7、9天时，调查防治效果（可酌情选择调查次数），在分析药效结果时，可将相同处理区内的结果平均后，再进行比较，按公式计算药效。

（2）对除草剂　试验的小区面积不应小于350平方米，至少设两个重复。每个重复内设喷除草剂和对照（喷清水）两个处理。一般施药后 10 天、20 天、30 天时各调查 1 次。每个处理内采用 5 点取样，每点面积不少于 1 平方米，称量点内杂草质量，然后求出每个处理内杂草质量，将相同处理区内的结果相加后平均，按公式计算药效。

2. 计算方法　可按实际情况选择计算公式。

（1）对地面非钻蛀性害虫　计算公式

$$害虫死亡率 = \left(1 - \frac{施药后活虫总数}{施药前活虫总数}\right) \times 100\%$$

（2）对地下害虫及钻蛀性害虫　用下式计算

$$防治效果 = \left(1 - \frac{施药区被害率}{对照区被害率}\right) \times 100\%$$

$$被害率 = （被害株数 / 调查总株数） \times 100\%$$

因不易查看害虫死亡情况，故用被害株率表示。

（3）对作物病害　可用如下公式计算

$$发病率 = \left(\frac{发病株数}{调查总株数}\right) \times 100\%$$

$$防治效果 = \left(1 - \frac{防治区发病率}{对照区发病率}\right) \times 100\%$$

（4）对田间杂草　用除草效果来表示药效。

$$除草效果 = \left[1 - \frac{施药区杂草残留量（鲜重，千克）}{对照区杂草生长量（鲜重，千克）}\right] \times 100\%$$

（5）增产率　也可用增产效果来表示药效。

$$增产率 = \left(\frac{防治区产量}{对照区产量} - 1\right) \times 100\%$$

（六）农药保管

在施药期间，在田间临时存放的农药和施药器械，必须有专人保管，并要采取防晒、防雨、防风等措施。对开装后未用完的农药，应仍在原包装内密封贮存，尽量保存原包装上的农药标签，不得将剩余农药转到其他包装物中。严禁将废弃的农药包装物用作它用，也不能随意丢弃在田间地头，应集中后在远离住宅和水源处销毁或深埋。不能用酒瓶、饮料瓶、食品袋等物盛装农药。对于未用完的农药和因农闲暂时不使用的农药，应贴好标签，封好口，再装入一个塑料袋内，然后包扎好，防止农药挥发或受潮。农药应存放在避光、干燥、通风、不受冻、避高温处。每种农药应间隔一定距离存放。不能存放在卧室、厨房、畜圈、禽棚、墙头、窗户等处；不能与易燃易爆物、食物、饲料、蔬菜、日用品、农具等物存放在一起。存放农药处应远离火源，并加锁，安全贮存。对施药器械应用清水冲洗干净，晾干维修，上油防锈，然后挂在通风避光处保存。

第三章

主要蔬菜虫、病、草害防治药剂

一、蔬菜虫害

（一）多食性害虫

1. 蝼蛄类　主要有非洲蝼蛄和华北蝼蛄。每年 5～6 月、9～10 月，以成虫和若虫咬食各种蔬菜的幼苗及种子。用毒饵法防治，可选用敌百虫、乐果、辛硫磷等。

2. 蛴螬类　蛴螬是金龟总科幼虫的统称，主要有大黑鳃金龟、马铃薯鳃金龟等。幼虫咬食各种蔬菜幼苗根部或地下部分，成虫咬食叶片。可选用辛硫磷、喹硫磷、乐果、敌百虫等药剂，采用喷雾法或灌根法进行防治。

3. 地老虎类　主要有小地老虎、大地老虎、黄地老虎、白边地老虎、警纹地老虎等。幼虫咬食各种蔬菜的幼苗。可用毒饵法、诱捕法、喷雾法等进行防治，可选用敌百虫、辛硫磷、溴氰菊酯、氰戊菊酯、氟啶脲、氰戊·马拉松（增效）、氰戊·马拉松、溴氰·马拉松等药剂。

4. 金针虫类　主要有沟金针虫、细胸金针虫等。幼虫咬食各类蔬菜的种子和幼苗。采用灌根法防治，用药参照蛴螬。

5. 灰地种蝇　又称为种蝇、地蛆。以幼虫为害十字花科蔬菜、豆类、瓜类、葱等蔬菜的种子或根部。可采用诱捕法、毒土法、喷雾法、灌根法等进行防治，可选用敌百虫、辛硫磷、喹硫磷、溴氰菊酯、氰戊·马拉松（增效）、氰戊·马拉松、溴氰·马拉松等药剂。

6. 异型眼蕈蚊 以幼虫为害莴苣、黄瓜、番茄、马铃薯、茴香、芍药等的幼根、块茎，及食用菌。可采用喷雾法、喷粉法、灌根法等进行防治，选用辛硫磷、喹硫磷、吡虫啉等药剂。

7. 黄斑大蚊 以幼虫为害蚕豆、黄瓜、茄科蔬菜及草莓的种子和幼苗根部。可采用土壤处理及毒饵法，用辛硫磷粉剂进行防治。

8. 跳虫类 主要有紫跳虫、菜白棘跳虫、黄星圆跳虫等，可为害黄瓜、茄子、甜椒、白菜、油菜、萝卜、芥菜、乌塌菜、大豆、豇豆、莴苣、食用菌等。可选用敌敌畏、辛硫磷、喹硫磷、氰戊菊酯、氯氰菊酯、杀螟丹等药剂，采用喷雾法进行防治。

9. 蚂蚁类 可为害十字花科蔬菜、茄科、豆科及瓜类等的根、茎、瓜果等。可选用敌百虫、辛硫磷、氰戊·杀螟松等药剂灌根。

10. 西瓜虫 可为害瓜类、豆类、十字花科蔬菜及番茄、苋菜、空心菜、莴苣、食用菌等的幼芽、嫩根、浆果等。可选用喹硫磷、氰戊菊酯、溴氰菊酯、甲萘威、吡虫啉等药剂喷雾或喷粉。

11. 象甲类 主要有蒙古灰象甲、大灰象甲、甜菜象甲、菜黑斯象等，以成虫和幼虫咬食各种蔬菜幼苗的嫩根、嫩叶。可选用辛硫磷、喹硫磷、乐果、敌百虫、多杀霉素、氟虫腈、高效顺反氯氰菊酯、氰戊·辛硫磷等药剂喷雾或灌根。

12. 网目拟地甲 又名沙潜，以成虫和幼虫咬食蔬菜幼苗的嫩根、嫩叶。用喹硫磷喷雾或灌根。

13. 黑绒金龟子 以成虫和幼虫咬食蔬菜幼苗的嫩根、嫩叶。可选用辛硫磷、乐果、敌百虫、喹硫磷等药剂喷雾或灌根。

14. 蚜虫类 主要有桃蚜和瓜蚜，几乎可以为害所有种类的蔬菜，以成虫和若虫刺吸植株汁液，并可传播病毒病。可选敌敌畏、乐果、灭蚜松、氰戊菊酯、甲氰菊酯、联苯菊酯、高效顺反氯氰菊酯、阿维菌素、吡虫啉、氰戊·马拉松（增效）、氰戊·马拉松、氰戊·乐果、氯氰·敌敌畏等药剂喷雾，在保护地内采用烟剂熏蒸，要轮换用药。

15. 粉虱类 主要有温室白粉虱和烟粉虱（B型烟粉虱），以成虫和若虫吸食植株汁液，并可传播病毒病，可为害十字花科蔬菜、瓜类、茄果类、豆类等蔬菜和花卉作物百余种。可选用噻嗪酮、阿维菌素、联苯菊酯、甲氰菊酯、氯氟氰菊酯、氰戊·马拉松（增效）、乐果、敌敌畏、噻虫嗪、吡虫啉等药剂喷雾，在保护地内可用烟剂熏蒸，要注意轮换用药和连续用药防治，连片地最好统一时间用药。

16. 螨类 主要有红脊长蝽、斑须蝽、点蜂缘蝽、赤条蝽、稻绿蝽等。以成虫和若虫刺吸植株汁液，可为害十字花科、豆类、瓜类、茄果类、胡萝卜、葱蒜类等蔬菜。可选用溴氰菊酯、氰戊·马拉松（增效）、氰戊·辛硫磷等常规杀虫剂，喷雾防治。

17. 叶蝉类 主要有小绿叶蝉、大青叶蝉、棉叶蝉等，以成虫和若虫刺吸植株汁液，还可传播病毒病，可为害十字花科蔬菜、茄果类、豆类、莴苣、芹菜、胡萝卜、葡萄等作物。可选用噻嗪酮、异丙威、甲萘威、马拉硫磷、辛硫磷、溴氰菊酯、吡虫啉等药剂喷雾或喷粉防治。

18. 蓟马类 主要有西花蓟马、烟蓟马、葱蓟马、禾蓟马、端大蓟马、黄胸蓟马、丝大蓟马、色蓟马、花蓟马、黄蓟马、棕榈蓟马等，以成虫和若虫锉吸植株汁液，可为害十字花科、茄果类、豆类、瓜类等蔬菜。可选用辛硫磷、喹硫磷、乙酰甲胺磷、杀螟丹、丁硫克百威、吡虫啉、氰戊·马拉松（增效）、多杀霉素、阿维菌素、噻虫嗪等药剂喷雾。

19. 螨类 主要有侧多食跗线螨（茶黄螨）、神泽氏叶螨、朱砂叶螨、截形叶螨、二斑叶螨、土耳其斯坦叶螨等。以成螨和幼螨刺吸植株汁液。可为害瓜类、茄果类、豆类、绿叶菜类、草莓、葡萄等作物。可选用杀螨剂、阿维菌素、吡虫啉等药剂轮换喷雾。

20. 康氏粉蚧 以若虫和雌成虫刺吸植株汁液，可为害佛手瓜、葡萄、桃等。可在若虫体上未形成蜡质介壳前，选用马拉硫磷、杀螟硫磷、稻丰散、溴氰菊酯、氯氟氰菊酯、甲氰菊酯等药剂喷雾。

21. 潜叶蝇类 主要有美洲斑潜蝇、南美斑潜蝇、番茄斑潜蝇、豌豆潜叶蝇等，以幼虫钻蛀叶片为害，可为害瓜类、豆类、茄果类、十字花科蔬菜、葱蒜类、绿叶菜类等作物。可选用阿维菌素、毒死蜱、辛硫磷、敌敌畏、杀螟丹、杀虫双、氟虫腈、灭蝇胺、氟啶脲、氟虫脲、杀虫单等药剂喷雾，在保护地用烟剂熏蒸，用S-氰戊菊酯配毒土撒施等措施进行防治。

22. 棉铃虫和烟青虫 以幼虫钻蛀果实或咬食嫩茎叶、花等，可为害番茄、甜椒、茄子、南瓜、白菜、甘蓝等。可选用联苯菊酯、氯氟氰菊酯、醚菊酯、顺式氯氰菊酯、喹硫磷、杀螟硫磷、氰戊·马拉松（增效）、氰戊·马拉松、氰戊·辛硫磷、敌·马等药剂进行喷雾。

23. 夜蛾类 主要有甘蓝夜蛾、斜纹夜蛾、甜菜夜蛾、粉斑夜蛾、银纹夜蛾、苜蓿夜蛾等，以幼虫咬食叶片，可为害十字花科蔬菜、茄科蔬菜、瓜类、豆类、绿叶菜等作物100多种。可选用苏云金杆菌、杀螟腈、联苯菊酯、氯氟氰菊酯、氰戊菊酯、高效顺反氯氰菊酯、氟胺氰菊酯、氟氯氰菊酯、氟啶脲、溴虫腈、氟虫脲、氰戊·马拉松（增效）等药剂喷雾。

24. 双线盗毒蛾 以幼虫咬食叶片、果实等，可为害豇豆、菜豆、丝瓜、辣椒、粉葛等。可选用杀螟硫磷、辛硫磷、氰戊菊酯、醚菊酯、吡虫啉、灭幼脲等药剂喷雾。

25. 灯蛾类 主要有星白雪灯蛾、红缘灯蛾、人纹污灯蛾、仿污白灯蛾、稀点雪灯蛾、八点灰灯蛾、黄领麻纹灯蛾等。幼虫咬食叶片，可为害十字花科蔬菜、豆类、茄科蔬菜、瓜类、草莓等作物。选用辛硫磷、氰戊菊酯、氯氟氰菊酯、甲氰菊酯、联苯菊酯、毒死蜱、乙酰甲胺磷、杀螟丹、除虫脲、灭幼脲、氰戊·马拉松（增效）等药剂喷雾。

26. 蟋蟀类 主要有油葫芦类、斗蟋、双斑大蟋、大扁头蟋等。以成虫和若虫咬食叶片、根茎、种子等，可为害蔬菜、草莓、果树苗木等。可用敌百虫、辛硫磷等药剂拌制毒饵诱杀。

27. 蚯蚓 蚯蚓（不属于昆虫类）在地下爬行，造成蔬菜幼苗萎蔫枯死。用松脂酸钠、二嗪磷、辛硫磷、敌百虫等药剂防治。

（二）寡（单）食性害虫

1. 瓜类蔬菜害虫　瓜类主要有黄瓜、西葫芦、南瓜、丝瓜、苦瓜、瓠瓜、越瓜、笋瓜、佛手瓜、金瓜、节瓜、冬瓜、菜瓜、西瓜、甜瓜等葫芦科植物。除前介绍外，还有以下害虫。

（1）瓜绢螟　幼虫啃食叶肉。用乐果、氰戊·马拉松（增效）、敌敌畏、马拉硫磷、氰戊菊酯等喷雾。

（2）守瓜类　有黄足黄守瓜、黄足黑守瓜、黑足黑守瓜等，成虫咬食叶、茎、果，幼虫啃根。用辛硫磷、敌百虫、氰戊菊酯、醚菊酯、杀螟丹、吡虫啉等药剂，喷雾防治成虫，灌根防治幼虫。

（3）实蝇类　有瓜实蝇、显尾瓜实蝇、南亚寡鬃实蝇等，幼虫蛀入瓜内为害。选用敌敌畏、马拉硫磷、溴氰菊酯、辛硫磷、醚菊酯、氰戊·马拉松（增效）等喷雾防治成虫，隔3~5天喷1次。

（4）螨类　有瓜褐螨、细角瓜螨，成、若虫刺吸植株汁液。用乙酰甲胺磷、吡虫啉、喹硫磷、醚菊酯、杀虫双等喷雾。

（5）天牛类　有黄瓜天牛、南瓜斜斑天牛等，以幼虫钻入茎内蛀食。用杀螟丹喷雾防治成虫，用注射法防治幼虫。

2. 茄果类蔬菜害虫　茄果类主要有番茄、甜（辣）椒、茄子、马铃薯等茄科植物，除前介绍外，还有以下害虫。

（1）马铃薯甲虫　检疫对象，成、幼虫咬食叶片。可用辛硫磷、伏杀硫磷、多杀霉素、氟虫腈、氯氟氰菊酯等喷雾。

（2）瓢虫类　有马铃薯瓢虫、茄二十八星瓢虫等，成、幼虫啃食叶片。用辛硫磷、氯氟氰菊酯、氰戊菊酯、氰戊·马拉松（增效）等喷雾。

（3）茄蚤跳甲　成虫食叶，幼虫蛀根，用辛硫磷喷雾或灌根。

（4）茄无网蚜　用药可参照桃蚜（见蚜虫类）。

（5）茄黄斑螟　以幼虫蛀食嫩茎、花、果等。用多杀霉素、毒死蜱、氰戊菊酯、氰戊·马拉松（增效）、氰戊·马拉松等药剂喷雾。

（6）马铃薯块茎蛾 幼虫蛀食叶片和块茎。用氰戊·马拉松喷雾防治成虫，用敌百虫喷淋种薯。

（7）红棕灰夜蛾 幼虫咬食叶片。可选用阿维菌素、辛硫磷、喹硫磷、氰戊菊酯、杀螟丹等喷雾或配毒土撒施。

（8）芝麻天蛾 幼虫咬食叶片。可选用喹硫磷、吡虫啉、灭幼脲等喷雾，用杀螟丹配毒土。

3. 豆类蔬菜害虫 豆类主要有菜豆、豇豆、豌豆、蚕豆、扁豆、菜用大豆、四棱豆、刀豆等豆科植物。除前介绍外，还有以下害虫。

（1）豆蚜 选用氰戊菊酯、抗蚜威、氰戊·马拉松（增效）等喷雾。

（2）豌豆修尾蚜和大豆蚜 选用抗蚜威、联苯菊酯、丁硫克百威等喷雾。

（3）菜豆根蚜 在根部刺吸汁液。选用辛硫磷、抗蚜威、吡虫啉等灌根或拌种。

（4）蝽类 有二星蝽、红背安缘蝽、斑背安缘蝽、条蜂缘蝽、豆突眼长蝽、点蜂缘蝽、筛豆龟蝽等。用药参照瓜褐蝽（见瓜类害虫）。

（5）豆叶螨 选用杀螨剂、氟虫脲等喷雾。

（6）豆秆黑潜蝇 幼虫钻蛀茎秆。可选用辛硫磷、氰戊·马拉松（增效）、氰戊·马拉松等药剂苗期喷雾。

（7）大豆食心虫 幼虫蛀荚。喷常规药剂。

（8）双斑萤叶甲 成虫食叶。选用辛硫磷、杀螟丹等喷雾或喷粉。

（9）芫菁类 有豆芫菁、眼斑芫菁、大斑芫菁等，成虫食叶。选用敌敌畏、敌百虫、杀螟硫磷、氰戊菊酯、溴氰菊酯等喷雾（粉）。

（10）黑龙江筒喙象 成虫食叶。用触杀性杀虫剂喷雾。

（11）豇豆荚螟（豆野螟）、豆荚斑螟、豆卷叶螟 幼虫蛀荚或卷叶为害。可选用氰戊菊酯、溴氰菊酯、氰戊·马拉松（增效）等药剂喷雾。

（12）豆银纹夜蛾、肾毒蛾　幼虫食叶。参照菜粉蝶用药。

（13）扁豆夜蛾、扁豆小灰蝶　幼虫食花、蛀荚。选用乐果、氰戊菊酯等药剂往花轴上喷雾。

（14）豆灰蝶、棕灰蝶　幼虫食叶或蛀荚。选用氰戊菊酯、吡虫啉、灭幼脲等喷雾。

（15）豆小卷叶蛾　幼虫卷叶或蛀荚。选用吡虫啉、氯氟氰菊酯、氰戊菊酯、溴氰菊酯等喷雾。

（16）豆天蛾　幼虫食叶。选用辛硫磷、氰戊菊酯、氰戊·马拉松（增效）等药剂喷雾（往叶背面喷药液）。

4. 葱蒜类蔬菜害虫　葱蒜类蔬菜主要有韭菜、洋葱、大葱、细香葱、大蒜等百合科植物。除前介绍外，其他害虫如下。

（1）韭菜迟眼蕈蚊（韭蛆）　以幼虫钻蛀植株的幼茎和鳞茎，并可为害食用菌。选用辛硫磷、溴氰菊酯、氰戊菊酯等喷雾防治成虫，用喹硫磷、氟铃脲、毒死蜱、阿维菌素等灌根防治幼虫。

（2）葱地种蝇（葱蛆、蒜蛆）　用药参见灰地种蝇。

（3）刺足根螨　以成、若螨为害地下假茎处。选用石灰、辛硫磷防治。

（4）葱黄寡毛跳甲　成虫食叶，幼虫蛀根。选用辛硫磷、苏云金杆菌（Bt）等喷雾或灌根。

（5）韭莹叶甲　成虫食叶，幼虫蛀根。用药见黄曲条跳甲。

（6）韭菜跳盲蝽　成、若虫刺吸叶片。选用辛硫磷、喹硫磷、溴氰菊酯、氰戊·马拉松（增效）等药剂喷雾。

（7）葱蚜　选用辛硫磷、抗蚜威等喷雾，保护地用烟剂熏蒸。

（8）葱蓟马　以成、若虫锉吸嫩叶。选用辛硫磷、乐果、杀螟丹、喹硫磷等药剂喷雾。

（9）葱斑潜蝇　幼虫在叶内蛀食。选用辛硫磷、氰戊·马拉松（增效）等喷雾。

（10）葱须鳞蛾　幼虫蛀食叶片。选用喹硫磷、溴氰菊酯、氰戊菊酯、氰戊·马拉松（增效）、溴氰·马拉松等喷雾。

（11）橙灰蝶　幼虫食叶。选用除虫脲、辛硫磷、氰戊菊酯喷雾。

5. 十字花科蔬菜害虫　十字花科蔬菜主要有大白菜、白菜（油菜）、乌塌菜、紫菜薹、菜心、结球甘蓝、花椰菜、青花菜（绿菜花）、球茎甘蓝（苤蓝）、芥蓝、抱子甘蓝、紫甘蓝、叶芥菜、茎芥菜、根芥菜、萝卜等。除前介绍外，还有以下害虫。

（1）萝卜地种蝇、毛尾地种蝇　以幼虫（又称根蛆）钻蛀菜根。用药参见灰地种蝇。

（2）萝卜蚜、甘蓝蚜　用药参见桃蚜。

（3）菜潜蝇　幼虫钻蛀叶片。用药参见潜叶蝇类。

（4）蟥类　主要有菜蟥、横纹菜蟥、横带红长蟥、新疆菜蟥、巴楚菜蟥等。选用氰戊·马拉松（增效）、氰戊·辛硫磷、溴氰菊酯等药剂喷雾。

（5）菜粉蝶　幼虫（菜青虫）食叶。选用阿维菌素、印楝素、顺式氯氰菊酯、高效氟氯氰菊酯、硫丹、哒嗪硫磷、二溴磷、杀螟丹、抑食肼、茚虫威、氟虫腈、氟虫脲等喷雾，注意轮换用药。

（6）小菜蛾　幼虫食叶。用药参见菜粉蝶。

（7）黑纹粉蝶　幼虫食叶。选用氯氟氰菊酯、联苯菊酯、氟啶脲、溴氰菊酯等药剂喷雾。

（8）菜野螟　幼虫食菜心。用药参见黑纹粉蝶。

（9）菜螟　幼虫钻蛀叶片和根茎部。选用氯氟氰菊酯、联苯菊酯、甲氰菊酯、氰戊·马拉松（增效）等药剂喷雾。

（10）大菜螟　幼虫食叶或钻蛀叶球。选用敌敌畏、苏云金杆菌等喷雾。

（11）八点灰灯蛾　幼虫食叶。用药参见灯蛾类。

（12）黏虫　幼虫食叶。选用氰戊菊酯、氰戊·马拉松（增效）等喷雾。

（13）菜叶蜂　有黄翅菜叶蜂、黑翅菜叶蜂、黑斑菜叶蜂、新疆菜叶蜂、日本菜叶蜂等。幼虫食叶。选用辛硫磷、伏杀硫磷、马拉硫磷、氰戊菊酯、氟氯氰菊酯、溴氰菊酯等药剂喷雾。

（14）跳甲类　有黄曲条跳甲、黄狭条跳甲、黄宽条跳甲、油菜蚤跳甲。成虫食叶，幼虫蛀根。选用辛硫磷、敌百虫、氰戊·马拉松（增效）、杀螟丹等喷雾、喷粉或灌根。

（15）大、小猿叶虫　成虫和幼虫均咬食叶片。选用辛硫磷、敌百虫、氰戊·马拉松（增效）等喷雾或灌根。

（16）东方油菜叶甲、黑缝油菜叶甲　成虫和幼虫均咬食叶片。选用辛硫磷、杀螟丹、马拉硫磷、氯氟氰菊酯等药剂喷雾或喷粉。

6. 绿叶菜害虫

（1）菠菜潜叶蝇　幼虫在菠菜、萝卜等的叶片内钻蛀为害。可选用辛硫磷、喹硫磷、敌百虫、溴氰菊酯、氰戊·马拉松（增效）等喷雾。

（2）肖藜泉蝇　幼虫在菠菜等的叶片内蛀食。选用吡虫啉、氟虫腈等药剂喷雾。

（3）柳二尾蚜、胡萝卜微管蚜　可为害芹菜、茴香、胡萝卜、水芹等。选用辛硫磷、马拉硫磷、抗蚜威、氰戊菊酯等喷雾。

（4）莴苣指管蚜　可为害莴苣等。选用甲氰菊酯、氯氟氰菊酯、联苯菊酯、抗蚜威、氰戊菊酯等喷雾。

（5）禾蓟马　可为害空心菜、茄子等。选用氰戊·马拉松（增效）、吡虫啉喷雾。

7. 水生蔬菜害虫

（1）荸荠白禾螟、黄色白禾螟　幼虫钻入荸荠茎秆内为害。选用敌敌畏、辛硫磷等喷雾。

（2）莲缢管蚜　为害叶片、花瓣等。选用溴氰菊酯、抗蚜威、吡虫啉、丁硫克百威等喷雾。

（3）莲藕潜叶摇蚊　以幼虫为害莲藕、菱角、芡实等叶片（浮叶）。用喹硫磷喷雾防治。

（4）小巢菜蛾　以幼虫食莲藕、桃、葡萄等叶片。选用喹硫磷、灭幼脲等喷雾。

（5）飞虱类　有白背飞虱、灰飞虱、长绿飞虱等。以成、若虫刺吸茭白汁液。选用噻嗪酮、杀虫单、吡虫啉、溴氰菊酯等喷雾。

（6）黑尾叶蝉　为害茭白。选用异丙威、杀螟硫磷等喷雾。

（7）菲岛毛眼水蝇　幼虫蛀食茭白叶片。选用喹硫磷、吡虫啉、溴氰菊酯等喷雾。

（8）长腿水叶甲　成虫食叶，幼虫蛀根，为害茭白、矮慈姑、莲藕等。用辛硫磷防治。

（9）稻水象甲　成虫食叶，幼虫蛀根，为害茭白。用丁硫克百威防治。

（10）直纹稻弄蝶　幼虫卷食茭白叶。选用辛硫磷、喹硫磷、吡虫啉、溴氰菊酯等喷雾。

（11）稻负泥虫　成、幼虫食茭白叶片。选用喹硫磷、辛硫磷、杀螟硫磷等喷雾。

（12）中华稻蝗　成、若虫食茭白叶。选用辛硫磷、马拉硫磷、杀虫单等喷雾。

（13）稻蛀茎夜蛾、二化螟　幼虫蛀食茭白茎。用敌敌畏防治。

（14）稻蓟马、稻管蓟马　为害茭白、薏苡等。选用辛硫磷、吡虫啉等喷洒。

8. 其他蔬菜害虫

（1）姜弄蝶　幼虫咬食姜叶片。选用喹硫磷、氰戊菊酯喷雾。

（2）白星花金龟　成虫取食留种蔬菜花朵。用药参见蛴螬类。

（3）琉璃弧丽金龟　成虫取食胡萝卜、草莓、葡萄等花器。选用辛硫磷、吡虫啉等喷雾。

（4）红斑郭公虫　成虫取食胡萝卜、蚕豆等的花粉。选用辛硫磷、喹硫磷等喷雾。

（5）桑剑纹夜蛾　幼虫咬食香椿叶片。选用辛硫磷、杀螟硫磷、氯氟氰菊酯、溴氰菊酯等喷雾。

（6）苜蓿盲蝽、牧草盲蝽、绿盲蝽　为害苜蓿、蔬菜等。选用马拉硫磷、甲氰菊酯等喷雾。

（7）十四点负泥虫　成、幼虫啃食石刁柏（芦笋）嫩茎。选用甲氰菊酯、毒死蜱、吡虫啉、啶虫脒、辛硫磷等喷雾。

（8）玉米螟　幼虫钻蛀鲜食玉米的果穗（雌穗）、雄穗、茎秆等。用白僵菌、阿维菌素、辛硫磷、敌敌畏等药剂防治。

9. 枸杞害虫

（1）枸杞实蝇　幼虫蛀果。用喹硫磷防治。

（2）枸杞蚜虫　选用吡虫啉、硫丹等喷雾。

（3）枸杞负泥虫　成、幼虫咬食叶片。用药参见枸杞蚜虫。

（4）印度裸蓟马　用药参见蓟马类。

（5）枸杞瘿螨　选用阿维菌素、石硫合剂、硫磺悬浮剂等喷雾防治。

10. 草莓害虫

（1）古毒蛾　幼虫食叶。用药参见豆小卷叶蛾。

（2）花弄蝶、黄翅三节叶蜂　选用喹硫磷、除虫脲等喷雾防治幼虫。

（3）丽木冬夜蛾　幼虫食嫩头、嫩蕾。用药参见花弄蝶。

（4）棉褐带卷蛾　幼虫食叶。选用喹硫磷、杀螟硫磷、马拉硫磷、联苯菊酯、S-氰戊菊酯等喷雾。

（5）棉双斜卷蛾　幼虫食叶，咬花蕾。选用辛硫磷、杀螟硫磷、喹硫磷等喷雾。

（6）小青花金龟、斑青花金龟、无斑弧丽金龟　成虫为害叶、花、果等。选用喹硫磷、辛硫磷、吡虫啉等喷雾。

（7）麻皮蝽、茶翅蝽　用溴氰菊酯喷雾防治。

（8）褐背小萤叶甲　成（幼）虫为害叶、花、果。选用喹硫磷、溴氰菊酯等喷雾。

11. 食用菌害虫

（1）白翅型蚤蝇　幼虫为害草菇子实体及培养料。选用辛硫磷、二嗪磷等喷雾。

（2）平菇尖须夜蛾　幼虫咬食子实体。用氰戊菊酯喷雾。

（3）草菇折翅菌蚊　幼虫蛀食子实体。选用溴氰菊酯、氰戊菊酯等喷洒。

（4）腐嗜酪螨　为害菇体。选用炔螨特等喷洒。

二、蔬菜病害

（一）多寄主病害

1. 病毒病　病毒通过昆虫、种子、接触等方式传播。

（1）寄主范围　有瓜类、茄果类、豆类、十字花科蔬菜、葱蒜类、绿叶菜类、根菜类、薯芋类、水生蔬菜、黄花菜、芦笋、草莓、草石蚕、百合、菊花等。

（2）使用药剂　有磷酸三钠、高锰酸钾、烷醇·硫酸铜、吗胍·乙酸铜、菌毒清、菇类蛋白多糖、混合脂肪酸、弱病毒疫苗等，及防治传毒昆虫（蚜虫、白粉虱、烟粉虱）的药剂。

2. 细菌性病害　由细菌侵染所引起的病害。

（1）病害种类　①由棒状杆菌侵染。有番茄溃疡病、马铃薯环腐病。②由欧氏杆菌侵染。有茄果类、瓜类、十字花科蔬菜、葱蒜类、绿叶菜、胡萝卜、魔芋、姜、百合、芋等的软腐病，黄瓜、甜瓜等的细菌性枯萎病，茼蒿细菌性萎蔫病。③由黄单胞杆菌侵染。有茄果类疮痂病，十字花科蔬菜黑腐病，黄瓜、西瓜、西葫芦、甜瓜等的细菌性叶枯病，豆类、茴香、芫荽、胡萝卜等的细菌性疫病，黄瓜细菌性圆斑病，西瓜细菌性褐斑病，牛蒡、草莓等的细菌性叶斑病，菜用大豆细菌性斑疹病，魔芋细菌性叶枯病，莴苣、莴笋等的腐败病，苦苣细菌性斑点病，姜腐烂病。④由假单胞杆菌侵染。瓜类的细菌性角斑病，茄果类、姜、草莓等的青枯病，白菜类、甘蓝类、青花菜、紫甘蓝等的细菌性黑斑病，甜（辣）椒、菜豆、豌豆、豇豆、芹菜、葛、豆薯等的细菌性叶斑病，茄子、白菜类等的细菌性褐斑病，黄瓜细菌性缘枯病，西瓜细菌性果斑病，番茄的细菌性斑疹病、髓部坏死病、果腐病，甜（辣）椒果实细菌性黑斑病，菜豆细菌性晕疫病，蚕豆的茎疫病、叶烧病，大白菜的细菌性角斑病、叶斑病，洋葱球茎软腐病和腐烂病，芹菜细菌性叶枯病，莴苣、莴笋的叶缘坏死病，芋细菌性斑点病。⑤由土壤杆菌侵染。菊花根癌病。

（2）使用药剂　硫酸链霉素、新植霉素（硫酸链霉素·土霉素）、各种含铜药剂、石灰等。

3. 苗期猝倒病　由真菌侵染所致。引起瓜类、茄果类、芹菜、甘蓝类、蚕豆、菠菜、薤菜、茴香、白菜类、菜用大豆等的幼苗猝倒病。可选用福美·拌种灵、五氯硝基苯、代森锰锌、甲霜灵、恶霉灵、霜霉威盐酸盐、百菌清、恶霜·锰锌、甲霜·锰锌等防治。

4. 苗期立枯病　由真菌侵染所致。引起茄果类、瓜类、豆类、洋葱、芹菜、茼蒿、茴香、落葵、白菜类、甘蓝类等立枯病。可选用福美·拌种灵、福美双、甲基立枯磷、恶霉灵、井冈霉素等防治。

5. 枯萎病　由真菌侵染所致。引起瓜类、茄果类、豆类、菠菜、球茎茴香、山药、姜、芋、荸荠、草莓、菊花等的枯萎病。选用多菌灵、甲基硫菌磷、苯菌灵、甲基立枯磷、混合氨基酸络合铜、琥铜·乙磷铝、西瓜重茬剂（多菌灵·混合氨基酸盐）、琥胶肥酸铜、硫磺·多菌灵、多菌灵盐酸盐等防治。

6. 黄萎病　由真菌侵染所致。引起茄果类、蚕豆、瓜类等的黄萎病。选用多菌灵、苯菌灵、琥胶肥酸铜、硫磺·甲硫灵、多菌灵盐酸盐等防治。

7. 根腐病　由真菌侵染所致。引起瓜类、茄果类、豆类、冬寒菜、薤菜、黄花菜、香椿、枸杞等根腐病。选用多菌灵、甲基硫菌灵、敌磺钠、苯菌灵、福美·拌种灵、硫磺·甲硫灵、恶霉灵、安克·锰锌、甲基立枯磷、硫磺·多菌灵等防治。

8. 菌核病　由真菌侵染所致。引起瓜类、茄果类、豆类、葱蒜类、绿叶菜类、十字花科蔬菜、胡萝卜、豆瓣菜、菊花、马齿苋等的菌核病。选用百菌清、乙烯菌核利、异菌脲、菌核净、腐霉利、多菌灵、硫磺·甲硫灵、苯菌灵等药剂。

9. 白绢病　由真菌侵染所致。引起茄果类、瓜类、菜豆、扁豆、韭菜、薄荷、款冬、胡萝卜、魔芋、菱角、黄花菜、百合、霸王花、菊花、戴菜等的白绢病。选用（哈茨）木霉菌、石灰、三唑酮、甲基立枯磷、五氯硝基苯、井冈霉素等防治。

10. 疫病　由真菌侵染所致。引起茄果类、瓜类、豇豆、蚕豆、菜用大豆、葱蒜类、百合、芋、莲藕等的疫病。选用百菌清、甲霜灵、霜霉威盐酸盐、恶霜·锰锌、三乙膦酸铝、琥铜·甲霜灵、乙铝·锰锌、甲霜·锰锌、琥铜·乙膦铝、氧化亚铜、霜脲·锰锌、安克·锰锌、春雷·王铜等防治。

11. 绵疫病　由真菌侵染所致。引起茄子、番茄、丝瓜、甜瓜、扁豆等的绵疫病。用药参见疫病。

12. 绵腐病　由真菌侵染所致。引起黄瓜、西葫芦、冬瓜、节瓜、瓠瓜、丝瓜、西瓜、番茄、甜（辣）椒、洋葱、菜豆、大（小）白菜、菜心等的绵腐病。选用春雷·王铜、络氨铜、琥胶肥酸铜、氧化亚铜、混合氨基酸铜·锌·锰·镁、甲霜灵、霜脲·锰锌、霜霉威盐酸盐、甲霜·锰锌、乙铝·锰锌、恶霜·锰锌、安克·锰锌等防治。

13. 灰霉病　由真菌侵染所致。引起瓜类、茄果类、豆类、葱蒜类、绿叶菜类、白菜类、甘蓝类、胡萝卜、芦笋、草莓、百合、菊花、苦苣菜、苣荬菜、荸荠等的灰霉病。选用百菌清、多菌灵、苯菌灵、腐霉利、乙烯菌核利、异菌脲、甲基硫菌灵、噻菌灵、硫磺·甲硫灵、武夷菌素、甲硫·乙霉威、乙霉·多菌灵、嘧霉胺、木霉菌等防治。

14. 炭疽病　由真菌侵染所致。引起瓜类、茄果类、豆类、十字花科蔬菜、大葱、洋葱、菠菜、蕹菜、冬寒菜、落葵、茼蒿、山药、姜、魔芋、芋、葛、莲藕、芡、黄花菜、芦笋、枸杞、霸王花、芦荟等的炭疽病。选用福·福锌（80％可湿性粉剂）、百菌清、甲基硫菌灵、苯菌灵、多菌灵、硫磺·甲硫灵、硫磺·多菌灵、代森锰锌、氢氧化铜、王铜、抗霉菌素120、碱式硫酸铜等防治。

15. 红粉病　由真菌侵染所致。可引起黄瓜、甜瓜、番茄等的红粉病。选用代森锰锌、福·福锌(80％可湿性粉剂)、苯菌灵等防治。

16. 花腐病（褐腐病）　由真菌侵染所致。引起黄瓜、西葫芦、冬瓜、节瓜、金瓜、笋瓜、茄子、甜（辣）椒、扁豆、四棱豆等的花腐病或褐腐病。选用百菌清、多菌灵盐酸盐、苯菌灵、恶霜·锰锌、甲霜·锰锌、乙铝·锰锌、琥铜·甲霜灵、春雷·王铜、安克·锰锌等防治。

17. 霜霉病　由真菌侵染所致。引起瓜类、十字花科蔬菜、甜（辣）椒、蚕豆、菜用大豆、豌豆、大葱、洋葱、菠菜、莴苣、莴笋、茼蒿、苦苣、苦苣菜、苣荬菜、叶荟菜、薄荷、鸭儿芹、草石蚕、菊花、车前草、荠菜等的霜霉病。选用甲霜灵、百菌清、三乙膦酸铝、恶霜·锰锌、霜霉威盐酸盐、乙铝·锰锌、甲霜·锰锌、霜脲·锰锌、琥铜·甲霜灵、琥·铝·甲霜灵、氧化亚铜、安克·锰锌等防治。

18. 白粉病　由真菌侵染所致。引起瓜类、豆类、茄果类、洋葱、莴苣、莴笋、茴香、苦苣、苦苣菜、薄荷、芫荽、白菜类、牛蒡、草莓、菊花、枸杞、草石蚕、香椿、苣荬菜、车前草、山莴苣、蒲公英等的白粉病。选用三唑酮、抗霉菌素120、武夷菌素、高脂膜、硫磺、硫磺·多菌灵、氟菌唑、丙环唑、甲基硫菌灵、石硫合剂、烯唑醇、氯苯嘧啶醇、氟硅唑等防治。

19. 黑斑病　由真菌侵染所致。引起十字花科蔬菜、瓜类、番茄、甜（辣）椒、菜豆、菜用大豆、扁豆、芹菜、韭菜、大蒜、莴苣、菠菜、冬寒菜、胡萝卜、西洋参等的黑斑病。选用百菌清、异菌脲、克菌丹、恶霜·锰锌、代森锰锌、碱式硫酸铜、甲霜·锰锌、琥铜·乙膦铝、春雷·王铜等防治。

20. 斑枯病　由真菌侵染所致。引起番茄、茄子、甜（辣）椒、豇豆、芹菜等的斑枯病。选用百菌清、恶霜·锰锌、硫磺·多菌灵、硫磺·甲硫灵、甲霜·锰锌、琥铜·乙膦铝、甲硫·福美双、高脂膜等防治。

21. 锈病　由真菌侵染所致。引起豆类、葱蒜类、葛、茭白、水芹、莴苣、莴笋、薄荷、紫苏、菊芋、黄花菜、芦笋（石刁柏）、香椿、菊花、蒲公英、苦苣、苦苣菜、苣荬菜等的锈病。选用三唑酮、萎锈灵、丙环唑、烯唑醇、石硫合剂、硫磺悬浮剂、敌锈钠、氯苯嘧啶醇、百菌清、代森锌、代森锰锌、碱式硫酸铜、波尔多液、氟硅唑等防治。

22. 白锈病　由真菌侵染所致。引起十字花科蔬菜、菠菜、苋菜、蕹菜、山葵、反枝苋、马齿苋等的白锈病。选用甲霜灵、恶霜·锰锌、三乙膦酸铝、霜霉威盐酸盐、霜脲·锰锌、琥铜·甲霜灵、甲霜·锰锌、琥·铝·甲霜灵等防治。

23. 线虫病　由线虫侵染所致。引起瓜类、茄果类、豆类、洋葱、姜、芹菜、莴苣、胡萝卜、大白菜、芥菜、菠菜、苋菜、落葵、萝卜等的线虫病。选用杀线虫药剂、阿维菌素防治。

24. 菟丝子　由寄生性植物菟丝子侵染所致。可为害茄果类、大葱、洋葱、冬寒菜、茴香、白菜类等蔬菜。选用鲁保1号防治。

（二）少寄主病害

1. 瓜类蔬菜病害　以下病害由真菌侵染所致。

（1）瓜类蔓枯病　选用百菌清、甲基硫菌灵、硫磺·甲硫灵、苯菌灵、春雷·王铜、氧化亚铜、氟硅唑等防治。

（2）瓜类黑星病　选用武夷菌素、百菌清、多菌灵、苯菌灵、甲基硫菌灵、多菌灵盐酸盐、氟硅唑等防治。

（3）黄瓜斑点病　选用甲基硫菌灵、百菌清防治。

（4）黄瓜靶斑病　选用多菌灵，百菌清防治。

（5）黄瓜叶斑病　选用硫磺·甲硫灵、百菌清、硫磺·多菌灵防治。

（6）黄瓜、冬瓜、节瓜等的（叶点霉）叶斑病　选用代森锰锌、百菌清、苯菌灵、恶霜·锰锌等防治。

（7）黄瓜（长蠕孢）圆叶枯病　选用络氨铜、硫磺·甲硫灵、甲基硫菌灵防治。

（8）嫁接黄瓜（拟茎点霉）根腐病　用苯菌灵防治。

（9）嫁接黄瓜（致病疫霉）根腐病　用药参见疫病。

（10）黄瓜褐斑病　选用代森锰锌、百菌清、代森锌防治。

（11）冬瓜、节瓜的（壳二孢）叶斑病　选用多菌灵、苯菌灵、硫磺·甲硫灵防治。

（12）冬瓜、节瓜的灰斑病　用硫磺·甲硫灵或百菌清防治。

（13）冬瓜、节瓜的褐斑病　用代森锰锌或百菌清防治。

（14）南瓜斑点病　选用异菌脲、硫磺·多菌灵、百菌清防治。

（15）南瓜（壳针孢）角斑病　用春雷·王铜或琥铜·乙膦铝防治。

（16）南瓜灰斑病　选用多菌灵、硫磺·多菌灵、苯菌灵、乙霉·多菌灵防治。

（17）南瓜青霉病　选用苯菌灵、噻菌灵、甲基硫菌灵、多菌灵防治。

（18）西葫芦曲霉病　选用百菌清、多菌灵、甲基硫菌灵防治。

（19）西葫芦子叶炭疽病　用药参见炭疽病（南瓜）。

（20）西葫芦（镰刀菌）果腐病　用春雷·王铜或硫磺·多菌灵防治。

（21）西瓜斑点病　用药见冬瓜、节瓜灰斑病。

（22）西瓜叶枯病　选用腐霉利、百菌清、异菌脲防治。

（23）西瓜褐色腐败病　用药参见疫病。

（24）西瓜褐腐病　选用福美双、百菌清、氢氧化铜防治。

（25）甜瓜（瓜笋霉）果腐病　用药参见花腐病。

（26）甜瓜（镰刀菌）果腐病　选用苯菌灵、百菌清、氧化亚铜、多菌灵盐酸盐防治。

（27）甜瓜（黑根霉）软腐病　选用碱式硫酸铜、苯菌灵、甲基硫菌灵防治。

（28）甜瓜炭腐病　用百菌清或代森锰锌防治。

（29）甜瓜大斑病　选用百菌清、异菌脲、恶霜·锰锌防治。

（30）丝瓜褐斑病　用恶霜·锰锌、琥铜·甲霜灵、甲霜铜、甲基硫菌灵、琥铜·乙膦铝防治。

（31）丝瓜白斑病　用药参见南瓜灰斑病。

（32）丝瓜轮纹斑病　用苯菌灵或碱式硫酸铜防治。

（33）丝瓜（黑根霉）果腐病　用苯菌灵或硫磺·甲硫灵防治。

（34）苦瓜斑点病 用硫磺·多菌灵或甲基硫菌灵防治。

（35）苦瓜灰（白）斑病 用百菌清或硫磺·甲硫灵、多菌灵盐酸盐防治。

（36）苦瓜（链格孢）叶枯病 用百菌清或异菌脲防治。

（37）苦瓜根腐病 用药参见根腐（冬瓜、节瓜）病。

（38）瓠瓜褐斑病 用琥铜·甲霜灵或恶霜·锰锌、碱式硫酸铜防治。

（39）瓠瓜果斑病 用碱式硫酸铜或春雷·王铜、络氨铜防治。

（40）笋瓜叶点病 用百菌清或异菌脲、硫磺·多菌灵防治。

（41）金瓜曲霉病 用药参见西葫芦曲霉病。

（42）佛手瓜（壳二孢）叶斑病 用药参见冬（节）瓜叶斑病。

（43）佛手瓜（叶点霉）叶斑病 用药参见黄瓜（叶点霉）叶斑病。

2. 茄果类蔬菜病害 以下病害由真菌侵染所致。

（1）茄果类早疫病 选用百菌清、代森锰锌、恶霜·锰锌、异菌脲、甲霜·锰锌、克菌丹防治。

（2）茄果类叶霉病 选用硫磺、百菌清、武夷菌素、硫磺·多菌灵、多菌灵、春雷·王铜、多菌灵盐酸盐、氟硅唑防治。

（3）番茄、马铃薯等的晚疫病 选用百菌清、霜霉威盐酸盐、恶霜·锰锌、琥铜·乙膦铝、琥铜·甲霜灵防治。

（4）番茄茎基腐病 用甲基立枯磷或福美双防治。

（5）番茄煤霉病 用苯菌灵或硫磺·甲硫灵、硫磺·多菌灵防治。

（6）番茄芝麻斑病 用络氨铜或甲基硫菌灵防治。

（7）番茄灰叶斑病 用百菌清或克菌丹、氢氧化铜、硫磺·甲硫灵防治。

（8）番茄斑点病 用多菌灵或百菌清、硫磺·甲硫灵防治。

（9）番茄灰斑病 用百菌清或苯菌灵、波尔多液防治。

（10）番茄煤污病 用灭菌丹或苯菌灵、甲硫·乙霉威防治。

（11）番茄（番茄葡柄霉）斑点病 用春雷·王铜或碱式硫酸

铜防治。

（12）番茄茎枯病　用百菌清或异菌脲、恶霜·锰锌防治。

（13）番茄圆纹病　用百菌清或硫磺·甲硫灵、氢氧化铜防治。

（14）番茄（疫霉）根腐病　用药参见绵疫病。

（15）番茄褐色根腐病　用多菌灵或混合氨基酸络合铜防治。

（16）番茄果实牛眼腐病　选用百菌清、霜脲·锰锌、氧化亚铜、安克·锰锌防治。

（17）番茄酸腐病　用碱式硫酸铜或络氨铜、氢氧化铜防治。

（18）番茄（根霉）果腐病　用氢氧化铜或苯菌灵防治。

（19）番茄（青霉）果腐病　用多菌灵或甲基硫菌灵防治。

（20）番茄（镰刀菌）果腐病　用络氨铜或硫磺·多菌灵防治。

（21）番茄（丝核菌）果腐病　选用井冈霉素、甲基立枯磷、波尔多液防治。

（22）茄子褐纹病　选用福美双、百菌清、恶霜·锰锌、苯菌灵、琥铜·甲霜灵、甲霜·锰锌、乙铝·锰锌防治。

（23）茄子褐色圆星病　选用百菌清、苯菌灵、硫磺·甲硫灵、硫磺·多菌灵防治。

（24）茄子黑枯病　用多菌灵、百菌清、硫磺·甲硫灵、苯菌灵防治。

（25）茄子拟黑斑病　用药参见茄果类早疫病。

（26）茄子煤斑病　用甲基硫菌灵或苯菌灵防治。

（27）茄子细轮纹病　用百菌清或苯菌灵防治。

（28）茄子褐轮纹病　选用百菌清、代森锰锌、硫磺·甲硫灵、甲基硫菌灵防治。

（29）茄子赤星病　用苯菌灵或福美双、百菌清防治。

（30）茄子褐斑病　用百菌清或代森锰锌防治。

（31）茄子红腐病　用苯菌灵或多菌灵盐酸盐防治。

（32）茄子（黑根霉）果腐病　用碱式硫酸铜或甲基硫菌灵防治。

（33）茄子（交链孢）果腐病　用恶霜·锰锌或百菌清防治。

（34）茄子（致病疫霉）果实疫病　用药参见疫病。

（35）茄子绒菌斑病　用百菌清、三唑酮、腈菌唑、腐霉利等药剂防治。

（36）甜（辣）椒褐斑病　用代森环或百菌清、硫磺·多菌灵防治。

（37）甜（辣）椒叶枯病　选用恶霜·锰锌、硫磺·甲硫灵、琥铜·甲霜灵、甲基硫菌灵、甲霜·锰锌、波尔多液防治。

（38）甜（辣）椒白星病　用氢氧化铜或络氨铜防治。

（39）甜（辣）椒黑霉病　用百菌清或络氨铜防治。

（40）甜（辣）椒（匐柄霉）白斑病　用百菌清或氢氧化铜、硫磺·甲硫灵防治。

（41）甜（辣）椒（色链隔孢）叶斑病　用代森环或百菌清、波尔多液、氢氧化铜防治。

（42）甜（辣）椒（埃利德氏）黑霉病　用百菌清或苯菌灵、多菌灵盐酸盐、甲霜·锰锌防治。

（43）甜（辣）椒污霉病　用药参见番茄煤污病或菠菜煤污病。

（44）马铃薯立枯丝核菌病　用多菌灵或福美双防治。

（45）马铃薯粉痂病　用甲醛或石灰（调节 pH）防治。

（46）马铃薯疮痂病　用甲醛防治。

（47）马铃薯癌肿病　用三唑酮防治。

（48）马铃薯早死病　用药参见黄萎病。

3. 豆类蔬菜病害　以下病害由真菌侵染所致。

（1）菜豆斑点病　用甲基硫菌灵或氢氧化铜、甲硫·福美双、硫磺·多菌灵防治。

（2）菜豆红斑病　用百菌清或硫磺·甲硫灵、络氨铜防治。

（3）菜豆轮纹病　用药参见斑枯病。

（4）菜豆角斑病　用氢氧化铜或恶霜·锰锌防治。

（5）菜豆褐斑病　用百菌清或苯菌灵、甲硫·福美双、硫磺·多菌灵防治。

（6）菜豆炭腐病　用碱式硫酸铜或琥胶肥酸铜防治。

（7）菜豆（根霉）软腐病　用甲基硫菌灵或苯菌灵、多菌灵盐酸盐、硫磺·多菌灵防治。

（8）菜豆腐霉病　用药参见苗期猝倒病。

（9）菜豆茎基腐病　用药参见苗期立枯病。

（10）豇豆轮纹病　用氢氧化铜或甲基硫菌灵防治。

（11）豇豆角斑病　用碱式硫酸铜或恶霜·锰锌、氢氧化铜、琥铜·乙膦铝防治。

（12）豇豆红斑病　用百菌清或硫磺·甲硫灵、碱式硫酸铜防治。

（13）豇豆灰斑病　用多菌灵或百菌清、苯菌灵防治。

（14）豇豆褐斑病　用药参见菜豆褐斑病。

（15）豇豆茎枯病　用药参见菜豆炭腐病。

（16）豇豆煤霉病　用多菌灵或硫磺·甲硫灵、氢氧化铜防治。

（17）豇豆基腐病　用药参见苗期立枯病。

（18）蚕豆褐斑病　用络氨铜或氢氧化铜防治。

（19）蚕豆赤斑病　用多菌灵或乙烯菌核利、异菌脲、腐霉利、硫磺·多菌灵防治。

（20）蚕豆轮纹病　用碱式硫酸铜或氢氧化铜、络氨铜防治。

（21）蚕豆（核盘菌）茎腐病　用甲基硫菌灵或苯菌灵、硫磺·甲硫灵防治。

（22）蚕豆（根串珠霉）根腐病　用三唑酮或百菌清防治。

（23）豌豆褐斑病　用苯菌灵或百菌清、硫磺·多菌灵防治。

（24）豌豆褐纹病　用百菌清或硫磺·甲硫灵、硫磺·多菌灵防治。

（25）豌豆黑斑病　用百菌清或硫磺·多菌灵、琥胶肥酸铜、甲硫·福美双防治。

（26）豌豆芽枯病　用药参见花腐病。

（27）豌豆（尖镰刀菌）凋萎病　用药参见根腐病。

（28）豌豆（根串珠霉）根腐病　用药参见蚕豆（根串珠霉）根腐病。

（29）豌豆（丝囊霉）黑根病　用甲基立枯磷或恶霉灵、霜霉威盐酸盐、霜脲·锰锌防治。

（30）豌豆基腐病　用药参见苗期立枯病。

（31）扁豆红斑病　用代森锌或氢氧化铜、百菌清防治。

（32）扁豆褐斑病　用苯菌灵或甲基硫菌灵防治。

（33）扁豆斑点病　用苯菌灵或碱式硫酸铜、多菌灵盐酸盐防治。

（34）扁豆淡褐斑病　用百菌清或苯菌灵、硫磺·多菌灵防治。

（35）扁豆轮纹斑病　用氢氧化铜或百菌清、硫磺·多菌灵防治。

（36）扁豆角斑病　用药参见豇豆角斑病。

（37）扁豆茎枯病　用药参见菜豆炭腐病。

（38）菜用大豆褐斑病　用百菌清或络氨铜防治。

（39）菜用大豆灰斑病　用多菌灵或络氨铜防治。

（40）菜用大豆紫斑病　用碱式硫酸铜或苯菌灵、福美双、甲基硫菌灵防治。

（41）菜用大豆赤霉病　用多菌灵盐酸盐或苯菌灵防治。

（42）菜用大豆荚枯病　用福美双或福美·拌种灵防治。

（43）四棱豆叶斑病　用多菌灵或络氨铜、苯菌灵、甲基硫菌灵防治。

（44）四棱豆斑枯病　用百菌清或硫磺·多菌灵、甲硫·福美双防治。

（45）四棱豆果腐病　用多菌灵或苯菌灵防治。

4. 葱蒜类蔬菜病害　以下病害由真菌侵染所致。

（1）韭菜茎枯病　用百菌清或代森锰锌、恶霜·锰锌、苯菌灵防治。

（2）大葱、洋葱、大蒜等的紫斑病　选用甲醛、百菌清、恶霜·锰锌、异菌脲、多抗霉素、甲霜·锰锌防治。

（3）大葱、洋葱、大蒜等的白腐病　选用多菌灵、异菌脲、甲基硫菌灵、甲基立枯磷防治。

　　（4）大葱、洋葱黑斑病　用药参见大蒜叶枯病。

　　（5）大葱、洋葱小菌核病　用药参见菌核病。

　　（6）大葱、洋葱褐斑病　选用腐霉利、异菌脲、多菌灵、百菌清防治。

　　（7）大葱、洋葱黑粉病　用福美双、硫磺、石灰防治。

　　（8）大葱、洋葱（核盘菌）菌核病　用药参见菌核病。

　　（9）大葱叶霉病　用苯菌灵或硫磺·甲硫灵、硫磺·多菌灵防治。

　　（10）大葱白色疫病　用药参见疫病。

　　（11）洋葱茎腐病　用药参见灰霉病。

　　（12）洋葱黑曲霉病　用药参见西葫芦曲霉病。

　　（13）大蒜叶枯病　选用百菌清、异菌脲、恶霜·锰锌、络氨铜、琥胶肥酸铜、琥铜·乙膦铝防治。

　　（14）大蒜煤斑病　用代森锌或波尔多液防治。

　　（15）大蒜灰叶斑病　用氢氧化铜或百菌清、异菌脲、硫磺·多菌灵防治。

　　（16）大蒜叶疫病　用腐霉利或异菌脲、苯菌灵、甲硫·乙霉威防治。

　　（17）大蒜青霉病　用硫磺或苯菌灵防治。

　　（18）大蒜黑粉病　参见大葱、洋葱黑粉病用药。

　　（19）大蒜红根腐病　用药参见番茄褐色根腐病。

　　（20）大蒜黑头病　用百菌清或代森锰锌防治。

　　（21）大蒜曲霉病　用药参见西葫芦曲霉病。

　　（22）大蒜红腐病　用药参见大蒜青霉病。

　　（23）蒜薹黄斑病　用代森锰锌或异菌脲防治。

　　5. 十字花科蔬菜病害　以下病害均由真菌侵染所致。

　　（1）十字花科蔬菜白斑病　选用多菌灵、甲基硫菌灵、硫磺·甲硫灵、硫磺·多菌灵、乙霉·多菌灵防治。

　　（2）十字花科蔬菜根肿病　选用石灰、五氯硝基苯、福美·拌种灵、甲基立枯磷防治。

（3）十字花科蔬菜黑胫病　选用福美双、五氯硝基苯、琥胶肥酸铜、百菌清、硫磺·多菌灵、多·福防治。

（4）白菜类、甘蓝类等黄叶病　选用苯菌灵、甲基硫菌灵、硫磺·甲硫灵、硫磺·多菌灵、增效多菌灵防治。

（5）白菜类（萝卜链格孢）黑斑病　选用异菌脲、百菌清、恶霜·锰锌、代森锰锌、灭菌丹、甲霜·锰锌、琥铜·乙膦铝、霜脲·锰锌等防治。

（6）白菜类假黑斑病　用药参见白菜类（萝卜链格孢）黑斑病。

（7）大白菜褐腐病　用络氨铜防治。

（8）大白菜褐斑病　用药参见炭疽病。

（9）大白菜萎蔫病　用硫磺·甲硫灵或甲基硫菌灵、硫磺·多菌灵防治。

（10）普通白菜叶腐病　用络氨铜防治。

（11）甘蓝类黑根病　选用福美双、五氯硝基苯、代森锌、百菌清、甲基立枯磷、多·福防治。

（12）青花菜、紫甘蓝褐斑病　选用百菌清、代森锰锌、异菌脲、腐霉利防治。

（13）青花菜叶霉病　选用多菌灵、甲基硫菌灵、代森锰锌、甲硫·乙霉威、乙霉·多菌灵防治。

（14）青花菜角斑病　用苯菌灵或甲基硫菌灵、硫磺·多菌灵、乙霉·多菌灵防治。

（15）萝卜黑根病　用药参见豌豆（丝囊霉）黑根病。

（16）萝卜拟黑斑病　用药参见黑斑病。

（17）萝卜黄叶病　用苯菌灵或增效多菌灵防治。

6. 绿叶菜类病害　以下病害由真菌侵染所致。

（1）菠菜斑点病　用甲基硫菌灵或硫磺·多菌灵防治。

（2）菠菜叶点病　用甲基硫菌灵或硫磺·多菌灵防治。

（3）菠菜叶斑病　用碱式硫酸铜或百菌清、乙霉·多菌灵防治。

（4）菠菜污霉病　用苯菌灵或百菌清、硫磺·多菌灵、硫磺·甲硫灵、多菌灵盐酸盐防治。

（5）菠菜茎枯病　用药参见落葵（叶点霉）紫斑病。

（6）菠菜的株腐病和心腐病　用药参见苗期立枯病。

（7）芹菜叶斑病　用多菌灵或氢氧化铜、百菌清防治。

（8）芹菜假黑斑病　用药参见茄果类早疫病。

（9）芹菜（叶点霉）叶斑病　选用多菌灵、苯菌灵、碱式硫酸铜、甲基硫菌灵、氧化亚铜、王铜、多菌灵盐酸盐防治。

（10）芹菜黑腐病　用药参见芹菜（叶点霉）叶斑病。

（11）芹菜黄萎病　用药参见枯萎病。

（12）莴苣、莴笋褐斑病　选用异菌脲、百菌清、甲基硫菌灵、硫磺·多菌灵、琥铜·乙膦铝防治。

（13）莴苣、莴笋黑斑病　选用百菌清、异菌脲、克菌丹、乙铝·锰锌、甲基硫菌灵防治。

（14）莴苣、莴笋轮斑病　选用百菌清、氢氧化铜、甲霜·锰锌、络氨铜、琥胶肥酸铜、春雷·王铜防治。

（15）莴苣、莴笋（小核盘菌）软腐病　用药见菌核病。

（16）莴苣穿孔病　选用福美双、碱式硫酸铜、苯菌灵、异菌脲、硫磺·多菌灵、甲基硫菌灵、波尔多液防治。

（17）莴苣茎腐病　用硫酸链霉素防治。

（18）蕹菜（旋花白锈菌）白锈病　用药参见白锈病。

（19）蕹菜轮斑病　选用代森铵、百菌清、波尔多液、甲霜·锰锌防治。

（20）蕹菜褐斑病　用药参见白锈病。

（21）蕹菜（球腔菌）叶斑病　用代森锰锌或多菌灵、甲基硫菌灵防治。

（22）蕹菜（帝纹尾孢）叶斑病　选用甲基硫菌灵、百菌清、苯菌灵、多菌灵盐酸盐、乙霉·多菌灵防治。

（23）蕹菜（柱盘孢）叶斑病　用碱式硫酸铜或络氨铜、琥胶肥酸铜防治。

（24）蕹菜（茄蔔柄霉）叶斑病　选用百菌清、异菌脲、恶霜·锰锌、碱式硫酸铜、琥胶肥酸铜、琥铜·乙膦铝防治。

（25）蕹菜腐败病　用药参见苗期立枯病。

（26）苋菜（叶点霉）褐斑病　用药参见炭疽病。

（27）茼蒿叶枯病　用苯菌灵或异菌脲、硫磺·多菌灵防治。

（28）茼蒿（叶点霉）叶斑病　用百菌清防治。

（29）落葵蛇眼病　选用百菌清、腐霉利、武夷菌素、高脂膜防治。

（30）落葵圆斑病　用百菌清或腐霉利、异菌脲防治。

（31）落葵紫斑病　用百菌清或腐霉利、硫磺·多菌灵防治。

（32）落葵（叶点霉）紫斑病　用碱式硫酸铜或硫磺·多菌灵、王铜、百菌清防治。

（33）落葵叶斑病　用碱式硫酸铜或苯菌灵、腐霉利防治。

（34）落葵茎（基）腐病　选用福美·拌种灵、甲基立枯磷、恶霉灵、甲基硫菌灵、井冈霉素防治。

（35）落葵苗腐病　用药参见疫病。

（36）球茎茴香灰斑病　用药参见菠菜叶斑病。

（37）苦苣褐斑病　用苯菌灵或百菌清、福美双防治。

（38）叶荟菜褐斑病　用多菌灵或异菌脲、硫磺·多菌灵防治。

（39）叶荟菜（蔔柄霉）叶斑病　用药参见落葵叶斑病。

（40）叶荟菜黑斑病　用药参见白菜类假黑斑病。

（41）叶荟菜根腐病　用甲基立枯磷或敌磺钠、福美双防治。

（42）叶荟菜黑脚病　用药参见落葵（叶点霉）紫斑病。

（43）薄荷灰斑病　用百菌清或硫磺·甲硫灵、苯菌灵防治。

（44）薄荷斑枯病　用碱式硫酸铜或甲基硫菌灵防治。

（45）芫荽、香芹株腐病　用药参见枯萎病（菠菜）条和苗期猝倒病（蕹菜）。

（46）芫荽、香芹叶斑病　用百菌清或乙霉·多菌灵防治。

（47）薏苡黑穗病　用福美·拌种灵或多菌灵、三唑酮防治。

（48）山葵（茎点霉）黑胫病　用药参见叶荟菜黑脚病。

（49）款冬褐斑病　用碱式硫酸铜或氢氧化铜防治。

7. 水生蔬菜病害　以下病害由真菌侵染所致。

（1）莲藕褐纹病　用碱式硫酸铜或代森锰锌、百菌清、恶霜·锰锌防治。

（2）莲藕（棒孢）褐斑病　用药参见冬（节）瓜褐斑病和炭疽病（莲藕）。

（3）莲藕（假尾孢）褐斑病　用代森锰锌或苯菌灵防治。

（4）莲藕叶疫病　用乙铝·锰锌或霜脲·锰锌防治。

（5）莲藕（小菌核）叶腐病　用硫磺·甲硫灵或碱式硫酸铜防治。

（6）莲藕（叶点霉）烂叶病　选用多菌灵、碱式硫酸铜、甲基硫菌灵、代森锰锌、百菌清、波尔多液防治。

（7）莲藕叶片（尾孢）褐斑病　用药参见莲藕腐败病。

（8）莲藕腐败病　选用多菌灵、百菌清、腐霉利、甲霜灵、硫磺·多菌灵、琥铜·甲霜灵、甲霜·锰锌防治。

（9）茭白胡麻斑病　用异菌脲或硫磺·多菌灵防治。

（10）茭白纹枯病　用多菌灵或田安、井冈霉素防治。

（11）茭白瘟病　用异菌脲或硫磺·多菌灵防治。

（12）慈姑黑粉病　用三唑酮或福美双、硫磺·多菌灵防治。

（13）慈姑（实球黑粉菌）黑粉病　用三唑酮或多菌灵、碱式硫酸铜防治。

（14）慈姑叶斑病　用苯菌灵或百菌清、多菌灵盐酸盐防治。

（15）慈姑斑纹病　用药参见慈姑褐斑病。

（16）慈姑褐斑病　用甲基硫菌灵或硫磺·甲硫灵防治。

（17）慈姑叶柄基腐病　用多菌灵或硫磺·甲硫灵防治。

（18）荸荠秆枯病　用多菌灵或甲基硫菌灵防治。

（19）荸荠茎腐病　用多菌灵或代森锌防治。

（20）豆瓣菜褐斑病　用甲基硫菌灵或多菌灵盐酸盐防治。

（21）豆瓣菜丝核菌病　用异菌脲或乙烯菌核利、田安、井冈霉素防治。

（22）水芹斑枯病　用代森锌或百菌清、波尔多液、甲霜·锰锌防治。

（23）水芹褐斑病　用多菌灵或氢氧化铜防治。

（24）菱角纹枯病　用田安或多菌灵、异菌脲防治。

（25）芡黑斑病　用多菌灵或百菌清、福·福锌（80％可湿性粉剂）防治。

8. 其他蔬菜病害　以下病害由真菌侵染所致。

（1）胡萝卜黑腐病　用药参见黑斑病（胡萝卜）。

（2）胡萝卜斑点病　选用福美·拌种灵、百菌清、异菌脲、代森锰锌、甲霜·锰锌、乙霉·多菌灵防治。

（3）胡萝卜（根链格孢）黑斑病　用药参见白菜类（萝卜链格孢）黑斑病。

（4）胡萝卜（根霉）软腐病　用药参见甜瓜（黑根霉）果腐病。

（5）紫菜头（芹菜尾孢）褐斑病　用甲基硫菌灵或苯菌灵、乙霉·多菌灵防治。

（6）紫菜头白斑病　用药参见落葵紫斑病。

（7）荷塘冲菜根黑粉病　用福美双防治。

（8）牛蒡黑斑病　用碱式硫酸铜或氢氧化铜、络氨铜防治。

（9）西洋参疫病　用药参见疫病。

（10）山药褐斑病　用甲基硫菌灵或硫磺·多菌灵防治。

（11）山药斑纹病　用碱式硫酸铜或氢氧化铜、福美双防治。

（12）山药斑枯病　用药参见炭疽病（山药）。

（13）山药（薯蓣色链隔孢）褐斑病　用百菌清或甲基硫菌灵、苯菌灵防治。

（14）山药（围小丛壳）炭疽病　用甲硫·美福双或苯菌灵防治，其他用药参见炭疽病（山药）。

（15）山药（镰孢）褐腐病　用甲基硫菌灵或百菌清防治。

（16）姜斑点病　用百菌清或甲基硫菌灵防治。

（17）姜眼斑病　用氢氧化铜或腐霉利、王铜防治。

（18）姜叶枯病　用百菌清或多果定、苯菌灵防治。

（19）姜纹枯病　用甲基立枯磷或田安、抗霉菌素 120 防治。

（20）姜（结群腐霉）软腐病　用恶霜·锰锌或霜脲·锰锌、琥铜·甲霜灵、三乙膦酸铝防治。

（21）姜（简囊腐霉）根腐病　用药参见姜（结群腐霉）软腐病。

（22）魔芋轮纹斑病　用多菌灵或腐霉利防治。

（23）芋污斑病　用百菌清或硫磺·多菌灵、王铜防治。

（24）芋灰斑病　用苯菌灵或乙霉·多菌灵防治。

（25）葛褐斑病　用甲基硫菌灵或硫磺·甲硫灵、苯菌灵、乙霉·多菌灵防治。

（26）葛灰斑病　用药参见葛褐斑病。

（27）豆薯幼苗（镰刀菌）根腐病　用多菌灵或硫磺·甲硫灵、敌磺钠防治。

（28）菊芋斑枯病　用碱式硫酸铜或苯菌灵防治。

（29）黄花菜叶枯病　用百菌清或多菌灵防治。

（30）黄花菜叶斑病　用腐霉利或多菌灵、甲基硫菌灵、百菌清防治。

（31）黄花菜褐斑病　用苯菌灵或甲基硫菌灵防治。

（32）石刁柏（芦笋）茎枯病　选用烯唑醇、异菌脲、苯菌灵、恶霜·锰锌、硫磺·甲硫灵、硫磺·多菌灵、甲基硫菌灵防治。

（33）石刁柏（芦笋）褐斑病　用多菌灵或络氨铜、硫磺·多菌灵防治。

（34）石刁柏（芦笋）斑点病　用苯菌灵或多菌灵、多菌灵盐酸盐防治。

（35）石刁柏（芦笋）紫斑病　用药见石刁柏（芦笋）（匐柄霉）叶枯病。

（36）石刁柏（芦笋）（匐柄霉）叶枯病　选用碱式硫酸铜、春雷·王铜、百菌清、甲霜·锰锌、琥胶肥酸铜防治。

（37）石刁柏（芦笋）茎腐病　选用恶霜·锰锌、乙铝·锰锌、霜脲·锰锌防治。

（38）石刁柏（芦笋）紫纹羽病　用甲基硫菌灵或苯菌灵、石灰防治。

（39）石刁柏（芦笋）（疫霉）根腐病　用药参见疫病（甜瓜）。

（40）石刁柏（芦笋）冠腐病　用药参见芦笋立枯病。

（41）石刁柏（芦笋）立枯病　用甲基硫菌灵或多菌灵、氢氧化铜、碱式硫酸铜防治。

（42）枸杞霉斑病　用络氨铜或百菌清、腐霉利、多菌灵盐酸盐、波尔多液、硫磺·多菌灵防治。

（43）枸杞灰斑病　用代森锰锌或百菌清、恶霜·锰锌、碱式硫酸铜防治。

（44）霸王花枯萎腐烂病　用多菌灵或苯菌灵、混合氨基酸络合铜、硫磺·多菌灵防治。

（45）百合基腐病　用甲醛或甲基硫菌灵、苯菌灵、甲霜·锰锌防治。

（46）百合叶尖干枯病　用碱式硫酸铜或春雷·王铜、代森锌防治。

（47）土当归褐纹病　用碱式硫酸铜或甲基硫菌灵、苯菌灵、代森锰锌、波尔多液防治。

（48）黄秋葵叶斑病　用代森锰锌或代森锌防治。

（49）菊花叶斑病　用硫磺·多菌灵或百菌清、异菌脲、琥铜·乙膦铝防治。

（50）菊花斑枯病　用碱式硫酸铜或甲基硫菌灵、百菌清、苯菌灵防治。

（51）蒲公英褐斑病　用碱式硫酸铜或氧化亚铜、甲基硫菌灵、多菌灵盐酸盐防治。

9. 草莓病害　以下病害［除（10）、（11）、（12）外］由真菌侵染所致。

（1）草莓褐斑病　用甲基硫菌灵或硫磺·甲硫灵、百菌清、硫磺·多菌灵防治。

(2) 草莓蛇眼病 用碱式硫酸铜或氢氧化铜、络氨铜防治。

(3) 草莓褐角斑病 用甲基硫菌灵或硫磺·多菌灵、硫磺·甲硫灵、高脂膜防治。

(4) 草莓"V"型褐斑病 选用异菌脲、腐霉利、噻菌灵、硫磺·甲硫灵、乙烯菌核利、三乙膦酸铝防治。

(5) 草莓（大斑叶点霉）褐斑病 用药参见草莓褐角斑病。

(6) 草莓（丝核菌）芽枯病 用井冈霉素防治。

(7) 草莓（疫霉）果腐病 用药参见疫病。

(8) 草莓（终极腐霉）烂果病 用药参见苗期猝倒病。

(9) 草莓根腐病 ①对草莓疫霉菌侵染所致，用药参见疫病。②对丝核菌侵染所致，用药参见苗期立枯病（黄瓜）。③对拟盘多毛孢菌侵染所致，选用代森锌或代森锰锌、碱式硫酸铜防治。

(10) 草莓芽线虫病 本病由草莓芽线虫等多种线虫侵染所致，用硫磺悬浮剂防治。

(11) 草莓黏菌病 本病由黏菌侵染所致。选用噻菌灵、波尔多液等防治。

(12) 附：西瓜黏菌病 本病由黏菌侵染所致。用碱式硫酸铜或波尔多液、苯菌灵、甲基硫菌灵防治。

10. 食用菌类病害

(1) 蘑菇褐腐病 本病由真菌侵染所致。①发病菇床上覆土，可用 1.6% 甲醛药液，或 25% 多菌灵可湿性粉剂 500 倍液，或 45% 噻菌灵悬浮剂 3 000 倍液，或 50% 甲基硫菌灵可湿性粉剂 500 倍液喷洒处理。②病区用 1%～2% 甲醛药液，或 50% 多菌灵可湿性粉剂 500 倍液喷洒。③用具用 1.6% 甲醛药液消毒。

(2) 蘑菇软腐病 本病由真菌侵染所致。①在铺放培养料前，每平方米菇床上，先撒一层 20～30 克的 25% 多菌灵可湿性粉剂或 50% 甲基硫菌灵可湿性粉剂。②在每 100 千克干料中，加入 25% 多菌灵可湿性粉剂或 50% 甲基硫菌灵可湿性粉剂 200 克，拌匀。③初发病，喷 25% 多菌灵可湿性粉剂 500 倍液，或 50% 硫磺·甲硫磷悬浮剂 600 倍液。

（3）蘑菇褐斑病　本病由真菌侵染所致。初发病，除病菇后，用 50％多菌灵可湿性粉剂 500 倍液，或 70％甲基硫菌灵可湿性粉剂 600 倍液喷洒，也可用 50％咪鲜·氯化锰可湿性粉剂防治。

（4）蘑菇绿霉污染　本病由真菌侵染所致。用 40％硫磺·多菌灵悬浮剂 800 倍液，或 50％多菌灵可湿性粉剂 800 倍液，擦洗菌块上出现绿霉处。

（5）蘑菇杂菌（小牛脑）污染　本现象由真菌侵染所致。①用波美 5 度石硫合剂冲洗床架并浸泡用具灭菌。②用 50％多菌灵可湿性粉剂 700～800 倍液浇拌培养料。

（6）蘑菇菌盖斑点病　本病由真菌侵染所致。初发病时，用 50％多菌灵可湿性粉剂 500 倍液，或 40％硫磺·多菌灵悬浮剂 600 倍液，或 70％甲基硫菌灵可湿性粉剂 600 倍液，或 60％多菌灵盐酸盐可湿性粉剂 600 倍液喷洒。

（7）蘑菇细菌性褐斑病　本病由细菌侵染所致。①病土用 1.6％甲醛药液消毒处理。②初发病，用 72％硫酸链霉素可溶粉剂 4 000 倍液喷洒。

（8）草菇小球菌核病　本病由真菌侵染所致。将稻草在 5％～7％石灰水中浸泡 2 天，然后用水洗至 pH 低于 9。

（9）平菇黏菌性病害　由黏菌侵染所致。可用 45％噻菌灵悬浮剂 3 000～4 000 倍液拌料或喷洒菇床上有黏菌处。

三、蔬菜草害

（一）蔬菜田选择性除草用药

1. 番茄田　甲草胺、异丙甲草胺、丁草胺、敌草胺、双丁乐灵、二甲戊灵、乙氧氟草醚、杀草丹、喹禾灵。

2. 甜（辣）椒田　甲草胺、异丙甲草胺、丁草胺、双丁乐灵、乙氧氟草醚、杀草丹、稗草烯、吡氟禾草灵。

3. 茄子田　丁草胺、双丁乐灵、氟乐灵、二甲戊灵、吡氟禾草灵、乙氧氟草醚、杀草丹、喹禾灵。

4. 马铃薯田　甲草胺、异丙甲草胺、氟乐灵、二甲戊灵、利谷隆、扑草净、嗪草酮、稀禾啶。

5. 黄瓜田　甲草胺、双丁乐灵、吡氟禾草灵、扑草净、胺草膦、杀草丹、稗草烯、氟乐灵。

6. 西葫芦田　双丁乐灵、氟乐灵、胺草膦、二甲戊灵。

7. 南瓜田　甲草胺、双丁乐灵、氟乐灵。

8. 冬瓜田　甲草胺、双丁乐灵、吡氟禾草灵。

9. 丝瓜田　甲草胺。

10. 节瓜田　甲草胺。

11. 苦瓜田　甲草胺。

12. 瓠瓜田　吡氟禾草灵、扑草净、杀草丹。

13. 西瓜田　异丙甲草胺、双丁乐灵、精吡氟禾草灵。

14. 菜豆田　甲草胺、异丙甲草胺、丁草胺、双丁乐灵、吡氟禾草灵、扑草净、吡氟氯禾灵、稗草烯。

15. 豇豆田　丁草胺、双丁乐灵、氟乐灵、吡氟禾草灵、扑草净、稀禾啶。

16. 豌豆田　乙草胺、丁草胺、二甲戊灵。

17. 蚕豆田　双丁乐灵、氟乐灵、精吡氟禾草灵。

18. 韭菜田　杀草胺、双丁乐灵、氟乐灵、二甲戊灵、扑草净、草甘膦、噁草酮。

19. 大葱田　双丁乐灵、二甲戊灵、异丙隆、扑草净、胺草膦、灭草灵、稗草烯。

20. 洋葱田　甲草胺、异丙甲草胺、双丁乐灵、氟乐灵、莎草隆、扑草净、乙氧氟草醚、稗草烯。

21. 大蒜田　甲草胺、氟乐灵、利谷隆、扑草净、乙氧氟草醚、杀草丹、灭草灵。

22. 胡萝卜田　甲草胺、丁草胺、双丁乐灵、氟乐灵、二甲戊灵、吡氟禾草灵、吡氟氯禾灵。

23. 芹菜田　双丁乐灵、氟乐灵、二甲戊灵、利谷隆、吡氟禾草灵、扑草净、喹禾灵、胺草膦。

24. 茴香田 丁草胺、双丁乐灵、氟乐灵、二甲戊灵、扑草净。

25. 芫荽田 氟乐灵、二甲戊灵、扑灭津。

26. 大白菜田 甲草胺、异丙甲草胺、丁草胺、萘氧丙草胺、双丁乐灵、杀草丹、吡氟氯禾灵。

27. 油菜（小白菜）田 甲草胺、异丙甲草胺、丁草胺、氟乐灵、二甲戊灵、胺草膦、稀禾啶。

28. 萝卜田 甲草胺、异丙甲草胺、丁草胺、氟乐灵、二甲戊灵、莎草隆、喹禾灵。

29. 甘蓝田 异丙甲草胺、丁草胺、氟乐灵、二甲戊灵、胺草膦、喹禾灵。

30. 花椰菜田 甲草胺、异丙甲草胺、丁草胺、敌草胺、双丁乐灵、扑草净、稀禾啶。

31. 芥菜田 甲草胺、丁草胺、敌草胺、氟乐灵、吡氟禾草灵、杀草丹。

32. 菠菜田 丁草胺、杀草丹。

33. 甜瓜田 双丁乐灵。

34. 莴笋田 胺草膦。

35. 莴苣田 二甲戊灵。

36. 莲藕田 扑草净。

37. 草莓田 双苯酰草胺。

38. 石刁柏（芦笋）田 噁草酮。

39. 黄花菜田 草甘膦。

40. 葡萄园 噁草酮。

41. 瓜列当 草甘膦。

（二）蔬菜田灭生性除草用药

1. 灭生性除草 百草枯、草甘膦。

2. 催熟 敌草快。

[附 录] □□□□□□□□□□ [ ] □□□□□□□□□□□□□□□□□□□□

（一）中华人民共和国农业部行业标准（部分）

表1-1 无公害食品标准（部分）

标 准 编 号	标 准 名 称
NY 5010—2001	无公害食品 蔬菜产地环境条件
NY 5010—2002	无公害食品 蔬菜产地环境条件
NY 5001—2001	无公害食品 韭菜
NY/T 5002—2001	无公害食品 韭菜生产技术规程
NY 5003—2001	无公害食品 白菜类蔬菜
NY/T 5004—2001	无公害食品 大白菜生产技术规程
NY 5005—2001	无公害食品 茄果类蔬菜
NY/T 5006—2001	无公害食品 番茄露地生产技术规程
NY/T 5007—2001	无公害食品 番茄保护地生产技术规程
NY 5008—2001	无公害食品 甘蓝类蔬菜
NY/T 5009—2001	无公害食品 结球甘蓝生产技术规程
NY 5074—2002	无公害食品 黄瓜
NY/T 5075—2002	无公害食品 黄瓜生产技术规程
NY 5076—2002	无公害食品 苦瓜
NY/T 5077—2002	无公害食品 苦瓜生产技术规程
NY 5078—2002	无公害食品 豇豆
NY/T 5079—2002	无公害食品 豇豆生产技术规程
NY 5080—2002	无公害食品 菜豆
NY/T 5081—2002	无公害食品 菜豆生产技术规程
NY 5082—2002	无公害食品 萝卜
NY/T 5083—2002	无公害食品 萝卜生产技术规程
NY 5084—2002	无公害食品 胡萝卜
NY/T 5085—2002	无公害食品 胡萝卜生产技术规程
NY 5089—2002	无公害食品 菠菜
NY/T 5090—2002	无公害食品 菠菜生产技术规程

（续）

标　准　编　号	标　准　名　称
NY　5091—2002	无公害食品　芹菜
NY/T　5092—2002	无公害食品　芹菜生产技术规程
NY　5093—2002	无公害食品　蕹菜
NY/T　5094—2002	无公害食品　蕹菜生产技术规程
NY　5200—2004	无公害食品　鲜食玉米
NY　5202—2004	无公害食品　芸豆
NY　5203—2004	无公害食品　绿豆
NY　5205—2004	无公害食品　红小豆
NY　5207—2004	无公害食品　豌豆
NY　5209—2004	无公害食品　青蚕豆
NY　5211—2004	无公害食品　绿化型芽苗菜
NY　5213—2004	无公害食品　普通白菜
NY　5215—2004	无公害食品　芥蓝
NY　5217—2004	无公害食品　茼蒿
NY　5219—2004	无公害食品　西葫芦
NY　5221—2004	无公害食品　马铃薯
NY　5223—2004	无公害食品　洋葱
NY　5225—2004	无公害食品　生姜
NY　5227—2004	无公害食品　大蒜
NY　5228—2004	无公害食品　大蒜生产技术规程
NY　5229—2004	无公害食品　辣椒干
NY　5230—2004	无公害食品　芦笋
NY　5232—2004	无公害食品　竹笋干
NY　5234—2004	无公害食品　小型萝卜
NY　5236—2004	无公害食品　叶用莴苣
NY　5238—2004	无公害食品　莲藕
NY‐T　5204—2004	无公害食品　绿豆生产技术规程
NY‐T　5206—2004	无公害食品　红小豆生产技术规程
NY‐T　5208—2004	无公害食品　豌豆生产技术规程
NY‐T　5210—2004	无公害食品　青蚕豆生产技术规程
NY‐T　5212—2004	无公害食品　绿化型芽苗菜生产技术规程
NY‐T　5214—2004	无公害食品　普通白菜生产技术规程
NY‐T　5216—2004	无公害食品　芥蓝生产技术规程
NY‐T　5218—2004	无公害食品　茼蒿生产技术规程
NY‐T　5220—2004	无公害食品　西葫芦生产技术规程
NY‐T　5222—2004	无公害食品　马铃薯生产技术规程

（续）

标 准 编 号	标 准 名 称
NY - T　5224—2004	无公害食品　洋葱生产技术规程
NY - T　5226—2004	无公害食品　生姜生产技术规程
NY - T　5231—2004	无公害食品　芦笋生产技术规程
NY - T　5235—2004	无公害食品　小型萝卜生产技术规程
NY - T　5237—2004	无公害食品　叶用莴苣生产技术规程
NY　5294—2004	无公害食品　设施蔬菜产地环境条件

表 1 - 2　绿色食品标准（部分）

标 准 编 号	标 准 名 称
NY - T　743—2003	绿色食品　绿叶类蔬菜
NY - T　744—2003	绿色食品　葱蒜类蔬菜
NY - T　745—2003	绿色食品　根菜类蔬菜
NY - T　746—2003	绿色食品　甘蓝类蔬菜
NY - T　747—2003	绿色食品　瓜类蔬菜
NY - T　748—2003	绿色食品　豆类蔬菜
NY - T　749—2003	绿色食品　食用菌

（二）我国蔬菜上禁用的农药品种

表 2 - 1　蔬菜上禁用的农药品种名称简介

通用名称	其 他 名 称
甲拌磷	3911、西梅脱、赛美特、福瑞松、三九一一
治螟磷	硫特普、苏化 203、双 1605、治螟灵
对硫磷	巴拉松、一六〇五、乙基对硫磷、乙基 1605、1605
甲基对硫磷	甲基巴拉松、甲基一六〇五、甲基 1605
内吸磷	一〇五九、疏威列斯、1059
杀螟威	杀螟畏
久效磷	铃杀、纽瓦克、亚素灵、纽化磷、永伏虫
磷铵	大灭虫、迪莫克、赐未松、福斯胺
甲胺磷	多灭磷、达马松、科螨隆
异丙磷	丰丙硫磷
三硫磷	三赛昂
氧乐果	氧化乐果、华果、欧灭松、克蚧灵
磷化锌	耗鼠尽、Z. P.、二磷化三锌

通用名称	其他名称
磷化氯	福赛得、好达胜、磷毒
氰化物	（氢氰酸）
克百威	呋喃丹、大扶农、扶农丹、加保快、卡巴呋喃、虫螨威
氟乙酰胺	敌蚜胺
砒霜	信石、白砒、红砒、红矾
杀虫脒	杀螨脒、氯苯脒、克死螨、杀螟螨
西力生	氯化乙汞、氯化乙基汞、EMC
赛力散	龙汞、裕米农、乙酸苯汞、醋酸苯汞、PMA
溃疡净	
氯化苦	氯苦、硝基氯仿、氯化苦味酸、三氯硝基甲烷
五氯酚	五氯苯酚、PCP
二溴氯丙烷	溴氯丙烷、DBCP
401	
氯丹	八氯化茚、八氯、八氯化甲桥茚
六六六	BHC、HCH、666、六氯化苯
滴滴涕	DDT、二二三
毒杀芬	八氯莰烯、氯化莰、多氯化莰烯、氯化莰烯、氯代莰烯、3956、多氯莰烯
二溴乙烷	EDB、CDB、乙撑二溴
除草醚	FW—925
艾氏剂	HHDN、六氯-六氢-二甲撑萘
狄氏剂	HEOD、六氯-环氧八氢-二甲撑萘
汞制剂	
砷	
铅类	
敌枯双	
甘氟	鼠甘伏、伏鼠酸、鼠甘氟、甘伏
毒鼠强	CTEM、四亚甲基二砜四胺
氟乙酸钠	一氟乙酸钠
毒鼠硅	氯硅宁、硅灭鼠
甲基异柳磷	甲基异柳磷胺
特丁硫磷	抗虫得、抗得安、叔丁硫磷、特丁磷、特福松、特丁三九一一、特丁甲拌磷

（续）

通用名称	其 他 名 称
甲基硫环磷	棉安磷、甲基棉安磷
涕灭威	铁灭克、得灭克、丁醛肟威
灭线磷	益收宝、灭克磷、丙线磷、茎线灵、益舒宝、虫线磷、普伏松
硫环磷	西欧兰、农安氧磷、棉安磷、乙环磷、乙基硫环磷、棉环磷、氧环胺磷
蝇毒磷	蝇毒、蝇毒硫磷
地虫硫磷	大风雷、大福松、地虫磷、地虫隆
氯唑磷	米乐尔、异丙三唑磷、异丙三唑硫磷、异唑磷
苯线磷	虫胺磷、克线磷、苯胺磷、力满库、芬灭松、线威磷、线畏磷

（三）波美比重与普通比重对照表

表 3-1　波美比重与普通比重对照表

波美比重	普通比重	波美比重	普通比重	波美比重	普通比重
0	1.000 0	6	1.043 2	21	1.169 4
0.1	1.000 7	7	1.050 7	22	1.178 9
0.2	1.001 2	8	1.058 4	23	1.188 5
0.3	1.002 3	9	1.066 2	24	1.198 3
0.4	1.002 5	10	1.074 1	25	1.208 3
0.5	1.003 5	11	1.082 1	26	1.218 5
0.6	1.004 5	12	1.090 2	27	1.228 8
0.7	1.005 1	13	1.098 5	28	1.239 3
0.8	1.005 7	14	1.106 9	29	1.250 0
0.9	1.006 4	15	1.115 4	30	1.260 0
1	1.006 9	16	1.124 0	31	1.271 9
2	1.014 0	17	1.132 8	32	1.283 2
3	1.021 1	18	1.141 7	33	1.294 6
4	1.028 4	19	1.150 8	34	1.306 3
5	1.035 7	20	1.160 0	35	1.318 2

附：换算公式

$$比重 = 145 - \frac{145}{比重} \qquad 波美度 = \frac{145}{145 - 波美度}$$

(四) 石硫合剂容量倍数稀释表

表 4-1　石硫合剂容量倍数稀释表

使用浓度\（波美度） \ 原液浓度（波美度）	10	13	15	17	20	22	25	26	27	28	29	30	31	32	33	34
0.1	106.0	142.0	166.0	191.0	231.0	248	300	315	330	345	361	377	393	409	426	442
0.2	53.0	70.0	82.0	95.0	114.0	128	150	157	165	172	179	188	196	204	212	221
0.3	31.7	46.5	56.0	64.0	77.0	86.0	101	106	110	116	120	126	131	137	142	148
0.4	25.8	35.6	40.7	47.0	57.0	64.0	77.0	78.0	82	86	89	93	97	101	106	110
0.5	20.4	27.4	32.5	37.3	45.1	51.0	59.0	62.0	65	68	71	74	77	81	84	87
0.6	16.8	22.7	26.8	30.9	37.5	42.0	49.1	52.0	54	57	59	62	64	67	70	73
0.7	14.2	19.3	22.7	26.3	31.9	35.8	42.0	44.0	46.1	48.4	50	53	55	57	60	62
0.8	12.4	16.7	20.0	22.9	27.8	31.2	36.5	38.4	40.2	42.1	44.1	46	48	50	52	54
0.9	10.8	14.7	17.4	20.2	24.6	27.6	32.3	33.9	35.6	37.2	38.9	40.7	42.5	44.2	46.1	48.6
1.0	9.7	13.2	15.6	18.1	22.0	24.7	29.0	30.4	31.9	33.3	34.8	36.5	38.1	39.7	41.4	43.7
1.5	6.1	8.5	10.1	11.7	14.4	16.2	18.9	19.9	20.9	21.9	23.0	24.0	25.1	26.2	27.3	28.4
2.0	4.32	6.1	7.6	8.5	10.5	11.8	13.9	14.7	15.4	16.2	16.9	17.7	18.5	19.3	20.2	21.0
2.5	3.23	4.62	5.6	6.6	8.1	9.2	10.9	11.5	12.1	12.7	13.3	13.9	14.5	15.2	15.8	16.5
3.0	2.51	3.66	4.46	5.3	6.6	7.5	8.9	9.3	9.8	10.3	10.8	11.3	11.9	12.4	12.9	13.5
3.5	1.96	2.98	3.66	4.37	5.5	6.2	7.4	7.8	8.3	8.7	9.1	9.5	9.9	10.5	10.9	11.4
4.0	1.62	2.47	3.07	3.68	4.65	5.3	6.4	6.7	7.1	7.4	7.8	8.2	8.6	9.0	9.4	9.8
4.5	1.31	2.07	2.60	3.14	3.99	4.58	5.5	5.8	6.1	6.5	6.8	7.1	7.5	7.8	8.2	8.6
5.0	1.08	1.76	2.24	2.72	3.49	4.03	4.84	5.1	5.42	5.7	6.0	6.3	6.6	7.0	7.3	7.6

计算公式：加水容量倍数 = $\dfrac{原液波美度 \times （145-使用波美度）}{（145-原液波美度） \times 使用波美度} - 1$

（五）石硫合剂质量倍数稀释表

表 5-1　石硫合剂质量倍数稀释表

原液浓度（波美度） 每千克原液加水千克数 使用浓度（波美度）	32	31	30	29	28	27	26	25	24	23	22	21	20	18	16	14
0.05	639.00	619.00	599.00	579.00	559.00	539.00	519.00	499.00	479.00	459.00	439.00	419.00	399.00	359.00	319.00	279.00
0.1	319.00	309.00	299.00	289.00	279.00	269.00	259.00	249.00	239.00	229.0	219.00	209.00	199.00	179.00	159.00	139.00
0.2	159.00	154.00	149.00	144.00	139.00	134.00	129.00	124.00	119.00	114.00	109.00	104.00	99.00	89.00	79.00	69.00
0.3	105.60	102.30	99.00	95.60	92.30	89.00	85.60	82.30	79.00	75.60	72.30	69.00	65.60	59.00	52.30	45.60
0.4	79.00	76.50	74.00	71.50	69.00	66.50	64.00	61.50	59.00	56.50	54.00	51.50	49.00	44.00	39.00	34.00
0.5	63.00	61.00	59.00	57.00	55.00	53.00	51.00	49.00	47.00	45.00	43.00	41.00	39.00	35.00	31.00	27.00
0.6	52.30	50.60	49.00	47.30	45.60	44.00	42.30	40.60	39.00	37.30	35.60	34.00	32.30	29.00	25.60	22.30
0.7	44.70	43.30	41.90	40.40	39.00	37.60	36.10	34.70	33.30	31.90	30.40	29.00	27.60	24.70	21.90	19.00
0.8	39.00	37.80	36.50	35.30	34.00	32.80	31.50	30.30	29.00	27.80	26.50	25.30	24.00	21.50	19.00	16.50
0.9	34.50	33.40	32.30	31.20	30.10	29.00	27.80	26.70	25.60	24.50	23.40	22.30	21.20	19.00	16.70	14.50
1.0	31.00	30.00	29.00	28.00	27.00	26.00	25.00	24.00	23.00	22.00	21.00	20.00	19.00	17.00	15.00	13.00
1.5	20.33	19.66	19.00	18.33	17.66	17.00	16.33	15.66	15.00	14.33	13.66	13.00	12.33	11.00	9.66	8.33
2.0	15.00	14.50	14.00	13.50	13.00	12.50	12.00	11.50	11.00	10.50	10.00	9.50	9.00	8.00	7.00	6.00
2.5	11.80	11.40	11.00	10.60	10.20	9.80	9.40	9.00	8.60	8.20	7.80	7.40	7.00	6.20	5.40	4.60
3.0	9.66	9.33	9.00	8.66	8.33	8.00	7.66	7.33	7.00	6.66	6.33	6.00	5.66	5.00	4.33	3.66
3.5	8.14	7.86	7.57	7.29	7.00	6.71	6.43	6.14	5.86	5.57	5.29	5.00	4.71	4.14	3.57	3.00
4.0	7.00	6.75	6.50	6.25	6.00	5.75	5.50	5.25	5.00	4.75	4.50	4.25	4.00	3.50	3.00	2.50
4.5	6.11	5.88	5.66	5.44	5.22	5.00	4.77	4.55	4.33	4.11	3.88	3.66	3.44	3.00	2.55	2.11
5.0	5.40	5.20	5.00	4.80	4.60	4.40	4.20	4.00	3.80	3.60	3.40	3.20	3.00	2.60	2.20	1.80

计算公式：加水质量倍数＝ $\dfrac{原液波美度}{使用药液波美度}$ － 1

（六）常用波尔多液配比表

表6-1　常用波尔多液配比表

配合式	硫酸铜（千克）	石灰（千克）	水（千克）	性　质
石灰少量式	1	0.25～0.4	100	不污染植物，药效快，但对植物不安全，附着力差
石灰半量式	1	0.5	100	不污染植物，药效快，很少有药害，附着力差
等量式	1	1	100	能污染植物，药效慢，对植物安全，无药害，附着力强
石灰多量式	1	1.5	100	能污染植物，药效慢，安全，无药害，附着力强
石灰倍量式	1	2	100	能污染植物，药效慢，安全，无药害，附着力强
石灰三倍式	1	3	100	能污染植物，药效慢，安全无药害，附着力强
硫酸铜半量式	0.5	1	100	能污染植物，药效慢，安全，无药害，附着力强

（七）使用棉隆时土温与间隔期的关系

表7-1　使用棉隆时土温与间隔期的关系

10厘米深处土温（℃）	蒸气活动期（天）	透气期（天）	间隔期总长（天）*
30	3	1～2	6～7
25	4	2	8
20	6	3	11
15	8	5	15
10	12	10	24
6	25	20	47

*　间隔期总长包括2天萌发试验天数

（八）农药产品毒性分级及标识

表 8-1　农药产品毒性分级及标识

毒性分级	特别符号语	经口半数致死量（毫克/千克）	经皮半数致死量（毫克/千克）	吸入半数致死浓度（毫克/米³）	标识	标签上的描述
Ⅰa级	剧毒	≤5	≤20	≤20		剧毒
Ⅰb级	高毒	>5~50	>20~200	>20~200		高毒
Ⅱ级	中等毒	>50~500	>200~2 000	>200~2 000		中等毒
Ⅲ级	低毒	>500~5 000	>2 000~5 000	>2 000~5 000		低毒
Ⅳ级	微毒	>5 000	>5 000	>5 000		微毒

（九）喷雾分级

表 9-1　喷雾分级

喷雾级别	喷药液量（升/667 米²）	雾滴直径（微米）	雾化方式	喷雾方法	农药回收率（%）
常量（高容量）	>40	250	压力式	针对性	30~40
中容量	10~40	250	压力式	针对性	30~40
低容量	1~10	100~250	气力式	飘移累积性	60~70
很低容量	0.33~1	15~75	气力式	飘移累积性	60~70
超低容量	<0.33	15~75	离心力式	飘移累积性	60~70

（十）风力等级

表 10 - 1　风力等级

风力等级	相当风速			陆地地面物象征
	范围（米/秒）	中数	千米/时	
0	0～0.2	0.1	小于 1	零级无风，烟直上升 水面无波，树叶不动
1	0.3～1.5	0.9	1～5	一级软风，风力极弱 烟随风倒，人无感觉
2	1.6～3.3	2.5	6～11	二级轻风，人面感觉 树叶微动，沙沙作声
3	3.4～5.4	4.4	12～19	三级微风，树叶摇动 旌旗招展，水波微兴
4	5.5～7.9	6.7	20～28	四级和风，小枝摇动 吹起灰尘，纸张飞腾
5	8.0～10.7	9.4	29～38	五级清风，小树摇晃 内陆水面，波纹荡漾
6	10.8～13.8	12.3	39～49	六级强风，大枝摇动 吹响电线，打伞困难
7	13.9～17.1	15.5	50～61	七级疾风，全树摇荡 迎风难行，水起波浪
8	17.2～20.7	19.0	62～74	八级大风，树枝折下 人向前走，阻力很大
9	20.8～24.4	22.6	75～88	九级烈风，烟囱摧毁 平瓦移动，小屋受损
10	24.5～28.4	26.5	89～102	十级狂风，陆地少见 树木拔起，建筑摧毁
11	28.5～32.6	30.6	103～117	十一暴风，陆地很少 破坏力大，汽船易翻
12	大于 32.6	大于 30.6	大于 117	十二飓风，陆地绝少 波浪滔天，淹没巨轮

（十一）人力喷雾器主要技术参数

表 11 - 1　人力喷雾器主要技术参数

型　号		552 丙型	工农 - 16 型	云峰 - 16 型	长江 - 10 型	长江 - 0.8 型
机具名称		肩挂压缩式喷雾器	背负式喷雾器	背负式喷雾器	背负式喷雾器	手持式喷雾器
外形尺寸(长×宽×高)(毫米)		19 × 190 ×528	415×530 ×550	400×530 ×500	525×310 ×540	235.4×126 ×303.5
净重（千克）		5.5	5.5	4	5	0.5
液泵	型　式	气　泵	直立式活塞泵	直立式活塞泵	直立式活塞泵	气　泵
	常用压力（兆帕）	0.1～0.4	0.3～0.4	0.3～0.4	0.3～0.4	0.3
	最高压力（兆帕）	0.4	0.6～0.8	0.8	0.8	0.4
	活塞直径（毫米）	42.6	25	25	25	
	活塞行程（毫米）	300	60～100	60～100	60～100	
喷头	型　式	切向离心式单喷头	切向离心式单喷头	切向离心式单喷头	切向离心式单喷头	切向离心式单喷头
	喷雾量(10⁻²升) 喷嘴直径(毫米)	0.7			0.57～0.6	0.57～0.6	0.27～0.33
		1.0	0.133				0.33～0.42
		1.2	1.50				
		1.3		1.15～1.35	1.15～1.35	0.95～1.05	0.42～0.5
		1.6		1.45～1.68	1.45～1.68	1.13～1.21	
药液箱容量（升）	最大	10	16	16	10	1.25
	额定	7	14	14	9	0.8

（十二）手摇喷粉器主要技术参数

表 12 - 1　手摇喷粉器主要技术参数

型　号	丰收 - 5 型	新丰 - 7 型	支农 - 8 型	丰收 - 10 型
机具名称	背负式丰收 - 5 型手摇喷粉器	背负式新丰 - 7 型手摇喷粉器	背负式支农 - 8 型手摇喷粉器	背负式丰收 - 10 型手摇喷粉器
外形尺寸(长×宽×高)（毫米）	1 000×630× 285	340×250× 330		350×220× 450
药粉桶容量（升）	5	7	8	10
机重（千克）	6	5	6	6

（续）

型　号	丰收-5型	新丰-7型	支农-8型	丰收-10型
摇柄转速（转/分）	36	50	52	52
风扇叶片转速（转/分）	1 771	2 000	1 600	1 600
摇柄与风扇速比	1：49.2	1：40	1：30.8	1：30.8
摇臂转矩（牛·厘米）			1 400	1 400
喷程（米）	2	2	2	2
喷粉量　最大（升/分）	0.25	0.5	0.45	0.65
最小（升/分）	0.2	0.35	0.35	0.45
残余粉量（升）	0.5	0.2	0.3	无
生产率（公顷/日）	2	2	2.33	2.67

（十三）农药标签上的毒性标志和象形图

1. 毒性标志　农药是有毒化学品，为安全起见，在标签上印有农药毒性分级标志，使之一目了然，以引起使用者的注意，见附表8-1。

图13-1　贮放在儿童接触不到的
地方象形图示

凡标签上带有剧毒和高毒标志的农药，在贮存、运输、使用操作过程中，应严格按照标签上的规定行事，注意安全防护，不得任意扩大使用范围，或改变施用方法等。应按照1982年农牧渔业部和卫生部联合颁发的《农药安全使用规定》和中华人民共和国农业部公告（第199号，2002年5月24日）中对高毒（包括剧毒）农药的使用范围和施药方法等规定的限制去做。

2. 象形图　考虑到大多数发展中国家的农民文化水平较低，阅读和理解标签内容有一定困难，联合国粮农组织（FAO）和国际农药生产者协会（GIFAP）共同设计了一套农药标签象形图。作为标签上文字说明的一种辅助形式，帮助识字不多的农民用户了解标签上有关内容，以助于安全使用农药，并建议各国政府和农药生产厂家在标签上采用象形图。

这套象形图共 12 个，分贮存、操作、忠告和警告四部分：

（1）加锁 贮存时需加锁。象形图如图 13-1 意为加锁，放在儿童接触不到的地方。

（2）操作时象形图 如图 13-2。

图 13-2 农药操作方式象形图示

（3）忠告的象形图 如图 13-3。

图 13-3 使用农药忠告象形图示

（4）警告的象形图 如图 13-4。

操作时象形图不会单独出现在标签上，而是与其他忠告的象形图、警告的象形图搭配使用。忠告的象形图与安全操作和施药有关，包括穿戴防护用品和采取一些安全措施。警告的象形图与标签内容相一致时，应单独使用；还与操作时象形图搭配使用，如当施

对家畜有害

对鱼有害，不要
污染湖泊、河流、
池塘、小溪等

图 13-4　农药警示象形图示

药时，对家畜有害或对鱼有毒，标签上就会出现警告的象形图。

　　根据每种农药的不同性质及标签上的注意事项、安全警句，标签上选用的象形图有可能不同。一般危险性小的、毒性低的农药，标签下方的象形图可少些。反之，高毒、剧毒农药就可能全部用上。但象形图所表达的含意一定要与标签内容相一致。象形图的位置一般在标签的下方。

主要参考文献

[1] 四川省农业科学院农药研究所编．农药手册．北京：农业出版社，1979

[2] 吴泽宜．农药词汇．北京：科学出版社，1981

[3] 《中国农作物病虫害》编辑委员会编．中国农作物病虫害（下册）．北京：农业出版社，1981

[4] 金瑞华．农药基础知识．北京：科学普及出版社，1983

[5] 华南农学院主编．植物化学保护．北京：农业出版社，1983

[6] 中国农学会主编．蔬菜田化学除草技术．北京：农业出版社，1986

[7] 俞康宁．农药使用技术．北京：科学普及出版社，1987

[8] 叶自新．植物激素与蔬菜化学控制．北京：中国农业科技出版社，1988

[9] 徐映明等．国产农药应用手册．北京：中国农业科技出版社，1990

[10] 农业部农药检定所主编．新编农药手册．北京：农业出版社，1991

[11] 赵庚义等．蔬菜常用数据260表．西安：陕西科学技术出版社，1991

[12] 吕佩珂．中国蔬菜病虫原色图谱．北京：农业出版社，1992

[13] 高湘玲等．农药化肥种子的真假鉴别与安全使用．武汉：武汉出版社，1992

[14] 刘宗山等．植物保护机具使用维护与故障排除．北京：金盾出版社，1993

[15] 程伯瑛等．主要蔬菜病虫害防治技术．太原：山西科学技术出版社，1994

[16] 刘富春．蔬菜病害诊断与鉴定．北京：中国农业出版社，1994

[17] 郭书普．农业实用技术百科全书．北京：中国致公出版社，1996

[18] 吕佩珂等．中国蔬菜病虫原色图谱续集．呼和浩特：远方出版社，1996

[19] 孙秋良等．新编蔬菜常用农药手册．北京：科学技术文献出版社，1997

[20] 程伯瑛．棚室蔬菜病虫害防治．太原：山西科学技术出版社，1997

[21] 房德纯等．蔬菜病虫草害综合防治．北京：中国农业出版社，1997

[22] 舒惠国．菜田农药使用指南．北京：中国农业出版社，1998

[23] 朱国仁．保护地蔬菜病虫害综合防治．北京：中国农业出版社，1998

[24] 程季珍等．保护地蔬菜多种多收高产栽培新技术．北京：中国农业出版社，1998

[25] 赵桂芝．百种新农药使用方法．北京：中国农业出版社，1998

[26] 刘建敏等．种子处理科学原理与技术．北京：中国农业出版社，1999

[27] 周继汤．新编农药使用手册．哈尔滨：黑龙江科学技术出版社，1999

[28] 张敏恒．农药商品手册．沈阳：沈阳出版社，1999

[29] 王忠等．新编菜园安全用药指南．北京：中国农业出版社，1999

[30] 王险峰．进口农药应用手册．北京：中国农业出版社，2000

[31] 屠予钦等．防治温室大棚黄瓜病害的粉尘法施药技术．中国蔬菜．1991（4）：24～26

[32] 张炳炎等．爱士卡（喹硫磷）防治蔬菜害虫试验结果初报．甘肃农业科学．1991（8）：38～39

[33] 赵华等．主要果菜采后真菌病害的发生与防治．中国蔬菜．1991（6）：43～46

[34] 冯伟明等．蔬菜作物区使用溴敌隆毒鼠效果观察．广东农业科学．1992（6）：37～38

[35] 薛光等．乙氧氟草醚在大蒜地上的应用．江苏农业科学．1993（4）：33～35

[36] 陈敏．怎样鉴别符合规范的农药标签．四川农业科技．1993（6）：19

[37] 房德纯等．黄瓜褐斑病病原与发病情况调查研究初报．植物保护．1994（3）：23～24

[38] 徐志豪等．无土栽培中根系病害传染途径及防治方法．植物保护．1994（4）：38～39

[39] 王成德等．蔬菜地土传病害及其防治技术．植物保护．1994（5）：38～39

[40] 张建军等．YZ-901农用增效（展着）剂试验示范．湖北农业科学．1996（2）：38～39

[41] 曹长余等．保护地蔬菜鼠害的综合防治技术．农业科技通讯．1996

（11）：30～31

[42] 朱国仁等．吡虫啉防治甘蓝田菜蚜的试验初报．植物保护．1996（3）：39～40

[43] 陆致平等．吡虫啉防治蔬菜小猿叶虫与蚜虫的效果．江苏农业科学．1996（5）：51～52

[44] 王信远等．木霉素防治大棚黄瓜灰霉病药效试验．北方园艺．1996（6）：31～32

[45] 王原．当前蔬菜上使用的主要农药品种．中国蔬菜．1997（2）：53～54

[46] 郑建秋等．保护地番茄主要病虫综合治理．中国蔬菜．1997（4）：52～54

[47] 李宝聚等．黄瓜主要病害综合治理．中国蔬菜．1997（5）：54～58

[48] 吴钜文．十字花科蔬菜害虫的综合治理．中国蔬菜．1997（6）：55～57

[49] 程伯瑛．关于农药使用量表示方法的一些看法．山西农业．1997（9）：26

[50] 张敏恒．新型高效广谱杀虫杀螨剂阿维菌素．农药．1998（3）：36～37

[51] 李明远．十字花科蔬菜主要病害的发生与防治．中国蔬菜．1998（1）：52～54

[52] 王春林等．美洲斑潜蝇的发生与控制．中国蔬菜．1998（3）：54～56

[53] 彭德良．蔬菜线虫病害的发生和防治．中国蔬菜．1998（4）：57～58

[54] 师迎春等．北京郊区特种蔬菜主要病虫的防治技术．中国蔬菜．1998（1）：36～37

[55] 许方程等．几种新型杀虫剂防治甜菜夜蛾试验初报．中国蔬菜．1998（3）：22～24

[56] 李宝聚等．棚室蔬菜病害药剂防治简程．蔬菜．1998（5）：18～19

[57] 孙树卓等．日光温室西葫芦蔓枯病药剂防治试验．中国蔬菜．1998（3）：32～33

[58] 刘爱媛．白菜绵腐病病原及其生物学特性研究．植物保护．1998（5）：17～19

[59] 林文彩等．不同种类杀虫剂对小菜蛾的防治效果．中国蔬菜．1998

（5）：23～26

[60] 朱亚红等．低剂量6%密达杀螺颗粒剂防治蔬菜蜗牛试验．中国蔬菜．1998（5）：35

[61] 姜德峰等．不同除草剂在移栽番茄田的除草效果．植物保护．1999（1）：29

[62] 许方程等．几种保护性杀菌剂防治番茄早疫病的效果．长江蔬菜．1999（3）：20～21

[63] 赵海等．锐劲特防治蔬菜小菜蛾和菜青虫的药效试验．安徽农业科学．1999（3）：236～237

[64] 晏卫红等．世高水分散颗粒剂防治番茄叶斑病试验．广西农业科学．1999（6）：299～300

[65] 杨海珍等．几种杀虫剂防治韭菜根蛆田间药效试验．农药．1999（4）：24～25

[66] 李伟龙等．世高对茄子白粉病的药效试验．长江蔬菜．1999（8）：19～20

[67] 何玉仙等．10%除尽防治甜菜夜蛾和小菜蛾．农药．1999（9）：18～20

[68] 覃汉林．广西无公害蔬菜生产技术规范附录．长江蔬菜．1999（12）：6～8

[69] 诸葛玉平等．蔬菜保护地土传病害的预防．长江蔬菜．1999（9）：17～18

[70] 徐云菲等．米满防治甜菜夜蛾试验．农药．1999（12）：35～36

[71] 夏立．大蒜害虫及其综合防治技术．蔬菜．1999（4）：28～29

[72] 喻泽懿等．南美斑潜蝇生活习性和发生规律及防治策略．贵州农业科学．1999（5）：30～33

[73] 李宝聚等．蔬菜种子带菌处理技术．中国蔬菜．1999（2）：53～55

[74] 王述彬．蔬菜苗期病害的发生与防治．中国蔬菜．1999（3）：50～51

[75] 刘琼光等．茄科蔬菜青枯病的综合防治技术．中国蔬菜．1999（6）：51～52

[76] 张朝纶．喹禾灵（和盖草能）防除大白菜田杂草．农药．2000（2）：36～37

[77] 吴彩全．巧喷农达防除韭菜地杂草．植物保护．2000（2）：50～51

[78] 王诚．新型生物杀虫剂菜喜防治小菜蛾试验．农药．2000（5）：

39～40

［79］王永存等．10％世高防治大棚番茄叶霉病试验．农药．2000（5）：30

［80］黄充才．天然芸薹素缓解除草剂药害作用．农药．2000（6）：40～42

［81］惠肇祥．昆明市郊发现菜黑斯象危害十字花科蔬菜．植物保护．2002
（4）：60

［82］吴钜文．昆虫生长调节剂在农业害虫防治中的应用．农药．2002（4）：
6～8

［83］中华人民共和国国家标准．农药剂型名称及代码．（GB/T19378—
2003）．2003.11.10

［84］王以燕等．关于实施《农药剂型名称及代码》国家标准应注意的几个
问题．农药．2004（9）：429～432

［85］刘长令．新型高效杀虫剂茚虫威．农药．2003（2）：42～44

［86］徐汉虹等．中国植物性农药开发前景．农药．2003（3）：1～9

［87］张友军等．外来入侵害虫——西花蓟马的发生、为害与防治．中国蔬
菜．2004（5）：50～51

［88］李宝聚等．茄子绒菌斑病的病原鉴定、发生与防治．中国蔬菜．2004
（3）：61～62

［89］李明远．玉米螟的识别与防治．中国蔬菜．2006（8）：49～50

［90］中华人民共和国农业部．农药标签和说明书管理办法．2007.12.08

农药名称索引

120 农用抗菌素	126	B₉	342	DT 杀菌剂	169
2-氯乙基膦酸	340	B-995	343	DTM	172
2,4-滴	328	BO-10	125	DTMZ	172
2,4-滴丁酯	329	BR	351	epi-BR	351
2,4-D	328	B.T.	1	GA₃	332
2,4-二氯苯氧		BT	1	IKI7899	90
乙酸	328	Bt	1	L395	45
4-氯苯氧乙酸	330	B.t.	1	K-223	308
4-碘苯氧乙酸	331	b.t.	1	MH	341
4PU-30	339	C 型肉毒素	121	MH-30	341
5406 细胞分裂素	336	C 型肉毒杀鼠素	121	MIPC	78
5406 激抗剂	336	C 肉毒杀鼠素	121	MTMC	79
6-苄基腺嘌呤	335	C 型肉毒梭菌		NAA	327
6-苄(基)腺嘌呤	335	毒素	121	NI-25	98
6-苄基氨基嘌呤	335	C 型肉毒梭菌外		N₁₄	135
6-苄氨基嘌呤	335	毒素	121	N-苄基腺素	335
6-(苄胺基)嘌呤	335	C 型肉毒梭菌素	121	PP321	21
6-BA	335	CCC	344	PP333	346
7051 杀虫素	5	CEPA	340	RH-5849	85
7841	347	CPPU	339	RH-5992	85
802	354	D-D 混剂	289	S-S 松脂杀虫剂	18
83 增抗剂	137	D-M 合剂	64	S-氰戊菊酯	26
α-萘乙酸	327	DDV	65	S-5439	22
β-氯氰菊酯	32	DDVP	65	SV₁	361
ABT 增产灵	348	DEP	61	TAL	350
BAP	335	DT	169	TF-120	126

TRLA	350	矮壮素	344		**B**	
XRD‐473	92	艾美乐	95			
YZ‐901	362	爱比菌素	5	巴丹	83	
		爱多收	356	巴赛松	51	
A		爱福丁	5	巴沙	80	
		爱卡士	68	把可塞的	216	
阿巴丁	5	爱乐散	72	白僵菌	4	
阿巴菌素	5	爱力螨克	5	百福	5，6	
阿巴姆	200	爱立螨克	5	百·福	203	
阿弗菌素	5	爱螨力克	5	百铃	7	
阿克泰	99	安打	100	百草枯	321	
阿米德拉兹	102	安都杀芬	37	百草稀	323	
阿米西达	285	安克	279	百虫灵	25	
阿普隆	225	安克·锰锌	186，194	百朵	321	
阿锐克	29	安绿宝	29	百菌清	229	
阿锐生	203	安棉宝	34	百菌通	172	
阿苏妙	211	安灭达	285	百菌酮	246	
阿维虫清	5	安杀丹	37	百草烯	323	
阿维菌素	5	安杀番	37	百可得	281	
阿维兰素	5	安泰生	200	百乐	185	
阿维·吡虫啉	6	安妥	119	百里通	246	
阿维·敌敌畏	6	铵乃浦	200	百理通	246	
阿维·毒死蜱	6	胺草膦	315	百螺杀	111	
阿维·高氯	6	胺甲萘	74	百灭灵	34	
阿维·氯氟	6	胺三氮螨	102	百灭宁	34	
阿维·三唑磷	6	胺硝草	305	百事达	30	
阿维·苏云金	1	奥力克	1	百树得	32	
阿维·辛硫磷	6	奥灵	30	百树菊酯	32	
阿维·烟碱	6	奥美特	103	百治菊酯	32	
阿维·印楝素	6	奥思它	29	百治屠	72	
阿维·鱼藤酮	15	澳特拉索	293	拜虫杀	33	
艾斯勒尔	340			拜高	33	
矮壮·甲哌鎓	345					

拜太斯	72	苯丁锡	106	箟·烟碱	10，12
拜辛松	51	苯恶威	79	苄氨·赤霉酸	335
稗草稀	323	苯菌灵	243	苄氯菊酯	34
稗草烯	323	苯开普顿	215	表油菜素内酯	351
拌种灵	203，210	苯莱特	243	丙环唑	271
拌种双	203，210	苯雷脱	243	丙灵·多菌灵	243
包杀敌	1	苯乃特	243	丙硫多菌灵	243
宝发 1 号	56	苯并咪唑 44 号	235	丙硫咪唑	243
宝丽安	127	苯醚甲环唑	272	丙灭菌	275
宝路	95	苯骈咪唑 44 号	235	丙炔螨特	103
保得	33	苯噻氰	251	丙森锌	200
保尔青	29	苯噻清	251	丙酰胺	265
保丰收	292	比达宁	301	丙溴·敌百虫	61
保果灵	162	比加普	76	丙溴磷	73
保好鸿	27	比久	342	丙溴·辛硫磷	73
保利霉素	127	吡虫啉	95	病毒 A	183
保美灵	335	吡虫啉·鱼藤酮	15	病毒净	183
保灭灵	266	吡虫清	98	波尔多粉	162
保卫田	235	吡虫·异丙威	78	波尔多液	164
贝芬替	235	吡啶醇	347	波·锰锌	166
贝螺杀	111	吡氟丁禾灵	310	博杀特	29
贝塔氟氯氰菊酯	33	吡氟禾草灵	309	布飞松	73
倍腈松	51	吡氟氯禾灵	318	布芬净	88
倍乐霸	101	吡氟氯禾灵（酸）	318	捕快	5，6
倍硫磷	72	吡氟乙草灵	318		
倍氰松	51	吡效隆	339		C
倍生	251	吡效隆醇	339		
倍太克斯	72	必芬松	57	菜福多	5，6
奔达	313	必扑尔	271	菜乐康	73
苯哒磷	57	必速灭	291	菜螨	85
苯哒嗪硫磷	57	毕芬宁	28	菜喜	9
苯丁·哒螨灵	106	毙蚜丁	12	参酮合剂	15
				草不绿	293

草除净	312	除尽	86	大利松	39
草甘膦	313	除螨威	104	大隆	116
草克灵	313	除田莠	316	大灭松	44
草达灭	316	除蜗净	110	大生	185，188
草乃敌	304	除芽通	305	大生 M-45	184
草萘胺	299	川化-018	274	大生富	185
茶皂素·烟碱	10，13	川楝素	17	大亚仙农	39
超乐	40	春多多	313	代胺·多菌灵	201
赤霉素	332	春雷霉素	130	代灵	259
赤霉酸	332	春雷氧氯铜	159	代森胺	200
虫敌	16	春日霉素	130	代森环	202
虫即克	98	刺糖菌素	9	代森锰锌	185
虫克星	5	促生灵	330	代森锌	198
虫螨光	5	催杀	9	戴科	352
虫螨腈	86			胆矾	155
虫螨克	5	**D**		稻草完	316
虫螨灵	28			稻丰散	72
虫螨齐克	5	哒净硫磷	57	稻乐思	295
虫噻烷	82	哒净松	57	稻麦立	344
虫死净	85	哒螨净	105	稻虱净	88
虫畏灵	25	哒螨灵	105	稻虱灵	88
虫酰肼	85	哒螨酮	105	稻瘟净	211
春雷·王铜	159	哒嗪硫磷	57	得伐鼠	115
除草通	305	哒嗪·氰戊	57	的可松	233
除虫精	34	达富	70	滴滴混剂	289
除虫菊	20	达科宁	229	滴滴混合剂	289
除虫菊素	20	达克利	269	滴滴剂	289
除虫菊素·鱼藤酮	15	打克尼尔	229	滴涕	169
除虫菌素	5	打杀磷	57	敌·马	61，64
除虫啉	97	大丰	185	敌·溴	67
除虫脲	89	大功臣	95	敌百虫	61
除害灵	49	大惠利	299	敌百·毒死蜱	61
		大克灵	229		

敌百·辛硫磷　61，63
敌百·鱼藤酮　15
敌宝　1
敌苄菊酯　34
敌草胺　299
敌草快　322
敌虫菊酯　25
敌敌畏　65
敌磺钠　233
敌菌灵　259
敌抗磷　64
敌克松　233
敌枯宁　274
敌力脱　271
敌马合剂　64
敌灭灵　89
敌杀死　34
敌鼠　115
敌鼠隆　117
敌鼠钠盐　115
敌萎丹　272
敌畏·氯氰　67
敌畏·辛硫磷　65
敌锈钠　234
地可松　233
地乐胺　301
地蛆灵　51，53
地爽　233
地亚农　39
第灭宁　34
调吡脲　339
调节啶　345

调节剂九九五　342
丁·扑　298
丁草胺　297
丁草锁　297
丁呋丹　77
丁基加保扶　77
丁基拉草　297
丁乐灵　301
丁硫克百威　77
丁硫·三唑酮　77
丁硫威　77
丁醚脲　95
丁戊己二元酸铜　169
丁酰肼　342
丁线磷　290
定虫隆　90
定虫脲　90
啶虫脒　98
啶虫脲　90
啶菌恶唑　283
啶菌·福美双　283
啶菌·乙霉威　283
动物香豆素　113
都尔　295
都来施　1
毒霸　61
毒克清　183
毒克星　183
毒鼠磷　119
毒鼠萘　112
毒死蜱　58
毒·辛　51

毒鱼藤　13
杜邦新星　273
杜尔　295
杜耳　295
煅烧石灰　144
对氨基苯磺酸钠　234
对草快　321
对氯苯氧乙酸　330
多百漂浮粉剂　359
多·福　203，209
多·福（增效）　208
多·福合剂　209
多·福·硫磺　147
多·福·锰锌　186
多·福·溴菌腈　280
多·硫　151
多·锰锌　186
多·酮　236
多·溴·福　280
多虫磷　73
多虫清　73，74
多虫畏　22
多丰农　280
多果定　282
多活菌素　108
多聚乙醛　110
多菌灵　235
多菌灵·混合氨
　基酸盐　177
多菌灵盐酸盐　241
多抗霉素　127
多克菌　127

多来宝	23	噁唑菌酮	284	防细菌漂浮粉剂	360
多硫化钙	149	恶唑菌酮	284	费尔顿	215
多霉灵	268	恶唑烷酮	192	分杀	25
多·霉威	268	二苯杀鼠钠盐	115	芬布赐	106
多霉清	268	二氟脲	89	芬普宁	23
多霉威	268	二福隆	89	芬杀松	72
多噻烷	83	二甲基琥珀酰肼	342	粉锈宁	246
多杀菌素	9	二甲菌核利	254	奋斗呐	30
多杀霉素	9	二甲硫嗪	291	丰啶醇	347
多效丰产灵	355	二甲噻嗪	291	丰护安	156
多效霉素	127	二甲戊乐灵	305	丰米	209
多效唑	346	二甲戊灵	305	呋喃三萜	17
多氧霉素	127	二氯苯醚菊酯	34	伏虫灵	92
多氧清	127	二氯松	65	伏虫脲	89
		二氯异丙醚	288	伏寄普	309
E		二氯异氰尿酸钠	282	伏灭鼠	116
恶·甲	228	二嗪磷	39	伏杀磷	48
恶草灵	320	二嗪农	39	伏杀硫磷	48
恶草酮	320	二溴磷	70	氟胺氰菊酯	24
噁草酮	320	二溴氯丙烷	289	氟苯唑	86
噁虫威	79	二元酸铜	169	氟吡醚	309
噁草·丁草胺	298			氟丙菊酯	107
恶虫威	79	**F**		氟丙菊酯·炔	
恶霉灵	249	法丹	215	螨特	107
噁霉灵	249	法尔顿	215	氟草除	309
噁醚唑	272	番硫磷	72	氟草灵	309
恶霜灵	192	番茄灵	330	氟虫腈	86
恶霜·锰锌	186,192	防虫磷	40	氟虫脲	93
噁霜锰锌	192	防落素	330	氟啶脲	90
噁酮·锰锌	284	防霉宝	241	氟硅唑	273
噁酮·霜脲氰	284	防霉灵	241,259	氟菌唑	276
噁酮·乙草胺	297	防霉灵漂浮粉剂	359	氟乐灵	302

氟利克　　　　　302
氟铃脲　　　　　92
氟铃脲·苏云金
　杆菌　　　　　92
氟铃·辛硫磷　　92
氟氯菊酯　　　　28
氟氯氰菊酯　　　32
氟氯氰醚菊酯　　32
氟吗啉　　　　　278
氟吗·乙铝　　　279
氟脲杀　　　　　89
氟羟香豆素　　　116
氟氰菊酯　　　　27
氟氰戊菊酯　　　27
氟鼠灵　　　　　116
氟鼠酮　　　　　116
氟特力　　　　　302
氟硝草醚　　　　325
氟酯菊酯　　　　107
福·福锌（60%可湿
　性粉剂）203，208
福·福锌（80%可湿
　性粉剂）　　　207
福·甲·硫磺　　147
福·锌·多菌灵　203
福尔马林　　　　140
福化利　　　　　24
福美·拌种灵
　　　　203，210
福美甲胂　　　　213
福美林　　　　　140
福美胂　　　　　211

福美双　　　　　203
福美双·甲霜灵·稻
　瘟净　　　　　211
福美双·锌　　　208
福美锌　　　　　207
福星　　　　236，273
腐绝　　　　　　245
腐霉·百菌清　　229
腐霉·福美双　　203
腐霉利　　　　　254
腐殖·硫酸铜　　155
复方甲托　　　　153
复方浏阳霉素　　108
复方硫菌灵　　　209
复硝酚铵　　　　355
复硝酚钾　　　　354
复硝酚钠　　　　354
复硝钾　　　　　354
复硝钠　　　　　354
富拉硫磷　　　　49
富滋　　　　　　338

G

盖草灵　　　　　319
盖草能　　　　　318
盖草能（酸）　　318
盖虫散　　　　　92
盖克　　　　　　280
盖土磷　　　　　38
甘氨膦　　　　　313
高利安　　　　　73
高美施　　　　　357

高锰酸钾　　　　143
高灭磷　　　　　38
高灭灵　　　　　31
高巧　　　　　　95
高氯·马　　　　41
高氰戊菊酯　　　26
高渗丙溴·辛
　硫磷　　　　　73
高渗马拉·辛
　硫磷　　　　　51
高渗辛·马　　　57
高顺氯氰菊酯　　30
高卫士　　　　　79
高效安绿宝　　　30
高效吡氟氯禾灵
　（甲酯）　　　318
高效氟氯氰菊酯　33
高效盖草能　　　318
高效氯氰菊酯　31，32
高效灭百可　　　30
高效氰戊菊酯　　26
高效顺反氯·马　41
高效顺反氯氰
　菊酯　　　　　31
高效微生物吡氟乙草
　灵（甲酯）　　318
高脂膜　　　　　137
割草佳　　　　　310
割草醚　　　　　325
割地草　　　　　325
格达　　　　　　29
根灵　　　　　　156

功夫　　　　　　　21
菇类蛋白多糖　　　136
谷种定　　　　　　264
瓜枯宁　　　　　　218
冠菌清　　　　　　156
冠菌铜　　　　　　156
硅唑·咪鲜胺　　　275
果尔　　　　　　　325
果螨杀　　　　　　102
过锰酸钾　　　　　143

H

害极灭　　　　　　　5
害立平　　　　　　361
韩丹　　　　　　　　37
韩乐宝　　　　　　29
韩乐农　　　　　　225
好安威　　　　　　77
好宝多　　　　　　158
好年冬　　　　　　77
耗鼠尽　　　　　　122
禾草丹　　　　　　316
禾草克　　　　　　319
禾丹·乙草胺　　　297
禾耐斯　　　　　　297
合赛多　　　　　　104
核苷酸　　　　　　356
核苷酸剂　　　　　356
黑星灵　　　　　　208
黑星停　　　　　　208
轰敌　　　　　　　29
琥·铝·甲霜
　· 458 ·

灵　　　　　170，175
琥铜·乙膦铝（三有
　效成分）169，172
琥铜·乙膦铝（双有
　效成分）169，173
琥乙磷铝　　　　　172
琥胶肥酸铜　　　　169
琥胶肥酸铜·三
　乙膦酸铝·敌
　磺钠　　　170，176
琥珀肥酸铜　　　　169
琥珀酸铜　　　　　169
琥铜·甲霜
　灵　　　　169，174
琥·乙膦铝（三
　有效成分）　　172
琥·乙膦铝（双有效
　成分）　　　　173
护赛宁　　　　27，28
护卫鸟　　　　　　16
护矽得　　　　　　273
华法灵　　　　　　113
华法令　　　　　　113
环丙胺　　　　　　253
环烷酸钠（胺）　　349
环中菌毒清　　　　139
灰锰氧　　　　　　143
茴蒿素　　　　　　19
惠满丰　　　　　　357
混合氨基酸络合铜　181
混合氨基酸铜·锌·
　锰·镁　　　　176

混合氨基酸铜络
　合物　　　　　181
混合脂肪酸　　　　137
混杀硫　　　　　　153

J

己噻唑　　　　　　104
佳思奇　　　　　　285
加保利　　　　　　74
加瑞农　　　　　　159
加收米　　　　　　130
嘉赐霉素　　　　　130
嘉磷塞　　　　　　314
甲氨基阿维菌素
　苯甲酸盐　　　　8
甲胺基阿维菌素
　苯甲酸盐　　　　8
甲草胺　　　　　　293
甲草嗪　　　　　　312
甲氟菊酯　　　　　27
甲硫·福美双
　混剂　　　　　206
甲基代森锌　　　　200
甲基立枯磷　　　　260
甲基硫菌灵　　　　219
甲基胂酸铁铵　　　212
甲基托布津　　　　219
甲基溴　　　　　　287
甲枯·福美双　　　203
甲硫·福美
　双　　　　203，209
甲硫·菌核净　　　253

甲硫·锰锌　　186
甲硫·乙霉
　　威　　266，267
甲硫环　　82
甲硫威　　112
甲霉灵　　267
甲萘威　　74
甲哌鎓　　345
甲哌啶　　345
甲氰·敌敌畏　　65
甲氰菊酯　　23
甲氰·马拉松　　40
甲氰·噻螨酮　　23
甲氰·三唑磷　　70
甲氰·辛硫磷　　51
甲醛　　140
甲胂酸铁铵　　212
甲霜·噁霉
　　灵　　226，228
甲霜·福美双　　203
甲霜·锰锌　　186，190
甲霜·铝·铜　　175
甲霜·铜　　174
甲霜铜　　174
甲霜安　　225
甲霜灵　　225
甲霜灵·锰锌　　190
甲体氯氰菊酯　　30
甲氧毒草胺　　295
歼灭　　32
碱式硫酸铜　　162
碱式氯化铜　　158

健壮素　　345
胶氨铜　　178
角斑灵　　169
揭阳霉素　　5
金都尔　　295
金雷多米尔　　186
金雷多米尔·
　　锰锌　　186
腈二氯苯醚菊酯　　29
腈菌唑　　270
腈氯苯醚菊酯　　25
腈肟磷　　51
精吡氟禾草灵　　310
精盖草能　　318
精禾草克　　320
精甲霜灵　　186
精甲霜灵·锰锌　　186
精甲霜·锰锌　　186
精喹禾灵　　320
精喹·乙草胺　　320
精稳杀得　　310
精制恶霉灵　　250
井冈·多菌灵　　129
井冈霉素　　128
井冈·噻嗪酮　　88
井冈·杀虫单　　82
井冈·杀虫双　　81
井·噻·杀虫单　　88
九二〇　　332
菊·马　　43
菊·杀　　50
菊马合剂　　42

聚醛·甲萘威　　110
掘地坐　　216
菌必净　　139
菌必清　　139
菌毒清　　139
菌核·多菌灵　　253
菌核净　　253
菌克毒克　　126
菌杀敌　　1
菌思奇　　283

K

卡死克　　93
开普顿　　214
凯安宝　　35
凯安保　　34
凯素灵　　34
康多惠　　1
康福多　　95
抗毒剂1号　　136
抗菌优　　236
抗枯灵　　179，180
抗枯宁　　178，180
抗霉菌素　　126
抗霉菌素120　　126
抗霉灵　　267
抗霉威　　267
抗鼠灵　　120
抗蚜威　　76
抗蚜威·溴氰
　　菊酯　　76
靠山　　161

苛性石灰	144	克炭疽漂浮粉剂	359	乐必耕	258
科葆	5，6	克芜踪	321	乐戈	45
科博	166	克线丹	290	乐果	45
科生霉素	127	枯克星	228	乐果·敌百虫	61
可伐鼠	114	枯萎立克	235	乐果·杀虫单	45
可灵达	314	苦参·代森锰锌	186	乐斯本	58
可隆	149	苦参碱	16	乐万通	118
可灭鼠	117	苦参杀虫剂	16	雷多米尔	225
可杀得	156	苦参素	16	雷多米尔·锰锌	190
克百丁威	77	快伏草	319	雷藤	13
克病增产素	178	快康	79	类巴丹	82
克草胺	299	快来顺	1	藜芦碱	16
克虫磷	73	快灭安	67	力宝	1
克虫威	29	快杀敌	30	力虫晶	8
克敌	35	快杀灵	56	立克除	312
克蛾宝	6	喹恶磷	68	立枯净	211
克福隆	90	喹恶硫磷	68	立枯磷	260
克菌	247	喹禾灵	319	立枯灵	249
克菌丹	214	喹菌酮	278	利枯磷	260
克菌灵	261	喹硫磷	68	利谷隆	307
克菌星	273	喹硫·辛硫磷	68	利克菌	260
克抗灵	196			立克命	112
克劳优	229	**L**		利来多	23
克铃死	68	拉草	293	利农	322
克露	186，196	拉索	293	联苯菊酯	28
克螨光	5	拉维因	97	链霉素	131
克螨特	103	蜡螟杆菌三号	3	链霉素·土	133
克螨锡	106	来福灵	26	楝素	17
克霉灵	249，261	蓝矾	155	磷化锌	122
克杀得	156	蓝珠	58	磷酸钠	142
克鼠立	112	乐·氰	47	磷酸三钠	142
克死命	34	乐·溴	47	磷酸乙酯铝	261

浏阳霉素　108
浏阳霉素·乐果　108
硫　146
硫苯唑　245
硫丹　37
硫丹·辛硫磷　37
硫敌克　97
硫磺　146
硫磺·百菌清　147
硫磺·苯丁锡　106
硫磺·多菌灵　147，151
硫磺·甲硫灵　147，153
硫磺·锰锌　147
硫磺·三唑酮　147，154
硫磺悬浮剂　148
硫菌·霉威　267
硫菌灵　224
硫双灭多威　97
硫双威　97
硫酸链霉素　131
硫酸链霉素·土霉素　133
硫酸四氨络合铜　178
硫酸四氨络合锌　178
硫酸铜　155
硫·酮·多菌灵　147
硫威钠　292
硫线磷　290
硫悬浮剂　148

硫乙草灭　324
六伏隆　92
鲁保1号　326
绿菜宝　6，7
绿丹　335
绿得宝　162
绿得保　162
绿风95　356
绿亨一号　250
绿亨二号　203
绿坤　67
绿浪　12
绿氰全　29
绿之宝　15
绿植保　16
氯苯胺灵　252
氯苯嘧啶醇　258
氯吡磷　58
氯吡硫磷　58
氯吡脲　339
氯敌鼠　114
氯丁唑　346
氯氟脲　90
氯氟氰菊酯　21
氯化氯代胆碱　344
氯菊·辛　55
氯菊·辛硫磷　51，55
氯菊酯　34
氯螺消　111
氯蜱硫磷　58
氯氰·吡虫啉　29
氯氰·丙溴磷　73，74

氯氰·敌敌畏　65，67
氯氰·毒死蜱
（52.25%乳油）　58，59
氯氰·毒死蜱
（44%乳油）　58，60
氯氰菊酯　29
氯氰·苦参碱　16
氯氰·乐果　45
氯氰·硫丹　37
氯氰·马拉松　40
氯氰·三唑磷　70
氯氰·辛硫磷　51，54
氯氰·烟碱　10
氯氰·仲丁威　80
氯氰·仲　80
氯杀威　80
氯鼠酮　114
龙克菌　184
垄鑫　290
罗速发　107
络氨铜　178
络氨铜·多菌灵　236
络氨铜·锌　180
络锌·络氨铜　178，180

M

吗胍·乙酸铜　183
马顿停　114
马·联苯　44
马拉·毒死蜱　40

马拉·联苯菊	40,44	猛杀得	157	灭虫螨	23
马拉硫磷	40	咪鲜·氯化		灭虫清	5
马拉赛昂	40	锰	275,276	灭虫威	112
马拉·三唑酮	40	咪鲜安	275	灭赐克	112
马拉·杀螟松	49	咪鲜胺	275	灭达乐	225
马拉松	40	咪鲜胺·氯化锰	276	灭定威	76
马拉·辛硫磷	51,57	咪蚜胺	95	灭蛾灵	1
马拉·异丙威	40	醚菊酯	23	灭腐灵	127
马来酰肼	341	米满	85	灭旱螺	112
马扑立克	24	米螨	85	灭黑灵	269
马其	118	密达	110	灭菌丹	215
马·氰·辛硫磷	51	嘧菌酯	285	灭菌灵	124,139
马歇特	297	嘧霉胺	277	灭克	278
马·辛·敌敌畏	65	棉隆	291	灭克漂浮粉剂	360
迈可尼	270	棉萎丹	235	灭螨灵	105
迈隆	291	棉萎灵	235	灭螨锡	101
螨必死	105	棉壮素	345	灭霉威漂浮粉剂	359
螨虫素	5	免敌克	79	灭那虫	71
螨除净	103	免克宁	252	灭扑散	78
螨代治	103	免赖得	243	灭扑威	78
螨净	105	灭百可	29	灭扫利	23
螨克	102	灭必净	312	灭杀毙	40,42
螨完锡	106	灭必虱	78	灭鼠灵	113
螨烷锡	106	灭病威	151	灭鼠优	120
霉威·百菌清	229	灭草胺	293	灭梭威	112
霉必清	229	灭草丹	316	灭蚜灵	10,71
美克	94	灭草灵	317	灭蚜松	71
霉菌灵	261	灭草特	297	灭蚜漂浮粉剂	360
锰锌·氟吗啉	278	灭虫丁	5	灭蚜烟剂	359
锰锌·腈菌唑	270	灭虫精	95	灭蝇胺	94
锰锌·异菌脲	186	灭虫净	95	灭蝇王	57
猛克	73	灭虫灵	5	灭幼脲	91

灭幼脲三号	91	农思它	320	普力克	265
灭幼脲一号	89	农星	273	普特丹	102
灭幼酮	88	农用硫酸链霉素	131		
灭蚜磷	49	诺发松	49	**Q**	
莫比朗	98				
莫多草	295	**O**		齐墩螨素	5
木霉菌	124			齐墩霉素	5
木息	341	欧杀松	38	齐螨素	5
				奇宝	332
N		**P**		牵牛星	105
				潜克	94
拿捕净	324	派丹	83	强棒	5
耐病毒诱导剂	137	派克定	264	强福灵	26
萘丙酰草胺	299	培丹	83	强力农	26
萘满香豆素	112	培福朗	264	羟烯腺嘌呤	338
萘氧丙草胺	299	培金	198	茄科宁	302
萘乙酸	327	喷长精	352	嗪草酮	312
尼索朗	104	喷克	185	青虫菌	3
尼索螨特	105	霹杀高	26	青鲜素	341
尿洗合剂	109	辟蚜雾	76	氢铜·锰锌	157
宁南霉素	126	扑草净	310	氢氧化铜	156
农达	313	扑海因	255	氰·萘威	75
农敌乐	59	扑克拉	275	氰苯菊酯	35
农地乐	58,59	扑雷灵	56	氰戊·敌敌畏	65
农哈哈	5	扑蔓尽	310	氰戊·甲萘威	75
农家宝	40,41	扑霉灵	275	氰戊菊酯	25
农家乐	5	扑灭津	312	氰戊·乐果	45,47
农抗120	126	扑灭宁	254	氰戊·硫丹	37
农抗武夷菌素	125	扑灭鼠	118	氰戊·马拉松	40,43
农乐利	352	扑灭松	49	氰戊·马拉松	
农利灵	252	扑灭通	310	（增效）	42
农螨丹	23	扑杀威	80	氰戊·杀螟松	49,50
农民乐	314	扑虱灵	88	氰戊·辛硫磷	51,56
		扑虱蚜	95		

氰戊·鱼藤酮	15	噻嗪酮	88	三唑酮·硫磺	154
氰西杀虫悬浮剂	75	噻嗪·异丙威	78	三唑锡	101
氰·辛·敌敌畏	65	噻酮·炔螨特	105	桑迪思	255
秋兰姆	203	赛丹	37	桑米灵	29
去草胺	297	赛扶宁	33	桑瓦特	229
全垒打	100	赛福丁	5	扫螨净	105
炔螨特	103	赛福斯	71	杀草胺	301
		赛克	312	杀草丹	316
R		赛克津	312	杀草通	305
		赛克嗪	312	杀虫单	82
溶菌灵	235	赛灭灵	29	杀虫丁	5
融杀蚧螨	18	赛灭宁	29	杀虫环	82
肉毒梭菌毒素	121	赛欧散	203	杀虫净	57
锐劲特	86	噻·酮·杀虫单	88	杀虫菊酯	22, 25
瑞毒霉	225	三敌粉	31	杀虫菌素	5
瑞毒霉·锰锌	190	三氟氯甲菊酯	28	杀虫菌1号	1
瑞毒霜	225	三氟氯氰菊酯	21	杀虫磷	38
瑞毒铜	174	三氟咪唑	276	杀虫灵	38
瑞枯霉	178	三福美	213	杀虫双	80
弱病毒疫苗	135	三福胂	211	杀虫松	49
		三环锡	102	杀丹	316
S		三氯松	61	杀单·苏云金	1
		三十烷醇	350	杀毒矾	186, 192
塞得	16	三西	344	杀伐螨	102
噻波凯	29	三亚螨	102	杀飞克	33
噻虫嗪	99	三乙基磷酸铝	261	杀瓜蚜烟剂	359
噻菌灵	245	三乙磷酸铝	261	杀菌特	162
噻菌铜	184	三乙膦酸铝	261	杀螺胺	111
噻枯唑	274	三唑环锡	101	杀螨菊酯	23, 107
噻螨·喹硫磷	68	三唑磷	69	杀螨隆	95
噻螨酮	104	三唑硫磷	69	杀螨霉素	108
噻嗪·敌敌畏	65	三唑酮	246	杀螨脲	95
噻嗪·杀虫单	88				
噻嗪·速灭威	79				

杀螨特	107	生物毒素杀鼠剂	121	双甲脒	102
杀霉利	254	生物助长剂	249	双吉	186
杀霉灵漂浮粉剂	360	施宝灵	243	双醚	288
杀灭虫净	25	施保功	275,276	双灭多威	97
杀灭菊酯	25	施保克	275	双素碱	19
杀灭速丁	25	施佳乐	277	双效灵	181
杀螟丹	83	施特优	339	双辛胍胺	264
杀螟杆菌	2	施田补	305	霜灰宁	229
杀螟腈	71	十二烷胍	282	霜尽	280
杀螟磷	49	什来特	207	霜克	229
杀螟硫磷	49	石灰硫磺合剂	149	霜克漂浮粉剂	359
杀螟硫磷·S-氰戊		石硫合剂	149	霜霉净	261
菊酯	49	石油助长剂	349	霜霉灵	261
杀螟松	49	时拔克	314	霜霉威	265
杀螟·辛硫磷	49	世高	272	霜霉威盐酸盐	265
杀鼠灵	113	蔬果净	17	霜脲·百菌清	229
杀鼠隆	117	鼠毒死	112	霜脲·锰锌	186,196
杀鼠迷	112	鼠顿停	114	霜脲氰	196
杀鼠醚	112	鼠可克	114	霜疫净	261
杀鼠萘	112	双草克	320	霜疫灵	261
杀死虫	58	双多	177	顺丁烯二酸酰肼	341
杀它仗	116	双·多	177	顺式氯氰菊酯	30
杀纹宁	249	双爱士	26	顺式氰戊菊酯	26
沙蚕胺	83	双苯胺	304	顺天星一号	229
莎草隆	308	双苯酰草胺	304	硕丹	37
山道年	19	双虫脒	102	司米可比	49
山德生	185	双丁乐灵	301	四〇四九	40
胂铁铵	212	双二甲脒	102	四聚乙醛	110
胂·锌·福美		双胍辛胺	264	四氯异苯腈	229
双	203,213	双素·碱	19	松脂酸钠	18
生菌散	124	双胍辛烷苯基		苏得利	1
生石灰	144	磺酸盐	281	苏力精	1

苏力菌　　　　1
苏利菌　　　　1
苏米硫磷　　　49
苏米松　　　　49
苏脲一号　　　91
苏云金杆菌　　1
速保利　　　269
速凯　　58，60
速克净　　　185
速克灵　　　254
速螨酮　　　105
速霉克　　　268
速灭虫　　　49
速灭菊酯　　25
速灭杀丁　　25
速灭松　　　49
速灭威　　　79
速杀灵　　　47
速杀威　　　11
速死威　　　78
羧酸磷酮　　172
缩节胺　　　345
缩节灵　　　345

T

太灵　　　　56
汰芬隆　　　95
泰乐凯　　　58
酞胺硫磷　　48
炭疽福美　203，207
炭疽灵　　　208
炭疽停　　　208

炭特灵　　　280
桃小净　　　40
陶斯松　　　58
特虫肼　　　85
特丁嗪　　　312
特氟力　　　302
特福力　　　302
特福灵　　　276
特克多　　　245
特力克　　　69
特立克　　　124
特灭唑　　　269
特普唑　　　269
特威　　　　107
藤酮·辛硫磷　14
涕必灵　　　245
涕灭灵　　　245
天霸　　　　1
天丰素　　　352
天王星　　　28
田安　　　212
田老大8号　29
田卫士　　　16
铜氨液　　　168
铜铵合剂　　168
铜大师　　　161
铜高尚　　　162
铜皂液　　　167
统扑净　　　224
屠莠胺　　　295
土布散　　　224
土豆抑芽粉　352

土菌清　　　249
土菌消　　　249
土粒散　　　216
退菌特　203，213
托布津　　　224
托尔克　　　106

W

烷醇·硫酸
　铜　　155，182
万克　　　158
万霉灵　　　266
王铜　　　158
威巴姆　　　292
威百亩　　　292
威灭　　　　86
维巴姆　　　292
萎锈灵　　　249
萎锈·福美双　249
卫害净　　　31
卫福　　　249
纹枯利　　　253
稳杀得　　　309
蜗克星　　　111
蜗灭佳　　　110
蜗牛敌　　　110
蜗牛散　　　110
肟磷　　　　51
肟硫磷　　　51
无敌粉　　　31
无名霸　　　16
五代合剂　　199

五氯·拌·福　　203
五氯·多　　218
五氯硝基苯　　216
五水硫酸铜　　155
五硝·多菌
　　灵　　216，218
武夷菌素　　125
戊菊酯　　22
戊醚菊酯　　22
戊酸醚酯　　22
戊酸氰醚酯　　25

X

西伐丁　　16
西瓜重茬剂　　177
西维因　　74
西西西　　344
烯菌酮　　252
烯肟菌酯　　285
烯酰·福美双　　280
烯酰吗啉　　279
烯酰吗啉·锰锌　　194
烯酰·锰锌　　186，194
烯唑醇　　269
稀禾定　　324
稀禾啶　　324
洗衣粉　　109
仙生　　270
先得力　　1
先得利　　1
先力　　1
酰胺磷　　38

线克　　292
消病灵　　178
消草安　　297
硝苯胺灵　　301
辛·敌　　63
辛硫·三唑酮　　51
辛·氯　　54
辛·马混剂　　57
辛·氰　　56
辛·溴　　55
辛硫磷　　51
辛硫·氯氟氰　　51
锌锰克绝　　196
锌锰乃浦　　185
锌·柠·络氨铜
　　　　179，180
新光1号　　56
新灵　　103
新马歇特　　297
新农宝　　58
新杀螨　　103
新万生　　185
新植　　133
新植霉素　　133
兴棉宝　　29
兴农606　　127
休菌清　　280
溴·马　　44
溴丙螨醇　　103
溴虫腈　　86
溴代甲烷　　287
溴敌隆　　118

溴氟菊酯　　36
溴甲烷　　287
溴菌·多菌灵　　236
溴菌清　　280
溴菌腈　　280
溴联苯杀鼠迷　　117
溴联苯鼠隆　　117
溴氯丙烷　　289
溴氰菊酯　　34
溴氰菊酯·丙溴磷　　73
溴氰菊酯·三唑磷　　70
溴氰·敌敌畏　　65，67
溴氰·喹硫磷　　68
溴氰·乐果　　45，47
溴氰·硫丹　　37
溴氰·马拉松　　40，44
溴氰·辛硫磷　　51，55
溴氯磷　　73
溴螨特　　104
溴螨酯　　103
溴灭菊酯　　36
溴灭泰　　287
溴杀螨　　103
溴杀螨醇　　103
溴鼠灵　　117
溴鼠隆　　117
秀苗　　226，228

Y

蚜克　　10
蚜青灵　　47
蚜虱净　　95

亚氨硫磷	48	乙草丁	324	异戊氰酸酯	25
亚胺硫磷	48	乙虫脒	98	异戊烯腺嘌呤	337
亚环锡	101	乙滴漂浮粉剂	359	抑虫琳	92
亚乐得	88	乙基托布津	224	抑菌威	266
亚硫酸氢钠	353	乙基乙草胺	297	抑块净	284
烟·百·素	12	乙基乙酯磷	72	抑霉灵	266
烟草	10	乙磷铝	261	抑食肼	85
烟碱	10	乙铝·锰锌	262，263	抑太保	90
烟碱·百部碱·		乙铝·乙酸酮	262	抑芽丹	341
印楝素	10，12	乙膦·锰锌	263	抑蔓漂浮粉剂	359
烟碱·苦参碱	10	乙膦铝	261	易宝	284
烟碱·印楝素	10，11	乙霉·多菌灵		易保	284
盐酸吗啉胍·铜	183		266，268	易福	5，6
氧氟·甲戊灵	325	乙霉威	266	易卫杀	82
氧化低铜	161	乙体氟氯氰菊酯	33	疫·羧·敌	176
氧化钙	144	乙体氯氰菊酯	32	疫霉净	261
氧化亚铜	161	乙烯菌核利	252	疫霉灵	261
氧氯化铜	158	乙烯利	340	疫霜灵	261
野鼠净	115	乙烯磷	340	益达胺	95
叶蝉散	78	乙烯灵	340	益尔散	72
叶枯灵	274	乙酰甲胺磷	38	益丰素	352
叶枯宁	274	乙氧氟草醚	325	益立升	76
叶枯唑	274	乙氧醚	325	益乃得	304
叶青双	274	蚁醛	140	益收生长素	340
一遍净	95	刘草胺	297	印楝素	17
一氯苯隆	91	异丙甲草胺	295	茚虫威	100
一扫净	95	异丙隆	307	蝇克星	31
一试灵	340	异丙威	78	优佳安	78
一溴甲烷	287	异菌·多菌灵	236	优乐得	88
依芬	23	异菌咪	255	优氯克霉灵	282
依扑同	255	异菌脲	255	优氯特	282
乙草胺	297	异灭威	78	油菜素内酯	351

油菜素甾醇内酯　351
油酸·烟碱　12
有效霉素　128
渝-7802　274
鱼藤　13
鱼藤·氰戊　15
鱼藤精　14
鱼藤酮　14
玉米健壮素　340
玉米素　337
育苗灵　228
育苗青　228
芸苔素内酯　351
芸苔·乙烯利　340

Z

杂草锁　293
藻菌磷　261
皂素·烟碱　13
增产醇　347
增产菌　358
增产灵　331
增效百虫灵　35
增效敌畏·马　65
增效多菌敌　170，176

增效抗枯霉　178
增效氯氰·马
　拉松　40
增效氰·马　42
增效双效灵　182
增效磷　361
增效氰戊·马
　拉松　40
增效氰戊·辛
　硫磷　51
增效氰·辛·敌
　敌畏　65
增效五硝·多
　菌灵　216
增效辛硫·三
　唑磷　70
增效溴氰·敌
　敌畏　65
真菌多糖　136
真菌王　173
镇草宁　313
正磷酸钠　142
正三十烷醇　350
脂铜漂浮粉剂　359
植病灵　155，182

植物细胞分裂素　337
止芽素　301
治灭虱　79
中西除虫菊酯　22
中西氟氰菊酯　27
中西菊酯　22
中西杀灭菊酯　25
中西溴氟菊酯　36
仲丁威　80
助壮素　345
庄园乐　176
壮麦灵　269
壮棉素　345
追踪粉　112
左罗纳　48
佐罗纳　48
唑酮·福美双　203
唑酮·乙蒜素　247
种衣剂5号　360
种衣剂6号　360
种衣剂7号　360
种衣剂8号　360
种衣剂9号　360
种衣剂10号　360